高等学校计算机基础教育教材精选

计算机应用基础与计算思维

李春英 汤志康 主编
韩秋凤 张 亮 副主编

清华大学出版社
北京

内容简介

本书是根据教育部高等学校大学计算机课程教学指导委员会提出的《关于进一步加强高校计算机基础教学的意见》中有关"大学计算机基础"课程的教学要求编写的。本书内容覆盖全国计算机一级考试、二级考试(MS Office高级应用)及广东省计算机一级、二级考试的内容，是大学计算机应用和计算思维训练的入门教材，以微型计算机为基础，介绍计算机基础知识、计算思维基础以及计算机应用的相关操作。全书共分8章，主要包括计算机基础知识与计算思维基础、中文Windows 7操作系统、文档编辑软件Word 2010、电子表格处理软件Excel 2010、演示文稿软件PowerPoint 2010、网络信息安全、计算机网络基础、多媒体技术等内容。

本书依据全国计算机二级考试(MS Office高级应用)的考试大纲编写，力求做到内容适当、叙述简明、图文并茂、重点突出、通俗易懂和实用性强，力争培养大学生在计算机应用中的操作能力和计算思维能力。本书对于大学生了解和学习计算机基础知识有较好的帮助，适合作为各类高等院校学生的计算机基础教材和参考书，也可作为高等职业院校计算机应用基础相关课程的教材以及各类计算机培训班或自学者的教材。

图书在版编目(CIP)数据

计算机应用基础与计算思维/李春英，汤志康主编. —北京：清华大学出版社，2018(2024.2重印)
(高等学校计算机基础教育教材精选)
ISBN 978-7-302-50455-9

Ⅰ. ①计… Ⅱ. ①李… ②汤… Ⅲ. ①电子计算机—高等学校—教材 ②计算方法—思维方法—高等学校—教材 Ⅳ. ①TP3 ②O241

中国版本图书馆CIP数据核字(2018)第128794号

责任编辑：张　玥
封面设计：常雪影
责任校对：白　蕾
责任印制：曹婉颖

出版发行：清华大学出版社
网　　址：https://www.tup.com.cn，https://www.wqxuetang.com
地　　址：北京清华大学学研大厦A座　　**邮　　编**：100084
社 总 机：010-83470000　　**邮　　购**：010-62786544
投稿与读者服务：010-62776969，c-service@tup.tsinghua.edu.cn
质量反馈：010-62772015，zhiliang@tup.tsinghua.edu.cn
课件下载：https://www.tup.com.cn，010-83470236
印 装 者：三河市人民印务有限公司
经　　销：全国新华书店
开　　本：185mm×260mm　　**印　张**：19.5　　**字　　数**：451千字
版　　次：2018年8月第1版　　**印　　次**：2024年2月第14次印刷
定　　价：69.50元

产品编号：079944-03

前言

教育部高等学校大学计算机课程教学指导委员会认为，系统地将计算思维落实到大学计算机基础教学当中，是培养大学生计算思维能力的重要途径之一。大学计算机应用基础教学不仅为不同专业的学生提供了解决专业问题的有效方法和手段，还为他们提供了一种独特的处理问题的思维方式。随着经济和信息技术的发展，计算机技术为人们终生学习提供了良好的学习工具与环境，因此培养大学生的计算思维能力，借助计算机技术进行数据分析、处理问题已经成为每位大学生必备的基本技能。

"计算机应用基础"是普通高校非计算机专业学生的必修课程，对学生今后的学习、工作有很大的帮助。本书综合目前大学计算机应用基础教育的实际情况，在讲解基础知识的同时辅以具体的案例操作，缓解学习的枯燥性，激发学生的学习兴趣，力求让学生学习本书后能够达到广东省计算机一级、二级考试以及全国计算机一级、二级考试（MS Office 高级应用）中的考核要求。

全书共分 8 章，教学中可根据授课专业学生的不同需求和接受能力等采用 64 学时或者 48 学时的教学模式。以下是建议教学学时（括号内的数字为 48 学时模式）。

第 1 章介绍计算机的基础知识，包括计算机的发展史，计算机的特点、分类、应用领域以及发展趋势，数据与信息，数制与数制转换，字符的编码，计算机的硬件系统和软件系统，计算思维的概念、特征、关键内容以及与其他学科之间的关系等知识，建议教学学时为 8(6)。

第 2 章介绍中文 Windows 7 操作系统的主要特点，包括用户界面、文件管理、程序管理、任务管理器、磁盘管理以及系统备份与还原等知识，建议教学学时为 5(4)。

第 3 章介绍 Word 2010 文档输入，页面设置，文档编辑，字符、段落、图片和艺术字的格式化操作，长文档的主题效果，页眉/页脚，脚注/尾注，目录与索引等常用操作，建议教学学时为 16(12)。

第 4 章介绍电子表格处理软件 Excel 2010 的新增功能，制表基础操作，Excel 公式和常用函数的使用，图表的编辑、格式化及应用，Excel 2010 数据分析等知识，建议教学学时为 19(14)。

第 5 章介绍 PowerPoint 2010 演示文稿的创建，文档/主题/背景/样式的编辑，演示文稿的格式化操作，插入各种文本、剪贴画、SmartArt 图形、表格、公式，幻灯片放映的切换方式、动画效果、超链接以及放映控制等内容，建议教学学时为 8(6)。

第 6 章介绍网络信息安全的基础知识，包括网络信息安全的表现、特性，安全攻击类型及面临的主要威胁，网络信息安全模型及常用防御技术，计算机病毒的概念、特征、分类及预防等知识，建议教学学时为2(2)。

第7章介绍计算机网络的功能、分类及拓扑结构，Internet基础知识和应用，IP地址的分类及常用的域名，OSI参考模型和TCP/IP协议等知识，建议教学学时为4(2)。

第8章介绍媒体的本质、分类、格式，多媒体的基本概念、特征和技术标准化的发展，各类媒体的表示和再现机制，媒体的压缩原理等知识，建议教学学时为2(2)。

本书所给学时是建议学时，包括理论授课学时和实验操作学时。由于各高校的教学计划、教学目标和学生情况存在差异，学习和使用本书时，各高校可以根据本校实际情况适当地调整学时。

本书由李春英、汤志康担任主编，韩秋凤、张亮担任副主编。其中，李春英负责全书内容规划、统稿和审核并编写第1章；汤志康负责编写第2章和第4章，并对第2章至第8章进行审核和修改，统一本书的编写风格；韩秋凤编写第3章和第5章；张亮编写第6章至第8章。肖政宏教授对本书的编写提出了很多建设性的意见，计算机基础教学部林萍老师和刘锟老师也对本书的编写提出了很多宝贵的意见。同时，本书的编写还得到赵慧民教授、林智勇教授的大力支持。在此一并表示感谢。

由于计算机科学技术发展迅速，加上编者水平有限，书中难免会出现错误和不妥之处，恳请读者批评指正。

作　者

2018年5月

目录

第1章 计算机基础知识与计算思维基础

学习目标：了解并掌握计算机的发展历史、特点、分类、应用；掌握数据在计算机中的表示与存储；理解并掌握计算机系统的体系结构以及各个部件的功能和性能指标，能应用所学知识配置一台计算机；了解并掌握计算思维的概念、特征、关键内容以及与其他学科之间的关系。

1.1 计算机概述

计算机(computer)俗称电脑，是人类20世纪最卓越的发明之一，其全称是通用电子数字计算机。“通用”是指计算机可服务于多种用途，“电子”是指计算机是一种电子设备，“数字”是指计算机内部的一切信息均用“0”和“1”的编码来表示。计算机既可以进行数值计算，又可以进行逻辑计算；计算机还具有存储记忆功能，能够按照程序自动运行、高速处理海量数据。当然，计算工具的演变经历了一个漫长的发展过程。从古老的“结绳记事”，到算盘、计算尺、差分机，直到1946年第一台电子计算机诞生，计算工具经历了从简单到复杂、从低级到高级、从手动到自动的发展过程，而且还在不断地发展。

1.1.1 计算机发展史

第二次世界大战中，美国宾夕法尼亚大学物理学教授约翰·莫克利(John Mauchly)和他的研究生普雷斯帕·埃克特(Presper Eckert)受军械部的委托，为计算弹道和射击表，启动研制ENIAC(Electronic Numerical Integrator and Computer)的计划。1946年2月，这台标志人类计算工具历史性变革的巨型机器宣告竣工。ENIAC是一个庞然大物，共使用了1.7万多个电子管、1500多个继电器、1万多个电容和7万多个电阻，占地170平方米，重达30吨，如图1-1所示。ENIAC的最大特点就是采用电子器件代替机械齿轮或电动机械来执行算术运算、逻辑运算和存储信息。因此，同以往的计算机相比，ENIAC最突出的优点就是高速度。ENIAC每秒能完成5000次加法、300多次乘法，比当时最快的计算工具快1000多倍。ENIAC的主要缺点是：第一，存储容量小，至多存储20个10位的十进制数；第二，程序是“外插型”的，为了进行几分钟的计算，接通各种开关和线路的准备工作就要用几个小时。ENIAC是世界上第一台能真正运转的大型电子计算机，

ENIAC的出现标志着电子计算机(以下称计算机)时代的到来。

图 1-1　ENIAC 计算机

虽然 ENIAC 显示了电子元件在初等运算速度上的优越性，但没有最大限度地实现电子技术的巨大潜力。每当电子技术有突破性的进展，就会导致计算机硬件的一次重大变革。因此，计算机发展史中的“代”通常以其所使用的主要器件，即电子管、晶体管、集成电路、大规模集成电路和超大规模集成电路来划分。

1. 第一代计算机——电子管计算机(1946—1958 年)

第一代计算机以 1946 年 ENIAC 的研制成功为标志。这个时期的计算机都是在电子管基础上制造的，笨重而且产生很多热量，容易损坏；存储设备比较落后，最初使用延迟线和静电存储器，容量很小，后来采用磁鼓(磁鼓在读/写臂下旋转，当被访问的存储器单元旋转到读/写臂下时，数据被写入这个单元或从这个单元中读出)；输入设备是读卡机，它可以读取穿孔卡片上的孔，输出设备是穿孔卡片机和行式打印机，速度很慢。后来出现了磁带驱动器(磁带是顺序存储设备，也就是说，必须按线性顺序访问磁带上的数据)，速度比读卡机快得多。

1949 年 5 月，英国剑桥大学莫里斯・威尔克斯(Maurice Wilkes)教授研制了世界上第一台存储程序式计算机 EDSAC(Electronic Delay Storage Automatic Computer)，它使用机器语言编程，可以存储程序和数据，并自动处理数据，存储和处理信息的方法开始发生革命性变化。1951 年问世的 UNIVAC 因准确预测了 1952 年美国大选艾森豪威尔的获胜，得到社会各阶层的认识和欢迎。1953 年，IBM 公司第一台商业化的计算机 IBM701 诞生，计算机迈进商业化。

这个时期的计算机非常昂贵，而且不易操作，只有一些大的机构，如政府和一些主要的银行才买得起。特点是体积大、功耗高、可靠性差、速度慢(一般为每秒数千次至数万次)、价格昂贵，但为以后的计算机发展奠定了基础。

2. 第二代计算机——晶体管计算机(1959—1964 年)

第二代计算机以 1959 年美国菲尔克公司研制成功的第一台大型通用晶体管计算机为标志。这个时期的计算机用晶体管取代了电子管，晶体管具有体积小、重量轻、发热少、耗电省、速度快、价格低、寿命长等一系列优点,使计算机的结构与性能都发生了很大改变。

20世纪50年代末,内存储器技术的重大革新来自麻省理工学院研制的磁芯存储器。这是一种微小的环形设备,每个磁芯可以存储一位信息,若干个磁芯排成一列,构成存储单元。磁芯存储器稳定而且可靠,成为这个时期存储器的工业标准。

这个时期的辅助存储设备出现了磁盘,磁盘上的数据都有位置标识符,称为地址,磁盘的读/写头可以直接被送到磁盘上的特定位置,因而比磁带的存取速度快得多。

20世纪60年代初,通道和中断装置出现,解决了主机和外设并行工作的问题。通道和中断的出现在硬件的发展史上是一个飞跃,使得处理器可以从繁忙的控制输入/输出的工作中解脱出来。

这个时期的计算机广泛应用在科学研究、商业和工程应用等领域,典型的计算机有IBM公司生产的IBM7094和控制数据公司生产的CDC1640等。其特点是体积缩小,能耗降低,可靠性提高,运算速度提高(运算速度一般为每秒数十万次,最高可达300万次),性能比第一代计算机有很大的提高。但是,第二代计算机的输入输出设备很慢,无法与主机的计算速度相匹配。

3. 第三代计算机——集成电路计算机(1965—1969年)

第三代计算机以IBM公司研制成功的360系列计算机为标志。第三代计算机的特征是使用了集成电路。所谓集成电路,是将大量的晶体管和电子线路组合在一块硅片上,故又称为芯片。制造芯片的原材料相当便宜,因此采用硅材料的计算机芯片可以廉价地批量生产。

这个时期的内存储器用半导体存储器淘汰了磁芯存储器,使存储容量和存取速度有了大幅度的提高;输入设备出现了键盘,使用户可以直接访问计算机;输出设备出现了显示器,可以向用户提供即时响应。为了满足中小企业与政府机构日益增多的计算机应用需求,第三代计算机出现了小型计算机。1965年,数字设备公司(Digital Equipment Corporation,DEC)推出了第一台商业化的、以集成电路为主要器件的小型计算机PDP-8。其特点是速度更快(一般为每秒数百万次至数千万次),而且可靠性有了显著提高,价格进一步下降,产品走向了通用化、系列化和标准化等,其应用开始进入文字处理和图形图像处理领域。

4. 第四代计算机——大规模、超大规模集成电路计算机(1970年至今)

第四代计算机以英特尔公司研制的第一代微处理器Intel 4004为标志,这个时期的计算机最显著的特征是使用了大规模集成电路和超大规模集成电路。随着集成技术的发展,半导体芯片的集成度更高,每块芯片可容纳数万乃至数百万个晶体管,运算器和控制器都可以集中在一个芯片上,从而出现了微处理器。微处理器和大规模、超大规模集成电路组装成微型计算机,就是我们常说的微电脑或PC。微型计算机的"微"主要体现在体积小、重量轻、功耗低、价格便宜。1977年,苹果公司成立,先后成功开发了APPLE-Ⅰ型和APPLE-Ⅱ型微型计算机。1980年,IBM公司与微软公司合作,为微型计算机IBM PC配置了专门的操作系统。从1981年开始,IBM公司连续推出IBM PC、PC/XT、PC/AT等机型。时至今日，微型计算机的体积越来越小、性能越来越强、可靠性越来越高、价格越来越低。另一方面，利用大规模、超大规模集成电路制造的各种逻辑芯片已经制成了体积并不很大、但运算速度可达每秒上千万亿次的巨型计算机。我国继1983年研制成功每秒运算1亿次的银河Ⅰ型巨型机以后，又于1993年研制成功每秒运算10亿次的银河Ⅱ型通用并行巨型计算机。经过不断发展，我国最新的超级计算机“神威·太湖之光”的运算速度已达到每秒运算1千万亿次。由于第四代计算机仍然没有突破冯·诺伊曼体系结构，所以不能为这一代计算机画上休止符。

5. 第五代计算机——下一代计算机（研究开发中）

第五代计算机是把信息采集、存储、处理、通信同人工智能结合在一起的智能计算机系统。它是正在研制中的新型电子计算机，采用超大规模集成电路和其他新型物理元件组成，具有推论、联想、智能会话等功能，并能直接处理声音、文字、图像等信息。第五代计算机还是能“思考”的计算机，可以直接通过自然语言（声音、文字）或图形图像交换信息，能帮助人进行推理、判断，具有逻辑思维能力。从理论上和工艺技术上看，第五代计算机的体系结构与现在的计算机或许有根本的不同，问世以后，它提供的先进功能以及摆脱传统计算机的技术限制，必将为人类进入信息化社会提供一种强有力的工具。表1-1为第一代至第四代计算机的特点比较。

表1-1　各代计算机的特点比较

特点 \ 计算机	第一代（1946—1958年）	第二代（1959—1964年）	第三代（1965—1969年）	第四代（1970年至今）
电子器件	电子管	晶体管	中、小规模集成电路	大规模和超大规模集成电路
主存储器	磁芯、磁鼓	磁芯、磁鼓	磁芯、磁鼓、半导体存储器	半导体存储器
外部辅助存储器	磁芯、磁鼓	磁芯、磁鼓、磁盘	磁芯、磁鼓、磁盘	磁芯、磁鼓、磁盘
处理方式	机器语言 汇编语言	监控程序 作业批量连续处理 高级语言编译	多道程序 实时处理	实时、分时处理、网络操作系统
运算速度	5000～30000次/秒	几万～几十万次/秒	几十万～几百万次/秒	几百万～几亿次/秒
典型代表	ENIAC EDSAC IBM701	IBM7094 CDC1640	IBM360 PDP-8 NOVA1200	IBM370 VAX-11 APPLE-1

图灵奖（A. M. Turing Award）：学术界公认的电子计算机的理论和模型是由英国科学家艾伦·麦席森·图灵（Alan M. Turing）发表的论文《论可计算数学及其在判定问题中的应用》奠定的基础。为纪念这位伟大的计算机科学理论的奠基人，美国计算机协会（ACM）于1966年设立图灵奖，专门奖励那些对计算机事业作出重要贡献的个人。由于图灵奖的获奖条件要求极高，

评奖程序又极其严格，因此有“计算机界的诺贝尔奖”之称。每年的图灵奖一般在下一年的4月初颁发，从1966年到2016年，共有51届、65名获奖者，按国籍分，美国学者最多，欧洲学者次之，华人学者目前仅有2000年图灵奖得主姚期智。

1.1.2 计算机的特点和分类

1. 计算机的特点

计算机是一种能迅速、高效、自动地完成信息处理的电子设备，它能按照程序对信息进行加工、处理、存储。归纳起来，计算机有以下5个重要特点。

1）运算速度快

世界上第一台电子计算机ENIAC的运算速度是5000次/秒（每秒执行5000个指令）。目前，随着微处理器的发展，一般微型计算机的运算速度可达每秒几亿次，巨型计算机的运算速度已经达到每秒几万亿次甚至上千万亿次。计算机有着如此高的运算速度，使得在大数据和高强度计算领域，如天气预报、弹道分析、复杂网络分析等过去需要几年甚至几十年才能完成的任务，现在只要几小时、几分钟甚至更短时间内就能完成。

2）计算精度高（准确性高）

计算机一般可以有几十位有效数字，并可以达到更高的精度。随着计算机技术更深入的发展，获得更高的有效数字位数是必然的。有效数字位数越多，计算机计算的范围越大，准确性就越高。因此，计算机可广泛地应用于工业控制、航空航天等精度要求高的领域。例如对圆周率的计算，数学家们经过长期艰苦的努力，只算到小数点后500位，而使用计算机很快就可以算到小数点后200万位。

3）存储容量大

计算机的存储器可以存储大量的数据，如文件、照片、语音、视频等，同时还能够存储程序代码、原始数据、计算结果，以及存储计算机在执行过程中的中间信息，并能根据计算的需要随时取用。随着计算机硬件技术的飞速发展，计算机的存储容量也快速增长，从以前的几十KB、几百KB，到现在的几百GB、几千GB甚至几十TB。另外，计算机对数据的存储有效时间长，借助外部存储器，计算机可以比较长久地保存信息。

4）逻辑判断能力强

具有可靠的逻辑判断能力是计算机能实现信息处理自动化的重要原因。能进行逻辑判断，也可以说是分析因果关系的能力，使计算机不仅能对数值数据进行计算，也能对非数值数据进行处理，并根据逻辑判断的结果采取下一步的动作。计算机能广泛应用于非数值数据处理领域，如信息检索、图形识别、各种多媒体应用和专家系统等。

5）自动化程度高

借助计算机内部的存储功能，可以将指令和所需要的数据事先输入计算机中存储起来。计算机在解决问题时，启动事先输入的、编制好的程序以后，可以自动执行，一般不需要人直接干预运算、处理和控制过程。

2. 计算机的分类

传统计算机可从用途、规模或处理对象等多方面进行划分。

1）按用途划分

① 通用计算机：用于解决多种一般问题，该类计算机使用领域广泛、通用性较强，在科学计算、数据处理和过程控制等方面都适用。

② 专用计算机：用于解决某个特定方面的问题，配有解决某问题的软件和硬件，如在生产过程自动化控制、工业智能仪表等专门方面的应用。

2）按规模划分

按计算的规模或能力，可以把计算机分为巨型计算机、大/中型计算机、小型计算机和微型计算机。

① 巨型计算机：应用于国防尖端技术和现代科学计算中。巨型机的运算速度可达每秒百万亿次。巨型机运算速度快，存储量大，结构复杂，价格昂贵，主要用于尖端科学研究领域，如天河系列、神威·太湖之光等。

② 大/中型计算机：大型机规模次于巨型机，有比较完善的指令系统和丰富的外部设备，具有较高的运算速度，每秒可以执行几千万条指令，而且有较大的存储空间。往往用于科学计算、数据处理或作为网络服务器使用，如 IBM4300。中型机是介于大型机和小型机之间的一种机型。

③ 小型计算机：小型机较大型机成本更低，维护也更容易，规模更小，结构简单，运行环境要求较低，一般为中小型企业单位所用，应用于工业自动控制、测量仪器、医疗设备中的数据采集等方面。

④ 微型计算机：它较之小型机体积更小、价格更低、灵活性更好，可靠性更高，使用更加方便。目前，许多微型机的性能已超过以前的大、中型机。中央处理器(CPU)采用微处理器芯片，小巧轻便，广泛用于商业、服务业、工厂的自动控制、办公自动化以及大众化的信息处理。按照微型计算机多个部件的组装形式分类，又可分为单片机、单板机和多板微型计算机三类。

- 单片机：微处理器、一定容量的存储器以及输入/输出接口电路等集成在一个芯片上，就构成了单片计算机(single chip computer)。可见单片机仅是一片特殊的、具有计算机功能的集成电路芯片。20 世纪 70 年代出现了 4 位单片计算机和 8 位单片计算机，20 世纪 80 年代出现了 16 位单片机，性能得到很大提升，20 世纪 90 年代又出现了 32 位单片机和使用 Flash 存储的微控制器。单片机的特点是体积小、功耗低、使用方便、便于维护和修理，缺点是存储器容量较小，一般用来做专用机或智能化的一个部件，例如用来控制高级仪表、家用电器、网络通信设备和医疗卫生等设备。
- 单板机：微处理器、存储器、输入/输出接口电路安装在一块印刷电路板上，就成为单板计算机(single board computer)。一般这块板上还有简易键盘、液晶或数码管显示器、盒式磁带机接口，只要再外加电源便可直接使用，极为方便。单板机广泛应用于工业控制、微型机教学和实验，或作为计算机控制网络的前端执行机。

它不但价格低廉，而且非常容易扩展，用户买来这类机器后，主要的工作是根据现场的需要编制相应的应用程序并配备相应的接口。

- 多板微型计算机：也称系统机，把微处理器芯片、存储器芯片、各种I/O接口芯片和驱动电路、电源等装配在不同的印刷电路板上，各印刷电路板插在主机箱内标准的总线插槽上，通过系统总线相互连接起来，就构成了一个多插件板的微型计算机。目前广泛使用的微型计算机系统就是用这种方式构成的。多板微型计算机也称单机系统，所有的系统软件和应用程序都在系统内的硬盘上或内存中。它功能强，组装灵活。选择不同的功能部件适配卡（如主机板、内存条、显示卡、声卡、软盘驱动器、硬盘驱动器、光驱、打印机、键盘、鼠标等），就可以构成不同功能和规模的微型计算机。

3）按处理对象划分

① 数字计算机：计算机处理时，输入和输出的数值都是数字量。

② 模拟计算机：处理的数据对象直接为连续的电压、温度、速度等模拟数据。

③ 数字模拟混合计算机：输入输出既可是数字，也可是模拟数据。混合计算机一般由数字计算机、模拟计算机和混合接口三部分组成，其中模拟计算机部分承担快速计算的工作，而数字计算机部分则承担高精度运算和数据处理的工作。混合计算机同时具有数字计算机和模拟计算机的特点：运算速度快、计算精度高、逻辑和存储能力强、存储容量大和仿真能力强。

随着电子技术的不断发展，混合计算机主要应用于航空航天、导弹系统等实时性的复杂大系统中。现代混合计算机已发展成为一种具有自动编排模拟程序能力的混合多处理机系统。它包括一台超小型计算机、一两台外围阵列处理机、几台具有自动编程能力的模拟处理机，在各类处理机之间，通过一个混合智能接口可以完成数据和控制信号的转换与传送。这种系统具有很强的实时仿真能力，但价格昂贵。

4）按工作模式划分

① 工作站：以个人计算环境和分布式网络环境为基础的高性能计算机。工作站不单纯是进行数值计算和数据处理的工具，而且是支持人工智能作业的作业机，通过网络连接包含工作站在内的各种计算机可以互相进行信息的传送，资源、信息的共享，负载的分配。

② 服务器：在网络环境下为多个用户提供服务的共享设备。一般分为文件服务器、打印服务器、计算服务器和通信服务器等。服务器是一种可供网络用户共享的、高性能的计算机，服务器一般具有大容量的存储设备和丰富的外部设备，其上运行网络操作系统，具有较高的运行速度。为此，很多服务器都配置了双CPU，服务器的资源可供网络用户共享。

1.1.3 计算机的应用领域

计算机的应用领域已渗透到社会的各行各业，正在改变着传统的工作、学习和生活方式，推动着社会的发展。计算机的主要应用领域如下。

1. 科学计算

科学计算是指利用计算机来完成科学研究和工程技术中提出的数学问题的计算。在现代科学技术工作中,科学计算问题是大量的、复杂的。利用计算机的高速计算、大存储容量和连续运算的能力,可以实现人工无法解决的各种科学计算问题。

例如,在建筑设计中,为了确定构件尺寸,通过弹性力学导出一系列复杂方程,长期以来由于计算方法跟不上而一直无法求解。而计算机不但能求解这类方程,并且引起弹性理论上的一次突破,出现了有限单元法。

2. 信息管理

信息管理是对各种数据进行收集、存储、整理、分类、统计、加工、利用、传播等一系列活动的统称。据统计,80%以上的计算机主要用于数据处理,这类工作量大面宽,决定了计算机应用的主导方向。数据处理从简单到复杂经历了以下三个发展阶段。

① 电子数据处理(electronic data processing,EDP),它是以文件系统为手段,实现一个部门内的单项管理。

② 管理信息系统(management information system,MIS),它是以数据库技术为工具,实现一个部门的全面管理,以提高工作效率。

③ 决策支持系统(decision support system,DSS),它是以数据库、模型库和方法库为基础,帮助管理决策者提高决策水平,改善运营策略的正确性与有效性。

目前,信息管理已广泛地应用于办公自动化、企事业计算机辅助管理与决策、情报检索、图书管理、电影电视动画设计、会计电算化等各行各业。信息正在形成独立的产业,多媒体技术使信息展现的不仅是数字和文字,也有声音和图像信息。

3. 辅助技术

1) 计算机辅助设计(computer aided design,CAD)

计算机辅助设计是利用计算机系统辅助设计人员进行工程或产品设计,以实现最佳设计效果的一种技术。它已广泛地应用于飞机、汽车、机械、电子、建筑和轻工等领域。例如,在电子计算机的设计过程中,利用 CAD 技术进行体系结构模拟、逻辑模拟、插件划分、自动布线等,从而大大提高了设计工作的自动化程度。又如,在建筑设计过程中,可以利用 CAD 技术进行力学计算、结构计算、绘制建筑图纸等,这样不但提高了设计速度,而且还可以大大提高设计质量。

2) 计算机辅助制造(computer aided manufacturing,CAM)

计算机辅助制造是利用计算机系统进行生产设备的管理、控制和操作的过程。例如,在产品的制造过程中,用计算机控制机器的运行,处理生产过程中所需的数据,控制和处理材料的流动以及对产品进行检测等。使用 CAM 技术可以提高产品质量,降低成本,缩短生产周期,提高生产率和改善劳动条件。

3) 计算机辅助教学(computer aided instruction,CAI)

CAI 为学生提供一个良好的个人化学习环境。综合应用多媒体、超文本、人工智能、网络通信和知识库等计算机技术，克服了传统教学情景方式单一、片面的缺点。CAI 的主要特色是交互教育、个别指导和因人施教。

4. 过程控制（实时控制）

过程控制是利用计算机及时采集检测数据，按最优值迅速地对控制对象进行自动调节或自动控制。采用计算机进行过程控制，不仅可以大大提高控制的自动化水平，而且可以提高控制的及时性和准确性，从而改善劳动条件，提高产品质量及合格率。因此，计算机过程控制已在机械、冶金、石油、化工、纺织、水电、航天等部门得到广泛的应用。

例如，在汽车工业方面，利用计算机控制机床控制整个装配流水线，不仅可以实现精度要求高、形状复杂的零件加工自动化，而且可以使整个车间或工厂实现自动化。

5. 人工智能（artificial intelligence，AI）

人工智能是计算机模拟人类的智能活动，诸如感知、判断、理解、学习、问题求解和图像识别等。现在人工智能的研究已取得不少成果，有些已开始走向实用阶段。例如，能模拟高水平医学专家进行疾病诊疗的专家系统，具有一定思维能力的智能机器人、无人驾驶汽车等。

6. 网络应用

计算机技术与现代通信技术的结合构成了计算机网络。计算机网络的建立不仅实现了一个单位、一个地区、一个国家中计算机与计算机之间的通信，各种软、硬件资源的共享，也大大促进了国际间的文字、图像、视频和声音等各类数据的传输与处理。

1.1.4 未来计算机的发展趋势

在未来社会中，计算机、网络、通信技术将会“三位一体”化。新世纪的计算机将把人从重复、枯燥的信息处理中解脱出来，从而改变人类的工作、生活和学习方式，为人类和社会拓展更大的生存和发展空间。目前，基于集成电路的计算机短期内还不会退出历史舞台，但是科学家也在试图研发其他新型计算机，这些计算机无论从体系结构、工作原理和器件制作技术方面，都会发生颠覆性的变化，目前可能实现的技术主要有激光计算机、分子计算机、量子计算机、DNA 计算机、神经元计算机和生物计算机等。

1. 激光计算机

激光计算机是利用激光作为载体进行信息处理的计算机，又叫光脑，运算速度将比普通的电子计算机至少快 1000 倍。它依靠激光束进入由反射镜和透镜组成的阵列中来进行信息处理。与电子计算机相似的是，激光计算机也靠一系列逻辑操作来处理和解决问题。光束在一般条件下的互不干扰的特性，使得激光计算机能够在极小的空间内开辟很多平行的信息通道，密度大得惊人。一块截面等于 5 分硬币大小的棱镜，其通过能力超过全球现有全部电缆的许多倍。

2. 分子计算机

分子计算机指利用分子计算的能力进行信息处理的计算机。分子计算机的运行靠的是分子晶体可以吸收以电荷形式存在的信息，并以更有效的方式进行组织排列。分子计算机就是尝试利用分子计算的能力进行信息的处理。凭借分子纳米级的尺寸，分子计算机的体积将剧减。此外，分子计算机的耗电可大大减少，并能更长期地存储大量数据。分子计算机正在酝酿。美国惠普公司和加州大学 1999 年 7 月 16 日宣布，已成功研制出分子计算机中的逻辑门电路，其线宽只有几个原子直径之和，分子计算机的运算速度是目前计算机的 1000 亿倍，最终将取代硅芯片计算机。

3. 量子计算机

量子力学证明，个体光子通常不相互作用，但是当它们与光学谐腔内的原子聚在一起时，它们相互之间会产生强烈影响。光子的这种特性可用来发展量子力学效应的信息处理器件——光学量子逻辑门，进而制造量子计算机。量子计算机利用原子的多重自旋进行。量子计算机可以在量子位上计算，可以在 0 和 1 之间计算。在理论方面，量子计算机的性能能够超过任何可以想象的标准计算机。

4. DNA 计算机

科学家研究发现，脱氧核糖核酸（DNA）有一种特性，能够携带生物体的大量基因物质。数学家、生物学家、化学家以及计算机专家从中得到启迪，正在合作研究制造未来的液体 DNA 电脑。这种 DNA 电脑的工作原理是以瞬间发生的化学反应为基础，通过和酶的相互作用，将发生过程进行分子编码，把二进制数翻译成遗传密码的片段，每一个片段就是著名的双螺旋的一个链，然后以新的 DNA 编码形式解答问题。和普通的计算机相比，DNA 计算机体积小，存储的信息量却超过现在世界上所有的计算机。

5. 神经元计算机

人类神经网络的强大与神奇是人所共知的。将来，人们能够制造完成类似人脑功能的计算机系统，即人造神经元网络。神经元计算机最有前途的应用领域是国防领域，它可以识别物体和目标，处理复杂的雷达信号，决定要击毁的目标。神经元计算机的联想式信息存储、对学习的自然适应性、数据处理中的平行重复现象等性能都将异常有效。

6. 生物计算机

生物计算机是主要以生物电子元件构建的计算机。它利用蛋白质的开关特性，用蛋白质分子作元件，从而制成的生物芯片。其性能是由元件与元件之间电流启闭的开关速度来决定的。用蛋白质制成的计算机芯片，它的一个存储点只有一个分子大小，但是它的存储容量可以达到普通计算机的十亿倍。由蛋白质构成的集成电路，其大小只相当于硅片集成电路的十万分之一。而且运行速度更快，大大超过人脑的思维速度。

1.2　信息的表示与存储

从古至今,人类记录和表达信息的方式多种多样,如绳结、象形文字等,都是记录信息的一种方式。后来人们用竹简、丝绸、羊皮记录和存储信息。纸出现后,又成了主要的信息存储工具。到了近代,电子计算机又成了信息存储工具。计算机的主要功能是处理各种各样的信息,在计算机内部,各种信息被处理前都必须经过数字化编码,因为计算机内所有的信息均以二进制的形式表示,也就是由“0”和“1”组成的序列。

1.2.1　数据与信息

数据由人工或自动化手段加以处理的事实、场景、概念和指示的符号表示。字符、声音、表格、符号和图像等都是不同形式的数据。信息是客观事物属性的反映,是经过加工处理并对人类客观行为产生影响的数据表现形式。

数据和信息之间是相互联系的,数据只是对事实的初步认识,是反映客观事物属性的记录,是信息的具体表现形式。任何事物的属性都是通过数据来表示的,借助人的思维或者信息技术对数据进行加工处理后成为信息,而信息必须通过数据才能传播,才能对人类产生影响。

例如,1、3、5、7、9是一组数据,其本身是没有意义的,但对它进行分析后,就可得到一组等差数列,从而很清晰地得到后面的数字。这便对这组数据赋予了意义,称为信息,是有用的数据。

计算机中的数据包括数值型和非数值型两大类。数据在计算机中的表示形式称为机器数。为了更好地表达计算机数据存储的组织形式,首先需要了解以下3个概念。

1. 比特

比特(bit)是计算机专业术语,是信息量单位,是由英文bit音译而来,简称b同时也是二进制数字中的位。在二进制数系统中,每个0或1就是一个位,又称“比特”,位是数据存储的最小单位。其中8b就称为一个字节(byte)。计算机中的CPU位数指的是CPU一次能处理的最大位数。例如,64位计算机的CPU一次最多能处理64位数据。显然n位二进制数能表示2^n种状态。

2. 字节

字节(byte)是计算机信息技术用于计量存储容量大小的一种基本单位,简称B。计算机的内、外存的存储容量都是用字节来计算和表示的。通常情况下,1字节等于8位二进制数。由于数据容量越来越大,现实中为了更好地表示数据的容量大小,通常会定义几种容量单位,如KB、MB、GB、TB、PB等,它们之间的换算关系如下。

1KB=1024B;1MB=1024KB=1024×1024B。其中$1024=2^{10}$。

1B(byte,字节)=8 bit;

1KB(Kibibyte,千字节)=1024B= 2^{10} B;

1MB(Mebibyte,兆字节,百万字节,简称“兆”)=1024KB= 2^{20} B;

1GB(Gigabyte,吉字节,十亿字节,又称“千兆”)=1024MB= 2^{30} B;

1TB(Terabyte,万亿字节,太字节)=1024GB= 2^{40} B;

1PB(Petabyte,千万亿字节,拍字节)=1024TB= 2^{50} B;

1EB(Exabyte,百亿亿字节,艾字节)=1024PB= 2^{60} B;

1ZB(Zettabyte,十万亿亿字节,泽字节)= 1024EB= 2^{70} B;

1YB(Yottabyte,一亿亿亿字节,尧字节)= 1024ZB= 2^{80} B;

1BB(Brontobyte,一千亿亿亿字节)= 1024YB= 2^{90} B;

1NB(NonaByte,一百万亿亿亿字节) = 1024 BB = 2^{100} B;

1DB(DoggaByte,十亿亿亿亿字节) = 1024 NB = 2^{110} B。

3. 字长

字长是CPU的主要技术指标之一,指的是CPU一次能并行处理的二进制位数,字长总是8的整数倍,通常PC的字长为16位(早期)、32位、64位。PC可以通过编程的方法来处理任意大小的数字,但数字越大,PC就要花越长的时间来计算。PC在一次操作中能处理的最大数字是由PC的字长确定的。一般说来,计算机在同一时间内处理的一组二进制数称为一个计算机的“字”,而这组二进制数的位数就是“字长”。

字长与计算机的功能和用途有很大的关系,是计算机的一个重要技术指标。字长直接反映了一台计算机的计算精度,为适应不同的要求,协调运算精度和硬件造价间的关系,大多数计算机均支持变字长运算,即机内可实现半字长、全字长(或单字长)和双倍字长运算。在其他指标相同时,字长越大,计算机处理数据的速度就越快。

1.2.2 数制与数制转换

在计算机中,数字是以一串“0”或“1”的二进制代码来表示的,这是计算机唯一能识别的数据形式。数据必须转化成二进制代码表示,也就是说,所有需要计算机加以处理的数字、字母、文字、图形、图像、声音等信息(人识数据),都必须采用二进制编码(机识数据)来表示和处理。数值在计算过程中采用的是进位计数,学习数制之前必须首先掌握数码、基数和位权三个概念。

数码:数制中表示基本数值大小的不同数字符号。例如,十进制有10个数码:0、1、2、3、4、5、6、7、8、9。

基数:数制所使用数码的个数。例如,二进制的基数为2;十进制的基数为10。

位权:对于多位数,处在某一位上的“1”所表示的数值的大小,称为该位的位权。例如,十进制数234,从右到左第2位的位权为10,第3位的位权为100;而二进制数110,第2位的位权为2,第3位的位权为4,对于N进制数,整数部分第i位的位权为$N^{(i-1)}$,而小数部分第j位的位权为N^{-j}。

1. 数制

数制也称计数制，是用一组固定的符号和统一的规则来表示数值的方法。N 进制的数可以用 0～(N－1)的数表示，超过 9 的用字母 A～F。常见的数制有如下几种。

十进制 D(decimal)计数法是相对二进制计数法而言的，是日常使用最多的计数方法(俗称“逢十进一”)。它的定义是：“每相邻的两个计数单位之间的进率都为十”的计数法则，就叫做“十进制计数法”。在十进制中，数用 0、1、2、3、4、5、6、7、8、9 这十个数码来表示。

八进制 O(octal)是一种以 8 为基数的计数法，采用 0、1、2、3、4、5、6、7 八个数码表示，逢八进一。八进制数和二进制数可以按位对应(八进制 1 位对应二进制 3 位)，因此常应用在计算机语言中。

二进制 B(binary)是计算技术中广泛采用的一种数制。二进制数据是用 0 和 1 两个数码来表示的数。它的基数为 2，进位规则是“逢二进一”，借位规则是“借一当二”，由 18 世纪德国数理哲学大师莱布尼兹发现。当前的计算机系统使用的基本上是二进制系统，用“开”来表示 1，“关”来表示 0。

十六进制 H(hexadecimal)是计算机中数据的一种表示方法，同日常生活中的表示法不一样。它由 0～9、A～F 组成，字母不区分大小写。与十进制的对应关系是：0～9 对应 0～9；A～F 对应 10～15。

2. 数制转换

在采用进位计数制的数字系统中，如果只用 r 个基本符号来表示数值，则称其为 r 进制。每个数都可以用基数、系数和位数的形式来表示十进制数，即

$$N = m_{n-1}K^{n-1} + m_{n-2}K^{n-2} + \cdots + m_0K^0 + m_{-1}K^{-1} + m_{-2}K^{-2} + \cdots$$

基数(K)：是最大进位数(进制数)，数制的规则是逢 K 进一。例如，十进制基数为 10，六十进制(时间)的基数为 60 等。

系数(m)：每个数位上的值，取值范围为 0～k－1。例如，234 中的百位系数为 2，十位系数为 3，个位系数为 4。

位数(n)：各种进制数的个数。例如，十进制数 234 的位数为 3，二进制数 11010011 的位数为 8。

例如：$(234)_{10}=2\times10^2+3\times10^1+4\times10^0$(式中：$m_2=2$，$m_1=3$，$m_0=4$；$K=10$；$n=3$)

显然，一个任意进制的数都可以按上述方法表示为其他进制的数。表 1-2 列出了计算机中常用的几种数制的对应关系。

表 1-2 计算机常用数制的对应关系

十进制(D)	二进制(B)	八进制(O)	十六进制(H)
0	0	0	0
1	1	1	1
2	10	2	2
3	11	3	3

续表

十进制(D)	二进制(B)	八进制(O)	十六进制(H)
4	100	4	4
5	101	5	5
6	110	6	6
7	111	7	7
8	1000	10	8
9	1001	11	9
10	1010	12	A
11	1011	13	B
12	1100	14	C
13	1101	15	D
14	1110	16	E
15	1111	17	F

数制转换主要有如下几种。

① r 进制转换成十进制,方法如下。

$a_n \cdots a_1 a_0 . a_{-1} \cdots a_{-m}(r) = a_n \times r^n + \cdots + a_1 \times r^1 + a_0 \times r^0 + a_{-1} \times r^{-1} + \cdots + a_{-m} \times r^{-m}$

例 1:

$10101(B) = 1 \times 2^4 + 0 \times 2^3 + 1 \times 2^2 + 0 \times 2^1 + 1 \times 2^0 = 21$

$101.11(B) = 1 \times 2^2 + 0 \times 2^1 + 1 \times 2^0 + 1 \times 2^{-1} + 1 \times 2^{-2} = 5.75$

$101(O) = 1 \times 8^2 + 0 \times 8^1 + 1 \times 8^0 = 65$

$71(O) = 7 \times 8^1 + 1 \times 8^0 = 57$

$101A(H) = 1 \times 16^3 + 0 \times 16^2 + 1 \times 16^1 + 10 \times 16^0 = 4122$

② 十进制转换成 r 进制,方法如下。

整数部分:除以 r 取余数,直到商为 0,余数依次从低位到高位排列(从右到左排列)。

小数部分:乘以 r 取整数,整数依次从高位到低位排列(从左到右排列)。

例 2:

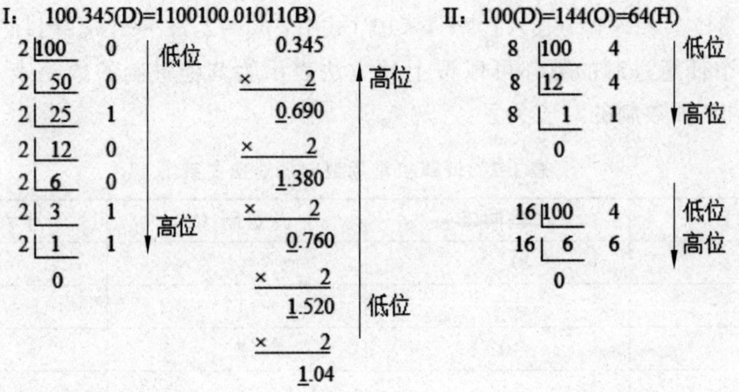

I: 100.345(D)=1100100.01011(B)

```
2|100   0  低位          0.345
2| 50   0            ×      2     ↑高位
2| 25   1                 0.690
2| 12   0            ×      2
2|  6   0                 1.380
2|  3   1            ×      2
2|  1   1  高位           0.760
    0                ×      2
                          1.520    低位
                     ×      2
                          1.04
```

II: 100(D)=144(O)=64(H)

```
8 |100   4   低位
8 | 12   4
8 |  1   1   高位
     0

16|100   4   低位
16|  6   6   高位
     0
```

③ 八进制和十六进制转换成二进制，方法如下。

每一个八进制数对应二进制的 3 位。

每一个十六进制数对应二进制的 4 位。

例 3：

7123(O)=111 001 010 011(B)　　　　144(O)=001 100 100(B)

　　　　7　1　2　3　　　　　　　　　　1　4　4

2C1D(H)=0010 1100 0001 1101(B)　　　　64(H)=0110 0100(B)

　　　　2　C　1　D　　　　　　　　　　6　4

④ 二进制转换成八进制和十六进制，方法如下。

整数部分：从右向左进行分组。

小数部分：从左向右进行分组。

转换成八进制 3 位一组，不足补零。

转换成十六进制 4 位一组，不足补零。

例 4：

1 101 101 110. 110 101(B)=1556.65(O)

1　5　5　6　6　5

11 0110 1110. 1101 01(B)=36E.D4(H)

3　6　E　D　4

3. 二进制运算规则

加法：1+0=1；0+1=1；0+0=0；1+1=0(有进位)。

减法：1-0=1；1-1=0；0-0=0；0-1=1(有借位)。

乘法：0×0=0；1×0=0；0×1=0；1×1=1。

除法：是乘法的逆运算。

1.2.3 字符的编码

计算机中储存的信息都是用二进制数表示的；在屏幕上看到的英文、汉字等字符是二进制数转换之后的结果。当需要把字符“A”存入计算机时，应该对应哪种状态呢？存储时，用 1000001 二进制字符串表示字符“A”，存入计算机；读取时，再将 1000001 还原成字符“A”。因此，存储时，需要制定一系列规则，可以将字符映射到唯一的一种状态(二进制字符串)，这就是编码。反之，将存储在计算机中的二进制数解析显示出来，称为“解码”，如同密码学中的加密和解密。而最早出现的编码规则就是 ASCII 编码。

1. ASCII 码

ASCII 码(american standard code for information interchange)是美国标准信息交换码的简称，该编码已成为国际通用的信息交换标准代码。标准 ASCII 码也叫基础 ASCII 码，采用 7 个二进制位对字符进行编码，其格式为每 1 个字符有 1 个编码。每个字符占用

1个字节，用低7位编码，最高位为0。其共有128个编码，如表1-3所示，编码是0～127，用来表示所有的大写和小写字母、数字0～9、标点符号以及在美式英语中使用的特殊控制字符。其中：

0～31及127(共33个)是控制字符或通信专用字符(其余为可显示字符)，如控制符LF(换行)、CR(回车)、FF(换页)、DEL(删除)、BS(退格)、BEL(响铃)等；通信专用字符SOH(文头)、EOT(文尾)、ACK(确认)等；ASCII值为8、9、10和13分别转换为退格、制表、换行和回车字符。它们并没有特定的图形显示，但会依不同的应用程序对文本显示有不同的影响。

32～126(共95个)是字符(32是空格)，其中48～57为0～9十个阿拉伯数字。

65～90为26个大写英文字母，97～122为26个小写英文字母，其余为一些标点符号、运算符号等。表1-3中的H表示高3位，L表示低4位。

表1-3　ASCII码表

L \ H	000	001	010	011	100	101	110	111
0000	NUL	DLE	SP	0	@	P	`	p
0001	SOH	DC1	!	1	A	Q	a	q
0010	STX	DC2	"	2	B	R	b	r
0011	ETX	DC3	#	3	C	S	c	s
0100	EOT	DC4	$	4	D	T	d	t
0101	ENG	NAK	%	5	E	U	e	u
0110	ACK	SYN	&	6	F	V	f	v
0111	BEL	ETB	'	7	G	W	g	w
1000	BS	CAN	(	8	H	X	h	x
1001	HT	EM	)	9	I	Y	i	y
1010	LF	SUB	*	:	J	Z	j	z
1011	VT	ESC	+	;	K	[	k	{
1100	FF	FS	,	<	L	\	l	|
1101	CR	GS	-	=	M	]	m	}
1110	SO	RS	.	>	N	↑	n	～
1111	SI	US	/	?	O	←	o	DEL

许多基于x86的系统都支持使用扩展(或"高")ASCII。扩展ASCII码允许将每个字符的第8位用于确定附加的128个特殊符号字符、外来语字母和图形符号。

ASCII的最大缺点是只能显示26个基本拉丁字母、阿拉伯数字和英式标点符号，因此只能用于显示现代美国英语(处理英语当中的外来词，如naïve、café、élite等时，重音符号无法表示)，对更多其他语言的表示无能为力。因此现在的苹果电脑已经抛弃ASCII

而转用 Unicode。

注意：在标准 ASCII 码中，其最高位(b_7)用作奇偶校验位。所谓奇偶校验，是指在代码传送过程中用来检验是否出现错误的一种方法，一般分奇校验和偶校验两种。奇校验规定：正确的代码一个字节中 1 的个数必须是奇数，若非奇数，则在最高位 b_7 添 1；偶校验规定：正确的代码一个字节中 1 的个数必须是偶数，若非偶数，则在最高位 b_7 添 1。

2. 汉字编码

为了显示中文，必须设计一套编码规则，用于将汉字转换为计算机可以接受的数字系统的数。规定：一个小于 127 的字符的意义与原来相同，但两个大于 127 的字符连在一起时，就表示一个汉字，前面的一个字节(称为高字节)从 0xA1 到 0xF7，后面一个字节(低字节)从 0xA1 到 0xFE，这样就可以组合出大约 7000 多个简体汉字了。在这些编码里，数学符号、罗马希腊的字母、日文的假名都编进去了，连在 ASCII 里本来就有的数字、标点、字母都重新编了两个字节长的编码，这就是常说的"全角"字符，而原来在 127 号以下的那些就叫"半角"字符了，上述编码规则就是 GB-2312，是目前最普遍使用的汉字字符编码。

GB-2312 或 GB 2312-80 是中国国家标准简体中文字符集，全称"信息交换用汉字编码字符集·基本集"，由中国国家标准总局发布，1981 年 5 月 1 日实施。GB-2312 编码通行于中国大陆；新加坡等地也采用此编码。中国大陆几乎所有的中文系统和国际化的软件都支持 GB-2312。GB-2312 的出现基本满足了汉字的计算机处理需要，它所收录的汉字已经覆盖中国大陆 99.75%的使用频率。对于人名、古汉语等方面出现的罕用字，GB-2312 不能处理，这导致了后来 GBK 及 GB 18030 汉字字符集的出现。

汉字处理包括汉字的编码输入、汉字的存储和汉字的输出等环节。汉字处理的各阶段分为输入码、(机)内码、交换码(国标码)和字形码，各种码对应的处理过程如下所示：

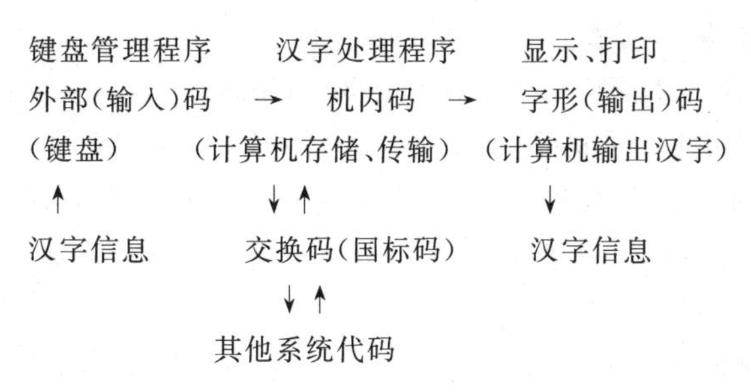

1) 输入码

数字编码：用数字串代表一个汉字的输入。国标区位码等便是这种编码法。

拼音编码：是以汉语拼音为基础的输入方法，也称音码输入法。由于汉字同音字太多，输入重码率很高，因此，按拼音输入后还必须进行同音字选择，影响了输入速度。全拼、双拼、微软拼音等便是这种编码法。

字形编码：是以汉字的形状确定的编码，也称形码输入法。汉字总数虽多，但都是由一笔一画组成，全部汉字的部件和笔画是有限的。因此，把汉字的笔画部件用字母或数字进行编码，按笔画书写的顺序依次输入，就能表示一个汉字，五笔字型、表形码等便是这种编码法，这种方法的缺点是需要记忆很多的编码。

2）内部码

汉字内部码（简称内码）是汉字在信息处理系统内部存储、处理、传输汉字用的代码。国家标准总局GB2312—1980规定的汉字国标码中，每个汉字内码占两个字节，每个字节最高位为“1”，作为汉字机内码的标识。以汉字“大”为例，国标码为3473H，两个字节的最高位为“1”，得到的机内码为B4F3H。又例如：

汉字	国标码	汉字机内码
沪	2706(00011011 00000110B)	10011011 10000110B
久	3035(00011110 00100011B)	10011110 10100011B

3）字形码

汉字字形码是表示汉字字形的字模数据，通常用点阵、矢量函数等方式表示。字形码也称字模码，它是汉字的输出形式，随着汉字字形点阵和格式的不同，汉字字形码也不同。常用的字形点阵有16×16点阵、24×24点阵、48×48点阵等。

字模点阵的信息量是很大的，占用存储空间也很大，以16×16点阵为例，每个汉字占用32(16×16/8=32)个字节，两级汉字大约占用256KB。因此，字模点阵只能用来构成“字库”，而不能用于机内存储。字库中存储了每个汉字的点阵代码，当显示输出时才检索字库，输出字模点阵得到字形。

汉字的矢量表示法是将汉字看做是由笔画组成的图形，提取每个笔画的坐标值，这些坐标值就可以确定每个笔画的位置，所有坐标值组合起来就是该汉字字形的矢量信息。每个汉字矢量信息所占的内存大小不一样。

3. Unicode

当计算机传到世界各个国家，起初为了适合当地语言和字符，不同国家都设计和实现自己的文字编码方案。随着计算机网络的发展，由于不兼容，互相访问时就出现了乱码现象。为了解决这个问题，产生了Unicode。Unicode编码系统为表达任意语言的任意字符而设计。它使用4字节的数字来表达每个字母、符号，或者表意文字（ideograph）。每个数字代表唯一的至少在某种语言中使用的符号（并不是所有的数字都用上了，但是总数已经超过了65535）。一般情况下，几种语言共用的字符通常使用相同的数字来编码。

在计算机科学领域中，Unicode（统一码、万国码、单一码、标准万国码）是业界的一种标准，它可以使电脑体现世界上数十种文字的系统。Unicode基于通用字符集（Universal Character Set）的标准来发展，同时也以书本的形式对外发表。Unicode还不断在扩增，每个新版本插入更多新的字符。到目前为止，Unicode就已经包含了超过十万个字符，一组可用以作为视觉参考的代码图表，一套编码方法与一组标准字符编码，一套包含了上标字、下标字等字符特性的枚举等。Unicode组织（the unicode consortium）是由一个非营利性的机构所运作，并主导Unicode的后续发展，其目标在于以Unicode编码方案来取代既有的字符编码方案,特别是既有的方案在多语言环境下,皆仅有有限的空间以及不兼容的问题。Unicode 是字符集,UTF-32/ UTF-16/ UTF-8 是三种字符编码方案。

① UTF-32。UTF-32 使用 4 字节的数字来表达每个字母、符号,或者表意文字(ideograph),每个数字代表唯一的至少在某种语言中使用的符号的编码方案,称为 UTF-32。UTF-32 又称 UCS-4,是一种将 Unicode 字符编码的协定,UTF-32 对每个字符都使用 4 字节,就空间而言,效率是非常低的,它并不如其他 Unicode 编码使用得广泛。

② UTF-16。UTF-16 将 0～65535 的字符编码成 2 个字节,如果真的需要表达那些很少使用的、超过这 65535 范围的 Unicode 字符,则需要使用一些其他的技巧来实现。UTF-16 编码最明显的优点是它在空间效率上比 UTF-32 高两倍。

③ UTF-8。UTF-8 是一种针对 Unicode 的可变长度字符编码(定长码),也是一种前缀码。它可以用来表示 Unicode 标准中的任何字符,且其编码中的第一个字节仍与 ASCII 兼容。因此,它逐渐成为电子邮件、网页及其他存储或传送文字的应用中优先采用的编码。互联网工程工作小组(IETF)要求所有互联网协议都必须支持 UTF-8 编码。

1.3 计算机硬件系统

计算机的硬件是指组成计算机的各种物理设备,它包括计算机的主机和外部设备,也就是看得见、摸得着的实际物理设备。它是由机械、电子器件及各种集成电路构成的具有输入、存储、计算、控制和输出功能的实体部件。人们经常提到的"裸机"是指只有硬件,没有安装任何软件系统的计算机。计算机系统由硬件系统和软件系统两大部分组成,其基本组成结构如图 1-2 所示,其中硬件系统是软件系统建立和依托的基础,分为主机和外部设备,外部设备必须通过接口和主机相连,通常说的微型计算机的主机指的是 CPU 和内存储器。

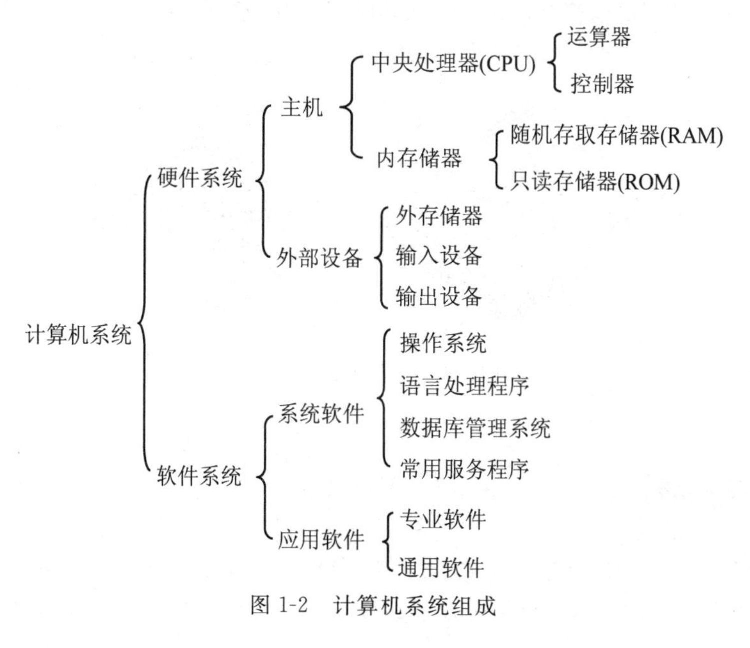

图 1-2　计算机系统组成

自第一台计算机 ENIAC 发明以来，计算机系统的技术已经得到了很大发展，但计算机硬件系统的基本结构仍然属于冯·诺依曼体系。计算机最主要的工作原理是存储与程序控制。存储程序是指人们必须事先把计算机的执行步骤序列(即程序)及运行中所需的数据，通过一定方式输入并存储在计算机的存储器中。程序控制是指计算机运行时能自动地逐一取出程序中的一条条指令，加以分析并执行规定的操作。根据存储程序和程序控制的概念，在计算机运行过程中，实际上有两种信息在流动。一种是数据流，包括原始数据和指令，它们在程序运行前已经预先送至主存中，而且都是以二进制形式编码的，在运行程序时，数据被送往运算器参与运算，指令被送往控制器。另一种是控制信号，它是由控制器根据指令的内容发出的，指挥计算机各部件执行指令规定的各种操作或运算，并对执行流程进行控制。计算机硬件运算器、控制器、存储器、输入设备和输出设备五大部分及总线组成，如图 1-3 所示。

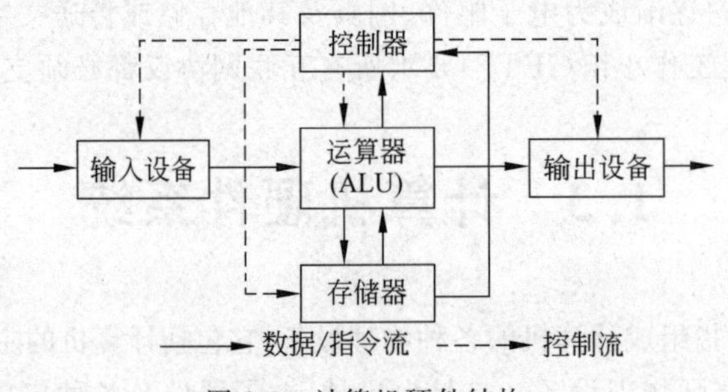

图 1-3　计算机硬件结构

中央处理器(central processing unit，CPU)是一块超大规模的集成电路，如图 1-4 所示，是计算机硬件系统中最核心的部件，是一台计算机的运算核心(core)和控制核心(control unit)。它的功能主要是解释计算机指令以及处理计算机软件中的数据。中央处理器主要包括运算器，即算术逻辑运算单元(arithmetic logic unit，ALU)、控制器(controller)和高速缓冲存储器(cache)及实现它们之间联系的数据(data)、控制及状态的总线(bus)。

图 1-4　中央处理器 CPU

1.3.1　运算器

计算机中执行各种算术和逻辑运算操作的部件，运算器由算术逻辑运算单元(ALU)、累加器、状态寄存器、通用寄存器组等组成。算术逻辑运算单元(ALU)的基本功能为加、减、乘、除四则运算,与、或、非、异或等逻辑操作,以及移位、求补等操作。

计算机运行时,运算器的操作和操作种类由控制器决定。运算器处理的数据是在控制器的统一指挥下从内存中读取到运算器中,处理后的结果数据通常送回存储器,或暂时寄存在运算器中。运算器能力的强弱取决于其能执行多少种操作和操作速度,操作速度一般指平均速度,即在单位时间内平均能执行的指令条数,如某计算机运算速度为100万次/秒,就是指该机在1秒钟内能平均执行100万条指令(即1MIPS)。有时也采用加权平均法(即根据每种指令的执行时间以及该指令占全部操作的百分比进行计算)求得的等效速度表示。

1.3.2 控制器

计算机控制器是计算机的神经中枢,指挥计算机各个部件协调一致地工作。在控制器的控制下,计算机能够自动按照程序设定的步骤进行一系列操作,以完成特定任务。控制器实现指令的读入、寄存、译码和在执行过程中有序地发出控制信号。其主要部件如下。

① 程序计数器(program counter,PC):当程序顺序执行时,每取出一条指令,PC内容自动增加一个值,指向下一条要取的指令,从而保证程序得以持续运行。

② 指令寄存器(instruction register,IR):用于保存当前执行或者即将执行的指令。指令由两部分组成:一部分称为操作码(operation code,OP),指出该指令要进行什么操作;另一部分称为操作数,用于指出参加运算的数据及其所在的单元地址。计算机的所有操作都是通过分析存放在指令寄存器中的指令后再执行的。

③ 指令译码器:用于对当前指令进行译码,即把OP送到指令译码部件,翻译成要对哪些部件进行哪些操作的信号。

④ 操作控制器(operation controller,OC):主要是为CPU内的每个功能部件之间建立数据通路,使得信息可以在各部件之间得以持续运行。即通过操作控制逻辑,把指令译码器翻译的操作信号(和时序信号)送到指定的部件。

⑤ 状态/条件寄存器:用于保存指令执行完成后产生的条件码,另外还保存中断和系统工作状态等信息。

⑥ 时序部件:用于产生节拍电位和时序脉冲。

1.3.3 存储器

存储器的主要功能是存储程序和各种数据,并能在计算机运行过程中高速、自动地完成程序或数据的存取。存储器是具有"记忆"功能的设备,它采用具有两种稳定状态的物理器件来存储信息。

1. 存储器的分类

存储器的分类主要有以下几种。

① 按存储器所处的位置，分为内存(主存储器)和外存(辅助存储器)。

② 按构成存储器的材料，分为磁存储器、半导体存储器和光存储器。

③ 按工作方式，分为只读存储器和读写存储器。

④ 按访问方式，分为按地址访问的存储器和按内容访问的存储器。

⑤ 按寻址方式，分为随机存储器、顺序存储器和直接存储器。

2. 主存储器

主存储器简称为主存或内存，是计算机硬件的一个重要部件，其作用是存放指令和数据，并能由中央处理器(CPU)直接随机存取。现代计算机为了提高性能，又能兼顾合理的造价，往往采用由存储容量小、存取速度高的高速缓冲存储器和存储容量、存取速度适中的主存储器构成多级存储体系。主存储器是按地址存放信息的，存取速度一般与地址无关。主存储器一般有 RAM 和 ROM 两种工作方式的存储器，其绝大部分存储空间由 RAM 构成。

1) 主存储器分类

① 随机存取存储器(RAM)。

RAM 是构成内存的主要部分，其内容可以根据需要随时按地址读出或写入，以某种电触发器的状态存储，断电后信息无法保存，对于 CPU 来说，RAM 是主要存放数据和程序的地方，所以也叫做“主存”，也就是平常说的内存条，如图 1-5 所示。RAM 又可分为 SRAM 和 DRAM 两种。SRAM 为静态 RAM，不用刷新，速度可以非常快，像 CPU 内部的 cache 都是静态 RAM，缺点是一个内存单元需要的晶体管数量多，因而价格昂贵，容量不大。DRAM 为动态 RAM，需要刷新，容量大。我们经常说的“内存”是指 DRAM。因为 CPU 工作的速度比 RAM 的读写速度快，所以 CPU 读写 RAM 时需要花费时间等待，这样就使 CPU 的工作速度下降。为了提高 CPU 读写程序和数据的速度，在 RAM 和 CPU 之间增加了高速缓存(cache)部件。cache 的内容是随机存储存储器(RAM)中部分存储单元内容的副本。

图 1-5　内存条

② 只读存储器(ROM)。

只读存储器，出厂时，其内容由厂家用掩膜技术写好，只可读出，但无法改写。信息已固化在存储器中，一般用于存放系统程序 BIOS 和微程序控制。

PROM 是可编程 ROM，只能进行一次写入操作(与 ROM 相同)，但是出厂后，可以由用户使用特殊电子设备写入。

EPROM 是可擦除的 PROM，可以读出，也可以写入。但是在一次写操作之前必须用紫外线照射，以擦除所有信息，然后再用 EPROM 编程器写入，可以写多次。

EEPROM 是电可擦除 PROM，与 EPROM 相似，可以读出也可写入，而且在写操作之前，不需要把以前内容先擦去，而是直接对寻址的字节或块进行修改。

闪速存储器(flash memory)，其特性介于 EPROM 与 EEPROM 之间。闪速存储器也可使用电信号进行快速删除操作，速度远快于 EEPROM。但不能进行字节级别的删除操作，其集成度高于 EEPROM。

③ 高速缓存(cache)。

高速缓冲存储器是存在于主存与 CPU 之间的一级存储器，由静态存储芯片(SRAM)组成，容量比较小，但速度比主存高得多，接近于 CPU 的速度。cache 是对程序员透明的一种高速小容量存储器。容量由几百 KB 到几 MB，通常用来存储当前使用最多的程序或数据。所谓透明，是指程序员不必自己操作和控制，而是由硬件自动完成。每次访问存储器时，都先访问高速缓存，若访问的内容在高速缓存中，访问到此为止；否则再访问主存储器，并把有关内容及相关数据块取入高速缓存。

cache 主要由以下三大部分组成。

- cache 存储体：存放由主存调入的指令与数据块。
- 地址转换部件：建立目录表，以实现主存地址到缓存地址的转换。
- 替换部件：在缓存已满时，按一定策略进行数据块替换，并修改地址转换部件。

2) 主存储器的性能指标

① 容量：存储器芯片的容量是以存储 1 位二进制数(bit)为单位的，因此存储器的容量即指每个存储器芯片所能存储的二进制数的位数。可由以下公式求得：

存储器芯片容量＝单元数×数据线位数

② 存取周期：存储器芯片的存取周期是用存取时间来衡量的。它是指从 CPU 给出有效的存储器地址到存储器给出有效数据所需要的时间。存取时间越少，则速度越快。一般在 20～300ns，记作 T_m。

③ 存储器带宽：每秒钟能访问的 bit 数，记作 B_m。设每个存取周期存取数据位为 W_b，则 $B_m = W_b / T_m$。

3. 外存储器

外存储器具有存储容量大、价格便宜、信息不易丢失(断电后仍然能保存数据)、存取速度比内存慢、机械结构复杂、只能与主存储器交换信息而不能被 CPU 直接访问等特点，属于输入/输出设备。外存储器的这些特点正好与主存储器互为补充，共同支撑着整个计算机存储体系实现有效的功能。

常见的外存储器有如下几种。

(1) 硬盘

硬盘是电脑主要的存储媒介之一，如图 1-6 所示，它由一个或者多个铝制或者玻璃制的碟片组成，碟片外覆盖有铁磁性材料。以机械硬盘为例，硬盘通常由如下几个部分组成。

① 磁头。磁头是硬盘中最昂贵的部件，也是硬盘技术中最重要的一环。传统的磁头

图 1-6　硬盘

是读写合一的电磁感应式磁头，但是硬盘的读、写却是两种截然不同的操作，从而造成了硬盘设计上的局限。MR 磁头即磁阻磁头，采用的是分离式的磁头结构：写入磁头仍采用传统的电磁感应磁头（MR 磁头不能进行写操作），读取磁头则采用新型的 MR 磁头，即所谓的感应写、磁阻读。MR 磁头已得到广泛应用，而采用多层结构和磁阻效应更好的材料制作的 GMR 磁头也逐渐开始普及。

② 磁道。当磁盘旋转时，磁头若保持在一个位置上，则每个磁头都会在磁盘表面划出一个圆形轨迹，这些圆形轨迹就叫做磁道。磁盘上的信息便是沿着这样的轨道存放的。相邻磁道之间并不是紧挨着的，这是因为磁化单元相隔太近时磁性会相互产生影响，也为磁头的读写带来困难。硬盘的一面通常有成千上万个磁道。磁道一般采用由磁头迅速切换正负极改变磁道所代表的 0 和 1 的磁化方式。

③ 扇区。磁盘上的每个磁道被等分为若干个弧段，这些弧段便是磁盘的扇区，每个扇区可以存放 512 个字节的信息，磁盘驱动器在向磁盘读取和写入数据时，要以扇区为单位。某个硬盘的参数列表上描述扇区数的范围标识是 373～746，意味着最内圈有 373 个扇区，最外圈有 746 个扇区。

④ 柱面。硬盘通常由重叠的一组盘片构成，每个盘面都被划分为数目相等的磁道，并从外缘的"0"开始编号，具有相同编号的磁道形成一个圆柱，称之为磁盘的柱面。磁盘的柱面数与一个盘单面上的磁道数是相等的。

目前硬盘分为三大种类，即固态硬盘、混合硬盘、传统硬盘。

① 固态硬盘（solid state drive，SSD）。

用固态电子存储芯片阵列而制成的硬盘，由控制单元和存储单元（Flash 芯片、DRAM 芯片）组成。固态硬盘在接口的规范和定义、功能及使用方法上与普通硬盘的完全相同，在产品外形和尺寸上也与普通硬盘完全一致。优点是读写速度快，防震抗摔性，低功耗，无噪声，工作温度范围大，轻便。缺点是容量小，寿命有限，售价高。

② 混合硬盘（hybrid hard drive，HHD）。

是既包含传统硬盘又有闪存（flash memory）模块的大容量存储设备。相比传统硬盘，混合硬盘（hybrid hard drive，HHD）有很多优点，包括应用中的数据存储与恢复更快，功耗降低，硬盘寿命长，工作噪声级别低。混合硬盘的不足包括硬盘中数据的寻道时间更长，硬盘的自旋变化更频繁，闪存模块处理失败，不可能进行其中的数据恢复，系统的硬件

总成本更高

③ 传统硬盘(hard disk drive,HDD)。

即硬盘驱动器的英文名。最基本的电脑存储器,即常说的电脑硬盘。目前硬盘常见的磁盘容量为750G、1TB、4TB、8TB等。硬盘按体积大小可分为3.5寸、2.5寸、1.8寸等;按转数可分为5400rpm、7200rpm、10000rpm等。

硬盘的关键技术指标有以下几种。

① 每分钟转速:这一指标代表了硬盘主轴马达(带动磁盘)的转速,比如5400rpm就代表该硬盘中的主轴转速为每分钟5400转。现在不少人都认为,硬盘转速越快寻道时间就越快,这是最常见的错误认识,实际上,寻道速度根本不决定于转速,因为两者的控制设备就不一样。

② 平均寻道时间:如果没有特殊说明,一般指读取时的寻道时间,单位为ms(毫秒)。这一指标的含义是指硬盘接到读/写指令后到磁头移到指定的磁道(应该是柱面,但对于具体磁头来说就是磁道)上方所需要的平均时间。

③ 平均潜伏期:这一指标是指当磁头移动到指定磁道后,要等多长时间指定的读/写扇区会移动到磁头下方(盘片是旋转的),盘片转得越快,潜伏期越短。平均潜伏期是指磁盘转动半圈所用的时间。显然,同一转速硬盘的平均潜伏期是固定的。

④ 平均访问时间:其含义是指从读/写指令发出到第一笔数据读/写时所用的平均时间,包括了平均寻道时间、平均潜伏期与相关的内务操作时间(如指令处理),由于内务操作时间一般很短(一般在0.2ms左右),可忽略不计。

⑤ 数据传输率:单位为MB/s(兆字节每秒),数据传输率分为最大与持续两个指标,根据数据交接方的不同,又分外部与内部数据传输率。内部传输率是指磁头与缓冲区之间的数据传输率,外部传输率是指缓冲区与主机(即内存)之间的数据传输率。

⑥ 缓冲区容量:很多人也称之为缓存(cache)容量,单位为MB。在一些厂商资料中还被写作cache buffer。缓冲区的基本要作用是平衡内部与外部的(data terminal ready,DTR),减少主机的等待时间。

⑦ 噪声与温度:这两个属于非性能指标。硬盘的噪声主要来源于主轴马达与音圈马达,降噪也从这两点入手。至于温度,高温会提高机箱的整体温度,影响使用寿命。

(2) 光盘存储器

光盘是利用激光原理进行读、写的设备,用聚焦的氢离子激光束处理记录介质的方法存储和再生信息,又称激光光盘。其特点是存储量大、价位低、可靠性高、寿命长,特别适用于图像处理、大型数据库系统、多媒体教学等领域,是迅速发展的一种辅助存储器。

从光盘的类别上来分,目前常用的普通刻录光盘可分为只读型光盘、追记型光盘、可擦写型光盘和蓝光光盘。

① 只读型光盘(CD-ROM、DVD-ROM)。

CD-ROM是众多只读光盘中的一种,标准容量为700M,直径为12cm。只能刻录MP3、音乐CD、VCD、SVCD、数据。早在20世纪70年代,就以容量大、成本低、易于分发等优点广泛用于存储音像制品和电子出版业。

DVD-ROM存储容量达4.7GB~17.8GB。目前,国际上的DVD-ROM已广泛应用于卫星广播电视录像、影视制品和电子书刊出版业，保存个人电脑的大容量文件或数据备份。CD-ROM、DVD-ROM 是一种只供用户从盘上读取数据的只读型光盘，它的内容必须通过对应的光盘刻录仪一次性写入，不能擦写或重写，如果是音像制品，一般其内容就由厂商用压膜大量复制而成。

② 追记型光盘(CD-R、DVD-R、WORK)。

CD-R、DVD-R、WORM(write once read many)都属于追记型光盘的范畴。追记型光盘虽然也是只能刻录一次，但它的刻录可以分多次完成。其中 WORM 光盘的性能较高，在制作成本上也大于 CD、DVD，由于 WORM 价格因素而得不到市场的青睐。但 WORM 光盘技术仍在稳步发展，一些要求较高的应用系统，如军事、金融保险、法律、航空等领域仍不同程度地使用 WORM 产品。

③ 可擦写光盘。

可擦除光盘的优势在于刻录后可以使用软件擦除数据，以再次使用。理论擦写次数可达 1000 次，但由于存放环境和磨损度等外界因素制约，实际可擦写次数不会达到 1000 次之多。现在一般的可擦光盘有 DVD-RW、DVD-RDL、CD-RW。它们的容量分别为4.7GB、8.5GB、700MB 左右。

④ 蓝光光碟(blu-ray disc，BD)。

蓝光光碟是 DVD 之后的下一代光盘格式之一，用以存储高品质的影音以及高容量的数据。蓝光光碟的命名是由于其采用波长 405nm 的蓝色激光光束来进行读写操作(DVD 采用 650nm 波长的红光读写器，CD 则采用 780nm 波长)。一个单层的蓝光光碟的容量为 25GB 或 27GB，足够录制一个长达 4 小时的高解析影片。

(3) U 盘

U 盘，全称 USB 闪存盘，英文名为 USB flash disk，是一种使用 USB 接口的无须物理驱动器的微型高容量移动存储产品，通过 USB 接口与电脑连接，实现即插即用。

U 盘的组成很简单，主要由外壳＋机芯组成，其中具体内容如下。

① 机芯：机芯包括一块 PCB＋USB 主控芯片＋晶振＋贴片电阻、电容＋USB 接口＋贴片 LED(不是所有的 U 盘都有)＋Flash(闪存)芯片。

② 外壳：按材料分类，有 ABS 塑料、竹木、金属、皮套、硅胶、PVC 软件等；按风格分类，有卡片、笔型、迷你、卡通、商务、仿真等；按功能分类，有加密、杀毒、防水、智能等。

U 盘最大的优点就是小巧便于携带、存储容量大、价格便宜、性能可靠。一般的 U 盘容量有 8G、16G、32G、64G，除此之外还有 128G、256G、512G、1T 等。

注意：存储器的速度由高到低依次是 cache、RAM、外部存储器。

1.3.4 输入/输出设备

输入输出的含义是以主机为中心，即用户需要计算机执行的程序以及需要处理的数据，由输入设备经输入子系统输入主机，主机的处理结果由输出子系统经输出设备呈现给用户。输入输出设备(IO 设备)是计算机与用户或其他设备通信的桥梁，是计算机系统必不可少的组成部分。在微机中，对基本输入输出设备进行管理的程序放在 BIOS(basic input output system)中。

(1) 输入设备(input device)

输入设备是向计算机输入数据和信息的设备,是用户和计算机系统之间进行信息交换的主要装置之一。输入设备的任务是把数据、指令及某些标志信息等输送到计算机中去。现在的计算机能够接收各种各样的数据,如文字、图形、图像、声音等,这些数据都可以通过不同类型的输入设备输入到计算机中,键盘、鼠标、摄像头、扫描仪、光笔、手写输入板、游戏杆、语音输入装置等都属于输入设备,用于把原始数据和处理这些数据的程序输入到计算机中,通过转换成为计算机能够识别的二进制代码进行存储、处理和输出。计算机的输入设备按功能可分为以下几类。

- 字符输入设备:键盘。
- 光学阅读设备:光学标记阅读机、光学字符阅读机。
- 图形输入设备:鼠标器、操纵杆、光笔。
- 图像输入设备:数码相机、扫描仪、传真机。
- 模拟输入设备:语言模数转换识别系统。

键盘是最常用也是最主要的输入设备,通过键盘,可以将英文字母、数字、标点符号等输入到计算机中,从而向计算机发出命令、输入数据等。

(2) 输出设备(output device)

输出设备是计算机硬件系统的终端设备,用于接收计算机数据的输出显示、打印、声音,控制外围设备操作等。把各种计算结果数据或信息以数字、字符、图像、声音等形式表现出来。常见的输出设备有显示器、打印机、绘图仪、传真机、影像输出系统、语音输出系统、磁记录设备等,其中显示器显示图像的清晰程度主要取决于其分辨率的高低。

需要特别说明的是,有些设备会兼顾输入和输出两种功能,如磁盘驱动器既可读取数据,又能写入数据,因此既可算做输入设备,又可看成输出设备。还有比如光盘刻录机、调制解调器等。

1.3.5 计算机的体系结构

(1) 冯·诺依曼体系结构

计算机的体系结构是指构成系统主要部件的总体布局、部件的主要性能以及这些部件之间的连接方式。虽然计算机的结构有多种类别,但是就其本质而言,大都是服从冯·诺依曼等人于1946年提出的计算机的经典结构,一个完整的现代计算机由运算器、控制器、存储器、输入设备和输出设备组成,其体系结构称为冯·诺依曼结构。目前计算机已发展到了第4代,基本上仍然遵循着冯·诺依曼原理和结构。

冯·诺依曼体系结构的要点如下。

- 计算机由运算器、控制器、存储器、输入设备和输出设备五大部分组成。
- 数据和程序以二进制代码形式不加区别地存放在存储器中,存放的位置由地址确定。
- 控制器是根据存放在存储器中的指令序列(程序)进行工作,并由一个程序计数器控制指令的执行。控制器具有判断能力,能以计算结果为基础,选择不同的工作流程。

计算机的五大部分中,控制器和运算器是其核心部分,称为中央处理器(CPU),各部分之间通过相应的信号线进行通信。冯·诺依曼结构规定控制器是根据存放在存储器中的程序来工作的,即计算机的工作过程就是运行程序的过程。为了使计算机正常工作,程序必须预先存放在存储器中。因而这种体系结构的计算机是按照存储程序的原理进行工作的。

控制器中的程序计数器总是存放着下一条待执行指令在存储器中的地址,由它控制程序的执行顺序。当控制器取出待执行的指令后,对指令进行译码,根据指令的要求控制系统内的活动。

(2) 计算机体系结构的发展

计算机发展至今已有大约70年的历史,随着大规模集成电路、超大规模集成电路以及计算机软件技术的发展,计算机的体系结构也有了许多改进,主要包括以下内容。

- 从基本的串行算法改变为适应并行算法的计算机体系结构,例如向量计算机、并行计算机和多处理机等。
- 面向高级语言计算机和直接执行高级语言的计算机。
- 硬件系统与操作系统和数据库管理系统相适应的计算机。
- 从传统的指令驱动型改编为数据驱动型和需求驱动型的计算机,例如数据流计算机和归约机。
- 各种适应特定应用的专用计算机,例如快速傅里叶变换计算机、过程控制计算机。
- 高可靠性的容错计算机。
- 处理非数值化信息的计算机,例如处理自然语言、声音、图形与图像等信息的计算机。

(3) 计算机体系结构的评价标准

评价一个计算机系统的标准有速度、容量、功耗、体积、灵活性、成本等指标。目前常用的计算机评测标准如下。

① 时钟频率(处理器主频)。

表示CPU运算速度的指标之一,时钟频率只能用于同一类型、同一配置的处理器相比较。如英特尔酷睿i7 7700/3.6GHz比英特尔酷睿i7 6950X/3GHz快20%。当然,实际运算速度还与cache、内存、IO以及执行的程序等有关。

② 指令执行速度。

一种经典的表示运算速度的方法,表示每秒百万条指令数(Million Instrcutions Per Seconds,MIPS)。对于一个给定的程序,MIPS=指令条数/(执行时间$\times 10^6$)=Fz/CPI=IPC×Fz

其中,Fz为处理器的工作主频;

CPI(cycles per instruction)为每条指令所需的平均时钟周期数。

IPC(instructions per cycle)为每个时钟周期平均执行的指令条数。

使用该方法有一些缺点:不能反映不同指令对速度的影响;不能反映指令使用频率

差异的影响；不能反映程序量对程序执行速度的影响。

③ 吉普森(Gibson)法。

即等效指令速度，有两个常用的公式：

$$等效指令执行时间\ T = \sum_{i=1}^{n}(W_i \times T_i)。$$

$$等效指令速度\ MIPS = \frac{1}{\sum_{i=1}^{n}\frac{W_i}{MIPS_i}}。$$

吉普森法的主要缺点为：同类指令在不同的应用中被使用的频率不同；程序量和数据量对 cache 的影响；流水线结构中指令执行顺序对速度的影响；编译程序对系统性能的影响。

④ 数据处理速率 PDR(processing data rate)法。

PDR＝L/R；L＝0.85G＋0.15H＋0.4J＋0.15K；R＝0.85M＋0.09N＋0.06P

其中，G 是每条定点指令的位数；M 是平均定点加法时间；H 是每条浮点指令的位数；N 是平均浮点加法时间；J 是定点操作数的位数；P 是平均浮点乘法时间；K 是浮点操作数的位数。

数据处理速率 PDR 法采用计算“数据处理速率”PDR 值的方法来衡量机器性能。PDR 值越大，机器性能越好，PDR 与每条指令和每个操作数的平均位数以及每条指令的平均运算速度有关。

数据处理速率法的缺点为：因为不同程序中各类指令的使用频率不同，所以固定比例方法存在很大局限；数据长度与指令功能的强弱对速度影响很大；不能反映计算机中 cache、流水线、交叉存储等结构的影响。

⑤ 基准程序测试法(核心程序法)。

基准程序测试法把应用程序中出现最频繁的那部分核心程序作为评价计算机性能的标准程序，在不同的机器上运行，测量其执行时间，作为各类机器性能评价的依据，称为基准程序 Benchmark。基准程序测试法反映机器持续性能，包括以下内容。

- 整数测试程序(dhrystone)。用 C 语言编写，100 条语句。包括各种赋值语句、各种数据类型和数据区、各种控制语句、过程调用和参数传递、整数运算和逻辑操作。
- 浮点测试程序(linpack)。用 Fortran 语言编写，主要是浮点加法和浮点乘法操作。
- Whetstone 基准测试程序。用 Fortran 语言编写的综合性测试程序，主要包括浮点运算、整数算术运算、功能调用、数组变址、条件转移、超越函数。
- SPEC 基准测试程序。SPEC(standard performance evaluation cooperative)是由计算机厂商、系统集成商、大学、研究机构、咨询等多家公司和机构组成的非盈利性组织，其目的是建立、维护一套用于评估计算机系统的标准，SPEC 能够全面反映机器的性能，具有很高的参考价值。
- TPC 基准程序。事务处理委员会(transaction processing council，TPC)成立于

1988 年,已有 40 多个成员。用于评测计算机的事务处理、数据库处理、企业管理与决策支持等方面的性能。

1.4 计算机软件系统

计算机软件系统是指为管理、运行、维护及应用计算机所开发的程序和相关文档的集合。其中,程序是让计算机硬件完成特定功能的指令序列,数据是程序处理的对象。计算机软件通常分为系统软件和应用软件。程序是计算任务的处理对象和处理规则的描述;文档是为了便于了解程序所需的阐明性资料。

1.4.1 软件的概念

软件是指能指挥计算机工作的程序与程序运行时所需要的数据,以及与这些程序和数据相关的文档说明。软件是计算机的重要组成部分,是用户与硬件之间的接口,用户通过软件来管理和使用计算机的硬件资源。

1. 程序

程序是为解决某一特定问题而设计的指令序列,由计算机基本的操作指令组成。计算机按照程序中的命令执行操作,解决问题,完成任务。

冯·诺依曼体系结构的核心思想就是存储程序和控制程序。其要点就是:程序预先输入到计算机中并存储在主存储器中,在运行时,控制器按地址顺序取出存放在内存储器中的指令,通过对其分析后执行。

2. 计算机程序语言

程序设计语言是人们为了描述计算过程而设计的一种具有语法语义描述的记号。对计算机工作人员而言,程序设计语言是除计算机本身之外所有工具中最重要的工具,是其他所有工具的基础。从计算机问世至今的半个多世纪,人们一直在为研制更新、更好的程序设计语言而努力着。程序设计语言的数量在不断激增,各种新的程序设计语言在不断面世。目前已问世的各种程序设计语言有成千上万个。计算机程序设计语言的发展经历了从机器语言、汇编语言到高级语言的历程。

(1) 机器语言

机器语言是第一代计算机语言,是机器指令的集合,用二进制代码表示,它能够被计算机直接识别和执行。机器语言具有灵活、直接执行和速度快等特点。计算机发明之初,人们只能降贵纡尊,用“0”和“1”组成的二进制数去指挥计算机,写出一串串由“0”和“1”组成的指令序列,交由计算机执行,这种语言就是机器语言。使用机器语言非常不方便,特别是在程序有错需要修改时更是如此。而且,由于每台计算机的指令系统往往各不相同,所以,在一台计算机上执行的程序,要想在另一台计算机上执行,必须重新编写程序,造成了重复工作。但由于其使用的是针对特定型号计算机的语言，故运算效率是所有语言中最高的。

如 0000，0000，0000 0001 0000 代表 LOAD A，16，即将 16 存放到寄存器 A 中。用机器语言编写程序对编程人员要求比较高，不但要知道指令代码和代码的含义，还要处理每条指令所需数据的存储分配，并且要跟踪工作单元所处的状态，工作效率非常低，可阅读性很差。因此，除了一些特定的场合外，一般不再使用机器语言编写程序。

（2）汇编语言

为了克服机器语言晦涩难懂、容易出错、效率低下等缺点，人们进行了一种有益的改进：用一些简洁的英文字母、符号串来替代一个特定指令的二进制串，比如，用助记符 ADD 代表加法，MOV 代表数据传递等等。这样一来，人们就很容易读懂并理解程序在干什么，纠错及维护都变得方便了，这种程序设计语言就称为汇编语言，即第二代计算机语言。然而计算机是不认识这些符号的，这就需要一个专门的程序，负责将这些符号翻译成二进制数的机器语言，这种翻译程序称为汇编程序。

如 MOV　AL，8 //将 8 存放在寄存器 AL 的低 8 位中，执行完后，AL 中的数据是 0000 1000。

ADD　AL，2 //将 AL 的数据加 2，结果依然存放在 AL 中，执行完毕，AL 中的数据变成 0000 1010。

从本质上讲，汇编语言虽然使用助记符，同样十分依赖于机器硬件，移植性不好，但效率仍十分高，针对计算机特定硬件而编制的汇编语言程序能准确发挥计算机硬件的功能和特长，程序精练而质量高，这是高级语言所不能比拟的。通常在操作底层硬件或者程序优化要求比较高的场合会使用到汇编语言，比如一些嵌入式操作系统和各种类型的驱动程序，所以它至今仍是一种常用而强有力的软件开发工具。

（3）高级语言

机器语言和汇编语言都是面向硬件的程序语言。随着计算机的普及，人们意识到，应该设计一种这样的语言，它接近于数学语言或人的自然语言，同时又不依赖于计算机硬件，编出的程序能在所有机器上通用。经过努力，1954 年，第一个完全脱离机器硬件的高级语言——Fortran 问世了，至今已有几百种高级语言出现，有重要意义的有几十种，影响较大、使用较普遍的有 Fortran、Cobol、Basic、Lisp、Pascal、C、Prolog、C ++ 、VC、VB、Delphi、C＃ 、Python、Java 等。

高级语言是一种统称，并不是特指某一种具体的语言，每种高级语言的语法、语义和命令格式都不尽相同。同样的高级语言编制的程序，计算机也是无法直接执行的，必须借助“编译器”翻译成机器语言才能被执行。

高级语言有两种执行方式，其中一种是编译执行，由“编译器”将源程序一次性翻译成目标程序，然后直接执行。典型代表是 C 和 C++ 等语言。另外一种是解释执行，编译器现场解释源程序，每次解释完一句后就提交计算机执行，这样就可以不必生成目标程序。Java 语言就是采用这种典型的执行方式执行。

高级语言的可阅读性非常高，如在 Java 程序中比较 m 和 n 的大小，输出相应的如下语句。

```
if (n >m)
  System.out.println(n+"比"+m+"大");
else if(n == m)
  System.out.println(n+"和"+m+"相等");
else
  System.out.println(m+"比"+n+"大");
```

高级语言的发展也经历了从早期语言到结构化程序设计语言,从面向过程到非过程化程序语言的过程。相应地,软件的开发也由最初的个体手工作坊式的封闭式生产发展为产业化、流水线式的工业化生产。

20世纪60年代中后期,软件越来越多,规模越来越大,而软件的生产基本上是各自为战,缺乏科学规范的系统规划与测试、评估标准,其恶果是大批耗费巨资建立起来的软件系统,由于含有错误而无法使用,甚至带来巨大损失,软件给人的感觉是越来越不可靠,以致几乎没有不出错的软件。这一切极大地震动了计算机界,史称“软件危机”。人们认识到:大型程序的编制不同于写小程序,它应该是一项新的技术,应该像处理工程一样处理软件研制的全过程。程序的设计应易于保证其正确性,也便于验证其正确性。1969年,人们提出了结构化程序设计方法;1970年,第一个结构化程序设计语言——Pascal语言出现,标志着结构化程序设计时期的开始。

20世纪80年代初开始,在软件设计思想上又产生了一次革命,其成果就是面向对象的程序设计。在此之前的高级语言几乎都是面向过程的,程序的执行是流水线似的,在一个模块被执行完成前,人们不能干别的事,也无法动态地改变程序的执行方向。这和人们日常处理事物的方式是不一致的,因为人是希望发生一件事就处理一件事,也就是说,不能面向过程,而应是面向具体的应用功能,也就是对象(object)。其方法就是软件的集成化,如同硬件的集成电路一样,生产一些通用的、封装紧密的功能模块,称为软件集成块,它与具体应用无关,但能相互组合,完成具体的应用功能,同时又能重复使用。对使用者来说,只关心它的接口(输入量、输出量)及能实现的功能,至于如何实现的,那是它内部的事,使用者完全不用关心,C++、VB、Delphi就是典型代表。

高级语言的下一个发展目标是面向应用,也就是说,只需要告诉程序你要干什么,程序就能自动生成算法,自动进行处理,这就是非过程化的程序语言。

1.4.2 软件系统及其组成

软件系统(software systems)从软件所处的层次角度划分为系统软件和应用软件。

1. 系统软件

系统软件由一组控制计算机系统并管理其资源的程序组成,其主要功能包括启动计算机,存储、加载和执行应用程序,对文件进行排序、检索,将程序语言翻译成机器语言等。实际上,系统软件可以看成用户与计算机的接口,它为应用软件和用户提供了控制、访问硬件的手段。系统软件一般包括操作系统、语言处理系统(编译/翻译程序)、辅助程序、数据库管理系统。下面分别介绍它们的功能。

(1) 操作系统(operating system, OS)

操作系统是管理、控制和监督计算机软、硬件资源协调运行的程序系统,由一系列具有不同控制和管理功能的程序组成,它是直接运行在计算机硬件上的、最基本的系统软件,是系统软件的核心。操作系统是计算机发展中的产物,它的主要目的有两个:一是方便用户使用计算机,是用户和计算机的接口。比如用户键入一条简单的命令就能自动完成复杂的功能,这就是操作系统帮助的结果。二是统一管理计算机系统的全部资源,合理组织计算机工作流程,以便充分、合理地提高计算机的效率。操作系统通常应包括下列五大功能模块。

① 处理器管理。当多个程序同时运行时,解决处理器(CPU)时间的分配问题。

② 作业管理。完成某个独立任务的程序及其所需的数据组成一个作业。作业管理的任务主要是为用户提供一个使用计算机的界面,使其方便地运行自己的作业,并对所有进入系统的作业进行调度和控制,尽可能高效地利用整个系统的资源。

③ 存储器管理。为各个程序及其使用的数据分配存储空间,并保证它们互不干扰。

④ 设备管理。根据用户提出使用设备的请求进行设备分配,同时还能随时接收设备的请求(称为中断),如要求输入信息。

⑤ 文件管理。主要负责文件的存储、检索、共享和保护,为用户提供文件操作的方便。

操作系统的种类繁多,依照其功能和特性分为批处理操作系统、分时操作系统和实时操作系统等;依照同时管理用户数的多少分为单用户操作系统和多用户操作系统。按其发展前后过程,通常分成以下六类。

① 单用户操作系统(single user operating system)。

单用户操作系统的主要特征是计算机系统内一次只能支持运行一个用户程序。这类系统的最大缺点是计算机系统的资源不能充分利用。微型机的 DOS、Windows、Mac OS 操作系统属于这一类。

② 批处理操作系统(batch processing operating system)。

批处理操作系统是 20 世纪 70 年代运行于大、中型计算机上的操作系统。当时由于单用户单任务操作系统的 CPU 使用效率低,IO 设备资源未充分利用,因而产生了多道批处理系统,它主要运行在大中型机上。多道是指多个程序或多个作业(multi-programs or multi jobs)同时存在和运行,故也称为多任务操作系统。IBM 的 DOS/VSE 就是这类系统。

③ 分时操作系统(time-sharing operating system)。

分时系统是一种具有如下特征的操作系统:在一台计算机周围挂上若干台近程或远程终端,每个用户可以在各自的终端上以交互的方式控制作业运行。

在分时系统管理下,虽然各用户使用的是同一台计算机,但能给用户一种"独占计算机"的感觉。实际上,是分时操作系统将 CPU 时间资源划分成极小的时间片(毫秒量级),轮流分给每个终端用户使用,当一个用户的时间片用完后,CPU 就转给另一个用户,前一个用户只能等待下一次轮到。由于人的思考、反应和键入的速度通常比 CPU 的速度慢得多，所以只要同时上机的用户不超过一定数量，人们不会有延迟的感觉，好像每个用户都独占着计算机。分时操作系统是多用户多任务操作系统，Linux、UNIX是国际上最流行的分时操作系统。此外，Linux可以运行在多种硬件平台上，如具有x86、680x0、SPARC、Alpha等处理器的平台。此外，Linux还是一种嵌入式操作系统，可以运行在掌上电脑、机顶盒或游戏机上。UNIX具有网络通信与网络服务的功能，也是广泛使用的网络操作系统，主要应用在服务器上。

④ 实时操作系统(real-time operating system)。

在某些应用领域，要求计算机对数据能进行迅速处理。例如，在自动驾驶仪控制下飞行的飞机、导弹的自动控制系统中，计算机必须对测量系统测得的数据及时、快速地做出处理和反应，以便达到控制的目的，否则就会失去战机。这种有响应时间要求的快速处理过程叫做实时处理过程，当然，响应的时间要求可长可短，可以是秒、毫秒或微秒级的。对于这类实时处理过程，批处理系统或分时系统均无能为力，因此产生了另一类操作系统——实时操作系统。配置实时操作系统的计算机系统称为实时系统。实时系统按使用方式可分成两类：一类是广泛用于钢铁、炼油、化工生产过程控制、武器制导等各个领域中的实时控制系统；另一类是广泛用于自动订票系统、情报检索系统、银行业务系统、超级市场销售系统中的实时数据处理系统。

⑤ 网络操作系统(network operating system)。

计算机网络是通过通信线路将地理上分散且独立的计算机联结起来的一种网络，有了计算机网络后，用户可以突破地理条件的限制，方便地使用远处的计算机资源。提供网络通信和网络资源共享功能的操作系统称为网络操作系统。

⑥ 微机操作系统。

微机操作系统随着微机硬件技术的发展而发展，从简单到复杂。微软公司开发的DOS是一单用户单任务系统，而Windows操作系统则是一单用户多任务系统，经过多年的发展，已从Windows 3.1发展到目前的Windows NT、Windows 7和Windows 10，是当前微机中广泛使用的操作系统之一。Linux是一个原码公开的操作系统，目前已被越来越多的用户所采用，是Windows操作系统强有力的竞争对手。

另外，智能终端上也有很多操作系统，如苹果的iOS、谷歌的Android以及微软的Windows Phone系统等。

(2) 语言处理系统(翻译程序)

如前所述，机器语言是计算机唯一能直接识别和执行的程序语言。如果要在计算机上运行高级语言程序，就必须配备程序语言翻译程序(以下简称翻译程序)。翻译程序本身是一组程序，不同的高级语言都有相应的翻译程序。

对于高级语言来说，翻译的方法有以下两种。

一种称为"解释"。早期Basic源程序的执行都采用这种方式。它调用机器配备的Basic"解释程序"，在运行Basic源程序时，把Basic的源程序语句逐条进行解释和执行，不保留目标程序代码，即不产生可执行文件。这种方式速度较慢，每次运行都要经过"解释"，边解释边执行。

另一种称为"编译"，它调用相应语言的编译程序，把源程序变成目标程序(以obj为扩展名)，然后再用连接程序，把目标程序与库文件相连接形成可执行文件。尽管编译过程复杂一些，但它形成的可执行文件(以 exe 为扩展名)可以反复执行，速度较快。运行程序时只要键入可执行程序的文件名，再按 Enter 键即可。

将高级语言编写的程序转换成目标程序，即对源程序进行编译和解释任务的程序，分别叫做编译程序和解释程序。如 C 等高级语言，使用时需有相应的编译程序；Java 等高级语言，使用时需用相应的解释程序。

(3) 辅助程序

辅助程序能够提供一些常用的服务性功能，为用户开发程序和使用计算机提供了方便，像微机上经常使用的诊断程序、调试程序、编辑程序均属此类。

(4) 数据库管理系统

在信息社会里，社会和生产活动产生的信息很多，使用人工管理难以应付，人们希望借助计算机对信息进行搜集、存储、处理和使用。数据库系统(data base system, DBS)就是在这种需求背景下产生和发展的。

数据库是指按照一定联系存储的数据集合，可为多种应用共享。数据库管理系统(data base management system, DBMS)则是能够对数据库进行加工、管理的系统软件。其主要功能是建立、消除、维护数据库及对库中数据进行各种操作。数据库系统主要由数据库、数据库管理系统以及相应的应用程序组成。数据库系统不但能够存放大量的数据，更重要的是能迅速、自动地对数据进行检索、修改、统计、排序、合并等操作，以得到所需的信息。这一点是传统的文件柜无法做到的。

数据库技术是计算机技术中发展最快、应用最广的一个分支。可以说，今后的计算机应用开发大都离不开数据库。因此，了解数据库技术，尤其是微机环境下的数据库应用是非常必要的。

2. 应用软件

为解决各类实际问题而设计的程序系统称为应用软件，例如 Word、WPS 以及各种管理软件等。从其服务对象的角度又可分为通用软件和专用软件两类。

(1) 通用软件

这类软件通常是为解决某一类问题而设计的，而这类问题是很多人都要遇到和解决的。例如，文字处理、表格处理、电子演示等。

(2) 专用软件

市场上可以买到通用软件，但有些具有特殊功能和需求的软件是无法买到的。比如某个用户希望有一个程序能自动控制车床，同时也能将各种事务性工作集成统一管理。因为专用软件对于一般用户比较特殊，所以一般都是组织人力自行开发。当然，开发出来的这种软件也只能专用于某种情况。

1.4.3 软件的发展趋势

进入 21 世纪以来，信息技术已逐渐成为推动国民经济发展和促进全社会生产效率提升的强大动力。信息产业作为关系到国民经济和社会发展全局的基础性、战略性、先导性产业，受到了越来越多国家和地区的重视。中国政府自20世纪90年代中期以来就高度重视软件行业的发展，相继出台一系列鼓励、支持软件行业发展的政策法规，从制度层面提供了保障行业蓬勃发展的良好环境。随着企业信息化和“互联网＋”战略的推进以及移动互联网的普及，未来软件产业将会有以下五大趋势。

(1) 智能化

人工智能领域发展迅速，未来计算机软件开发技术与人工智能之间的联系将日渐紧密，软件感知范围逐步由物理形态向语义处理、意识思维领域拓展，软件系统必然越来越智能，开发技术自然将不断向智能化方向发展。

(2) 平台化

软件基础平台是用来构建与支撑企业，尤其是大型企业各种IT应用的独立软件系统，包含了可复用的软件开发框架和组件，它是开发、部署、运行和管理各种IT应用的基础，是各种应用系统得以实现与运营的支撑条件，以帮助客户达到应用软件低成本研发、安全可靠运行、快速响应业务变化、规避技术风险的目的。

(3) 网络化

由于互联网和移动互联网的快速发展，以及由此带来的我国民众生活方式的转变，也将同样作用于计算机软件。软件开发技术的中心正从计算机转向互联网，互联网成为软件开发、部署与运行的平台，将推动整个产业全面转型，亦成为未来软件发展的一个重要方向。

(4) 服务化

这一趋势源自软件开发技术自身的进步，软件构造技术和应用模式正在向以用户为中心转变。高端市场的用户需要个性化的定制服务，而普通用户群体更需要产品化的软件系统，未来的软件系统功能适应性会更强大，服务化程度会更高。

(5) 社交化

社交型软件系统更加贴近用户对应用和功能的需求，沟通更加便捷，先进的软件系统借助互联网工具和平台，让用户、企业、渠道的关系发生了颠覆性变化。社交型软件系统能够帮助我们最大限度地挖掘客户的价值，还可实现沟通的及时性、便捷化。

1.5 计算思维基础

教育部高等学校大学计算机课程教学指导委员会认为，系统地将计算思维落实到大学计算机基础教学当中是培养大学生计算思维能力的重要途径之一。计算机基础教学不仅为不同专业提供了解决专业问题的有效方法和手段，而且提供了一种独特的处理问题的思维方式。熟练使用计算机基础及互联网，为人们的终生学习提供了广阔的空间以及良好的学习工具与环境。计算思维的演变过程取决于计算工具的产生、变革及发展，即计算工具决定着思维。从结绳计数到电子计算机的计算工具的发展过程，实际上是计算思维内容不断形成、拓展的过程。然而人们仍然在问，计算思维是什么？计算思维的内容、特征是什么？在回答诸类问题之前，我们首先阐述一下什么是计算与计算科学。

1.5.1 计算与计算科学

1. 计算

在普通人眼里，计算就是计算机做的事情，如电子表格、文档处理、电子邮件等。在人们印象中，计算机就是台式机或笔记本，对于我们自己的大脑，或许也模模糊糊地觉得有点像计算机，有逻辑演算、记忆、存储和输入输出功能等。自从计算机诞生以来，计算的概念已经存在了很长一段时间，现在许多科学家都将计算视为自然界中很普遍的现象。细胞、组织、植物、免疫系统和金融市场都存在计算现象，但是，它们显然和计算机的运作方式不一样，那么计算到底是什么呢？

所谓计算，抽象地说，就是从已知符号串开始，一步一步地改变符号串，经过有限步骤，最后得到一个满足预先规定的符号串的变换过程。

比如，从一个符号串 m 变换成另一个符号串 n。具体而言，从符号串 12－3 变换成 9 就是一个减法计算。如果符号串 m 是 x^2，而符号串 n 是 $2x$，从 m 到 n 的计算就是微分运算。定理证明也是如此，令 m 表示一组公理和推导规则，令 n 是一个定理，那么从 m 到 n 的一系列变换就是定理 n 的证明。从这个角度看，文字翻译也是计算，如 m 代表一个英文句子，而 n 为含义相同的中文句子，那么从 m 到 n 就是把英文翻译成中文。

计算从类型上讲，主要有两大类：数值计算和符号推导。数值计算包括实数和函数的加减乘除、幂运算、开方运算、方程的求解等。符号推导包括代数与各种函数的恒等式、不等式的证明，几何命题的证明等。

从人类开始使用计算起，就在不断地探索能够使计算更加便捷、快速的计算工具。计算工具的发展和计算科学的进步息息相关。算盘、机械式计算器、帕卡斯加法器、莱布尼茨手摇计算器、电动计算机与电子计算机以及量子计算系统等，人类的计算工具是随着计算科学的进步而逐渐发展的。

2. 计算科学

计算科学主要是对描述和变换信息的算法过程，包括其理论、分析、设计、效率分析、实现和应用的系统研究。全部计算科学的基本问题是，什么能（有效地）自动运行，什么不能（有效地）自动运行。

随着存储程序式通用电子计算机在 20 世纪 40 年代的诞生，人类使用自动计算装置代替人的人工计算和手工劳动的梦想成为现实。计算科学的快速发展以也取得大量成果，计算科学这一学科也应运而生。

美国总统信息技术顾问委员会对计算科学提供了一个定义，即计算科学是一个迅速成长的、利用先进的计算能力去认识和解决复杂问题的多学科合成的领域，它“融合”了以下 3 个不同的元素。

① 算法、建模和模拟软件，用以解决科学（如生物学、物理学、社会学等），工程以及人

文学科中的各种问题。

② 计算机与信息科学,发展和优化各种系统硬件、软件、网络及数据管理等要素,以解决计算中需要解决的各种问题。

③ 计算的基础设施,用以支持各种科学和工程问题的解决和计算机与信息科学自身的发展。

图 1-7 表明,计算科学的外围几乎无所不包,不仅包括政治学、生物学、医学、物理学、经济学、社会学、工程学、人文学科,还包括能源、制造业、气象学以及国家安全,等等。正是计算科学向全社会各个领域的渗透,覆盖各个学科门类、各行各业,提升了各行各业的科学水平和相对应的智能化水平。智慧地球、智慧城市、智能终端、智能硬件、智能制造、智能物理系统(cyber-physical system)等新概念、新思想、新系统层出不穷。种种迹象表明,全球信息化的发展,正在从基于计算机科学(computer science)向着基于计算科学(computational science)转变。计算科学与计算机科学虽密不可分,但一字之差,内涵上却有重大的差异。信息化发展的科学技术基础正在向所有的学科领域拓展。可以说,计算科学覆盖到哪个学科,哪个学科就有可能产生革命性的变革和发展。

图 1-7　计算科学定义

1.5.2　计算思维的定义

2006 年 3 月,周以真(Jeannette M. Wing)教授在国际著名计算机杂志 *Communications of the ACM* 上发表了《计算思维》(computational thinking,CT)一文。她认为,计算思维是运用计算机科学的基础概念进行问题求解、系统设计以及人类行为理解等涵盖计算机科学之广度的一系列思维活动。该定义被国际学术界广泛采用。计算思维教育的目的是培养一种思维习惯,一种像计算机科学家思考问题那样的习惯。简单而言,计算思维是运用计算机科学的基础概念去求解问题、设计系统和理解人类行为。包括三个层次的内容。

1. 在研究层面

著名计算机科学家、图灵奖获得者詹姆士·格雷(James Gray)对于一个问题的解决思路是这样的：

首先，对该问题进行非常简单的陈述，即要说明解决一个什么样的问题。他认为，一个能够清楚表述的问题能够得到周围人的支持。虽然不清楚具体该怎么做，但对问题解决之后能够带来的益处非常清楚。

其次，解决问题的方案和所取得的进步要有可测试性。

最后，是整个研究和解决问题的过程能够被划分为一些小的步骤，这样就可以看到中间每一个取得进步的过程。

2. 在技术层面

美国华盛顿大学史耐德(Snyder Lawrence)教授在其撰写的《新编信息技术导论：技能、概念和能力》一书中指出，人们可以从抽象的角度来思考信息技术。他写道，当你成为数字文人之后，你可以从抽象的角度来思考技术，而且更喜欢(习惯)提以下问题：

① 对于这个软件，我必须学会用哪些功能，才能帮助我完成任务？

② 该软件的设计者希望我知道些什么？

③ 该软件的设计者希望我做些什么？

④ 该软件向我展示了哪些隐喻？

⑤ 为完成指定任务，该软件还需要其他哪些信息？

⑥ 我是否在其他软件中见到过这个软件中的操作？

3. 在专业层面

对于一个专业的计算问题，从计算的手段来看，应当使计算机械化(如算盘、计算器、模拟计算机、电子数字计算机)；从计算的过程来看，应当使计算形式化(如图灵机、计算理论)；从计算的执行来看，应当使计算自动化(如冯·诺依曼机)。

1.5.3 计算思维的关键内容

当必须求解一个特定的问题时，首先会问解决这个问题有多么困难，怎样才是最佳的解决方法。当以计算机解决问题的视角来看待这个问题时，需要根据计算机科学坚实的理论基础来准确地回答这些问题。同时，还要考虑工具的基本能力，考虑机器的指令系统、资源约束和操作环境等问题。

为了有效地求解一个问题，可能要进一步问一个近似解是否就够了，是否有更简便的方法，是否允许误报和漏报。计算思维就是通过约简、嵌入、转化和仿真等方法，把一个看来困难的问题重新阐释成一个我们知道怎样解决的问题。

① 计算思维是一种递归思维，是一种并行处理。它可以把代码译成数据，又把数据

译成代码。它是由广义量纲分析进行的类型检查。例如，对于别名或赋予人与物多个名字的做法，它既知道其益处，又了解其害处；对于间接寻址和程序调用的方法，它既知道其威力，又了解其代价；它评价一个程序时，不仅仅根据其准确性和效率，还有美学的考量，而对于系统的设计，还要考虑简洁和优雅。计算思维是一种多维分析推广的类型检查方法。

② 计算思维采用了抽象和分解来迎接庞杂的任务或者设计巨大复杂的系统，它是一种基于关注点分离的方法(separation of concerns，SOC 方法)。例如，它选择合适的方式去陈述一个问题，或者选择合适的方式对一个问题的相关方面建模，使其易于处理；它是利用不变量简明扼要且表述性地刻画系统的行为；它是我们在不必理解每一个细节的情况下就能够安全地使用、调整和影响一个大型复杂系统的信息；它就是为预期的未来应用而进行数据的预取和缓存的设计。

③ 计算思维是按照预防、保护及通过冗余、容错、纠错的方式，并从最坏情况进行系统恢复的一种思维。例如，对于“死锁”，计算思维就是学习探讨在同步相互会合时如何避免“竞争条件”的情形。

④ 计算思维利用启发式的推理来寻求解答，它可以在不确定的情况下规划、学习和调度。例如，它采用各种搜索策略来解决实际问题。计算思维利用海量数据来加快计算，在时间和空间之间、在处理能力和存储容量之间进行权衡。例如，它在内存和外存的使用上进行了巧妙的设计；它在数据压缩与解压缩过程中平衡时间和空间的开销。

总之，计算思维与生活密切相关：当你早晨上班时，把当天所需要的东西放进背包，这就是“预置和缓存”；当你丢失自己的物品，沿着走过的路线去寻找，这就叫“回推”；在对自己租房还是买房做出决策时，这就是“在线算法”；在超市买单时，决定排哪个队，这就是“多服务器系统”的性能模型；为什么停电时你的电话还可以使用，这就是“设计冗余性”和“失败无关性”。由此可见，计算思维的本质(essence)是抽象(abstraction)和自动化(automation)，计算思维应该如同所有人都具备“读、写、算”(read、write、arithmetic，因单词中均有 r，简称 3R)能力一样，成为适合每个人的普遍认识和普适性技能。

1.5.4 计算思维的特征

(1) 概念化，不是程序化

计算机科学不是计算机编程。像计算机科学家那样去思维意味着远远不只能为计算机编程，还要求能够在抽象的多个层次上思维。计算机科学不只是关于计算机，就像音乐产业不只是关于麦克风一样。

(2) 根本的，不是刻板的技能

计算思维是一种根本技能，是每一个人为了在现代社会中发挥职能所必须掌握的。刻板的技能意味着简单的机械重复。

(3) 是人的，不是计算机的思维

计算思维是人类求解问题的一条途径，但决非要使人类像计算机那样思考。计算机枯燥且沉闷，人类聪颖且富有想象力。是人类赋予计算机激情。计算机赋予人类强大的计算能力，人类应该好好地利用这种力量去解决各种需要大量计算的问题。

(4) 是思想，不是人造品

不只是将我们生产的软、硬件等人造物到处呈现给我们的生活，更重要的是计算的概念，它被人们用来进行问题求解、日常生活的管理，以及与他人进行交流和互动。

(5) 数学和工程思维的互补与融合

计算机科学在本质上源自数学思维，它的形式化基础建筑于数学之上。计算机科学又从本质上源自工程思维，因为我们建造的是能够与实际世界互动的系统。基本计算设备的限制，迫使计算机学家必须计算性地思考，不能只是数学性地思考。构建虚拟世界的自由使我们能够设计超越物理世界的各种系统。所以设计思维是数学和工程思维的互补与融合。

(6) 面向所有的人，所有地方

当计算思维真正融入人类活动的整体时，作为一个问题解决的有效工具，人人都应当掌握它，它处处都会被使用。

计算思维就是一个引导着计算机教育家、研究者和实践者的宏大愿景。对于大学新生而言，就是培养他们"怎么像计算机科学家一样思维"，使计算思维成为常识和普遍技能。由此，一个人可以主修计算机科学，接着从事医学、法律、商业、政治，以及任何类型的科学和工程甚至艺术工作。同样，一个人也可以主修英语或者数学，接着从事各种各样的职业。

1.5.5 计算思维对其他学科的影响

计算思维对于众多学科都有着深刻影响，它建立在计算过程的能力和限制之上，由人、机器执行。计算方法和模型使我们敢于去处理那些原本无法由个人独立完成的问题求解和系统设计，更加方便快捷地解决研究所遇到的问题。我们所需要的细腻、精确，都可从计算思维中获取。计算思维同样有着巨大作用，它能利用启发式推理来寻求解答在不确定情况下的规划、学习和调度问题，使我们在做各种专业研究时能取得更大成效、更高效率。以下列举了一些学科利用计算思维取得的研究成果。

① 生物：霰弹枪算法(shotgun algorithm)大大提高了人类基因组测序的速度；蛋白质结构可以用绳结来模拟；蛋白质动力学可以用计算过程来模拟；细胞和电路类似，是一个自动调节系统。

② 脑科学：人脑可以看成是一台计算机；视觉是一个反馈循环；用机器学习方法分析功能核磁共振(fMRI)数据。

③ 化学：用原子计算探索化学现象；用优化和搜索算法寻找优化化学反应条件和提高产量的物质。

④ 地质学：地球是一台模拟计算机；用抽象边界和复杂性层次模拟地球和大气层。

⑤ 数学：发现"李群 E8"(248 维对称体)，证明四色定理。

⑥ 工程(电子、土木、机械、航空航天等)：计算高阶项可以提高精度，进而降低重量、减少浪费并节省制造成本；波音 777 飞机完全是采用计算机模拟测试的，没有经过风洞

测试。

⑦ 经济学：自动设计机制在电子商务中被广泛采用（广告投放、在线拍卖等）；很多麻省理工学院的计算机科学博士在华尔街作金融分析师。

⑧ 社会科学：社交网络是 Twitter 和 Facebook 等发展壮大的原因之一；统计机器学习被用于推荐和声誉排名系统，例如 Netflix 和联名信用卡等。

⑨ 医疗：机器人手术；电子病历系统需要隐私保护技术；可视化技术使虚拟结肠镜检查成为可能。

⑩ 法学：斯坦福大学的 CL 方法包含了人工智能、时序逻辑、状态机、进程代数、Petri 网等方面的内容；欺诈调查方面的 POIROT 项目为欧洲的法律系统建立了一个详细的本体论结构；关于犯罪现场调查的福尔摩斯项目。

⑪ 娱乐：电影梦工厂用惠普的数据中心进行电影《怪物史莱克》和《马达加斯加》的渲染工作；卢卡斯电影公司用一个包含 200 个节点的数据中心制作电影《加勒比海盗》。

⑫ 艺术：艺术（如喷绘机器人 robotticelli）。

⑬ 体育：阿姆斯特朗的自行车载计算机追踪人车统计数据；Synergy Sports 公司对 NBA 视频进行分析。

⑭ 教育方面的启示：大学应该从新生入手，培养学生“像计算机科学家一样思考”的思维方式，而不是讲授单纯的“某程序设计”课程；让国家和国际组织参与到教学改革中，特别是 K-12、ACM、CSTA、CRA 等。

⑮ 模拟：核试验模拟；利用 Exascale 计算对能源和环境进行建模和模拟；基于高性能计算机，用计算科学模拟飓风，使科学家可以看到飓风的内部。

本章小结

本章介绍了有关计算机的基础知识，包括计算机的基础知识；数据与信息，数制与数制转换，字符的编码；计算机的硬件系统和软件系统；计算思维的概念、特征、关键内容以及与其他学科之间的关系。通过本章的学习，应掌握冯·诺依曼体系结构、数制之间的转换方法；理解数据在计算机内部的表示形式、计算机的硬件系统和软件系统、计算思维的内涵；了解计算机的发展过程，为后续课程打好基础。

第2章 中文 Windows 7 操作系统

学习目标：了解并掌握 Windows 7 操作系统的主要特点，用户界面，文件管理，程序管理，任务管理器；掌握资源管理器和我的电脑的使用；理解并掌握 Windows 7 附件及系统工具的使用。

2.1 Windows 操作系统概述

Windows 是美国微软公司研发的一套图形化模式的操作系统。它问世于 1985 年，起初仅仅是 Microsoft-DOS 模拟环境。随着电脑硬件和软件系统的不断升级，微软的 Windows 操作系统也在不断升级，从 16 位、32 位到 64 位操作系统。从最初的 Windows 1.0 到大家熟知的 Windows 3.1，Windows 3.2，Windows 95、NT、97、98、2000、me、XP、Server、Vista，Windows 7，Windows 8、Windows 8.1，Windows 10，Windows Server 2012 各种版本的持续更新，微软一直在尽力开展 Windows 操作的开发和完善。

2.1.1 Windows 操作系统的特点

Windows 操作系统最大的特点是图形化界面。正因为该操作系统的推出，计算机开始进入了图形用户界面时代。它打破了以往计算机使用命令来接受用户指令的方式，借助鼠标完成命令的执行。Windows 操作系统的主要特点如下。

(1) 直观、高效地面向对象的图形用户界面，易学易用

从某种意义上说，Windows 用户界面和开发环境都是面向对象的。用户采用“选择对象→操作对象”这种方式工作。

(2) 用户界面统一、友好

Windows 应用程序大多符合 IBM 公司提出的 CUA (common user access)标准，所有的程序拥有相同的或相似的基本外观，包括窗口、菜单、工具条等。

(3) 丰富的与设备无关的图形操作

Windows 的图形设备接口(graphics device interface，GDI)提供了丰富的图形操作函数，可以绘制出诸如线、圆、框等的几何图形，并支持各种输出设备。与设备无关意味着在针式打印机上和高分辨率的显示器上都能显示出相同效果的图形。

(4) 多任务

Windows 是一个多任务的操作环境，它允许用户同时运行多个应用程序，或在一个程序中同时做几件事情。每个程序在屏幕上占据一块矩形区域，这个区域称为窗口，窗口是可以重叠的。用户可以移动这些窗口，或在不同的应用程序之间切换，并可以在程序之间进行手工和自动的数据交换和通信。虽然同一时刻计算机可以运行多个应用程序，但仅有一个是处于活动状态的，其标题栏呈现高亮颜色。一个活动的程序是指当前能够接收用户键盘输入的程序。

2.1.2 Windows 7 版本介绍

Windows 7，中文名称是视窗 7，是由微软公司开发的操作系统，内核版本号为 Windows NT 6.1。Windows 7 可供家庭及商业工作环境的笔记本电脑、平板电脑、多媒体中心等使用。它和同为 NT6 成员的 Windows Vista 一脉相承，继承了 Aero 风格等多项功能，并且在此基础上增添了些许功能。2009 年 7 月 14 日，Windows 7 正式开发完成，并于同年 10 月 22 日正式发布。10 月 23 日，微软于中国正式发布 Windows 7。

Windows 7 的设计主要围绕 5 个重点——针对笔记本电脑的特有设计；基于应用服务的设计；用户的个性化；视听娱乐的优化；用户易用性的新引擎。跳跃列表、系统故障快速修复等新功能令 Windows 7 成为最易用的 Windows。

Windows 7 有初级版、家庭普通版、家庭高级版、专业版、企业版和旗舰版等几个不同的版本，每个版本针对不同的用户群体，具有不同的功能。

(1) Windows 7 Starter(初级版)

这是功能最少的版本，缺乏 Aero 特效功能，没有 64 位支持，没有 Windows 媒体中心和移动中心等，对更换桌面背景有限制。它主要用于类似上网本的低端计算机，并限于某些特定类型的硬件。

(2) Windows 7 Home Basic(家庭普通版)

这是简化的家庭版，支持多显示器，有移动中心，限制部分 Aero 特效，没有 Windows 媒体中心，缺乏 tablet 支持，没有远程桌面，只能加入但不能创建家庭网络组(home group)等。它仅在新兴市场投放，例如中国、印度、巴西等。

(3) Windows 7 Home Premium(家庭高级版)

该版本面向家庭用户，满足家庭娱乐需求，包含所有桌面增强和多媒体功能，如 Aero 特效、多点触控功能、媒体中心、建立家庭网络组、手写识别等，不支持 Windows 域、Windows XP 模式、多语言等。

(4) Windows 7 Professional(专业版)

面向爱好者和小企业用户，满足办公开发需求，包含加强的网络功能，如活动目录和域支持、远程桌面等，另外还有网络备份、位置感知打印、加密文件系统、演示模式、Windows XP 模式等功能。64 位可支持更大内存(192GB)，可以通过全球 OEM 厂商和零售商获得。

(5) Windows 7 Enterprise(企业版)

面向企业市场的高级版本,满足企业数据共享、管理、安全等需求。包含多语言包、UNIX 应用支持、BitLocker 驱动器加密、分支缓存(BranchCache)等,通过与微软有软件保证合同的公司进行批量许可出售。不在 OEM 和零售市场发售。

(6) Windows 7 Ultimate(旗舰版)

拥有所有功能,与企业版基本是相同的产品,仅仅在授权方式及其相关应用及服务上有区别,面向高端用户和软件爱好者。专业版用户和家庭高级版用户可以付费,通过 Windows 随时升级服务升级到旗舰版。

2.2 图形用户界面

图形用户界面(graphical user interface,GUI)是指采用图形方式显示的计算机操作用户界面。与早期计算机使用的命令行界面相比,图形界面在视觉上更易于接受。

2.2.1 图形用户界面技术

Windows Aero 是从 Windows Vista 开始使用的新型用户界面,它的透明玻璃感让用户一眼贯穿。Aero 为 4 个英文单词的首字母缩略字:Authentic(真实)、Energetic(动感)、Reflective(反射)及 Open(开阔)。意为 Aero 界面是具立体感、令人震撼、具透视感和开阔的用户界面。除了透明的接口外,Windows Aero 也包含了实时缩略图、实时动画等窗口特效,吸引用户的目光。Windows 7 的 Aero 技术只预载在家庭高级版、专业版、企业版与旗舰版中。

① Aero 桌面透视:鼠标指针指向任务栏上的图标,便会跳出该程序的缩略图预览,指向缩略图时还可看到该程序的全屏幕预览。此外,鼠标指向任务栏最右端的小按钮可看到桌面的预览。

② Aero 晃动:单击某一窗口后,摇一下鼠标,可使其他打开中的窗口缩到最小,再晃动一次便可恢复原貌。

③ Aero Snap 窗口调校:单击窗口后并拖曳至桌面的左右边框,窗口便会填满该侧桌面的半部。拖曳至桌面上缘,窗口便会放到最大。

2.2.2 窗口

打开程序、文件或文件夹时,其都会在屏幕上称为窗口的框或框架中显示,如图 2-1 所示。Windows 7 中的窗口随处可见,因此了解 Windows 7 的窗口操作非常重要。

1. Windows 7 窗口操作

双击桌面上的“计算机”图标,打开“计算机”窗口,进行如下操作。

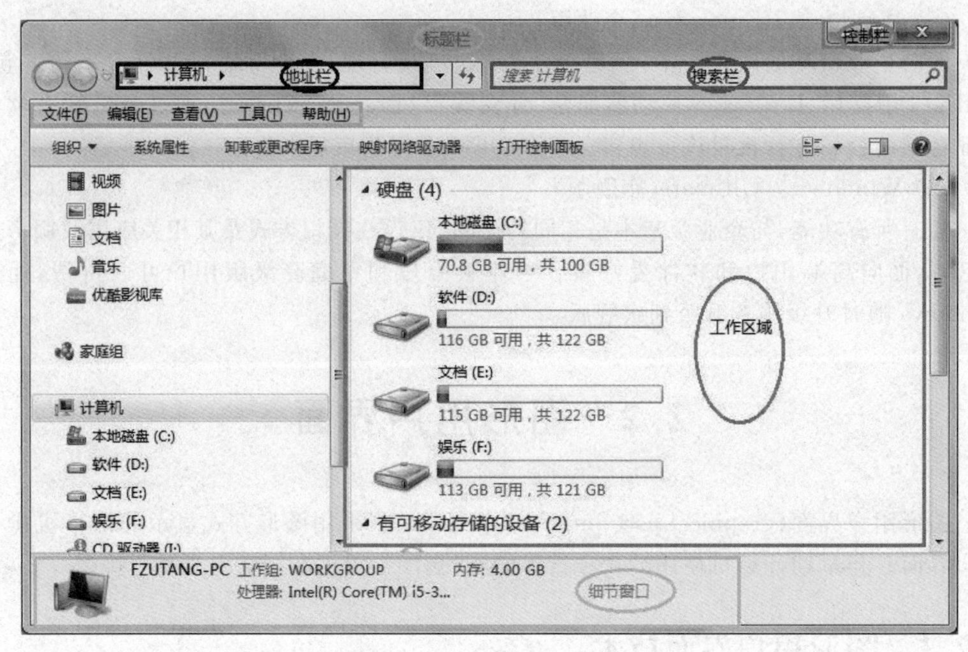

图 2-1　Windows 7 窗口组成

① 单击窗口右上角的 3 个按钮，分别可实现“最小化”“最大化/还原”和“关闭”窗口操作。

② 拖动窗口边框或窗口角，调整窗口大小。

③ 鼠标压着标题栏并进行拖动，移动窗口；双击标题栏，可以最大化窗口或还原窗口。

④ 通过 Aero Snap 功能调整窗口：窗口最大化的操作是按 WIN+↑键，窗口靠左显示的操作是按 WIN+←键，靠右显示的操作是按 WIN+→键，还原或窗口最小化的操作是按 WIN+↓键。

⑤ 单击“组织”按钮旁的下拉箭头，在弹出的下拉菜单中选择“布局”选项，如图 2-2 所示，去选或选勾“菜单栏”“细节窗格”“预览窗格”“导航窗格”，观察“计算机”窗口格局的变化。

⑥ 按 Alt+空格键，在屏幕左上角打开控制菜单，然后使用键盘进行窗口操作。

⑦ 按 Alt+F4 键，关闭窗口。

⑧ 按 PrintScreen 键，将当前整个屏幕存入剪贴板中；按 Alt+PrintScreen 键，将当前(活动窗口)存入剪贴板。

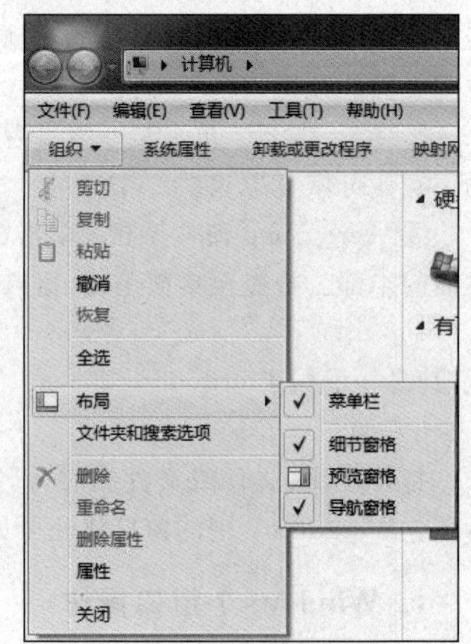

图 2-2　布局选项

2. 使用 Windows 7 窗口的地址栏

① 在“计算机”窗口的导航窗格(左窗格)中选择

"C:\用户"文件夹,在地址栏中单击"用户"右边的下拉箭头,可以打开"用户"目录下的所有文件夹,如图 2-3 所示,选择一个文件夹,如"公用",即可打开"公用"文件夹。

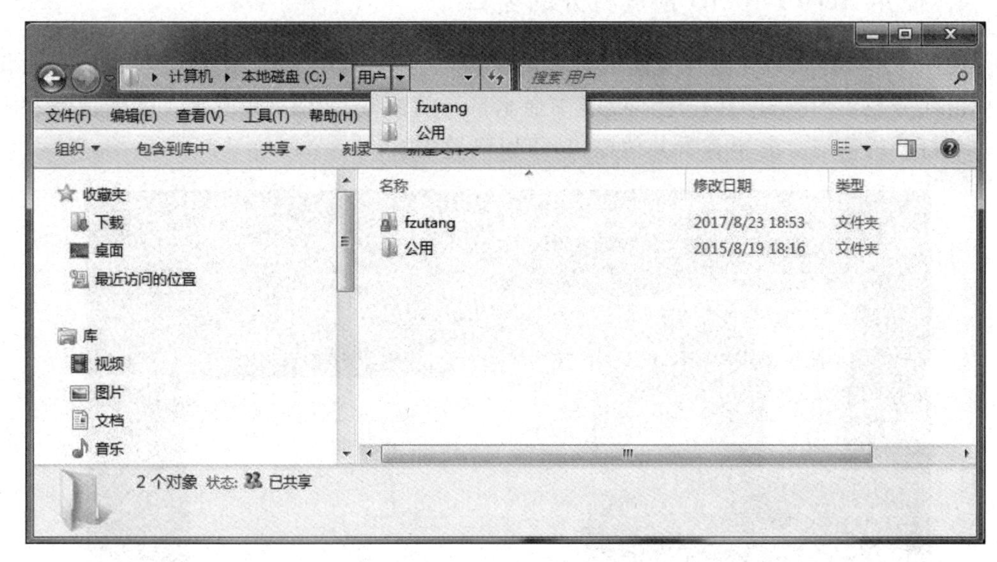

图 2-3　窗口地址栏

② 在地址栏空白处单击,箭头按钮会消失,路径会按传统的文字形式显示。

③ 利用窗口左上角的"返回"和"前进"按钮,可以在浏览记录中导航而无须关闭当前窗口。单击"返回"按钮,可以回到上一个浏览位置,单击"前进"按钮,可以重新进入之前所在的位置。

3. 管理多个窗口

所有打开的窗口都由任务栏按钮表示。如果有若干个打开的窗口,Windows 7 会自动将同一程序中的打开窗口分组到一个未标记的任务栏按钮。指向任务栏按钮可以查看该按钮代表的窗口的缩略图预览。

(1) 使用 Aero 桌面透视预览打开窗口的步骤

① 指向任务栏上的程序按钮。

② 指向缩略图。此时所有其他的打开窗口都会临时淡出,以显示所选的窗口。

③ 将鼠标指向其他缩略图,以预览其他窗口。

若要还原桌面视图,请将鼠标从缩略图移开。

如果不希望对任务栏按钮分组,可以关闭分组。如果不进行分组,则可能无法同时看到所有任务栏按钮。

(2) 任务栏上的相似任务停止分组步骤

① 依次单击"开始"按钮→控制面板→外观和个性化,然后单击"任务栏和'开始'菜单",打开"任务栏和'开始'菜单属性"(或者直接右击选择任务栏→属性→任务栏和"开始"菜单属性)。

② 在"任务栏"选项卡的"任务栏外观"下的"任务栏按钮"菜单选择"从不合并"选项,

然后单击“确定”按钮。

4. 使用 Aero Flip 3D 预览打开的窗口

使用 Flip 3D 可以快速预览所有打开的窗口(例如打开的文件、文件夹和文档),而无须单击任务栏。Flip 3D 在一个“堆栈”中显示打开的窗口,如图 2-4 所示。堆栈顶部将看到一个打开的窗口。若要查看其他窗口,可以浏览堆栈。

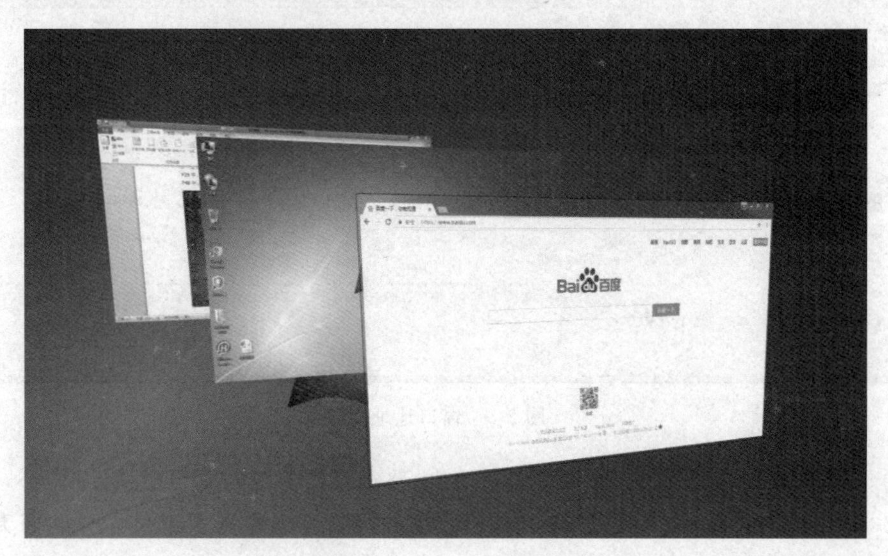

图 2-4 Flip 3D 切换窗口

使用 Flip 3D 切换窗口的步骤如下。

① 按 Windows 徽标键+Tab 键,打开 Flip 3D。

② 按 Windows 徽标键的同时重复按 Tab 键,或滚动鼠标滚轮,以循环切换打开的窗口。

释放 Windows 徽标键,以显示堆栈前面的窗口。释放 Windows 徽标键+Tab 键,关闭 Flip 3D。

5. 跳转到窗口

快速更改正在使用的打开窗口的另一种方法是按 Alt+Tab 键。按 Alt+Tab 键时可以看到所有打开文件的列表。

若要选择某个文件,请按住 Alt 键并继续按 Tab 键,直到突出显示要打开的文件。释放这两个键可以打开所选窗口。

6. 排列窗口

若要排列打开的窗口,右击任务栏的空白区域,然后单击“层叠窗口”“堆叠显示窗口”或“并排显示窗口”,具体内容如下。

① 层叠,在一个按扇形展开的堆栈中放置窗口,使这些窗口标题显现出来。

② 堆叠,在一个或多个垂直堆栈中放置窗口,视打开窗口的数量而定。

③ 并排,将每个窗口(已打开,但未最大化)放置在桌面上,以便能够同时看到所有窗口。

2.2.3 桌面主题设置

启动 Windows 7 后,整个显示屏幕称为桌面,在桌面任一空白位置右击,在弹出的快捷菜单中选择“个性化”,弹出“个性化”设置窗口。

(1) 设置桌面主题

选择桌面主题为 Aero 风格的“风景”,如图 2-5 所示,观察桌面主题的变化。然后单击“保存主题”,保存该主题为“我的风景”。

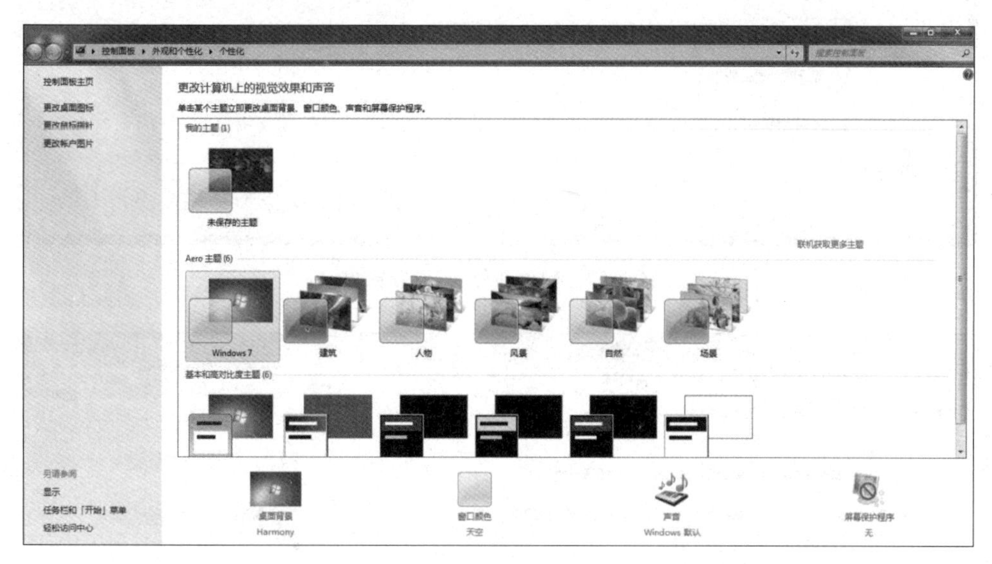

图 2-5 个性化设置窗口

(2) 设置窗口颜色

单击图 2-5 中的“窗口颜色”选项,打开如图 2-6 所示的“窗口颜色和外观”窗口,选择一种窗口的颜色,如“深红色”,观察桌面窗口边框颜色的从原来的暗灰色变为了深红色,最后单击“保存修改”按钮。

(3) 设置桌面背景

单击图 2-5 中的“桌面背景”选项,打开“桌面背景”窗口,设置桌面背景图为“风景”,设置为幻灯片放映,时间间隔为 5 分钟,无序放映,如图 2-7 所示。

(4) 设置屏幕保护程序

设置屏幕保护程序为三维文字,屏幕保护等待时间为 5 分钟。

① 单击图 2-5 中的“屏幕保护程序”选项,出现“屏幕保护程序”设置对话框,如图 2-8 所示。在“屏幕保护程序”下拉框中选择“三维文字”选项,在“等待”下拉框中选择“5 分钟”选项,然后单击“设置”按钮。

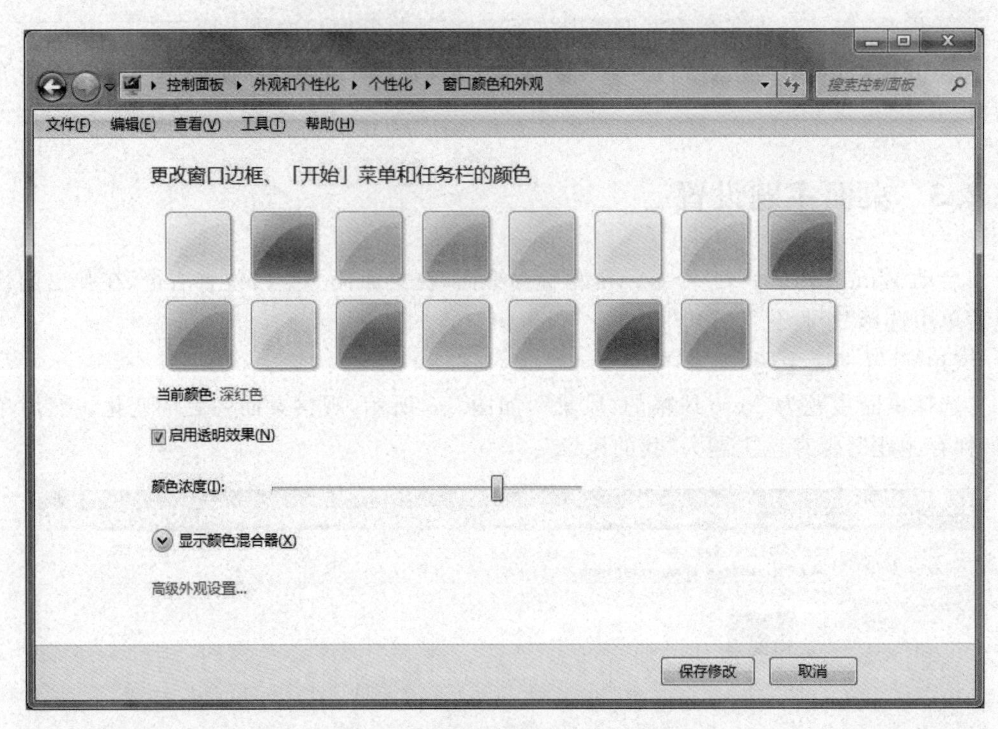

图 2-6 “颜色和外观”设置窗口

图 2-7 设置桌面背景

图 2-8 “屏幕保护程序设置”对话框

② 在图 2-9 所示“三维文字设置”对话框的“自定义文字”框中输入“welcome”,然后单击“选择字体”按钮,选择需要的字体,单击“确定”按钮。

③ 如果要为屏幕保护设置密码,在图 2-8 所示对话框的“在恢复时显示登录屏幕”复选框中打“√”。

(5) 改变屏幕分辨率及窗口外观显示字体

① 更改屏幕分辨率。

在桌面空白处右击,在弹出的快捷菜单中选择“屏幕分辨率”选项,在弹出的图 2-10 所示的窗口中展开“分辨率”栏中的下拉条,设置屏幕分辨率为 1366×768,然后单击“确定”或“应用”按钮即可。

② 设置窗口显示字体。

在图 2-10 所示窗口中选择“放大或缩小文本和其他项目”选项,在图 2-11 所示的窗口中选择“中等(M)－125%”,然后单击“应用”按钮即可。

该设置生效后,在桌面空白处右击,会发现弹出的快捷菜单的字体和颜色都发生了改变;打开资源管理器或 Word 文档等,也会发现菜单字体和颜色都发生了改变。

(6) 桌面图标设置及排列

① 在桌面显示“控制面板”图标。

在个性化设置窗口(图 2-5)中选择“更改桌面图标”选项,出现图 2-12 所示的“桌面图标设置”对话框,勾选“控制面板”项,然后单击“确定”或“应用”按钮即可。

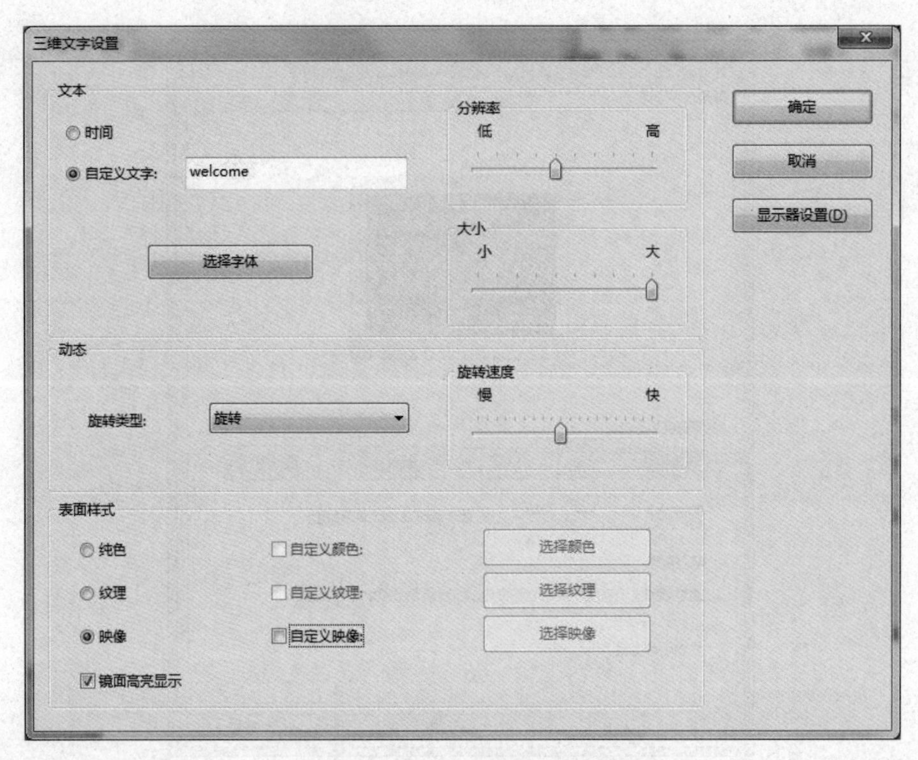

图 2-9 “三维文字设置”对话框

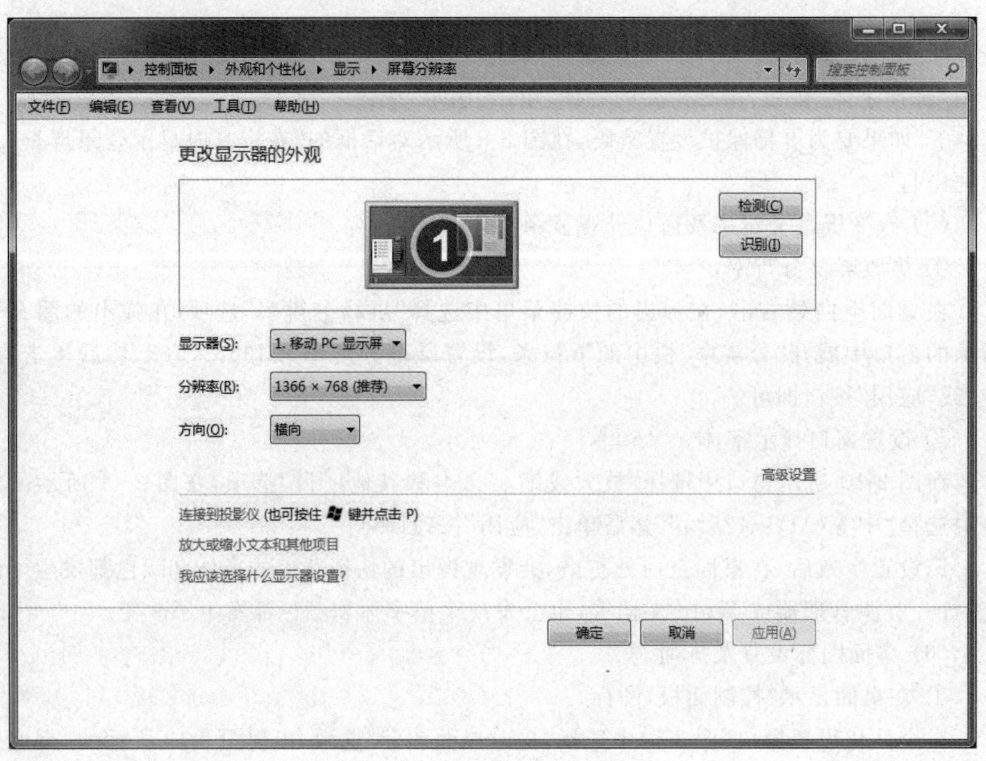

图 2-10 设置屏幕分辨率窗口

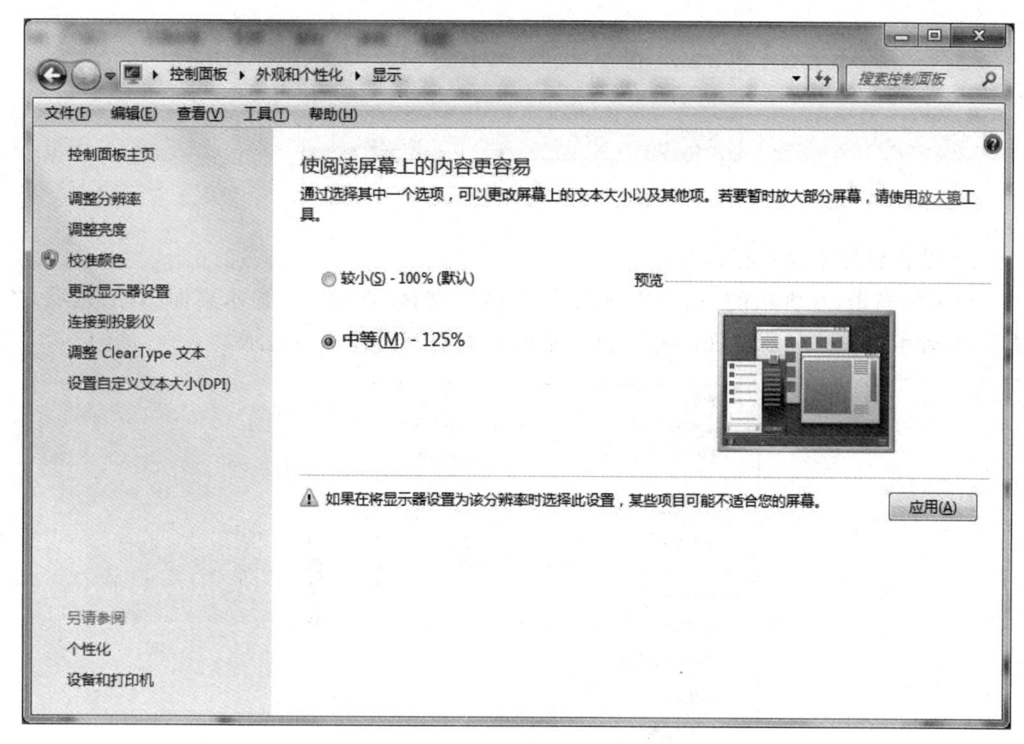

图 2-11　设置字体窗口

图 2-12　“桌面图标设置”对话框

② 按“名称”排列桌面图标。

在桌面空白处右击，在弹出的快捷菜单中选择“排序方式”→“名称”即可，如图 2-13 所示。

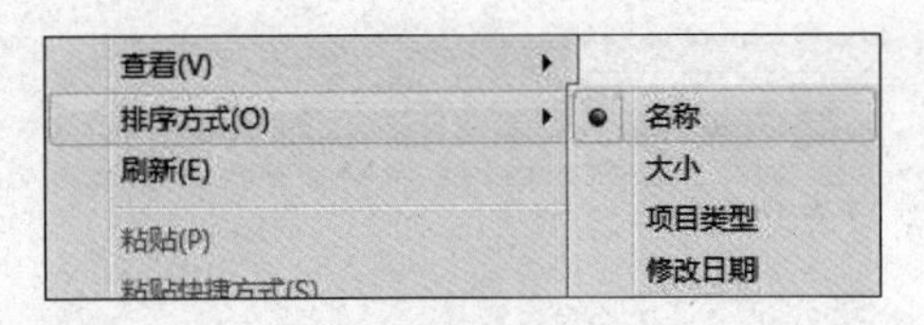

图 2-13　桌面快捷菜单中的“排序方式”菜单

③ 设置桌面不显示任何图标。

在桌面右击，在弹出的“桌面快捷菜单”中依次选择“查看”→“显示桌面图标”选项，如图 2-14 所示，去选“显示桌面图标”选项，桌面上的所有图标都不显示。

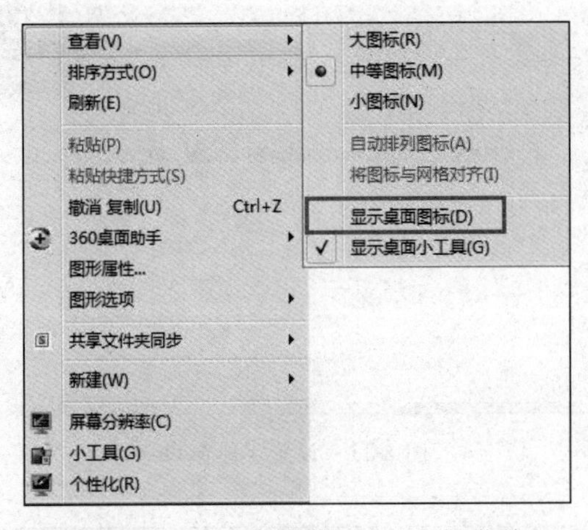

图 2-14　桌面快捷菜单中的“查看”菜单

2.2.4　菜单

“开始”菜单是计算机程序、文件夹和设置的主门户。之所以称为“菜单”，是因为它提供一个选项列表，就像餐馆里的菜单那样。至于“开始”的含义，在于它通常是要启动或打开某项内容的位置。使用“开始”菜单可执行以下这些常见的活动。

- 启动程序。
- 打开常用的文件夹。
- 搜索文件、文件夹和程序。
- 调整计算机设置。
- 获取有关 Windows 操作系统的帮助信息。
- 关闭计算机。
- 注销 Windows 或切换到其他用户账户。

1. 清理“开始”菜单和任务栏上的列表

Windows 7 会保存打开的程序、文件、文件夹和网站的历史记录，并在“开始”菜单以及“开始”菜单和任务栏上的跳转列表(jump list)中显示这些历史记录。

可以选择定期清除该历史记录。例如，使用共享或公用计算机时。清除“开始”菜单和“跳转列表”中的项目不会从计算机中删除这些项目，任何已锁定的项目仍然锁定。

清除列表的步骤如下。

① 通过依次单击“开始”按钮→控制面板→外观和个性化，然后单击“任务栏和‘开始’菜单”，打开“任务栏和‘开始’菜单属性”。

② 单击“开始菜单”选项卡，然后执行以下操作之一。

- 若要阻止最近打开的程序出现在“开始”菜单中，请清除“存储并显示最近在‘开始’菜单中打开的程序”复选框。
- 若要清除任务栏和“开始”菜单上“跳转列表 (Jump List)”中最近打开的文件，请清除“存储并显示最近在‘开始’菜单和任务栏中打开的项目”复选框，如图 2-15 所示。

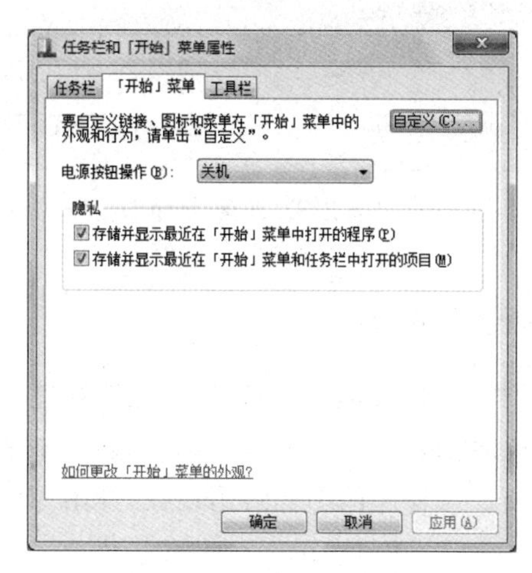

图 2-15 “开始”菜单属性

③ 单击“确定”按钮。若要再次显示最近打开的程序和文件，请选中这些复选框，然后单击“确定”按钮。

2. 自定义“开始”菜单

Windows 7 系统的“开始”菜单栏会根据使用频次，自动在“开始”菜单中列出最近经常访问的程序。虽然这个功能很方便，但有时我们并不希望显示这些软件。这就需要进行自定义“开始”菜单设置。使用自定义“开始”菜单，更易于查找所需的程序和文件夹，步骤如下。

① 右击“开始”按钮，选择“属性”选项，弹出图 2-15 所示的任务栏和“开始”菜单属性对话框。

② 在弹出“任务栏和‘开始’菜单属性”对话框中选择“‘开始’菜单”选项卡。

③ 在“‘开始’菜单”选项卡中单击“自定义”按钮，弹出图 2-16 所示的“自定义‘开始’菜单”对话框，根据需求选择要显示的菜单。

④ 单击“确定”按钮，即完成自定义“开始”菜单的设置。

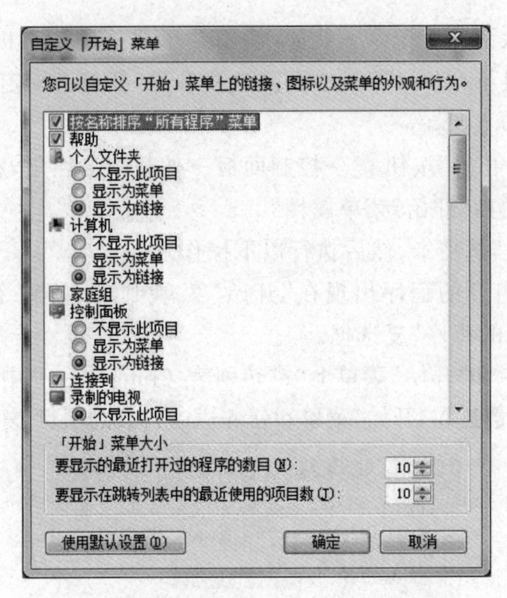

图 2-16 “自定义‘开始’菜单”对话框

3. 将程序锁定到“开始”菜单

将程序快捷方式锁定到“开始”菜单的顶部,以便能够快速方便地打开这些程序。

将程序锁定到“开始”菜单的步骤为:单击“开始”按钮,查找程序,右击该程序,然后单击“附到‘开始’菜单”选项。该程序的图标将出现在“开始”菜单的顶部。

4. 设置选项对话框

后面跟有省略号(...)的菜单项,表示系统执行菜单命令时需要通过对话框进行设置。如图 2-17 所示,单击“文件夹选项(O)...”后出现文件夹选项对话框。

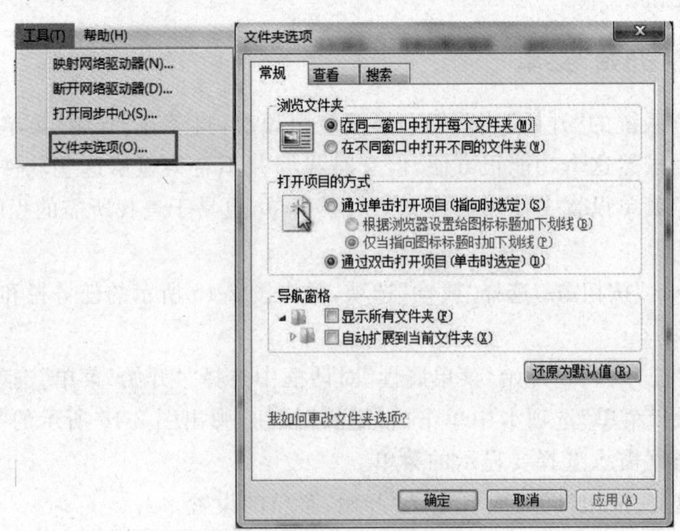

图 2-17 设置带省略号菜单项

2.2.5 鼠标的使用

(1) 指向：将鼠标依次指向任务栏上的每一个图标，如将鼠标指向桌面右下角的时钟图标，即显示计算机的系统日期。

(2) 单击：单击用于选定对象。单击任务栏上的“开始”按钮，即打开“开始”菜单；将鼠标移到桌面的“计算机”图标处，图标颜色变浅，说明选中了该图标。

(3) 拖动：将桌面的“计算机”图标移动到新的位置(如果不能移走，则应在桌面空白处右击，在弹出的快捷菜单的“查看”菜单中去掉“自动排列图标”前的对钩)。

(4) 双击：双击用于执行程序或打开窗口。双击桌面的“计算机”图标，即打开“计算机”窗口，双击某一应用程序图标，即启动某一应用程序。

(5) 右击：右击用于调出快捷菜单。右击桌面左下角的“开始”按钮，或右击任务栏的空白处，右击桌面空白处，右击“计算机”图标，右击一文件夹图标或文件图标，都会弹出不同的快捷菜单。

(6) 在 Windows 7 中，通过拖动鼠标执行复制操作时，鼠标指针的箭头尾部会带有“+”号。

2.3 文件管理

2.3.1 文件与文件夹

文件是具有符号名的一组信息的集合，是程序和数据在磁盘上存储的基本形式。文件有 4 种属性：①“只读”属性，只能浏览，不能修改或删除；②“隐藏”属性，在默认情况下是不显示的；③“存档”属性，既可以浏览，也可以修改，我们创建的文档，一般默认为存档属性；④“系统”属性，如果“系统”属性被选中，表示该文件是系统文件，Windows 必须依赖系统文件才能正常运行，不要随意删除系统文件。文件夹不具有“系统”属性。默认情况下，“资源管理器”中是不显示系统文件的。设置文件属性，可以选定文件，右击，在弹出的快捷菜单中选择“属性”，弹出“属性”对话框，如图 2-18 所示，在高级选项中可以设置“存档”属性，如图 2-19 所示。

Windows 7 的文件命名规则如下。

- 文件或者文件夹名称不得超过 255 个字符。
- 除了开头之外，文件名任何地方都可以使用空格。
- 文件名中不能有\ / ： * ？“ ＜ ＞ | ；符号。
- 文件名不区分大小写，但在显示时可以保留大小写格式。
- 文件名中可以包含多个间隔符，如“tang. yu. 002”。

为了便于识别，在对文件命名时，用扩展名进行区分，所以文件名的一般格式为：主文件名.扩展名。由此可以根据扩展名判断文件的种类，进而了解其用途。通常计算机中

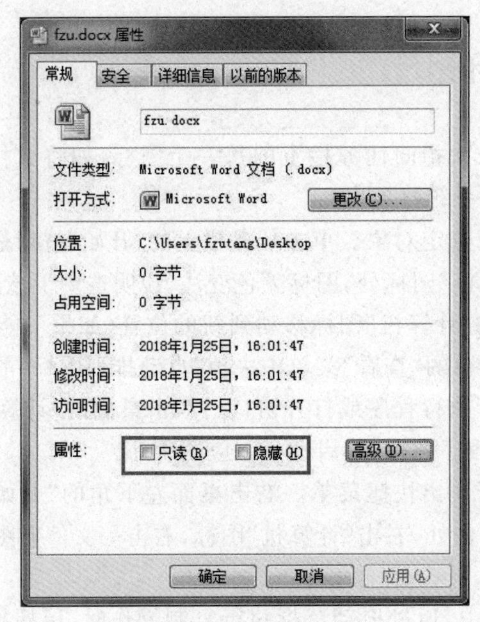

图 2-18　文件属性对话框

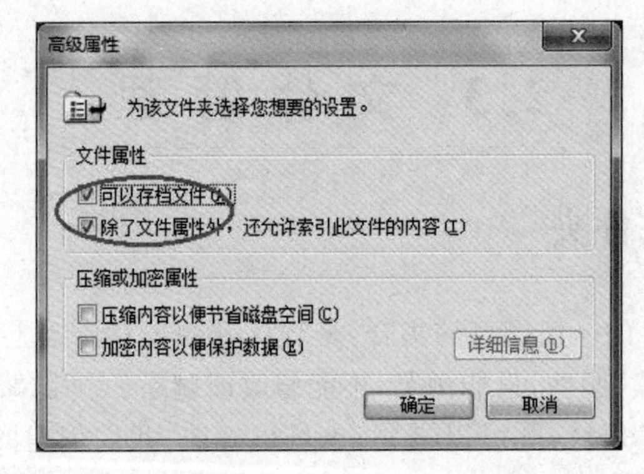

图 2-19　文件“高级属性”对话框

有多种不同功用的文件，有可执行文件、数据文件、类或库文件、文本文件、图像文件等等，数不胜数。常见的文件类型如表 2-1 所示。

表 2-1　常见的文件类型

文件类型	扩　展　名	文 件 描 述
文档文件	txt、doc、docx、xml、pdf、wps、ppt、pptx、xls、xlsx	文档文件是存储文字信息的文件，用各种软件编辑之后保存的文件
图片文件	jpg、png、bmp、gif、tiff	记录图像信息的文件
网页文件	html、htm	网上常用的文件，可用 IE 浏览器打开
系统文件	int、sys、dll、adt	安装操作系统过程中自动创建的文件
声音文件	mp3、wav、wma、mid、aif	记录声音和音乐信息的文件

续表

文件类型	扩 展 名	文 件 描 述
动画文件	avi、rm、mpeg、swf、mov	记录视频动画信息的文件，同时支持声音
压缩文件	rar、zip、z、gz	由压缩软件将文件压缩后形成的文件
可执行文件	exe、bat、com	双击该类文件，可执行相应程序

文件夹是用来协助人们管理计算机文件的。每一个文件夹对应一块磁盘空间。它提供了指向对应空间的地址，它没有扩展名，也就不像文件那样用扩展名来标识。文件夹的路径是一个地址，它告诉操作系统如何才能找到该文件夹（如许多 Windows 系统文件都存储在一个路径为 C：\Windows 的文件夹中）。文件夹的名称可根据需要任意命名。若要选定当前文件夹中的全部文件和文件夹，可使用组合键 Ctrl＋A。

由于各级文件夹之间是互相包含的关系，使得所有文件夹构成树状结构，称为文件夹树。“资源管理器”左侧窗口中显示的是文件夹树，没有展开的文件夹前面显示▷标记，展开后的文件夹前面显示◢标记，有的文件夹前没有任何标记，表示该文件夹没有嵌套子文件夹。

2.3.2 文件管理的基本操作

1. 打开资源管理器

右击桌面左下角的“开始”按钮，在弹出的快捷菜单中选择“Windows 资源管理器”，打开资源管理器窗口，也可以通过任务栏中的图标或“开始”菜单中的“所有程序”→“附件”→“Windows 资源管理器”打开资源管理器。

2. 设置文件及文件夹的显示方式及排列方式

（1）改变文件夹及文件的显示方式

在资源管理器中打开“查看”菜单，如图 2-20 所示，或在资源管理器右边窗口的空白处右击，选择“查看”菜单，分别选择 “大图标”“中等图标”“小图标”“平铺”“内容”“列表”“详细信息”选项，可以改变文件夹及文件的排列方式。

（2）改变文件夹及文件的图标排列方式

选择“查看”→“排序方式”，或右击，在弹出的快捷菜单中选择“排序方式”，出现如图 2-21 所示的下拉菜单，选择按“名称”“大小”“类型”等选项，图标的排列顺序随之改变。

3. 创建文件夹

在 C 盘上创建一个名为 GS 的文件夹，再在 GS 文件夹下创建 2 个并列的二级文件夹，其名为 GS1 和 GS2。

方法一：在资源管理器窗口的左窗格选定 C：\为当前文件夹，在右窗格选择菜单命令：“文件”→新建→“文件夹”，右窗格出现一个新建文件夹，名称为“新建文件夹”。将

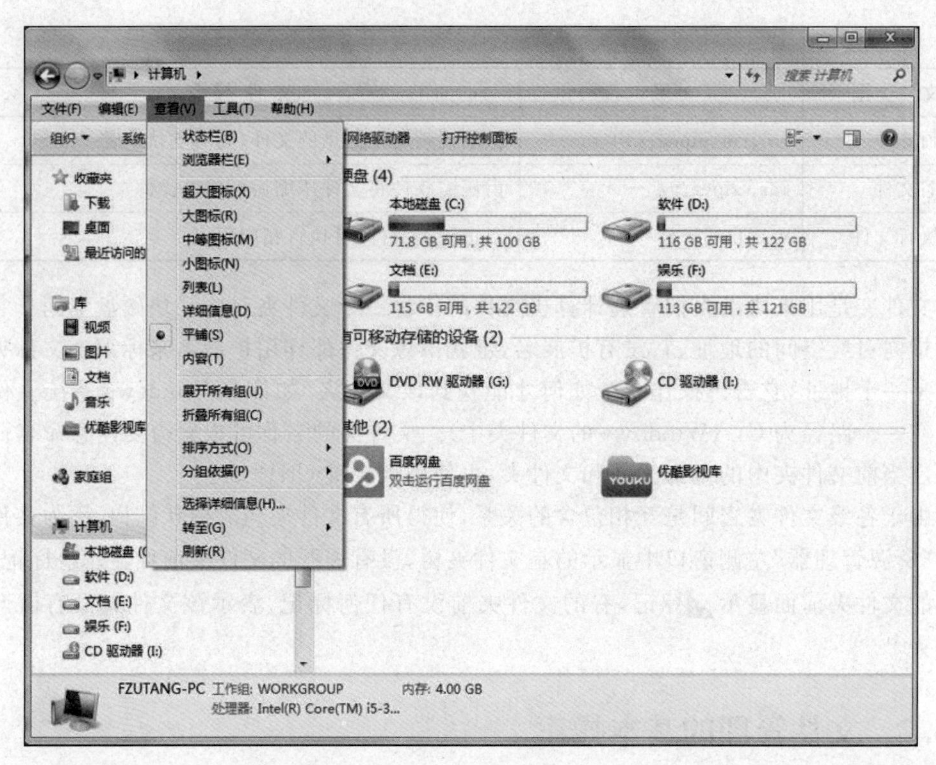

图 2-20　文件夹按“平铺”方式显示

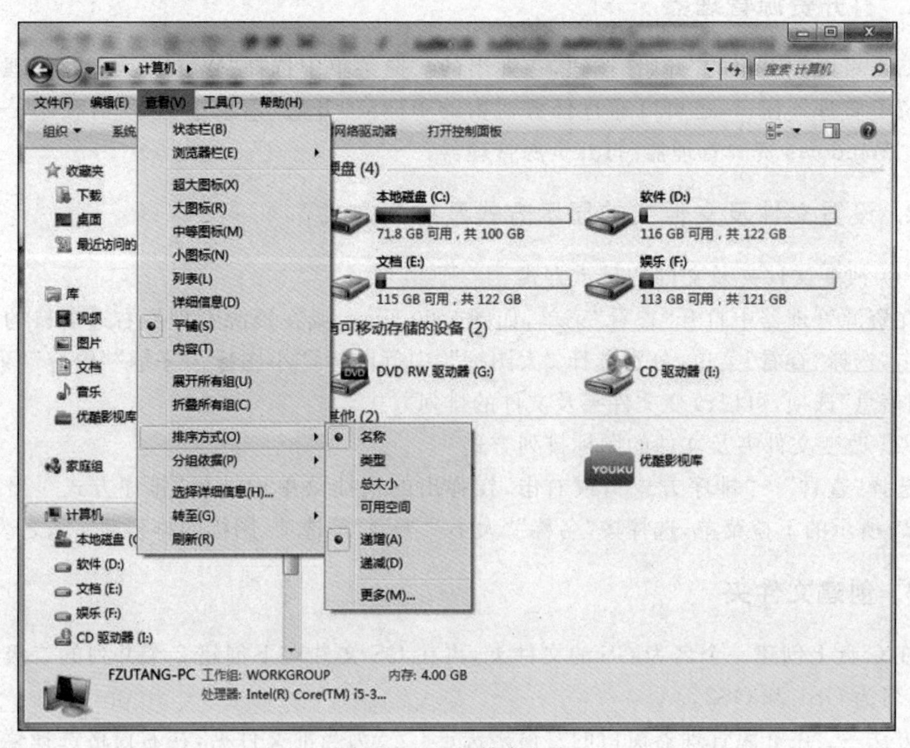

图 2-21　选择排序方式

“新建文件夹”改名为“GS”即可。

方法二：在资源管理器窗口的左窗格选定 C：\为当前文件夹，在右窗格任一空白位置处右击，在弹出的快捷菜单中选择新建→文件夹，右窗格出现一个新建文件夹，名称为“新建文件夹”。将“新建文件夹”改名为“GS”即可。双击 GS 文件夹，进入该文件夹，用上述同样方法创建文件夹“GS1”和“GS2”。

4. 复制、剪切、移动文件

剪贴板(clipBoard)是内存中的一块区域，是 Windows 系统一段可连续的、随存放信息的大小而变化的内存空间，用来临时存放交换信息。它内置在 Windows 中，并且使用系统的内部资源 RAM 或虚拟内存来临时保存剪切和复制的信息，可以存放文字或图像、文件或文件夹等多种信息。剪切或复制时保存在剪贴板上的信息，只有再剪贴或复制另外的信息，或停电，或退出 Windows，或有意地清除时，才可能更新或清除其内容，即剪贴或复制一次，就可以粘贴多次。剪贴板只能保留最后一次剪贴的内容，每当新的数据传入时，旧的数据便会被覆盖。

在 C 盘中任选 3 个不连续的文件，将它们复制到 C：\GS 文件夹中。

方法一：

① 选中多个不连续的文件：按住 Ctrl 键，单击需要的文件(或文件夹)，即可同时选中多个不连续的文件(或文件夹)。

② 复制文件：选中菜单“编辑”→“复制”命令，或者右击，在弹出的快捷菜单中选择“复制”选项，或者按组合键 Ctrl+C。

③ 粘贴文件：单击 GS 文件夹，进入 GS 文件夹，选择菜单“编辑”→“粘贴”命令，或者右击，在弹出的快捷菜单中选择“粘贴”选项，或者按组合键 Ctrl+V，即可将复制的文件粘贴到当前文件夹中。

方法二：

① 打开左窗格的 C 盘文件目录，使目标文件夹 GS 在左窗格可见。

② 选中三个不连续文件，按住 Ctrl 键，拖曳选中的文件到左窗格目标文件夹 GS。

注意：*由于源文件和目标文件在同一磁盘，如果不按住 Ctrl 键拖曳文件，将是移动文件而不是复制文件。*

5. 查看并设置文件和文件夹的属性

选定文件夹 GS2，右击，在弹出的快捷菜单中选择“属性”选项，出现属性对话框，在“常规”选项卡中，可以看到类型、位置、大小、占用空间、包含的文件及文件夹数等信息，如图 2-22 所示。选中对话框中的“只读”选项，GS2 文件夹成为只读文件；选中“隐藏”选项，GS2 成为隐藏文件夹。

6. 控制窗口内显示/不显示隐藏文件(夹)

选择菜单“工具”→“文件夹选项”命令，出现图 2-23 所示“文件夹选项”对话框，在“隐藏文件和文件夹”下选择“不显示隐藏的文件、文件夹或驱动器”，单击“确定”按钮。打开 GS 文件夹，GS2 文件夹不可见。

在图 2-23 中选择“显示隐藏的文件、文件夹或驱动器”，单击“确定”按钮。再次打开 GS 文件夹，GS2 文件夹可见。

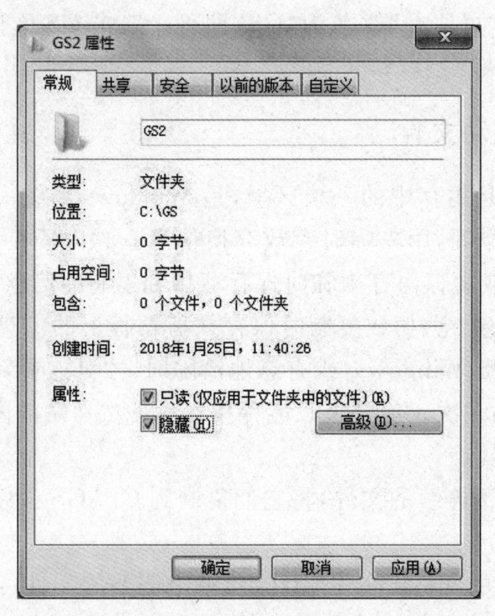

图 2-22　文件夹属性

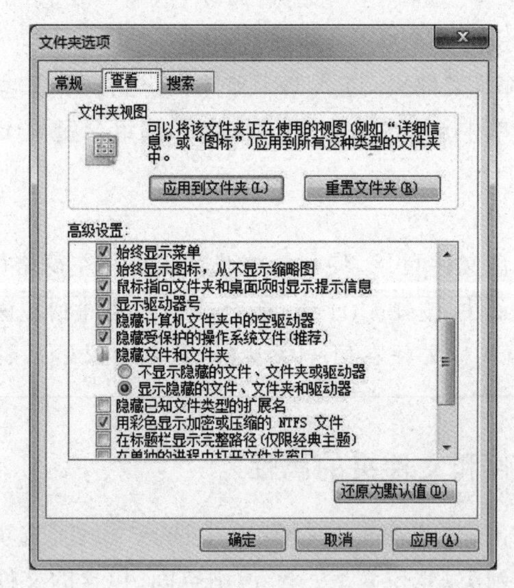

图 2-23　“文件夹选项”对话框中的“查看”选项

7. 文件的改名

(1) 改主文件名

打开 C：\GS 文件夹，在任意空白处右击，在弹出的快捷菜单中选择“新建”→“文本文档”命令，出现一个新文件，名为“新建文本文档”，而且文件名处于编辑状态，输入新文件名“LT1”，按回车键确认即可(文件的全名为“LT1. txt”)。单击选中文件 LT1. txt，在文件名处再单击，文件名进入编辑状态，此时可再次修改文件名。

(2) 改扩展名

在图 2-23 所示的“文件夹选项”对话框中，去掉勾选“隐藏已知文件类型的扩展名”选项，资源管理器中将显示文件的全名(主文件名＋扩展名)，此时即可修改文件的扩展名(文件类型)，如将 LT1. txt 改名为 LT1. doc。

8. 文件及文件夹的删除与恢复

回收站是 Windows 操作系统里的一个系统文件夹，主要用来存放用户临时删除的文档资料，存放在回收站的文件可以恢复。回收站是一个特殊的文件夹，默认在每个硬盘分区根目录下的 recycler 文件夹中，而且是隐藏的。通过右击“回收站”，在弹出的快捷菜单中选择“属性”选项可以设置回收站。

(1) 删除文件至“回收站”

① 打开文件夹 C：\GS，右击选中文件 LT1. txt。

② 按 Delete 键或选择菜单命令“文件”→“删除”，或在右键快捷菜单中选择“删除”选项，显示确认删除信息框，单击“是”按钮，确认删除。

(2) 删除文件夹“C：\GS\GS2”

步骤方法同上，但对象文件夹在左、右窗格中都可选择。

(3) 从“回收站”恢复被删除文件夹及文件

① 双击桌面上的“回收站”图标，打开回收站，选中文件夹“C：\GS\GS2”。

② 选择菜单命令“文件”→“还原”，或在右键快捷菜单中选择“还原”命令，即可恢复被删除的文件夹；同理，可恢复被删除的文件 LT1. txt。

(4) 永久删除一个文件夹或文件选中待删除的文件(夹)

按 Shift＋Delete 键，在确认删除框中单击“是”，即可彻底删除该文件(夹)。

9. 文件和文件夹的搜索

(1) 设置搜索方式

在资源管理器窗口中打开“组织”下拉列表，选择“文件夹和搜索选项”选项，出现图 2-24 所示“文件夹选项”对话框，在“搜索内容”部分选择“始终搜索文件名和内容”，在“搜索方式”部分选择“在搜索文件夹时在搜索结果中包括子文件夹”和“查找部分匹配”选项，将可以根据文件名或文件内容进行文件搜索。

(2) 搜索 C 盘及其子文件夹下所有文件名以 LT 开头的文本文件(扩展名为 txt)。打开资源管理器窗口，在左窗格选择 C 盘，在窗口右上角的搜索栏中输入“LT *. txt”，搜索结果显示在右窗格，如图 2-25 所示。

(3) 搜索 GS 文件夹及其子文件夹下所有包含文字“计算机”且文件大小超过 10KB、在 2018-1-1 至 2018-3-25 日修改的文本文件(扩展名为 txt)。

① 在资源管理器的左窗格选择 C：\KS 文件夹，在搜索框中输入“计算机”。

② 在“添加搜索筛选器”下选择“大小”为“微小(0～10KB)”。

③ 在“添加搜索筛选器”下选择“修改日期”为 2018-1-1 至 2018-3-25，方法是首先选择 2018-1-1，按住 Shift 键，再选择 2018-3-25 即可。

④ 搜索结果显示在右窗格，如图 2-26 所示。

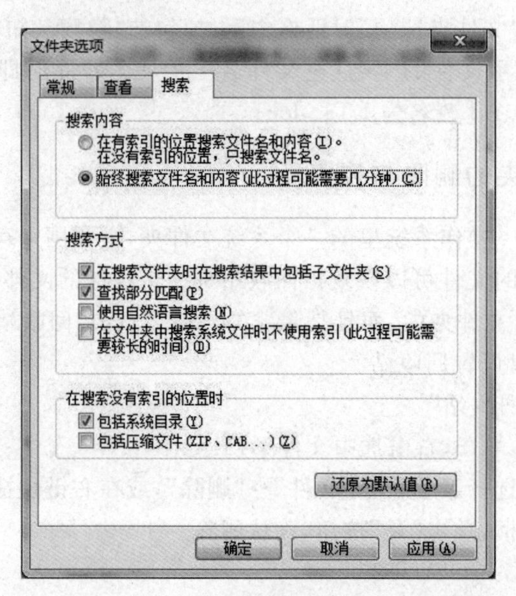

图 2-24 “文件夹选项”对话框中的“搜索”选项

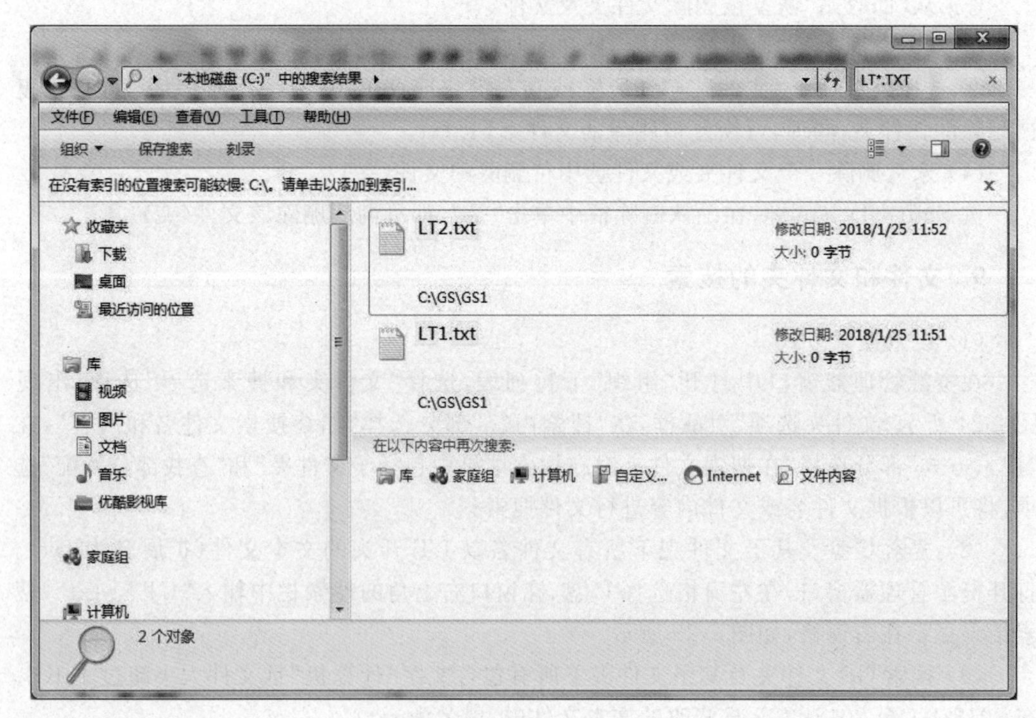

图 2-25 LT＊.txt 搜索结果

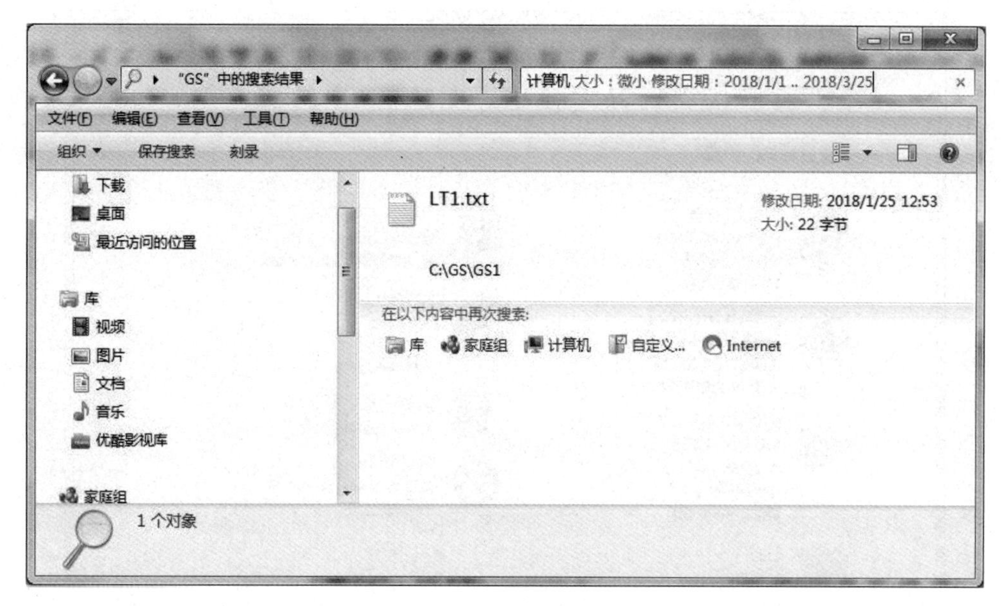

图 2-26　搜索结果显示

2.4　程序管理

2.4.1　安装与卸载应用程序

安装应用程序比较简单，下载应用程序的安装文件，双击“exe”文件，根据提示安装应用程序即可。本节主要讲解如何卸载电脑程序。

方法一：单击“开始”按钮，选择“控制面板”选项，选择“卸载程序”选项，如图 2-27 所示。

选择想要卸载的程序，右击选择“卸载”选项，如图 2-28 所示。

方法二：利用一些卸载软件来卸载，常用卸载软件如图 2-29 所示。

2.4.2　程序的启动和退出

启动程序的方法有以下几种。

① 双击程序运行文件(或快捷方式)。

② 在右键快捷菜单中选择程序运行文件(或快捷方式)，运行。

③ 按 Windows 徽标键+R 键，打开“运行”对话框，输入程序运行文件名称。

④ 在“任务管理器”中选择“运行”选项，输入程序运行文件名称。

⑤ 进入命令提示行，输入运行程序命令。

图 2-27　在“控制面板”中选择“卸载程序”选项

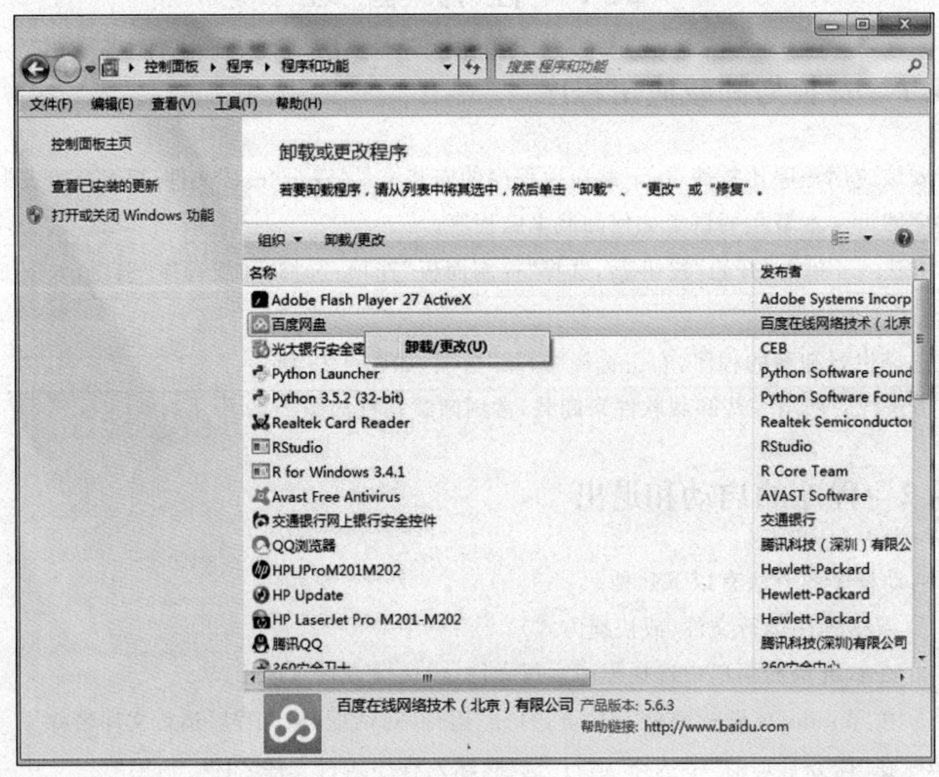

图 2-28　卸载软件程序

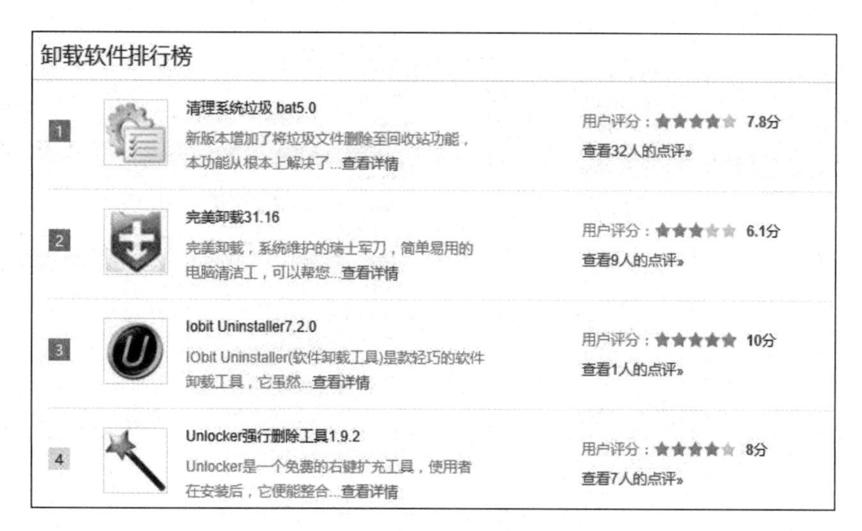

图 2-29　常用的卸载软件

关闭程序的方法有以下几种。

① 单击程序右上角的“×”关闭程序。

② 选择软件菜单中的“文件”→“退出”选项。

③ 使用“任务管理器”直接关闭“进程”。

④ 按 Alt+F4 键结束程序。

2.4.3　应用程序的快捷方式

在 Windows 系统中，桌面的快捷方式可以是应用程序、文档文件、打印机等，删除 Windows 7 桌面上某个应用程序的快捷方式图标，意味着只删除了图标，对应的应用程序被保留。下面介绍两种在 Windows 7 系统桌面创建应用程序快捷方式的方法。

1. 方法一

① 在桌面上右击，选择“新建”→“快捷方式”命令，如图 2-30 所示。

② 在弹出的“创建快捷方式”对话框中单击“浏览”按钮，指定到应用程序所在位置并选中，单击“确定”按钮，然后单击“下一步”按钮，如图 2-31 所示。

③ 在该快捷方式的名称框中输入对应程序的名称，如“360 安全卫士”，单击“完成”按钮即可创建快捷方式，如图 2-32 所示。

2. 方法二

① 打开计算机，直接找到应用程序所在位置。

② 在应用程序上右击，选择“发送到”→“桌面快捷方式”选项即可，如图 2-33 所示。

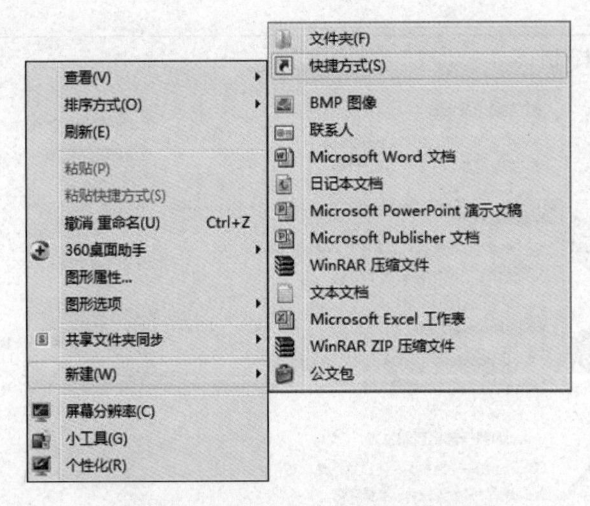

图 2-30 选择“新建”→“快捷方式”选项

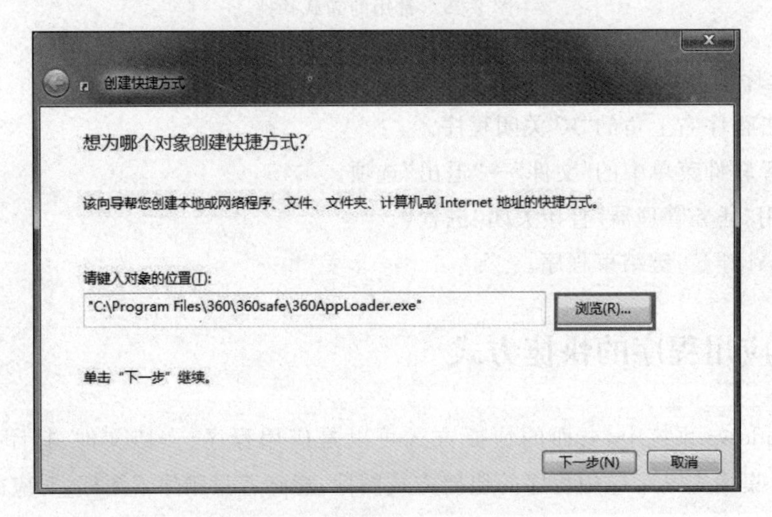

图 2-31 创建快捷方式(方法一)

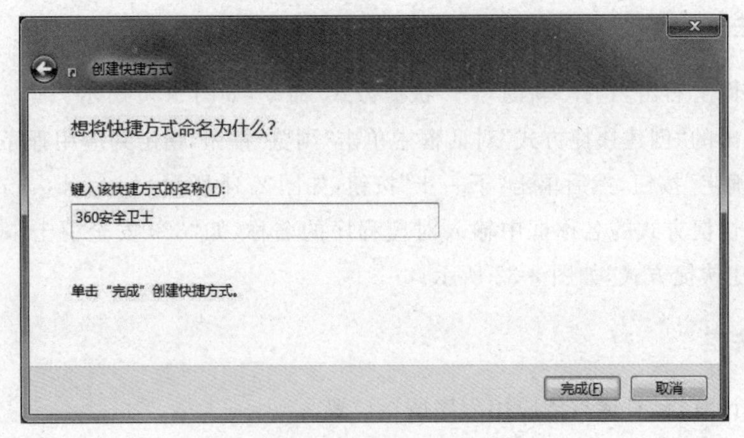

图 2-32 输入快捷方式名称

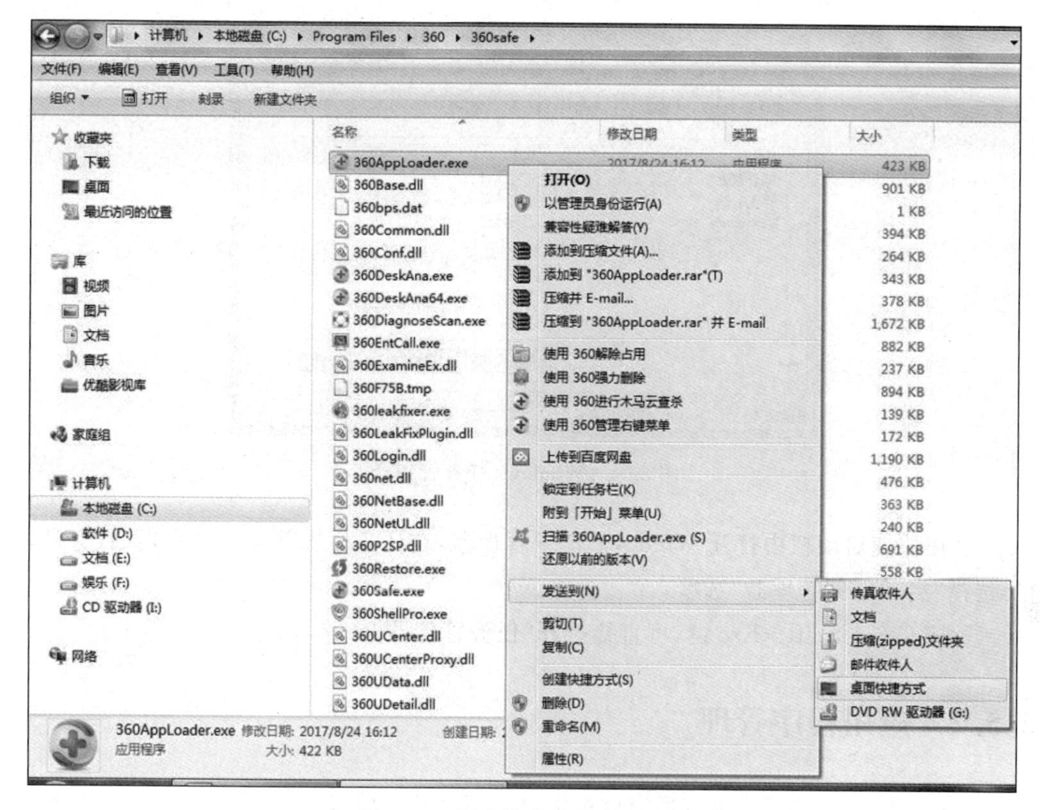

图 2-33 创建快捷方式(方法二)

2.5 任务管理器

计算机系统的任务管理器提供有关计算机性能的信息,并显示了计算机上所运行程序和进程的详细信息,这里可以查看到当前系统的进程数、CPU 使用率、各种内存等数据。它的用户界面提供了文件、选项、查看、窗口、帮助五大菜单项,其下还有应用程序、进程、服务、性能、联网、用户六个标签页,窗口底部则是状态栏,显示进程数、CPU 使用率和物理内存。如果连接到网络,还可以查看网络状态并迅速了解网络是如何工作的。如图 2-34 所示。

2.5.1 启动任务管理器

在 Windows 7 操作系统中启动任务管理器的方法有很多,以下介绍 3 种常用的方法。

① 按 Ctrl+Alt+Delete 键,然后选择"启动任务管理器"。

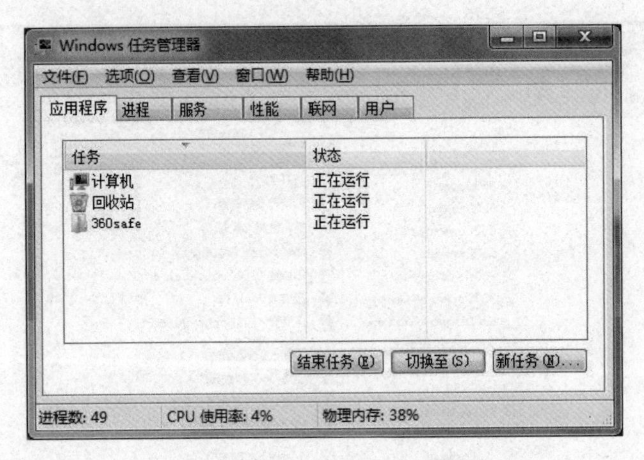

图 2-34 Windows 任务管理器

② 在快速启动栏中打开 Windows 任务管理器，在任务栏底部空白处右击，打开菜单栏，选择“启动任务管理器”选项。

③ 按 Ctrl＋Shift＋Esc 键，可直接打开“任务管理器”。

2.5.2 应用程序管理

在 Windows 7 的任务管理器窗口单击“应用程序”，这里显示了所有当前正在运行的应用程序，不过它只会显示当前已打开窗口的应用程序，而像 QQ、MSN Messenger 等最小化至系统托盘区的应用程序则并不会显示。

选定某项任务，单击“结束任务”按钮，直接关闭某个应用程序，如果需要同时结束多个任务，可以按住 Ctrl 键进行复选。

另外，如遇到程序无法响应的问题，就无法通过程序本身的功能关闭，此时只能使用任务管理器的强制关闭功能，选择相应程序，再单击“结束任务”按钮即可。

单击“新任务”按钮，可以直接打开相应的程序、文件夹、文档或 Internet 资源，如果不知道程序的名称，可以单击“浏览”按钮进行搜索，找到相应的程序再打开。

2.5.3 进程管理

“进程”里显示了所有当前正在运行的进程，包括应用程序、后台服务等，那些隐藏在系统底层深处运行的病毒程序或木马程序都可以在这里找到，当然前提是要知道它的名称。找到需要结束的进程名，执行“结束进程”或者使用右键菜单中的“结束进程”命令，就可以强行终止，不过这种方式将丢失未保存的数据，而且如果结束的是系统服务，则系统的某些功能可能无法正常使用。

注：Windows 8 及以后版本合并了“进程”与“应用程序”，称为“进程”。

2.5.4 系统性能

从任务管理器的“性能”标签中可以查看计算机性能的动态概念，例如 CPU 使用率和内存的使用情况，如图 2-35 所示。

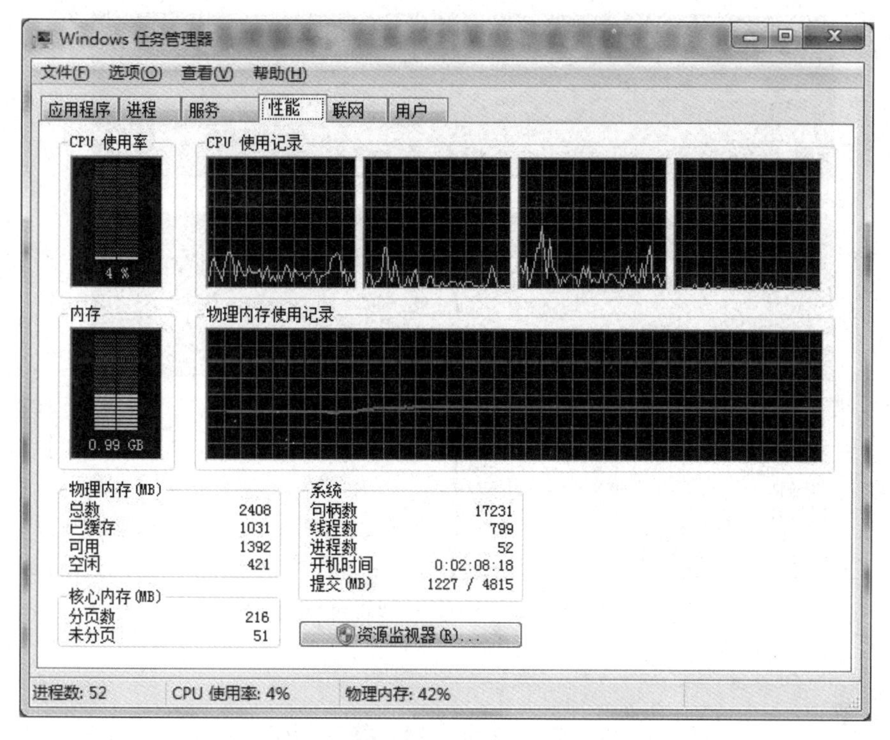

图 2-35 任务管理器的“性能”选项

CPU 使用率是表明处理器工作时间百分比的图表，该计数器是处理器活动的主要指示器，查看该图表可以知道当前 CPU 使用的处理时间是多少。CPU 使用记录是显示处理器的使用程序随时间变化情况的图表，图表中显示的采样更新情况取决于“查看”菜单中所选择的“更新速度”设置值，“高”表示每秒 2 次，“正常”表示每秒 1 次，“低”表示每四秒 1 次，“暂停”表示不自动更新。

2.5.5 联网状态

从任务管理器的“联网”标签中可以查看本地计算机所连接的网络通信量，如图 2-36 所示。使用多个网络连接时，可以在这里比较每个连接的通信量，当然只有安装网卡后才会显示该选项。

注：Windows 8 及以后版本中的选项被删除。

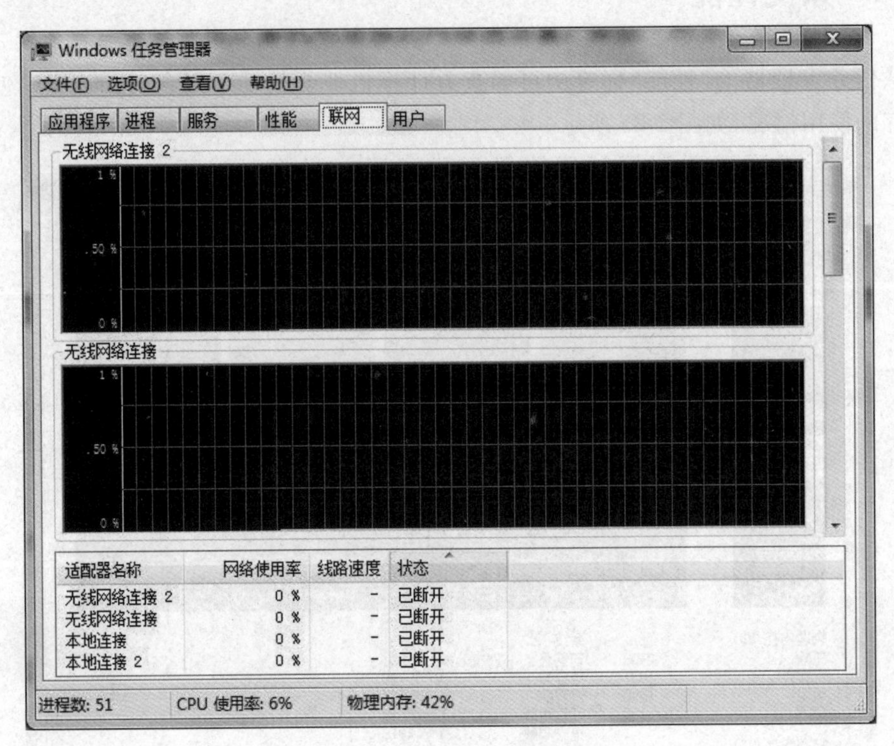

图 2-36　任务管理器的“联网”选项

2.6　磁盘管理

硬盘刚刚使用时，文件在磁盘上的存放位置基本上是连续的。随着对文件的修改、删除、复制或者保存新文件等频繁的操作，使得文件在磁盘上留下许多小段空间，这些小的不连续区域就称为磁盘碎片。

要进行磁盘的整理操作，可以单击“开始”按钮，选择“所有程序”→“附件”→“系统工具”→“磁盘碎片整理程序”命令。使用磁盘碎片整理程序，重新整理硬盘上的文件和使用空间，可以达到提高程序运行速度的目的。

在 Windows 7 系统中，除了在“我的电脑”里可以知道有几个分区，在磁盘管理中也能知道系统的分区。Windows 7 中进行磁盘管理，需要在桌面上右击“计算机”，在弹出的快捷菜单中选择“管理”选项，弹出“计算机管理”对话框，如图 2-37 所示。

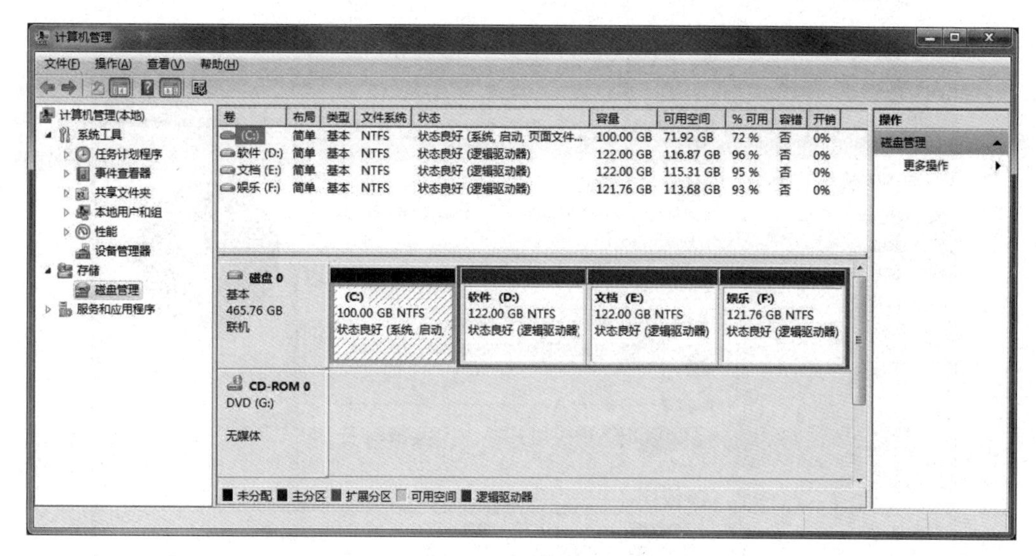

图 2-37 在“计算机管理”中进行“磁盘管理”

在“计算机管理”对话框中即可进行磁盘管理操作。

2.7 系统还原与备份

1. 系统的还原

早在 Windows me 版本时就出现了系统还原功能，该功能也一直在不断地完善，而且操作也越来越简单。使用此功能，可以大胆地更新硬件驱动，下载系统补丁，安装新的软件。如果这些软件安装之后出现不稳定的现象，就可以利用还原功能将其恢复到安装之前的状态。还原系统之前，必须有一个还原点，创建还原点的步骤如下。

(1) 创建还原点

右击桌面上的“计算机”，选择“属性”选项，打开“系统”对话框，在左窗格中选择“系统保护”选项，打开“系统属性”对话框的“系统保护”选项卡，如图 2-38 所示。

或者在“开始”菜单搜索中输入“系统还原”，图 2-39 显示为默认情况。在默认情况下，系统只对系统盘进行保护。若为其他盘开启保护，则可以单击“配置”按钮进行相应的设置，如图 2-40 所示。

然后单击“创建”按钮，并且输入名称，再单击“创建”按钮，等待创建完成之后单击“关闭”按钮，即可完成还原点创建。

(2) 系统还原

创建还原点后，打开“系统还原”对话框，单击“下一步”按钮，选择所要恢复的还原点，单击“下一步”按钮，如图 2-41 所示。

确认还原点，单击“完成”按钮，如图 2-42 所示。

确认设置之后，完成还原操作。

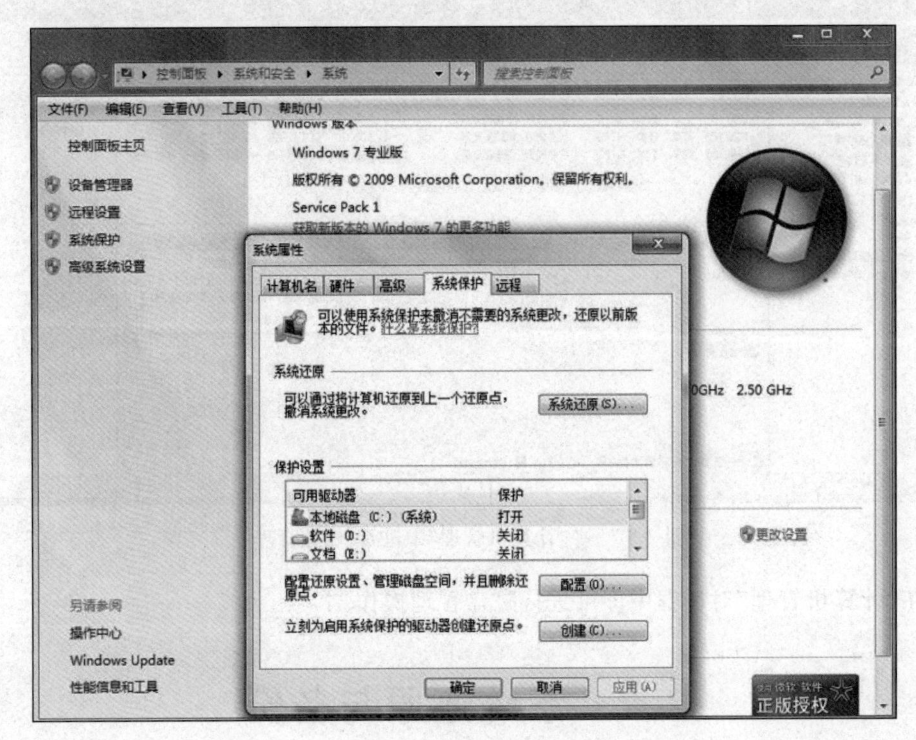

图 2-38　系统属性选项

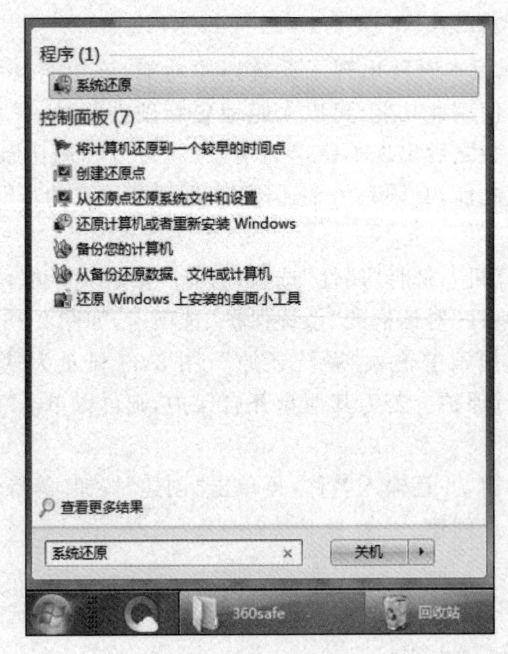

图 2-39　创建还原点

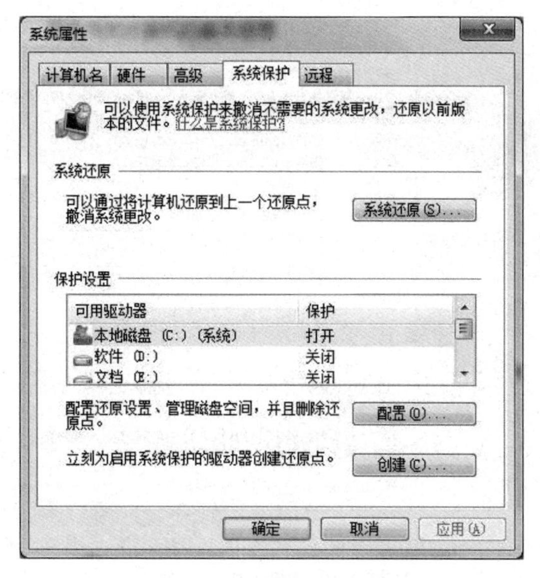

图 2-40 “系统保护”选项卡

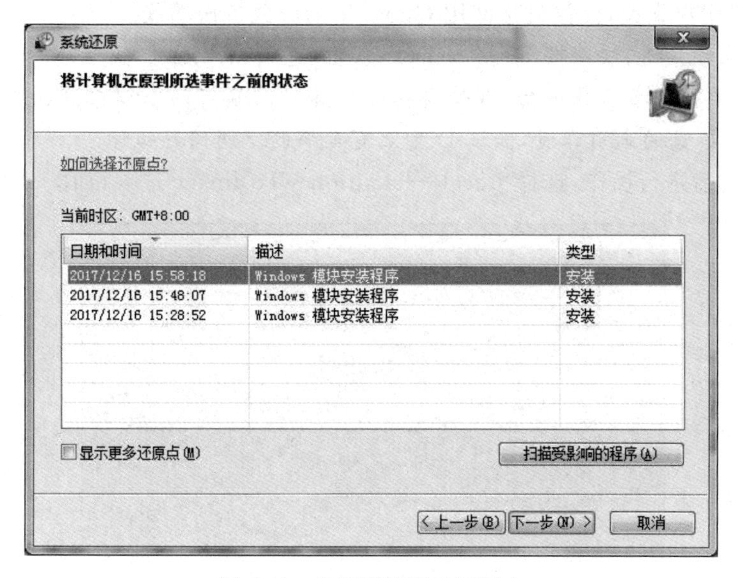

图 2-41 选择要恢复的还原点

2. 使用 Ghost 备份与还原

Ghost 是 general hardware oriented software transfer 的缩写，译为“面向通用型硬件系统传送器”，是美国赛门铁克公司推出的一款出色的硬盘备份工具。虽然 Windows 自带的“系统还原”“文件和设置转移”等功能都可以用来备份和还原操作系统，但如果系统被破坏得太厉害，导致无法进入 GUI 时，还原功能就无法应用。在 Windows 出现严重故障时，用 Ghost 备份紧急补救是非常有必要的。

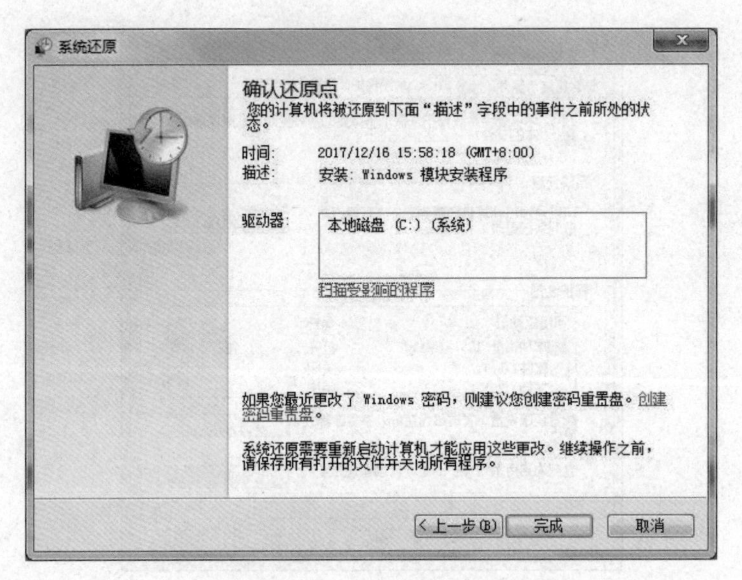

图 2-42　确认系统还原

对于普通用户来说，仅仅只是使用 Ghost 里的分区备份功能。

① 重新启动系统，快速按 F8 进入 DOS 界面，运行 G. exe。

注意：若要使用备份分区功能(如要备份 C 盘)，必须有两个以上分区而且 C 盘所用容量必须大于 D 盘的未用容量，保证 D 盘上有足够的空间储存镜像。

② 使用键盘进行操作，选择 Local→Partition→To Image 选项，如图 2-43 所示。

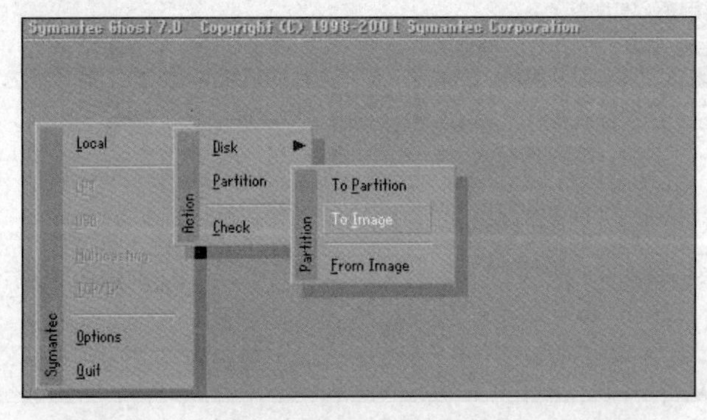

图 2-43　选择 Local→Partition→To Image 选项

③ 按回车键后，首次显示的是硬盘的信息，选择要备份的系统分区，如图 2-44 所示。

④ 按下回车键，进入下一界面，如图 2-45 所示，输入备份 GHO 文件的名称。

⑤ 保存之后进入下一个界面，如图 2-46 所示。此处提示选择压缩模式，共有 3 个选择：No 表示不压缩，备份速度最快，备份出来的文件也是最大的；Fast 表示适量压缩，备份速度和备份出来的文件都适中；High 表示高压缩，表示备份速度最慢，不过备份出的文件最小。根据压缩空间与压缩速度，通常选择适量压缩 Fast 后按回车键确定，进入下一操作界面，如图 2-47 所示。

⑥ 此处提示选择是否开始备份，选择 Yes，备份开始。等待进度条走完，备份完成，

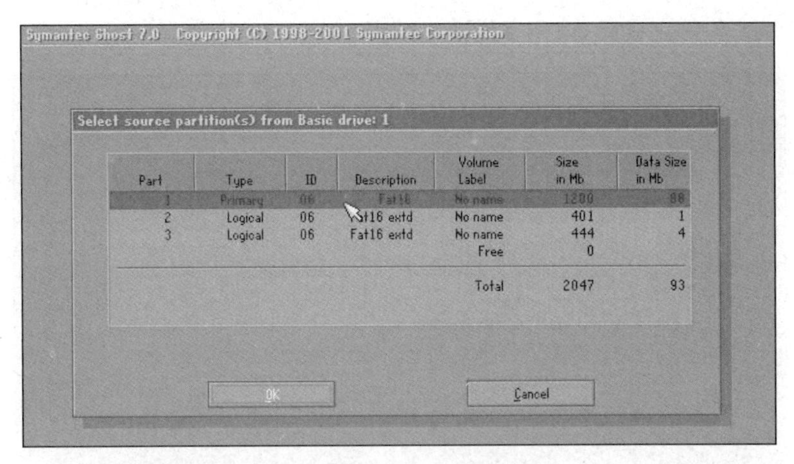

图 2-44　选择要备份的系统分区

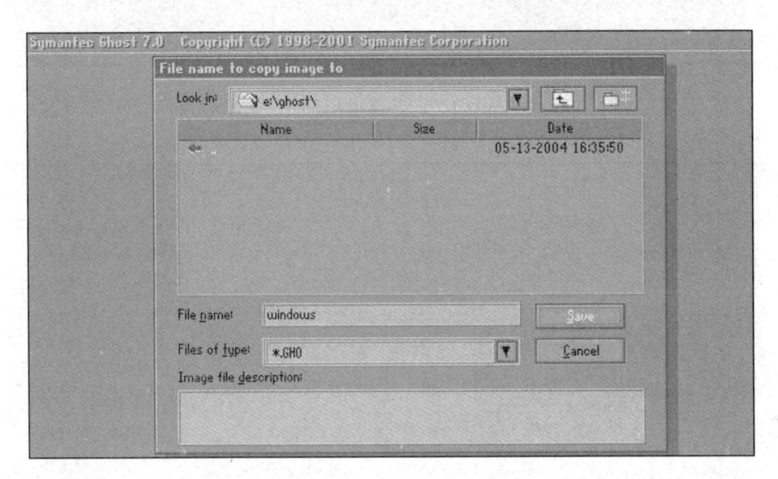

图 2-45　输入备份 GHO 文件名称

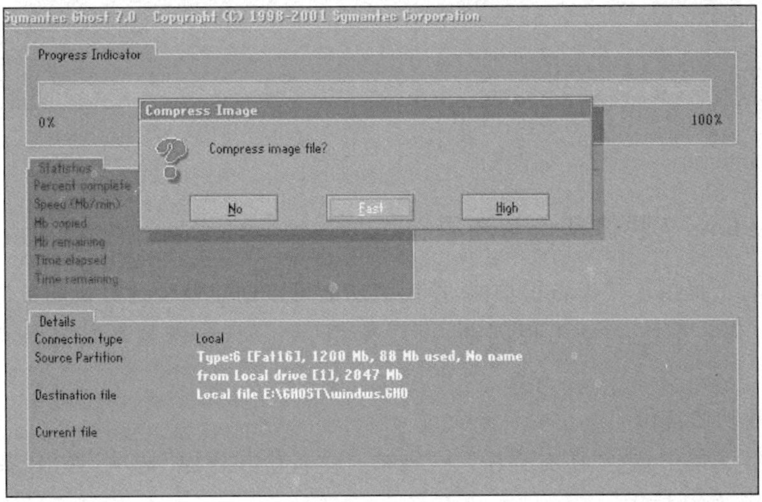

图 2-46　压缩模式选择

如图 2-48 所示，备份完成后，按回车键退出即可。

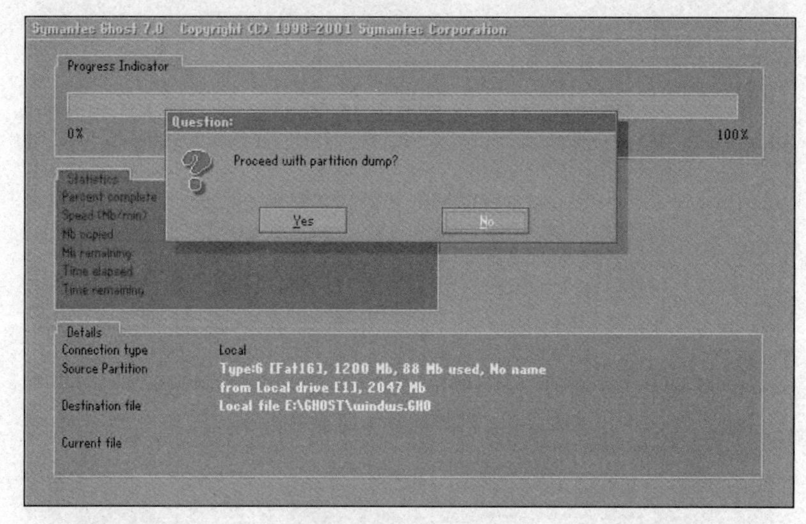

图 2-47 确认备份视图

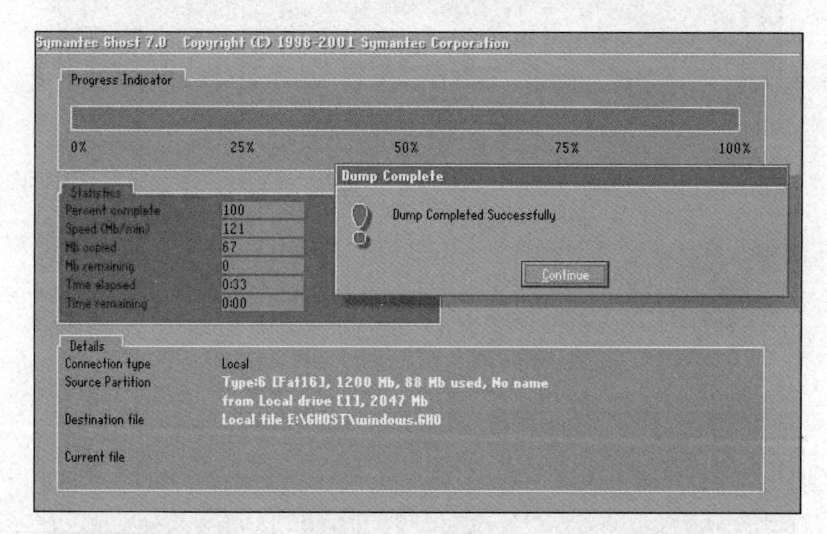

图 2-48 备份完成

3. Windows 7 映像备份与还原

Windows 7 提供了映像备份功能，使用该功能可以创建整个计算机的备份副本，包括程序、系统文件。系统一旦出现问题，可以使用 Windows 恢复环境还原整个计算机系统。

(1) 创建映像备份

在“开始”菜单中选择“所有程序”→“维护”→“备份和还原”选项，弹出“备份和还原”对话框。如图 2-49 所示。

单击“创建系统映像”选项，弹出“创建系统映像”对话框，如图 2-50 所示。选择好保存位置后单击“下一步”按钮,如图 2-51 所示,选择要在备份中包含的驱动器,单击“下一步”按钮。进入如图 2-52 所示的“开始备份”对话框,单击“开始备份”按钮,备份完成后,提示是否创建修复光盘,根据实际情况选择是或否。

(2) 通过映像文件还原系统

在 Windows 7 中,计算机的修复和恢复功能得到了加强和改进。当计算机出现故障或需要恢复备份时,可以通过在启动时按下 F8 键激活 Windows 的“高级启动选项”,如

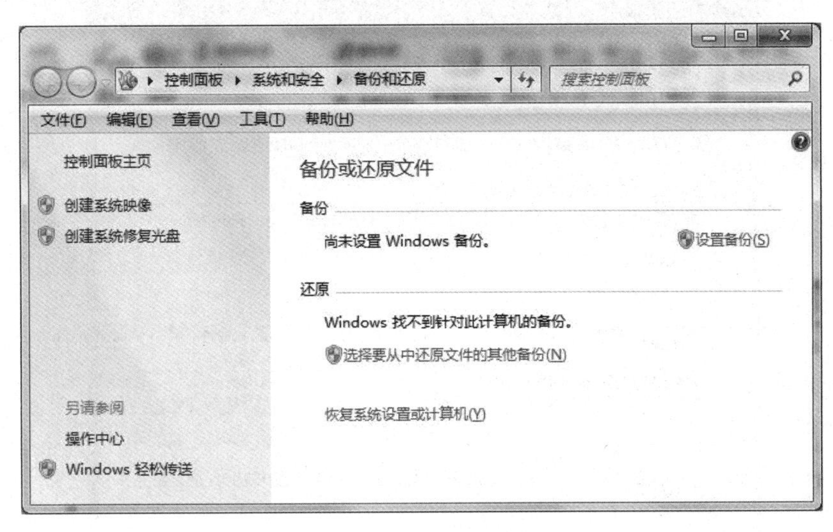

图 2-49 “备份和还原”对话框

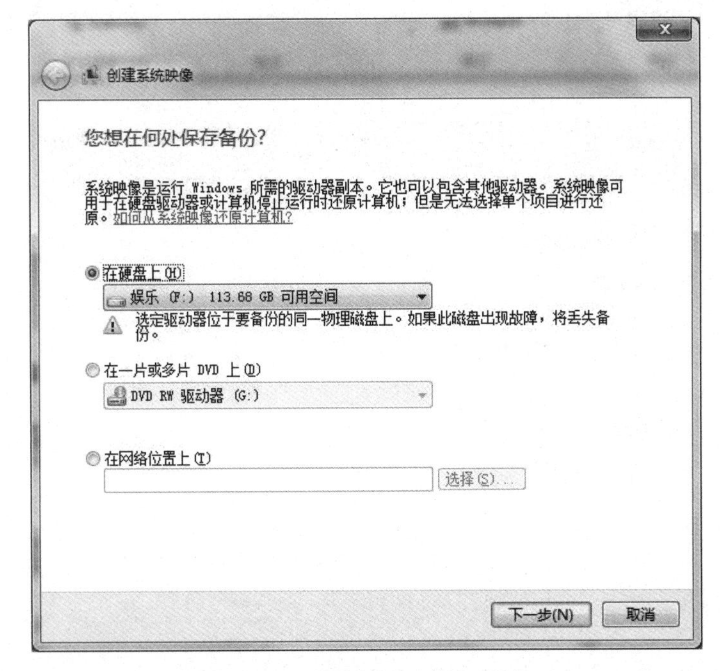

图 2-50 “创建系统映像”对话框

图 2-53 所示,从列表中选择“修复计算机”进入 Windows Recovery(Windows RE)环境。

在默认安装情况下,Windows 7“高级启动选项”中是包含“修复计算机”选项的。如果用户未在高级启动选项列表中看到“修复计算机”,除了可以使用光盘引导进入修复模式以外,还可以使用 Windows 7 自带的命令进行修复或配置。

首先,以管理员身份运行 cmd.exe。单击“开始”按钮,在“搜索程序和文件”输入框

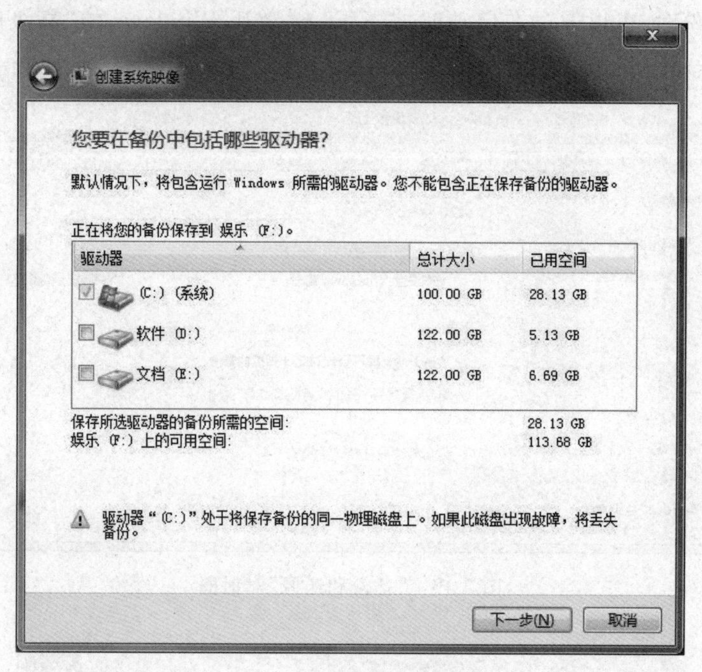

图 2-51 选择驱动器

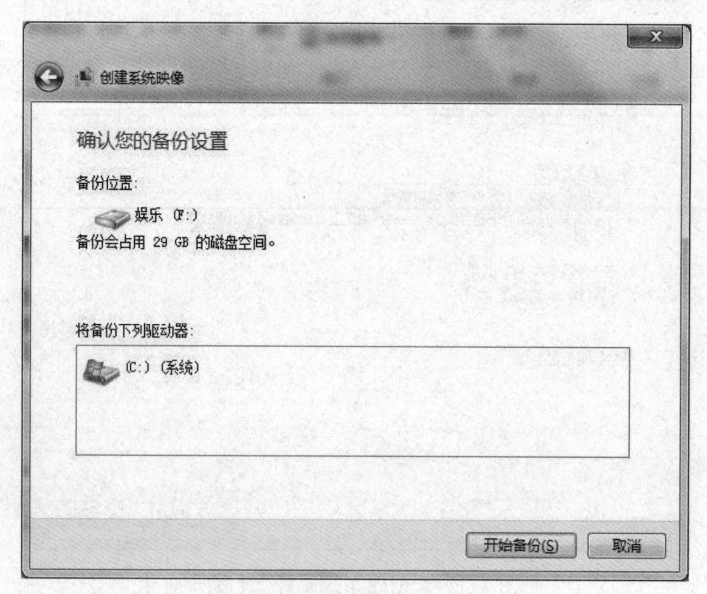

图 2-52 开始备份

中输入 cmd,在搜索结果中右击 cmd. exe,在弹出的列表中单击“以管理员身份运行”选项。

其次,在打开的命令行环境中输入 reagentc /info,并按下回车键。之后会出现 Windows RE 的相关信息。如图 2-54 所示,看到当前“已启用 Windows RE”的值为“0”,即 Windows RE 为禁用状态。

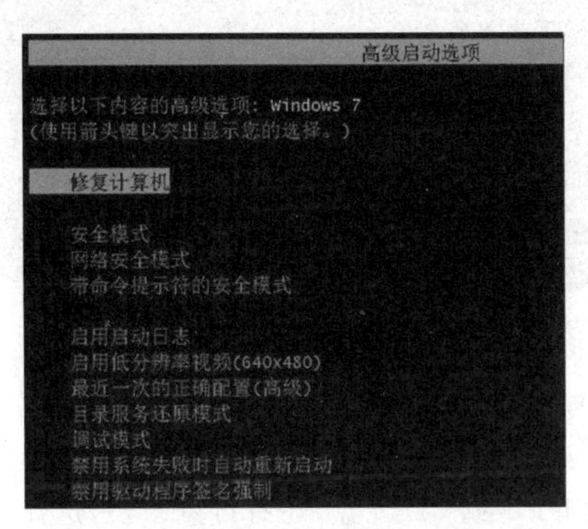

图 2-53　Windows 高级启动选项

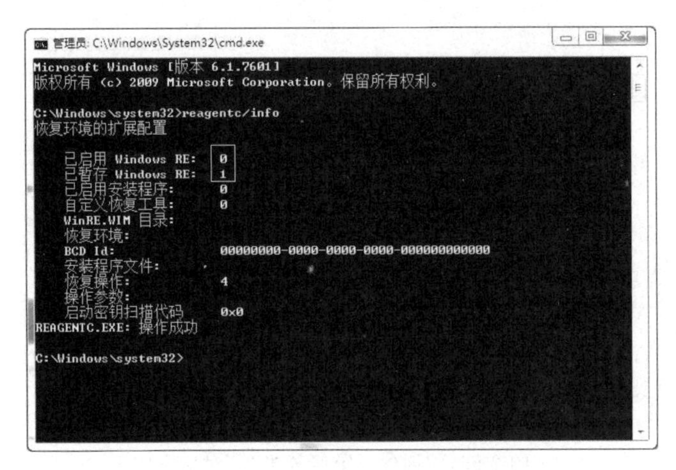

图 2-54　Windows RE 相关信息

确定 Windows RE 为禁用状态后,再键入 reagentc /enable 命令行,按下回车键,重新启用 Windows RE。如图 2-55 所示,如果命令执行成功,会获得“REAGENTC. EXE:操作成功”的信息提示。

最后,重新启动 Windows 7,在启动时按 F8 键,便能够在“高级启动选项”中看到“修复计算机”的选项。

4. 创建与使用系统修复光盘

系统维护盘、系统修复盘,曾经被很多人视为拯救系统的神器。而 Windows 7 系统提供了创建系统修复光盘的功能。Windows 7 系统修复光盘不仅可以启动计算机,而且

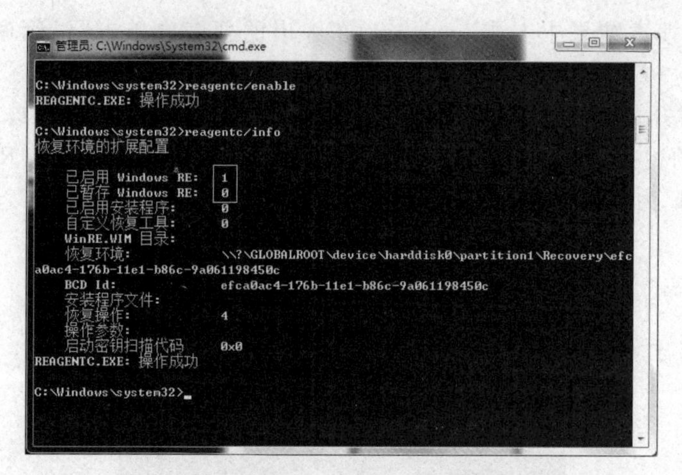

图 2-55 REAGENTC.EXE：操作成功

还包含一些系统恢复工具，如启动修复、系统还原、内存诊断程序等。以下是创建系统修复光盘的过程。

① 准备一张空白的 DVD 或 CD 光盘，还有可刻录机，选择“开始”→“所有程序”→“维护”选项，找到“创建系统修复光盘”选项，弹出图 2-56 所示的“创建系统修复光盘”对话框。

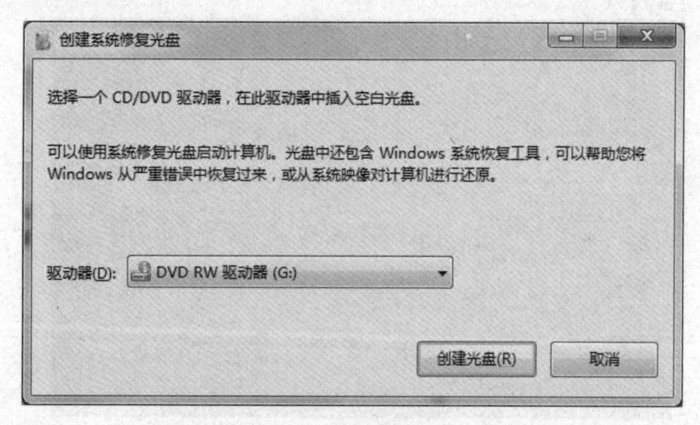

图 2-56 “创建系统修复光盘”对话框

② 单击“创建光盘”按钮，则开始创建光盘，如图 2-57 所示。光盘刻录完成后，单击“确定”按钮。

使用系统修复光盘的步骤如下。

① 将系统修复光盘插入 CD 或 DVD 驱动器。

② 按下计算机电源按钮，重新启动计算机。

③ 如果出现提示，则按任意键，从系统修复光盘启动计算机。如果没有，则更改计算机的 BIOS 设置，将计算机配置为光盘启动。

④ 选择语言设置，然后单击“下一步”按钮。

⑤ 选择恢复选项，然后单击“下一步”按钮。

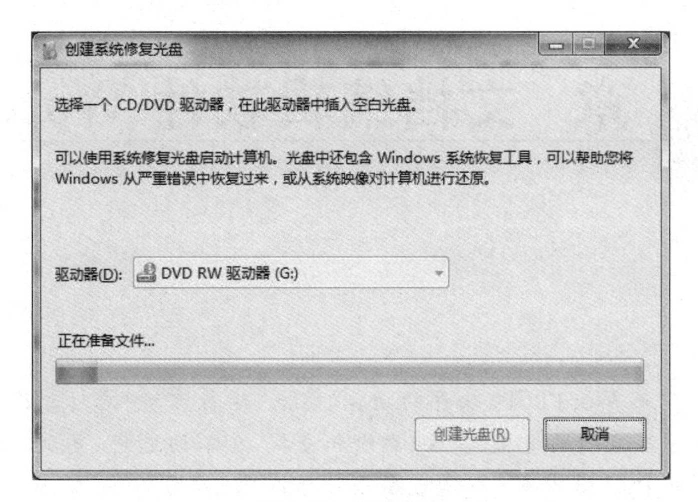

图 2-57　创建光盘

本 章 小 结

本章介绍了 Windows 7 的相关知识，包括 Windows 操作系统概述，Windows 7 的图形用户界面技术，窗口、菜单、鼠标以及桌面主题的设置；文件与文件夹、文件管理的基本操作；程序的安装与卸载，快捷方式的创建；任务管理器的基本操作；磁盘管理、系统备份与还原等。通过本章的学习，应熟练掌握 Windows 7 操作系统的相关操作，为以后的学习打下良好的基础。

第3章 文档编辑软件 Word 2010

学习目标：了解 Word 2010 软件的功能、特点、运行环境、启动和退出，Word 窗口的组成等；熟练掌握文档的建立、修改、删除和查找，文本的选定、复制、移动、查找与替换；掌握常用的几种视图方式；熟练掌握字符格式化、段落格式化、项目符号、项目编号、插入公式、分栏、图文混排、页面设置以及插入表格等的基本操作；熟练掌握长文档的编辑与管理；理解并掌握文档的修订与共享的基本方法，能够使用邮件合并技术批量处理文档。

3.1 Word 2010 概述

Word 2010 是微软公司开发的 Office 2010 办公组件之一，主要用于文字处理工作。Word 的最初版本是 Richard Brodie 为了运行 DOS 的 IBM 计算机而在 1983 年编写的。

3.1.1 Word 2010 的工作界面

启动 Word 2010 后，屏幕上会打开一个 Word 的窗口，它是与用户进行交互的界面，是用户进行文字编辑的工作环境。在 Word 2010 中，传统的菜单和工具栏已被功能区所代替，它采用"面向结果"的用户界面，用户可以在面向任务的选项卡上找到操作按钮。如图 3-1 所示，Word 2010 的窗口主要由标题栏、快速访问工具栏、选项卡、功能区、状态栏、编辑区、视图按钮、缩放标尺、标尺按钮组成。

1. 快速访问工具栏

该工具栏位于工作界面的左上角，包含一组使用频率较高的工具，如"保存""撤销"和"恢复"等按钮。可单击"快速访问工具栏"右侧的倒三角按钮，在展开的下拉列表中选择要在其中显示或隐藏的工具按钮。

2. 功能区

位于标题栏的下方，是一个由 9 个选项卡组成的区域。Word 2010 将用于处理文字的所有命令组织在不同的选项卡中。选择不同的选项卡标签，可以切换功能区中显示的工具命令。在每一个选项卡中，命令又被分类放置在不同的组中。组的右下角通常都会有一个对话框启动器按钮，用于打开与该组命令相关的对话框，以便用户对要进行的操作做更进一步的设置。

① 编辑区：位于工作界面的中间空白部分，用于显示、编辑文档。

② 状态栏：位于工作界面左下角，用于显示文档页面、字数、语言、插入或修改文字状态等。

③ 视图按钮：位于工作界面右下角，Word 有 5 种视图状态，分别是页面视图、阅读版式视图、Web 版式视图、大纲视图、草稿视图，用户可以根据需要相互切换。

④ 显示比例：位于工作界面右下角，用于显示当前页面的显示比例，默认情况下是 100%。

⑤ 缩放标尺：有水平方向的缩放标尺和垂直方向的缩放标尺，水平方向的缩放标尺用来进行首行缩进、悬挂缩进及右缩进的设置；垂直方向的缩放标尺用于各种对齐方式制表符的设置。

⑥ 标尺按钮：位于垂直滚动条的上方，单击此按钮用于显示或隐藏缩放标尺。

图 3-1　Word 2010 工作界面

3.1.2　Word 2010 自定义功能区设置

选择“文件”选项，选择“选项”选项，弹出“Word 选项”对话框。

选择“自定义功能区”选项，自定义功能区显示在对话框的右边，如图 3-2 所示。

单击“开发工具”项右边的 + 号，展开“开发工具”选项。

单击“新建组”按钮，在“开发工具”下增加“新建组(自定义)”选项。

选择“新建组(自定义)”,单击“重命名”按钮,弹出“重命名”对话框,将“新建组(自定义)”重新命名为“电子表格”,单击“确定”按钮。

选择“电子表格(自定义)”,在“所有命令”列表中单击“Excel 电子表格”,再单击“添加(A)>>”按钮,则将“Excel 电子表格”添加到“电子表格(自定义)”下方,如图 3-2 所示。

勾选“开发工具”选项,单击“确定”按钮,如图 3-2 所示,关闭“Word 选项”对话框。

如果某项不需要或设置错误,可单击该项,再单击“<<删除(R)”按钮,则删除选取的某项,如图 3-2 所示。

图 3-2　Word 2010 自定义功能区

在“功能选项卡”中选择“开发工具”选项卡,在“电子表格”群组单击“Excel 电子表格”按钮,可在 Word 当前光标位置插入 Excel 表格,如图 3-3 所示。

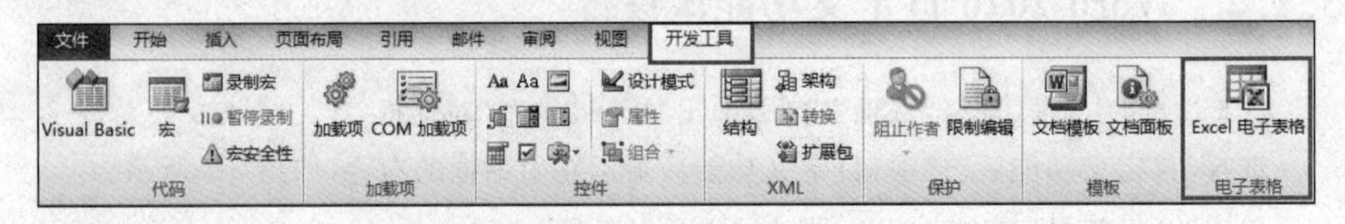

图 3-3　Word 2010 自定义开发工具

3.1.3 文件的保存与安全设置

要保存新建的文档，可选择“文件”→“保存”命令；或者直接单击快速访问工具栏的“保存”按钮；或者直接按 Ctrl+S 键。默认情况下，Word 2010 文档的后缀名是 docx。

以下 Word 2010 提供了两种加密文档的方法。

使用“保护文档”按钮加密：“保护文档”按钮提供了 5 种加密方式，如图 3-4 所示。

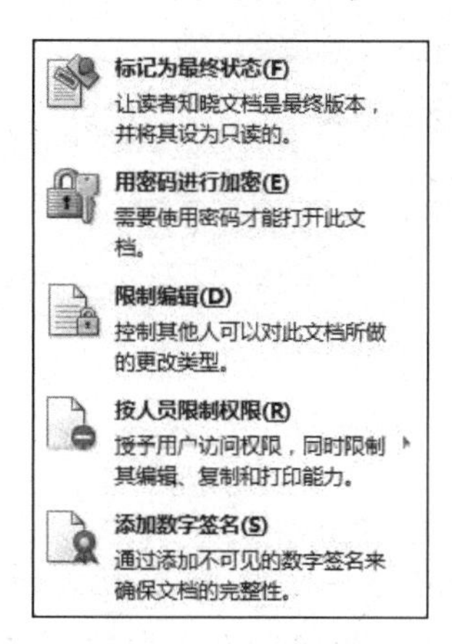

图 3-4 Word 2010 使用保护文档加密

使用“另存为”对话框加密：在“另存为”对话框下方选择“工具”→“常规选项”命令，在弹出的“常规选项”对话框中可以设置打开文件时的密码和修改文件时的密码，如图 3-5 所示。

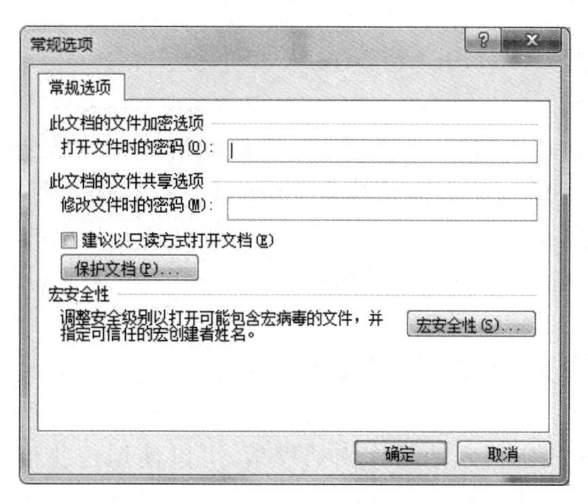

图 3-5 使用“另存为”对话框加密

3.1.4 Word 2010 选项设置

选择“文件”→“选项”命令，弹出“Word 选项”对话框，可以对页面、显示、文字校对、自动保存、快速访问工具等 11 项内容进行设置，如图 3-6 所示。

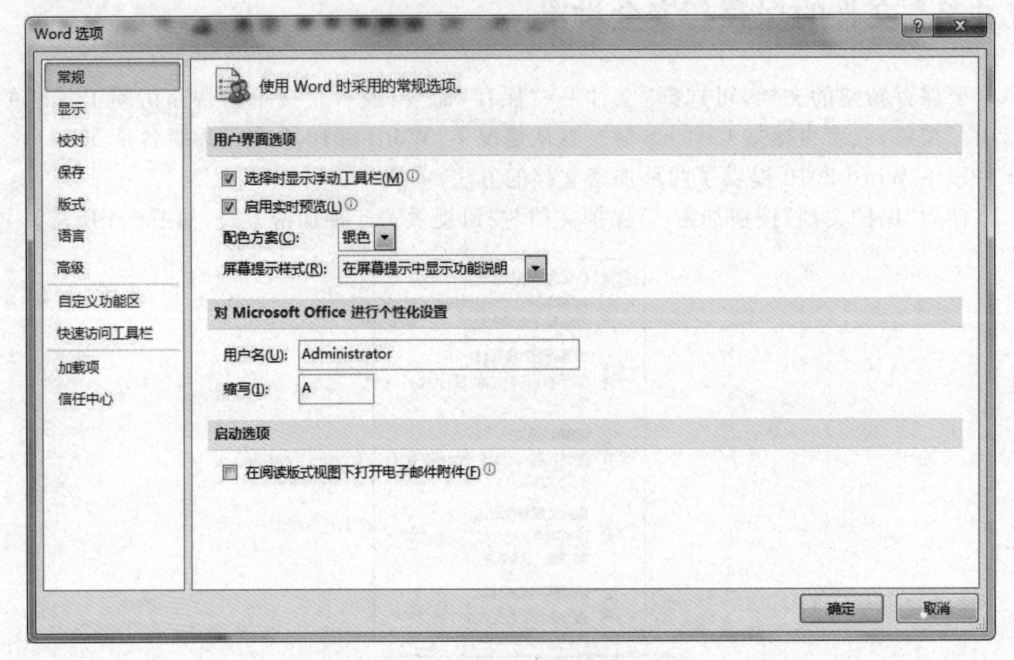

图 3-6　Word 2010 选项设置对话框

3.2　Word 文档输入

3.2.1　页面设置

文档的页面设置包括页边距、纸张、版式、文档网格等，文档最初的页面是按 Word 的默认方式设置的，Word 默认的页面模板是 Normal。为了取得更好的打印效果，要根据文稿的最终用途选择纸张大小，如纸张使用方向是纵向还是横向的，每页的行数和每行的字数等，进行特定的页面设置，如图 3-7 所示。

3.2.2　使用模板或样式建立文档格式

Word 提供了各种固定格式的写作文档模板，可以使用这些模板的格式快速地完成文档写作。样式是统一文档格式的一种方法，也可以新建或修改原有的样式。利用模板和样式，都能使写作文档时有一个标准化的环境，如图 3-8 所示。

3.2.3　输入特殊符号

建立文档时，除了输入中文或英文外，还需要输入一些键盘上没有的特殊字符或图形符号；可以单击“插入”选项卡“符号”群组中的“其他符号…”按钮，在弹出的“符号”对话框中单击“符号”选项卡，或在“特殊字符”选项卡中选择输入特殊符号，在“字体”下拉列表中选择符号集，如“Wingdings”符号集，如图 3-9 所示。

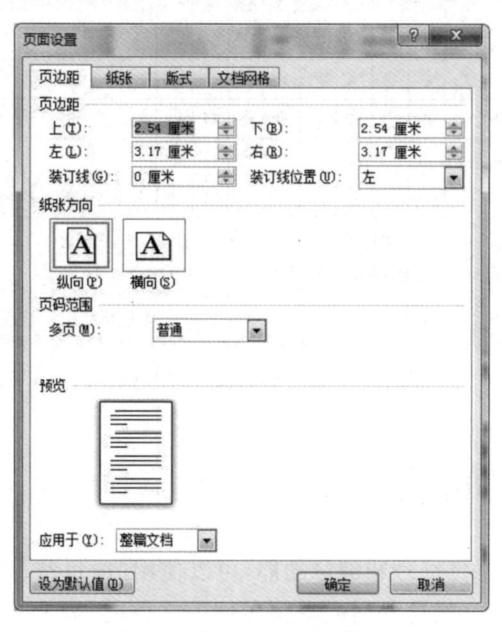

图 3-7 “页面设置”对话框

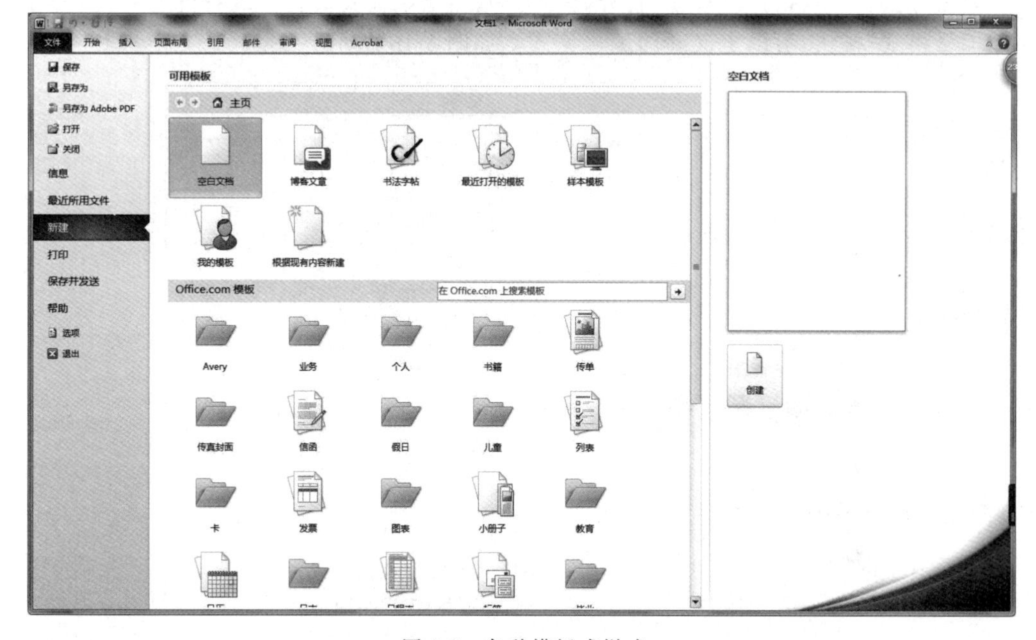

图 3-8 各种模板或样式

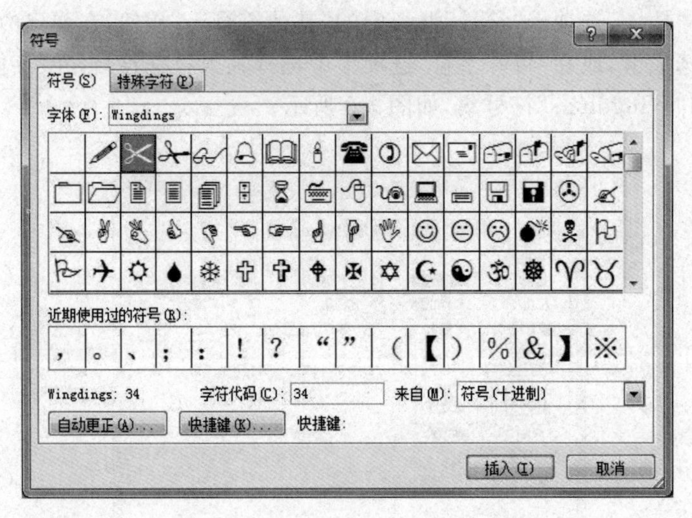

图 3-9 “符号和特殊字符”对话框

3.2.4 项目符号和编号

Word 2010 提供了项目符号和编号功能,可以使用“项目符号”和“编号”按钮设置项目符号、编号和多级符号。描述并列或有层次性的文档时,需要用到项目符号和编号,它可以使文档的层次分明,更有条理性,便于阅读和理解。

单击“定义新项目符号”按钮,打开符号对话框,选取需要的符号或特殊符号;单击“定义新编号格式”按钮,可以定义新的编号格式。如图 3-10 所示。

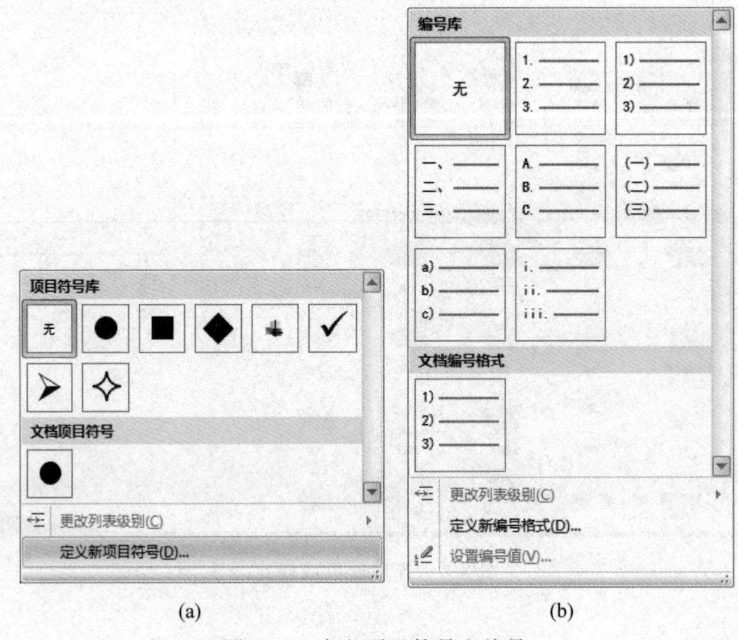

(a) (b)

图 3-10 定义项目符号和编号

3.2.5 邮件合并应用

邮件合并是将一个主文档和一个数据源结合起来，最终生成一系列的输出文档，它用于创建信函、电子邮件、信封、标签等。邮件合并有两种方式：信函方式和电子邮件方式。信函方式是通过邮局发送信件，电子邮件方式是通过发送邮件完成；邮件合并一般用来制作会议邀请函或发送学生成绩通知单等。

邮件合并步骤如下。

单击“邮件”选项卡，显示邮件合并功能区，分别为创建、开始邮件合并、编写和插入域、预览结果、完成5个功能组，如图3-11所示。

选择“邮件”选项卡，在“开始邮件合并”功能群组中选择“开始邮件合并”选项，弹出功能菜单，选择“邮件合并分步向导(w)…”选项，弹出“邮件合并”对话框，分为6个步骤完成邮件合并，如图3-12所示。

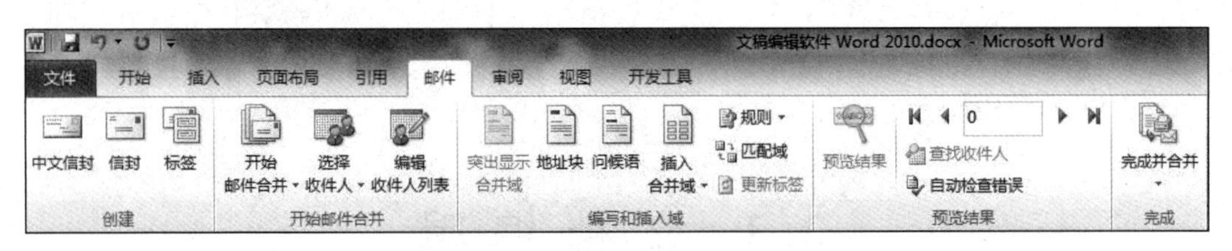

图3-11　邮件合并功能区

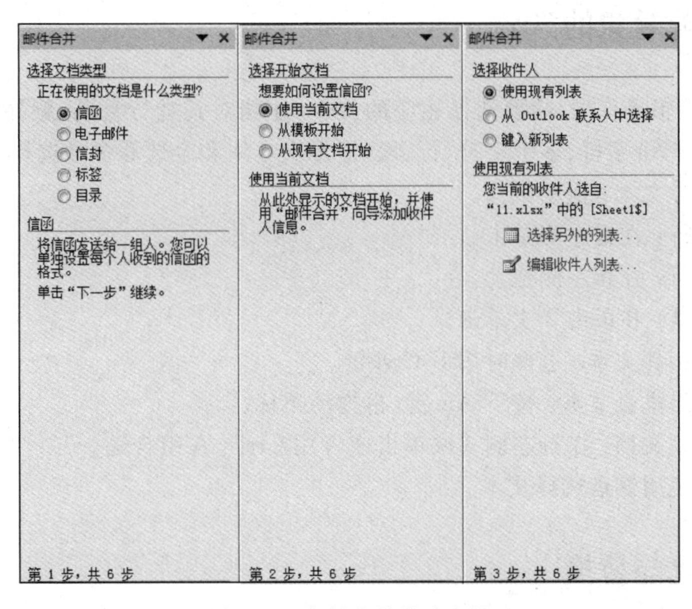

图3-12　邮件合并分步向导

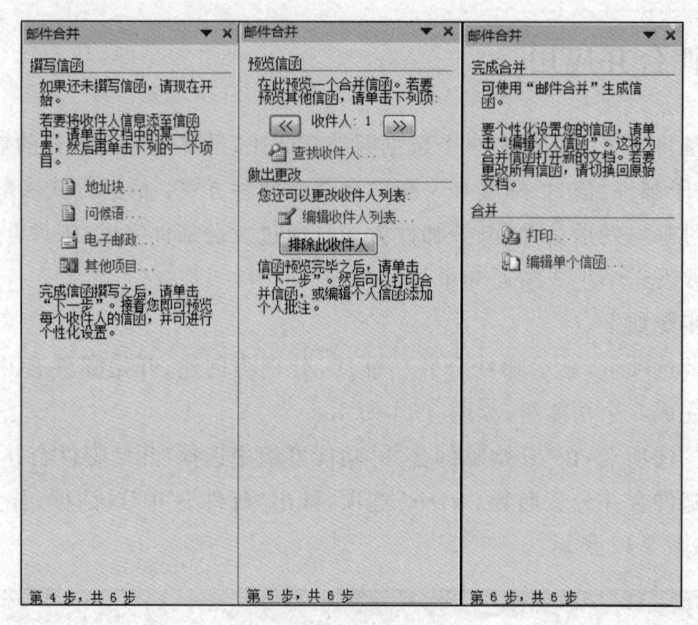

图 3-12 （续）

3.3 文档编辑

3.3.1 编辑对象的选定

在文档的编辑操作中，需要选择相应的文本，才能对其进行复制、删除、移动等操作。Word 提供如下单个字符、多个字符、行、段、矩形文本块和全选等多种选择文本的方法。

① 选择部分文本：拖动鼠标。

② 选择一行：在行左侧单击。

③ 选择多行：在行左侧拖动。

④ 选择段落：在段内 3 次单击。

⑤ 选择不相邻文本：选择时按下 Ctrl 键。

⑥ 选择矩形垂直文本：按下 Alt 键，再拖动鼠标。

⑦ 选择整篇文档：在行左侧 3 次单击或者用 Ctrl＋A 组合键。

⑧ 还可以使用键盘选择文本。

3.3.2 查找与替换

编辑好一篇文档后，往往要对其进行核校和订正，如果文档有错误，使用 Word 的查找或替换功能可以非常便捷地完成编辑工作。

【查找】功能可以在文稿中找到所需要的字符及其格式。

【替换】功能不但可以替换字符，还可以替换字符的格式。编辑中还可以用替换功能更换特殊符号。利用替换功能可以批量地快速输入，如图 3-13 所示。

【定位】功能是将光标定位到输入的页号、节号、行号、书签、批注、脚注等位置。

查找文本：选择“开始”→“编辑”→“查找”选项或者按 Ctrl＋F 键。

替换文本：选择“开始”→“编辑”→“替换”或者按 Ctrl＋H 键。

定位光标：选择“开始”→“编辑”→“定位”，再输入页号、节号、行号、书签、批注、脚注等。

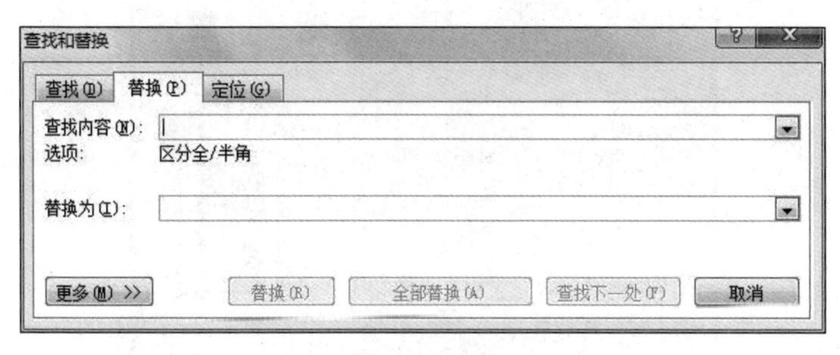

图 3-13 “查找和替换”对话框

3.3.3 文档的复制和移动

1. 复制与粘贴文本

复制与粘贴文本的各种操作方法如下。

① 使用键盘：复制为 Ctrl＋C 键，粘贴为 Ctrl＋V 键。

② 使用命令：选择“开始”→“剪贴板”→“复制”“粘贴”命令。

③ 复制格式：选择“开始”→“剪贴板”→“格式刷”命令。

④ 多次复制格式：选择“开始”→“剪贴板”命令，双击“格式刷”。

⑤ 选择性粘贴：选择“开始”→“剪贴板”→“粘贴”命令的下拉菜单，选择“选择性粘贴”命令。

2. 删除与移动文本

删除与移动文本的各种操作方法如下。

① 删除单个字符(不选中)：Backspace 命令是删除光标左边一个字符，Delete 命令是删除光标右边一个字符。

② 删除单个字符(选中)：Backspace 与 Delete 命令等效，即删除一个选中的字符。

③ 删除选中文本：按 Delete 或 Backspace 键。

④ 移动文本(用鼠标)：选中要移动的文本，拖动文本到相应位置。

⑤ 移动文本(用键盘)：选中要移动的文本，按 Ctrl＋X 键剪切文本，按 Ctrl＋V 键粘贴文本到相应位置。

3.3.4 分栏操作

“分栏”操作就是将文档分割成几个相对独立的部分。利用 Word 的分栏功能，可以很轻松地实现类似报纸或刊物、公告栏、新闻栏等排版方式，既可美化页面，又可方便阅读，“分栏”对话框如图 3-14 所示。

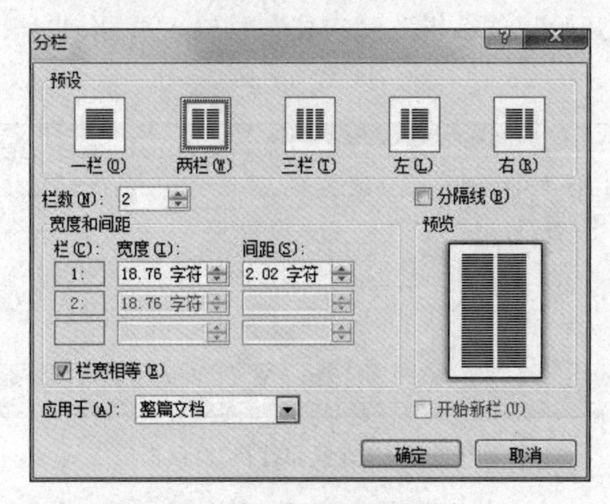

图 3-14 “分栏”对话框

分栏有 4 种形式：两栏格式、三栏格式、偏左格式、偏右格式；分两栏或三栏时可以栏宽相等，也可以栏宽不相等。当栏宽不相等、需要设置栏宽或者栏间距时，可以首先取消勾选“栏宽相等”，再设置栏宽或栏间距，如果需要分隔线，可勾选“分隔线”，这样就按需要将文档进行了分栏。

另外，如果文档的最后一段包含在分栏内，则需要在文档最后一段的后面添加至少一个空行(按回车键即可添加空行)，否则分栏会偏向一边，无法按要求完成文档的分栏。

3.3.5 首字下沉/悬挂操作

首字下沉或首字悬挂就是把段落的第一个字符放大，以引起读者注意，美化文档的版面样式。当希望强调某一段落或强调出现在段落开头的关键词时，可以采用首字下沉或悬挂设置；首字悬挂操作的结果是段落的第一个字与段落之间是悬空的，下面没有字符；此外，还可以对下沉/悬挂的字体格式进行设置。选择“插入”→“文本”→“首字下沉”选项，在弹出的“首字下沉”对话框中设置首字下沉或悬挂效果，如图 3-15 和图 3-16 所示。

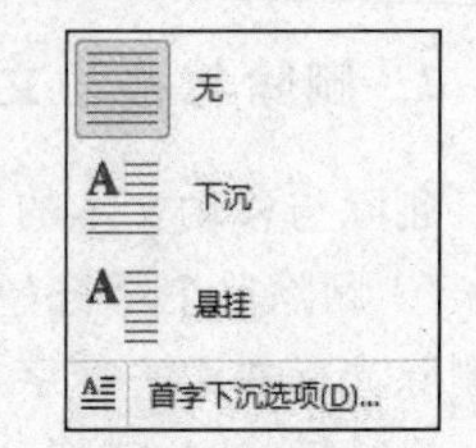

图 3-15 设置首字下沉或悬挂

3.3.6 分页与分节

在 Word 文档编辑中，经常要对正在编辑的文档进行分开隔离处理，这时需要使用分隔符。常用的分隔符有两种：分页符、分节符。

① 分页：分页有自然分页和强制分页，当文档满足一定行数(因页面大小不同而不同)后，word 会自动分页；强制分页是在当前光标处插入分页符，即选择“插入”→“页”→“分页”命令，进行强制分页。

② 分节：分节可以使文档有不同的页面设置，用于长文档的编辑；插入分节符的操作是选择“页面布局”→“页面设置”→“分隔符”命令，选择四种分节符之一，如图 3-17 所示。

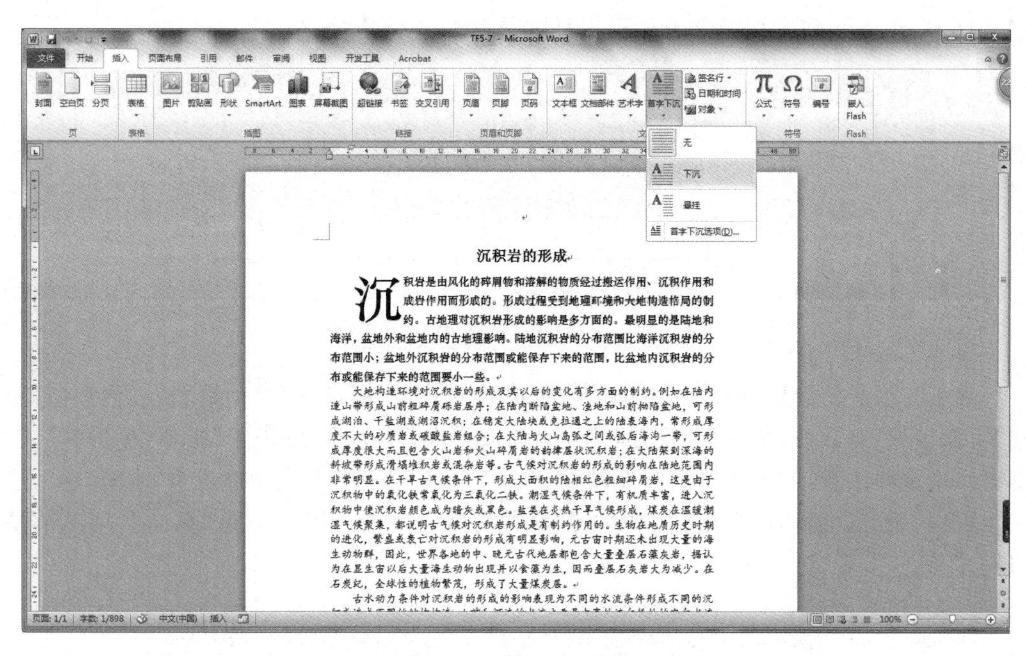

图 3-16　首字下沉效果

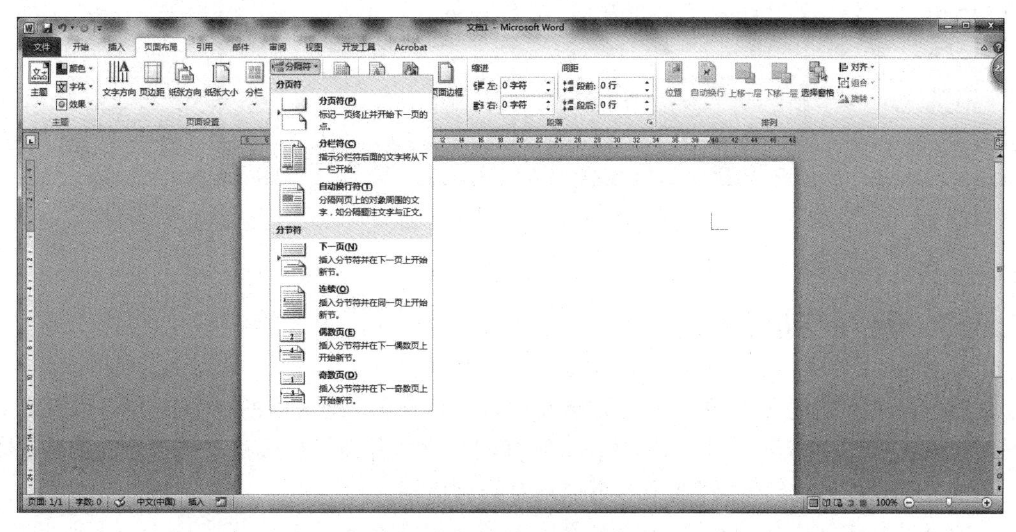

图 3-17　文档分页分节下拉菜单

设置多种页眉页脚、页面的横纵设定等，如果不分节，Word 会默认将整个文档所有页面的页眉页脚及横纵版式设置成相同的情况。假设将某个文档的页眉页脚、版面版式设置成 3 大类，就应该将整个文档分为 3 节，分节的方法就是在两节之间添加“分节符”。插入分节符后，编辑页眉页脚的时候，页眉的左上方就会标记着“页眉 - 第 1(或 2、3)节 -”，这就意味着分节成功了。

如果页眉的右上角有文字“与上一节相同”，是说第 2 节的页眉与上一节，也就是第 1 节相同。如果想要取消“与上一节相同”，只需单击“链接到前一条页眉”按钮取消关联，如图 3-18 所示，就可以确保第 2 节的页眉页脚与第 1 节不同了。

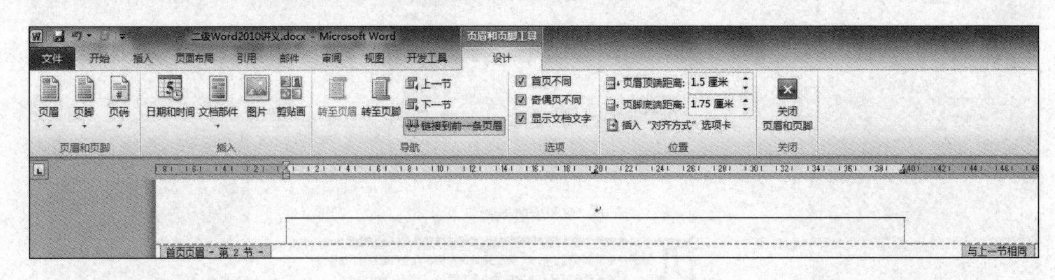

图 3-18　取消“与前一节相同”的关联

横版与纵版的设置方法为：选择“页面布局”选项卡，再单击“页面设置”扩展按钮，弹出“页面设置”对话框，选择“纸张方向”为纵向或横向，再选择“应用于”本节，单击“确认”即可。这里要注意，如果之前没有设置分节，在“应用于”下拉列表中就没有“本节”这个选项，结果是所有页面都是纵版的。完成的版式分成了 3 节：第一节是“纵向”，第二节是“横向”，第三节是“纵向”，如图 3-19 所示。

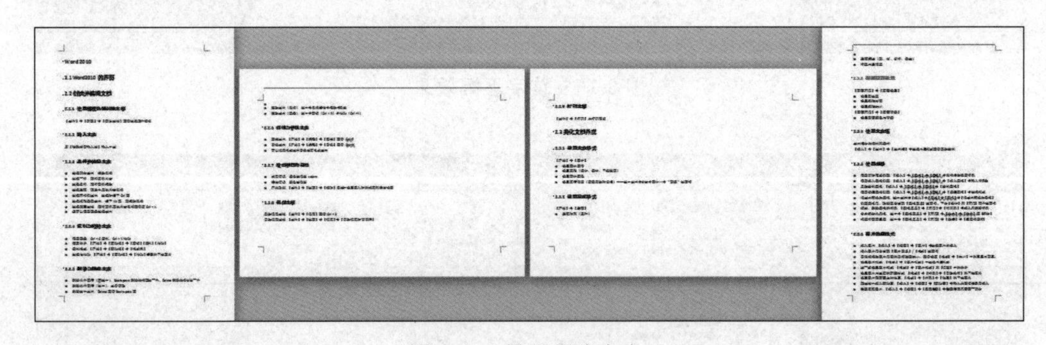

图 3-19　设置纸张方向

3.3.7　修订与批注

“修订”工具能把文档中每一处的修改位置标注出来，让文档的初始内容得以保留。同时也能够标记由多位审阅者对文档所做的修改，让作者轻易地跟踪文档被修改的情况，如图 3-20 所示。单击“审阅”选项卡可以配合修订使用。

“批注”是审阅添加到独立的批注窗口中的文档注释或注解。当审阅者只是评论文档，而不直接修改文档时，要插入批注，因为批注并不影响文档的内容。“批注”选项如

图 3-20 所示。

3.3.8 中/英文在线翻译

Word 2010 本身没有内置翻译整篇文档的功能，但 Word 2010 能够借助 Microsoft Translator 在线翻译服务，帮助用户翻译整篇 Word 文档。

实现在线翻译整篇英文文档的前提是当前计算机必须处于联网状态。

选定要翻译的文档，选择“翻译文档至英语”命令，如图 3-21 所示，即可在线翻译文档。

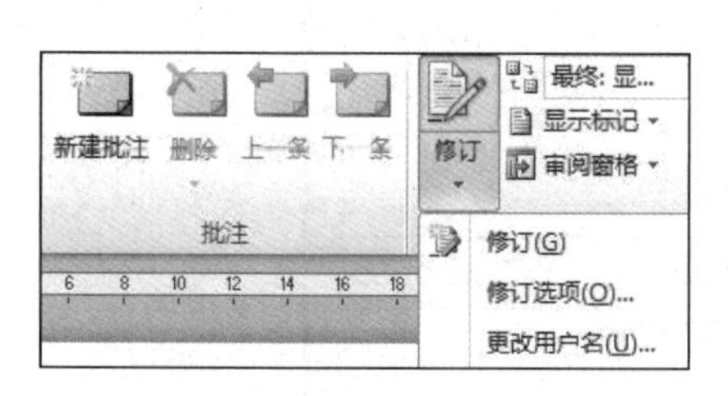

图 3-20　文档修订与批注

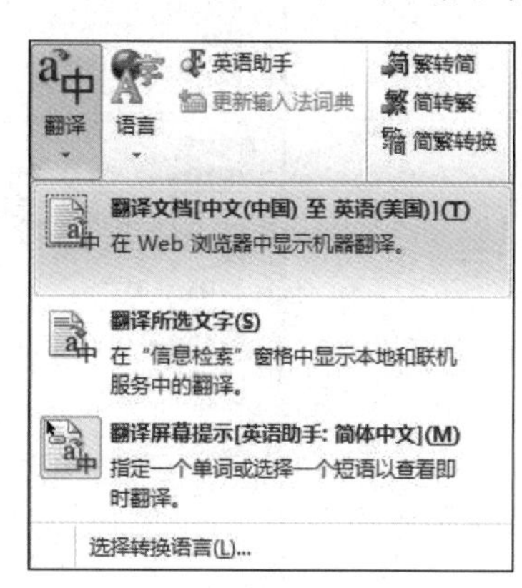

图 3-21　中/英文在线翻译命令

3.4 文档格式化

3.4.1 字符格式化

输入文档后，需要根据文档使用场合和行文要求等，对文档中的字符进行字体、字号、字形或其他特殊要求的字符设置，包括设定颜色等，称为字符格式化。

字符格式化设置是通过“开始”选项卡的“字体”群组中的命令按钮或“字体”对话框进行操作设置的，如图 3-22 所示。

“字体”对话框有两个选项卡，即“字体”和“高级”选项卡，单击“字体”选项卡，对文档的字体、字号、字形、字体颜色、下画线、着重号以及文本效果等进行设置；单击“高级”选项卡，可对字符间距等选项进行设置。

3.4.2 段落格式化

文档中的段落编辑在文档编辑中占有较重要的地位，因为文档是以页面的形式展示给读者阅读的，段落设置的好坏对整个页面的设计有较大的影响。

段落设置有对段落的文档对齐方式的设置、中文习惯的段落首行首字符的位置的设置、每个段落之间距离的设置、每个段落里每行之间距离的设置等。段落格式化是通过“开始”选项卡的“段落”组中的命令按钮或“段落”对话框设置的。

段落对话框有 3 个选项卡，即“缩进和间距”“换行和分页”“中文版式”选项卡，如图 3-23 所示，单击“缩进和间距”选项卡，可以进行“对齐方式”“缩进(左、右缩进，首行缩进)”“段前、段后”“行距”等选项设置，如图 3-23 所示。

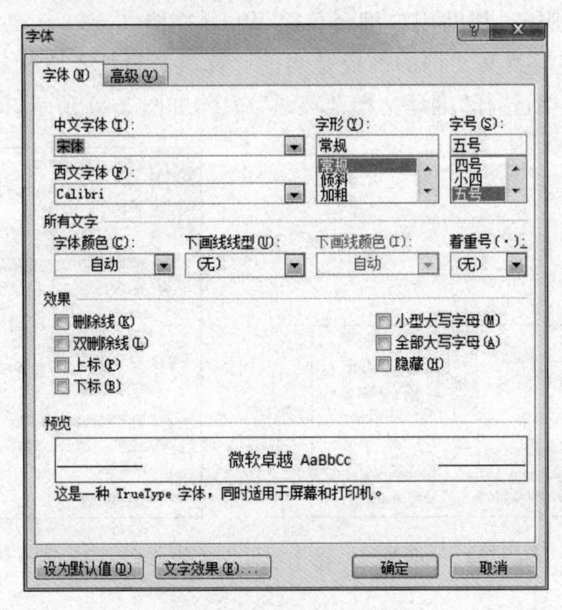

图 3-22 “字体”对话框

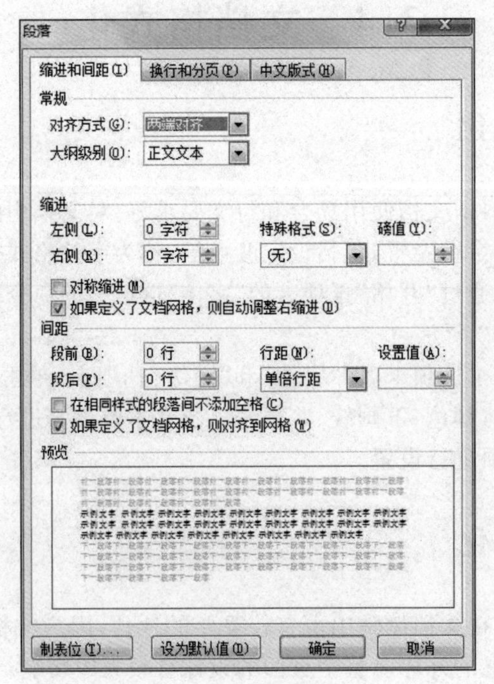

图 3-23 “段落”对话框

3.4.3 应用“样式”

样式，简单来说，就是一系列格式的组合。在 Word 中编辑文档时，有时可能需要对某些文字设置一个特定的样式(包括字体类型、字体大小、字体颜色、段落行距等)。如果需要在文档中的多处设置相同的格式，用常规方法需要逐个把这些项都设置一遍，如果使用样式，只需一步操作就可以全部设定。下面介绍新建样式的方法。

① 在 Word 中选中已经设置好格式的文字。

② 单击“开始”→“样式”右下角的扩展按钮，如图 3-24 所示。

图 3-24　样式功能组

③ 弹出样式对话框，如图 3-25 所示，在其左下角单击“新建样式”图标。

④ 为样式取个易于辨别的名字，然后单击“确定”按钮，如图 3-26 所示。

图 3-25　“样式”对话框

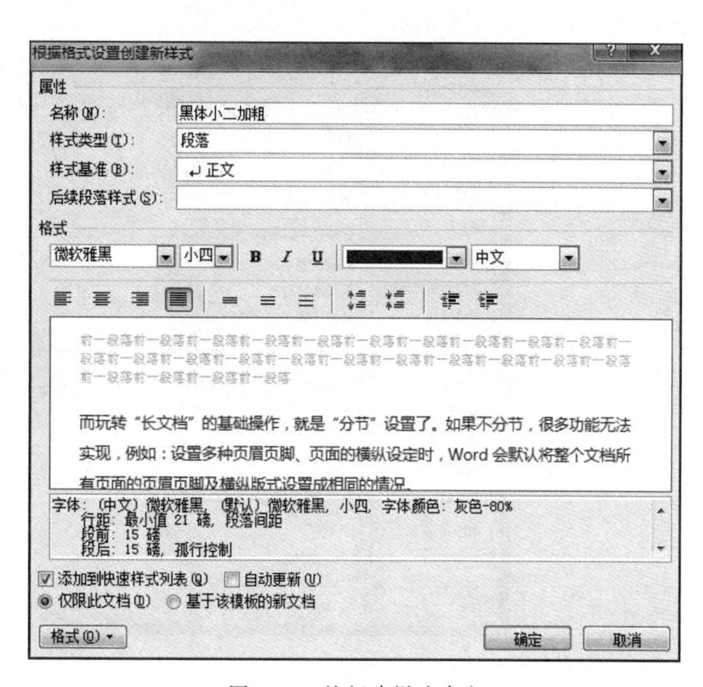

图 3-26　给新建样式命名

这样，新样式就建好了。以后，如果对某些文字使用该样式，只需选中文字，再选择这个样式即可，如图 3-27 所示。

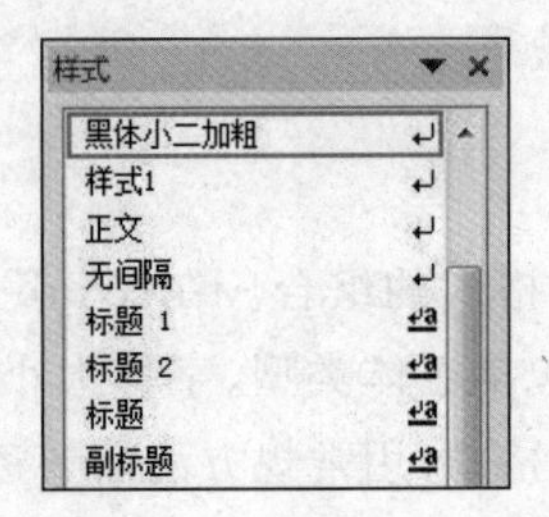

图 3-27 新样式(黑体小二加粗)

3.4.4 设置图片格式

在文档中插入的图片,显示格式可能不满足用户的要求,因此需要设置图片的格式。设置格式包括调整图片的大小,图片和文字之间摆放的关系(即版式设置),调节图片图像效果等操作。

在文档中插入的图片、表格、文本框、自选图形和绘图(如流程图),都需要进行格式的设置,右击某个图片,在弹出的快捷菜单中选择"设置图片格式"命令,弹出"设置图片格式"对话框,如图 3-28 所示。"设置图片格式"对话框共有 14 个选项,可以快速设置图片格式。

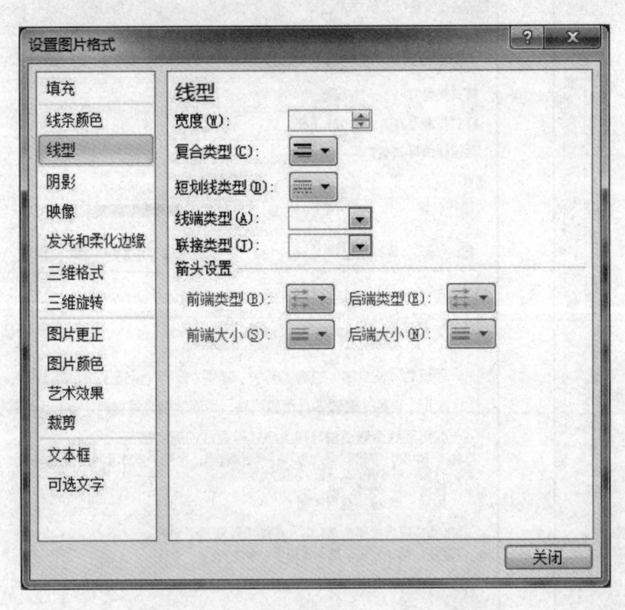

图 3-28 "设置图片格式"对话框

3.4.5 设置底纹和边框

为加强展示效果,可以为文档中某些重要的文本、段落或表格增设边框和底纹。边框和底纹以不同的颜色显示，能够使这些内容更引人注目，外观效果更加美观，起到突出和醒目的显示效果。选取需要设置边框和底纹的文本，在“开始”选项卡的“段落”群组中单击“边框和底纹”按钮，或者单击“边框和底纹”按钮旁边的下拉三角按钮，如图 3-29 所示。

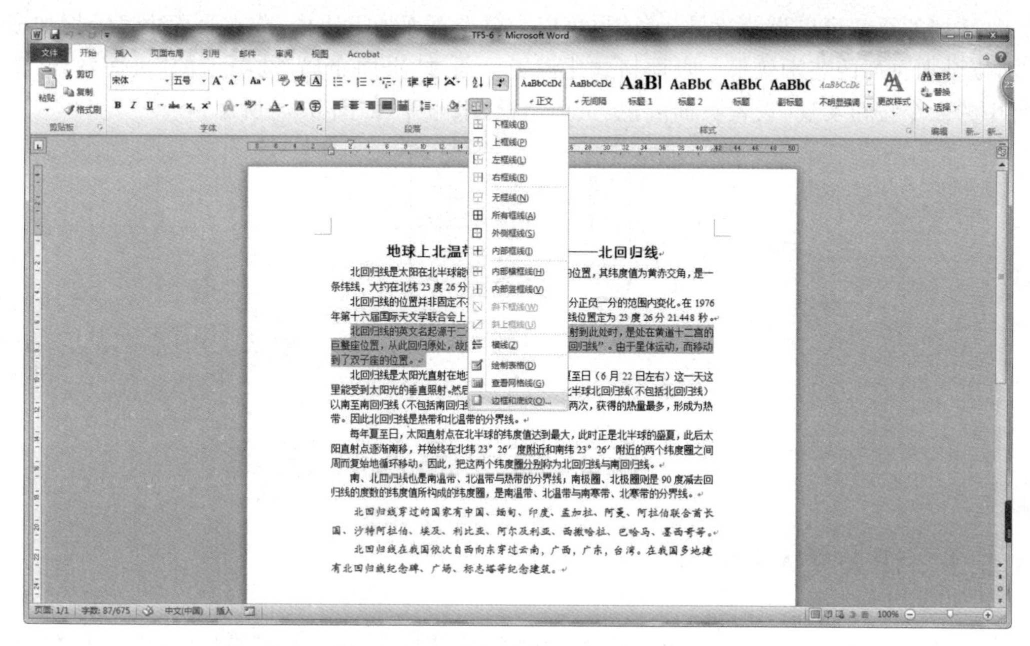

图 3-29　选取“边框和底纹”菜单命令

弹出“边框和底纹”对话框，如图 3-30 所示。其中有 3 个选项卡，即“边框”“页面边框”“底纹”选项，“边框”选项卡是对文本或表格的边框进行设置；“页面边框”是对文档页面的边框进行设置，设置边框线时可以选择边框样式（实线、双实线、虚线、点画线、双点画线等），颜色，宽度等；“底纹”是对文本、表格或页面进行底纹设置，底纹可以选择不同颜色或不同图案。

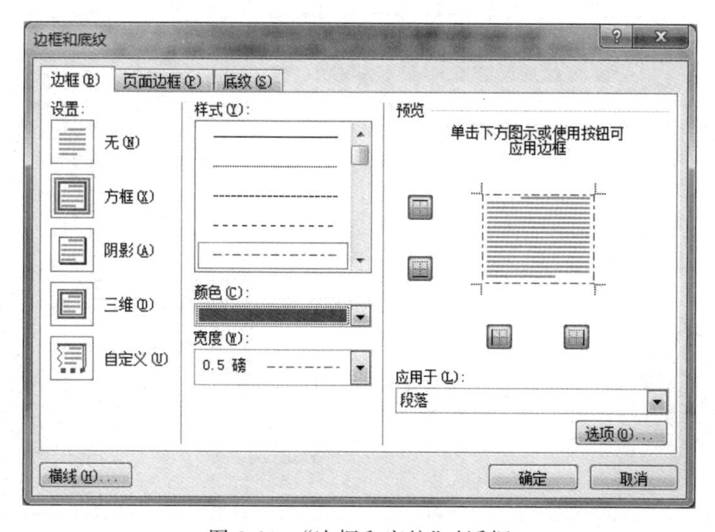

图 3-30　“边框和底纹”对话框

3.4.6 设置页面格式化

文档的页面可以设置背景颜色，也可以为整个页面加上边框，或在页面中某处增加横线，以增加页面的艺术效果。页面格式化设置可通过“页面布局”选项卡的“页面背景”群组中的命令按钮实现，设置页面颜色、页面边框、水印等，如图 3-31 所示。

图 3-31 页面背景设置

3.5 在文档中插入元素

3.5.1 插入文本框

如图 3-32 所示，文本框属于一种图形对象，它实际上是一个容器，可以放置文本、表格和图形等内容。用文本框可以创造特殊的文本版面效果，实现与页面文本的环绕。文本框内的文本可以进行段落和字体设置，并且文本框可以移动，调节大小。使用文本框可以将文本、表格、图形等内容放置在文档中的任意位置，像图片一样，即实现图文混排。还可以通过“创建链接”功能实现文本框之间内容的链接。

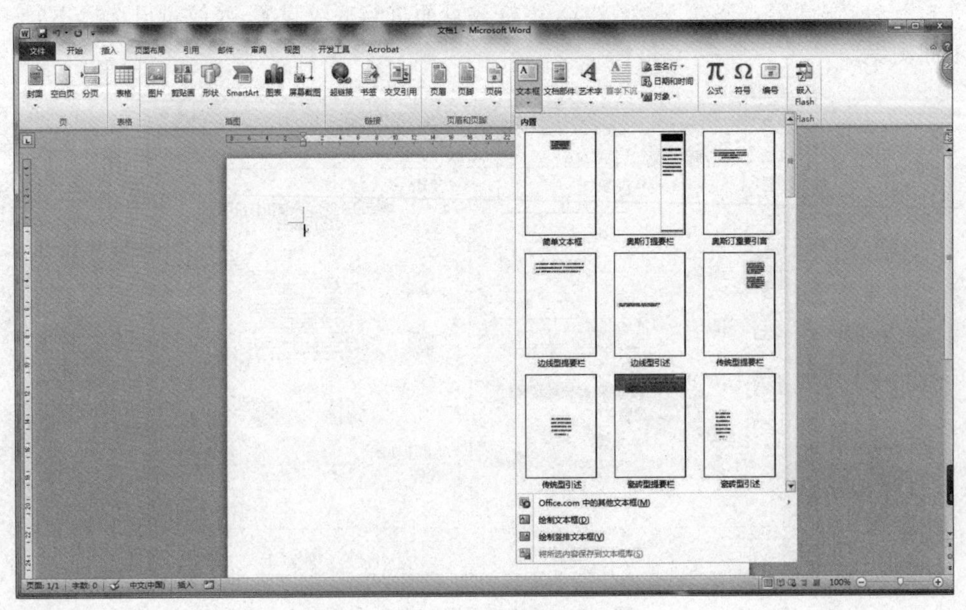

图 3-32 文本框样式

3.5.2 插入图片

Word 文档中可以插入图片，图片可以从扫描仪或数码照相机中获得，也可以从本地磁盘(来自文件)、网络驱动器以及互联网上获取，还可以从 Word 本身自带的剪贴图片中取得。图片插入在光标处单击图片，弹出“图片工具”菜单，如图 3-33 所示，单击图片工具下的“格式”选项，显示设置图片格式功能区，包括“调整”“图片样式”“排列”等选项卡，在其中进行设置，以取得合适的编排效果。

图 3-33 图片格式设置

3.5.3 插入 SmartArt 图形

Word 2010 提供了 SmartArt 功能，如图 3-34 所示，SmartArt 图形是信息和观点的视觉表示形式。可以从多种不同布局中选择创建 SmartArt 图形，从而快速、轻松、有效地传达信息。

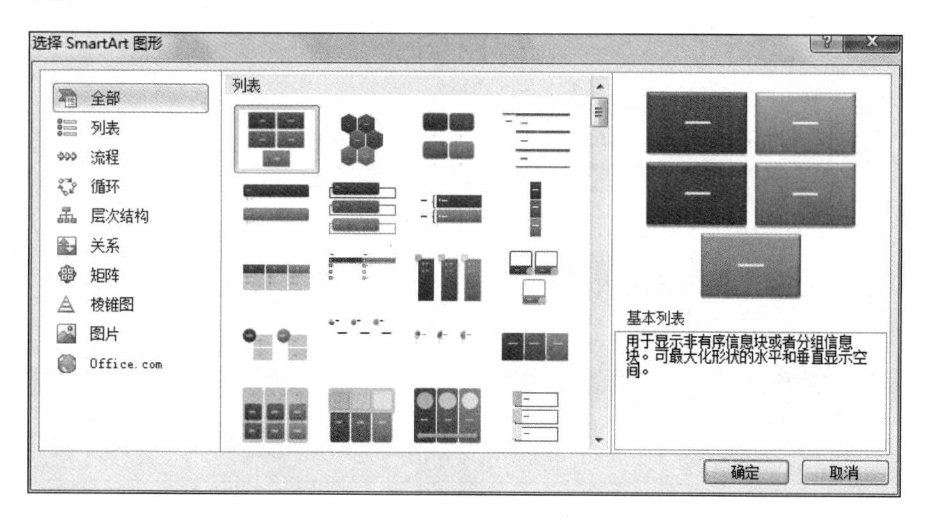

图 3-34 “选择 SmartArt 图形”对话框

绘制图形可以使用 SmartArt 完成，SmartArt 图是 Word 设置的图形、文字以及其样式的集合，包括列表(36 个)、流程(44 个)、循环(16 个)、层次结构(13 个)、关系(37 个)、矩阵(4 个)、棱锥图(4 个)和图片(31 个)共 8 个类型 185 个图样。

3.5.4 插入公式

编辑科技性文档时，通常需要输入数理公式，其中含有许多数学符号和运算式。Word 2010 包括编写和编辑公式的内置支持，可以满足日常大多数公式和数学符号的输入和编辑需求。

① 内置公式：系统已经定义好的常见的数学公式，可以直接使用或稍作修改就可以使用，如图 3-35 所示。

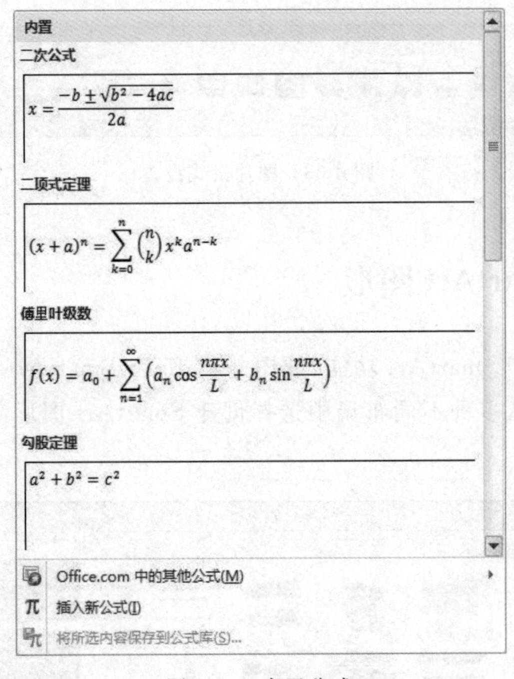

图 3-35　内置公式

② 自定义公式：使用系统内置的数学符号库及结构库构造自己的公式，如图 3-36 所示。

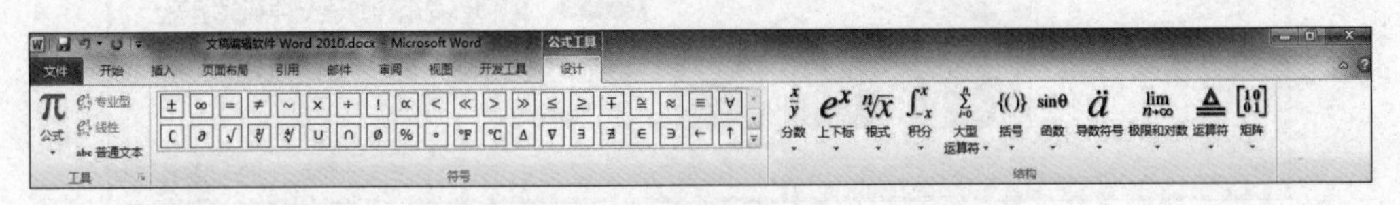

图 3-36　自定义公式

3.5.5 插入艺术字

“艺术字”具有特殊的视觉效果，可以使文档的标题变得更加生动活泼。艺术字可以像普通文字一样设定字体、大小、字形，也可以像图形那样设置旋转、倾斜、阴影和三维等效果。选择“插入”→“文本”→“艺术字”，弹出艺术字样式，如图 3-37 所示。

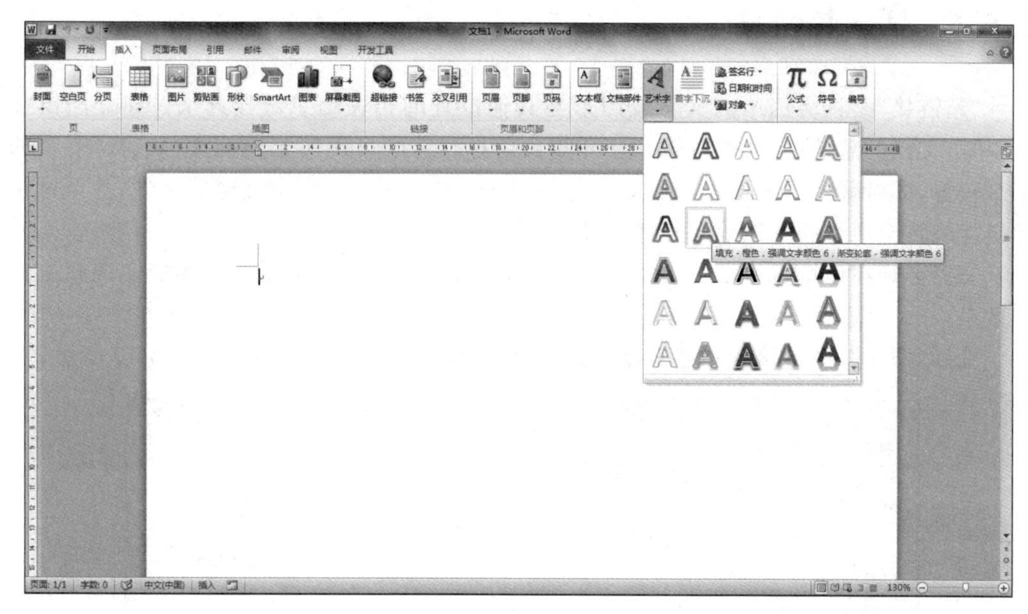

图 3-37　艺术字样式

将鼠标指向某艺术字样式，显示该艺术字样式的描述（图 3-37 所示为对第 3 行第 2 列艺术字样式的描述），单击，该样式应用于选定的文本；如果事先没有选定文本，显示“请在此放置您的文字”，如图 3-38 所示；同时，选项卡区域显示“绘图工具”标签，选择“绘图工具”下的“格式”选项，显示艺术字格式功能区，设置艺术字，如图 3-39 所示。

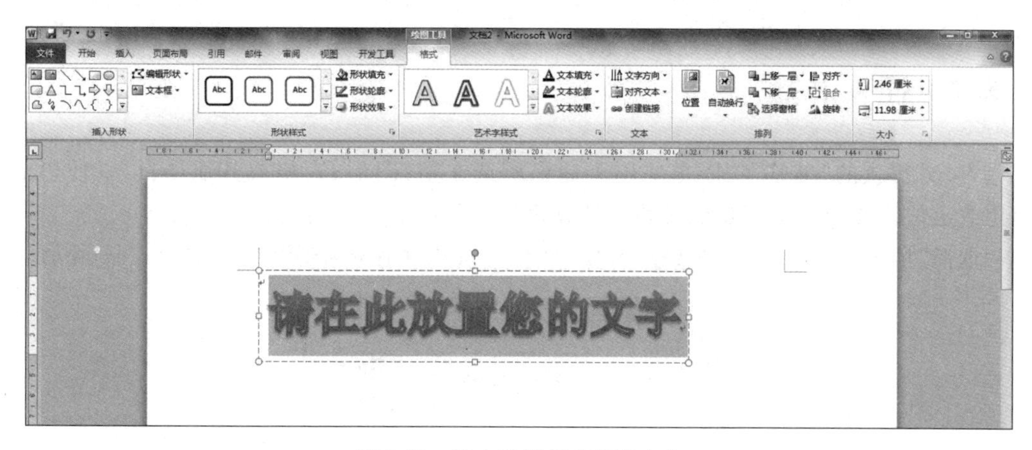

图 3-38　输入设置艺术字的文本

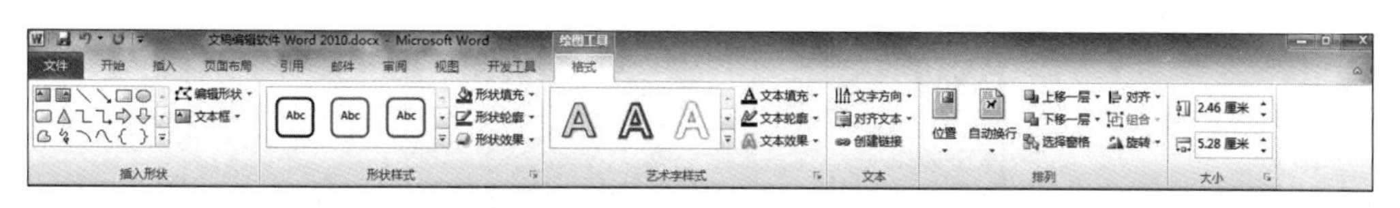

图 3-39　设置艺术字功能区

3.5.6　插入超链接

“超链接”是将文档中的文字或图形与其他位置的相关信息链接起来。建立超链接后，单击文档的超链接，就可跳转并打开相关信息。它既可跳转至当前文档或 Web 页的某个位置，亦可跳转至其他 Word 文档或 Web 页，或者其他项目中创建的文件，甚至可用超链接跳转至声音和图像等多媒体文件。

文档必须在计算机显示屏中阅读才能显示超链接的效果，纸质文稿不能实现超链接的效果。

选择“插入”→“链接”→“超链接”选项，打开“插入超链接”对话框，如图 3-40 所示。

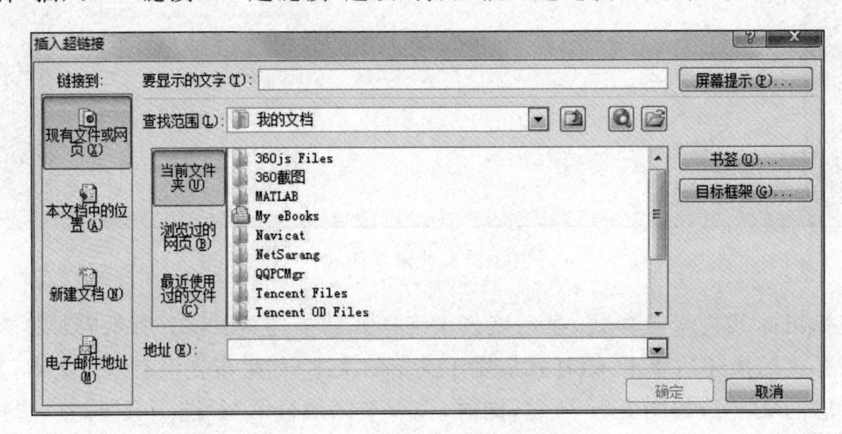

图 3-40　“插入超链接”对话框

3.5.7　插入书签

Word 提供的“书签”功能主要用于标识所选文字、图形、表格或其他项目，以便以后引用或定位。文档的书签功能必须在计算机显示环境下才能实现。

选择“插入”→“链接”→“书签”选项，打开“书签”对话框，设置书签，如图 3-41 所示。

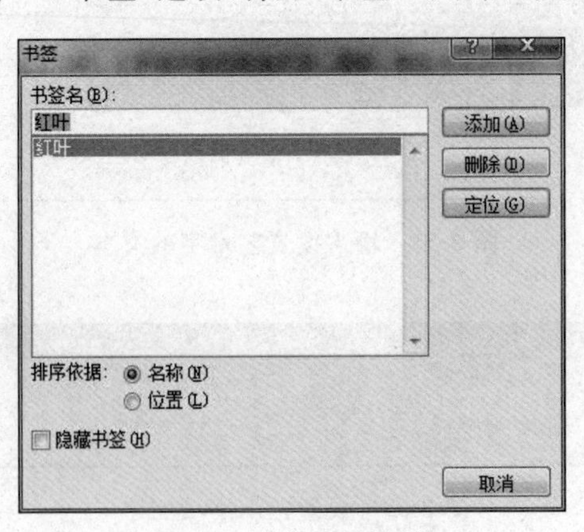

图 3-41　“书签”对话框

3.5.8 插入表格

在编辑的文档中，使用表格是一种简明扼要的表达方式。它以行和列的二维形式组织信息，结构严谨，效果直观。往往一张简单的表格就可以代替大篇的文字叙述，所以各种科技、经济等文章和书刊中越来越多地使用表格。

在文档中插入表格有以下三种方法。

方法一：选择“插入”→“表格”选项，拖动，如图 3-42 所示，选定表格的行数和列数，单击，自动生成表格。

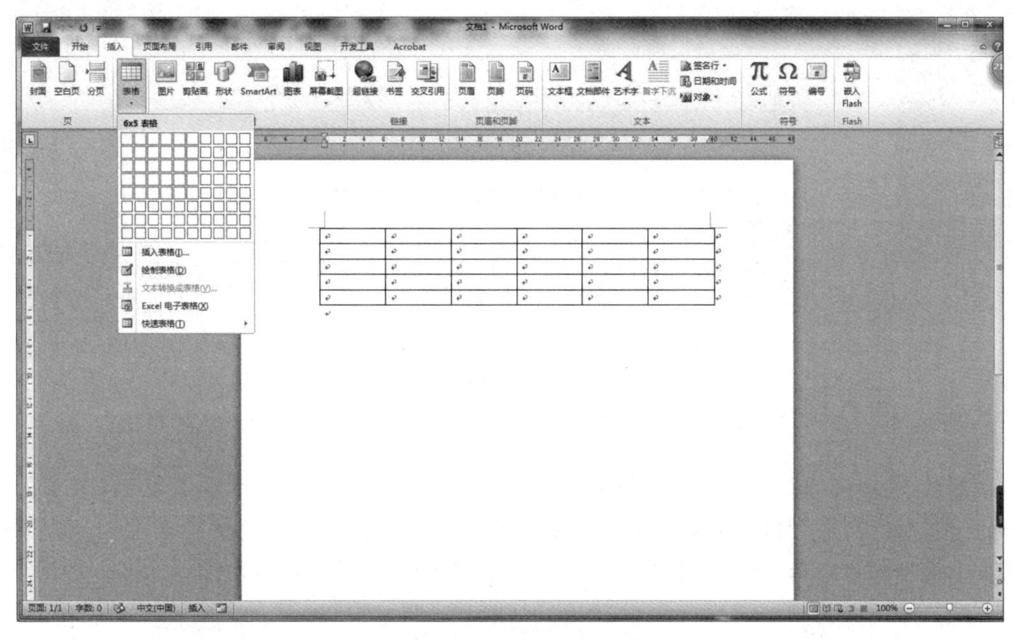

图 3-42　拖动鼠标插入表格

方法二：选择“插入表格(I)…”命令，弹出“插入表格”对话框，如图 3-43 所示，设置表格行数和列数，单击“确定”按钮，生成所需的表格。

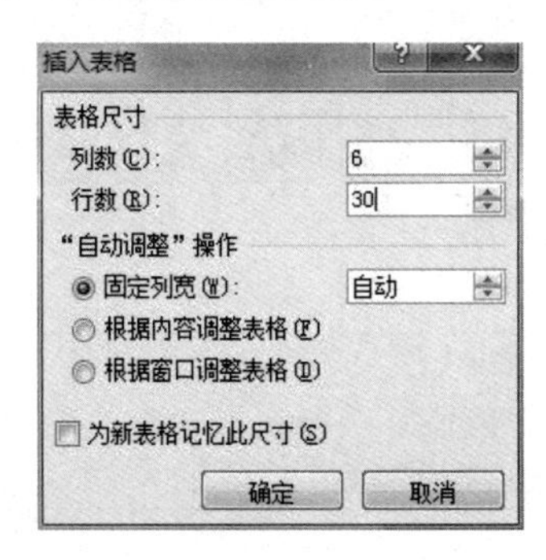

图 3-43　“插入表格”对话框

方法三：选择“绘制表格”命令，鼠标光标变化为一支笔，在编辑区拖动，绘制表格的外边框，松开左键，弹出“表格工具”，选择“设计”选项，显示表格设计功能区，选择“布局”选项，显示表格布局功能区，设置表格的行、列，如图 3-44 所示。

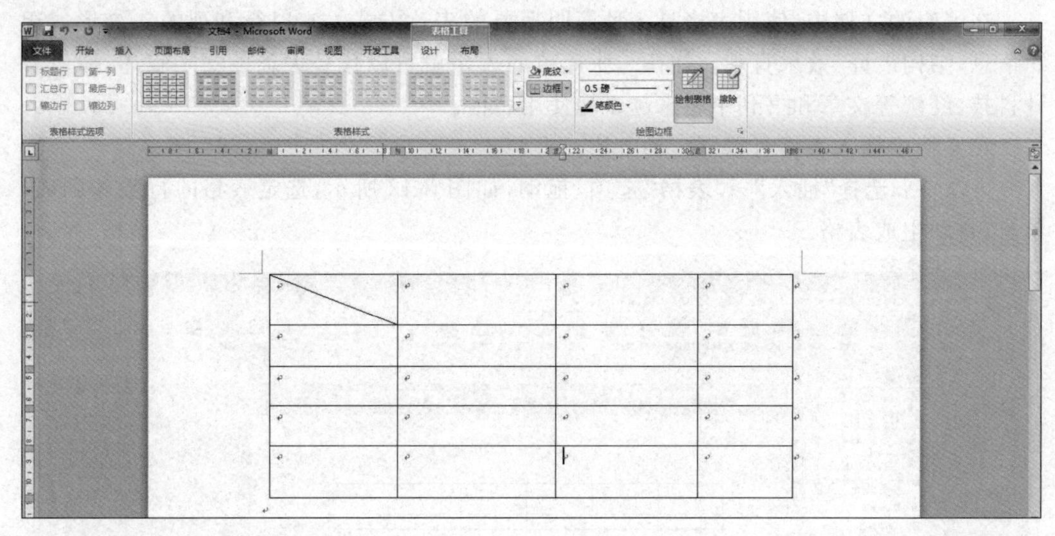

图 3-44　绘制表格

3.5.9　插入图表

打开 Word 2010 文档窗口，切换到“插入”功能区。在“插图”群组中单击“图表”按钮，打开“插入图表”对话框，在左侧的图表类型列表中选择需要创建的图表类型，在右侧图表子类型列表中选择合适的图表，并单击“确定”按钮，如图 3-45 所示。

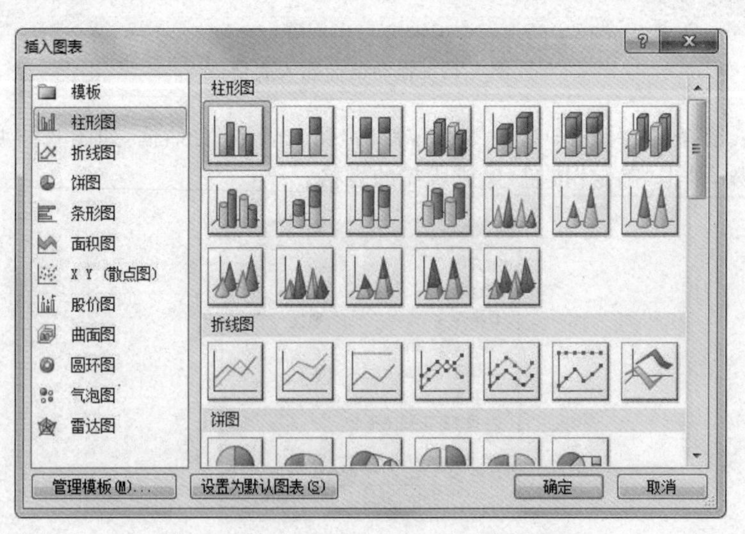

图 3-45　在“插入图表”对话框中选择图表样式

在并排打开的 Word 窗口和 Excel 窗口中，首先需要在 Excel 窗口中编辑图表数据。例如，修改系列名称和类别名称，并编辑具体数值。在编辑 Excel 表格数据的同时，Word 窗口中将同步显示图表结果，如图 3-46 所示。

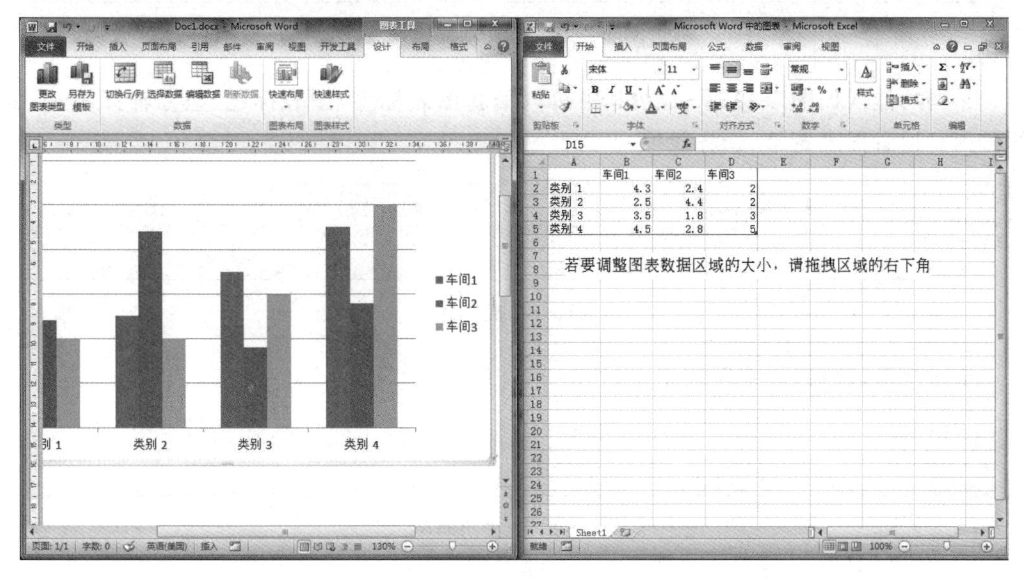

图 3-46 编辑图表

完成 Excel 表格数据的编辑后，关闭 Excel 窗口，在 Word 窗口中可以看到创建完成的图表，如图 3-47 所示。

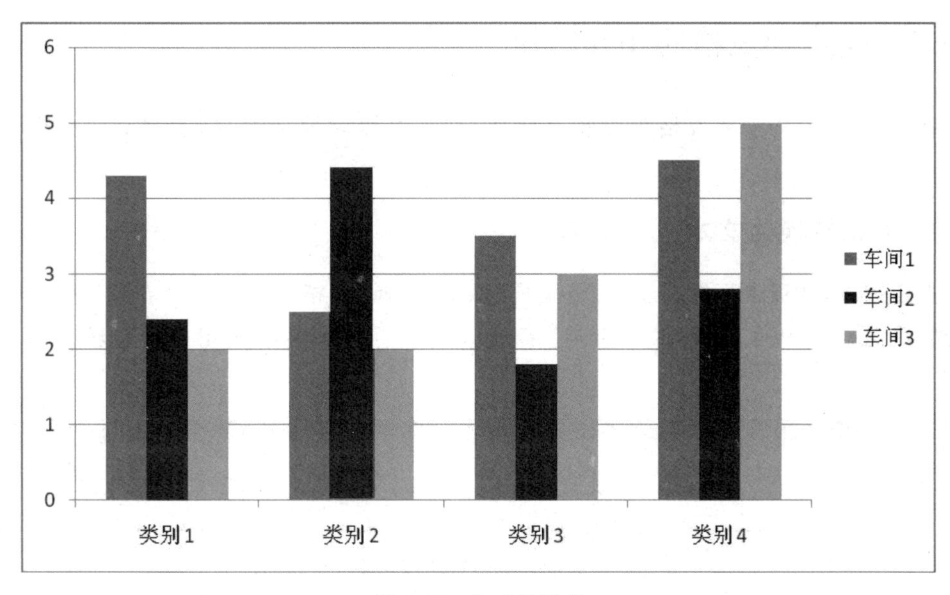

图 3-47 生成的图表

选取图表，弹出“图表工具”选项，其中有“设计”“布局”“格式”3 个功能区，可以对图表进行相关设置和修改，如图 3-48 所示。

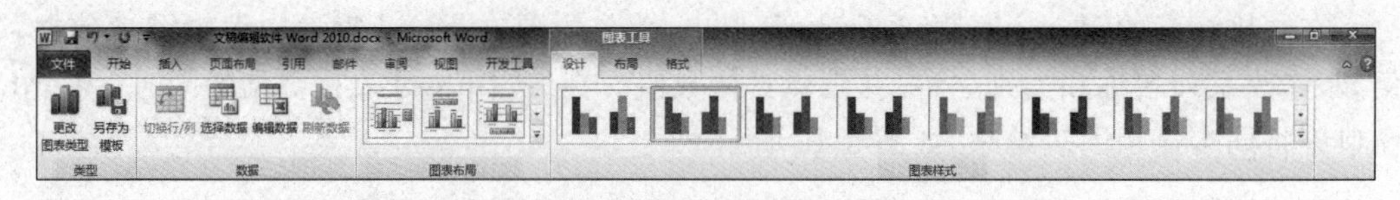

图 3-48　设计功能区

布局功能区如图 3-49 所示，在其中可以编辑图表标签（图表标题、坐标轴标题、数据标签等），设置图表背景、趋势线等。

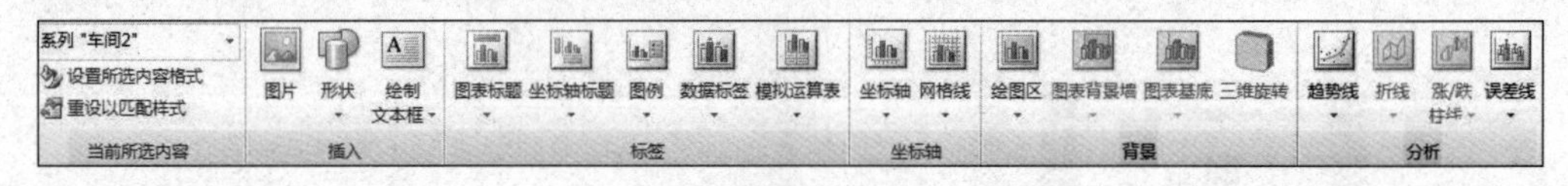

图 3-49　布局功能区

格式功能区可以设置图表格式，如图 3-50 所示。

图 3-50　格式功能区

3.6　文本和表格

3.6.1　文本和表格的相互转换

在 Word 中，文本和表格可以相互转换，文本可以转换成表格，表格亦可以转换成文本。

1. 表格转换为文本

选定表格，选项卡区域显示“表格工具”标签，选择“表格工具”下的“布局”选项卡，在“数据”功能群组中单击“转换为文本”按钮，如图 3-51 所示，将选定的表格转化成文本格式。

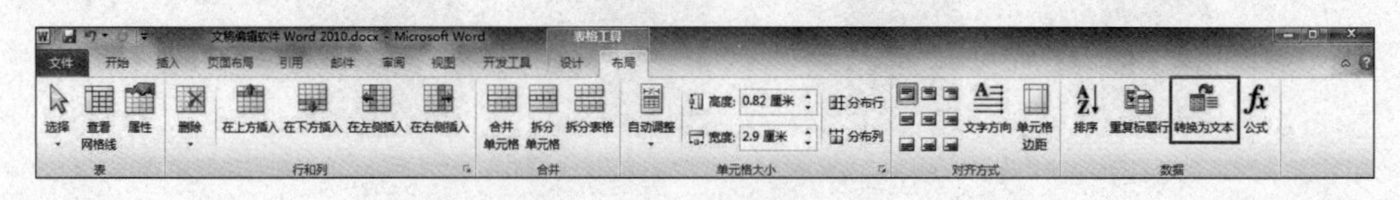

图 3-51　表格转换为文本

2. 文本转换为表格

选定文本，选择“插入”→“表格”→“文本转换成表格”命令，如图 3-52 所示，可以将选定的文本转换成表格。

3.6.2 表格内的数据运算

选定表格，弹出“表格工具”标签，选择“表格工具”下的“布局”选项卡，在布局功能区的“数据”功能群组中单击“fx 公式”按钮，弹出“公式”对话框，选取函数，对表格中的数据进行相关运算，如图 3-53 所示。

图 3-52 文本转换为表格

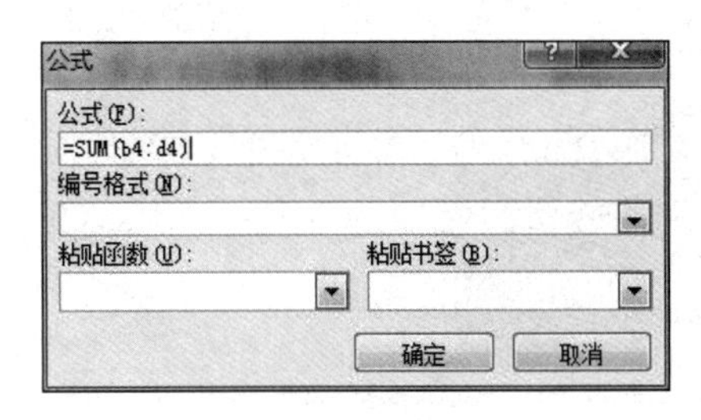

图 3-53 表格内的数据运算

在 Word 表格中，单元格的命名和 Excel 中单元格的命名方法一样，列号是字母 a～z 以及它们的组合(字母大小写没有关系)，行号是阿拉伯数字 1～n。例如表 3-1 所示，张三、李四和王五 3 个单元格的名称分别是 a2、a3 和 a4；有一点不同的是，Excel 表将列号和行号标出来了，用户一目了然，而 Word 表格的列号和行号是默认的，没有标出来。

表 3-1 表格数据运算

姓名	高等数学	大学英语	大学语文	总分
张三	80	90	90	260
李四	85	87	80	252
王五	87	88	86	261

3.7 长文档编辑

3.7.1 对文档应用主题效果

文档主题是一组格式选项，包括一组主题颜色、一组主题字体(包括标题字体和正文字体)和一组主题效果(包括线条和填充效果)。应用主题可以更改整个文档的总体设计,包括颜色、字体、效果。

文档主题设置是利用“页面布局”选项卡的“主题”群组中的命令按钮进行的。如图 3-54 所示。

图 3-54 对文档应用主题

3.7.2 页码设置

页码用来表示每页在文档中的顺序编号,在 Word 中添加的页码会随文档内容的增删而自动更新。页码设置是在“插入”选项卡“页眉和页脚”群组中的“页码”下拉列表中完成的,也可以作为页眉或页脚的一部分添加进去,如图 3-55 所示。

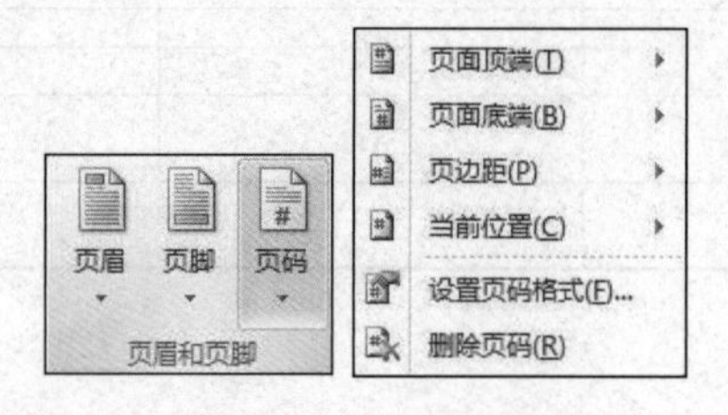

图 3-55 页码设置

3.7.3 页眉与页脚设置

页眉是指每页文稿顶部的文字或图形,页脚是指每页文稿底部的文字或图形。

一本完美的书刊都会有一些特定的信息在页眉和页脚，特别是页眉上的文字，可以让读者了解当前阅读的内容是哪篇文章或哪一章节。页眉页脚通常包含公司徽标、书名、章节名、页码、日期等文字或图形，如图 3-56 所示。

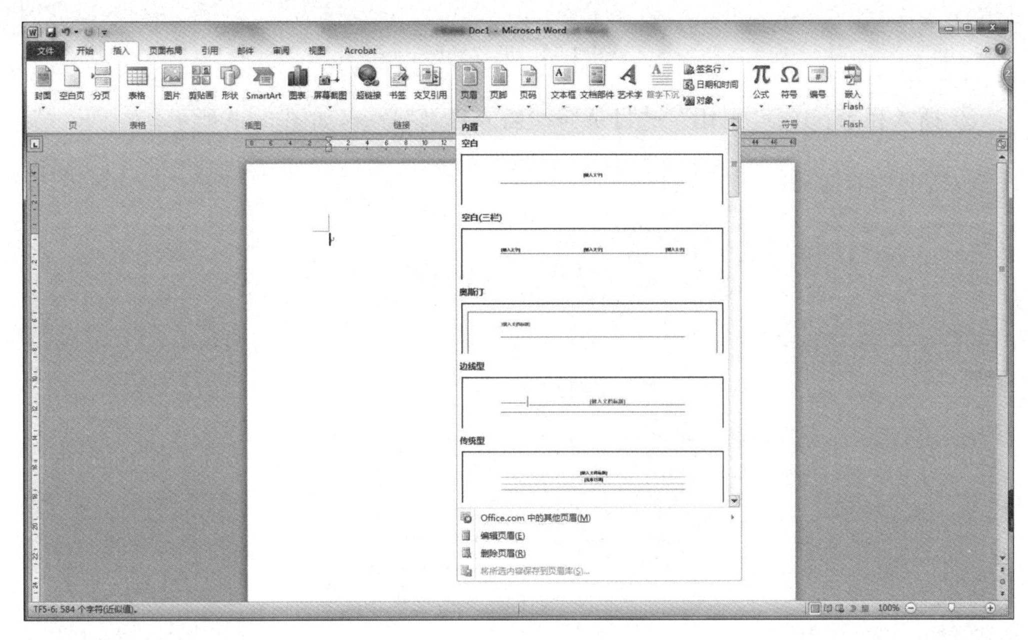

图 3-56　设置页眉页脚

3.7.4　脚注和尾注设置

很多学术性的文稿都需要加入脚注和尾注，它们虽然不是文档正文，但仍然是文档的组成部分。这两者在文档中的作用完全相同，都是对文本进行补充说明。脚注一般位于页面的底部，可以作为本页文档某处内容的注释，如术语解释或背景说明等；尾注一般位于文档的末尾，通常用来列出书籍或文章的参考文献等。

脚注和尾注均由两个关联的部分组成，包括注释引用标记和它对应的注释文本，如图 3-57 所示。

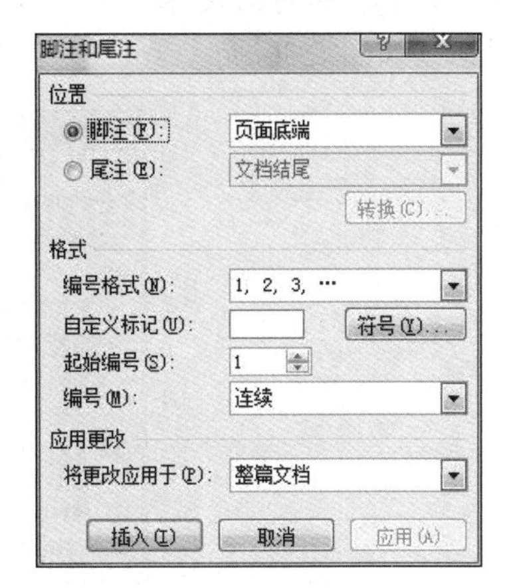

图 3-57　"脚注和尾注"对话框

3.7.5　目录与索引

目录是长文稿必不可少的组成部分，由文章的章、节的标题和页码组成。为文档建立目录，建议最好利用标题样式，先给文档的各级目录指定恰当的标题样式。

① 设置标题：将章、节、目分别设置为标题 1、标题 2、标题 3，如图 3-58 所示。

图 3-58　设置标题

② 插入目录：选择“引用”→“目录”→“插入目录”命令，如图 3-59 所示。

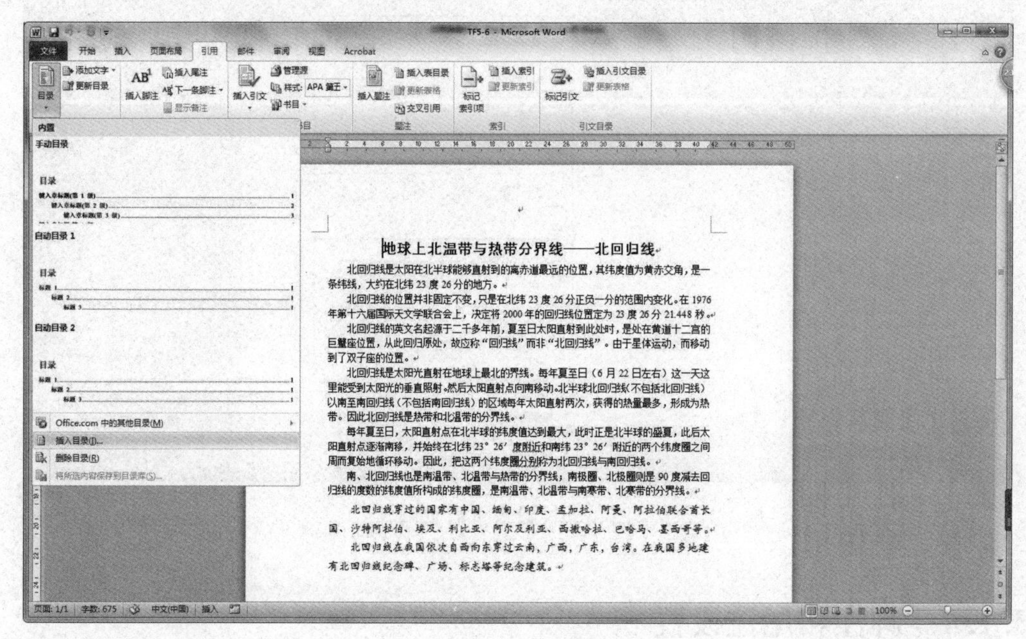

图 3-59　插入目录

索引就是将需要标示的字词列出来，并注明它们的页码，以方便查找，“标记索引项”对话框如图 3-60 所示。

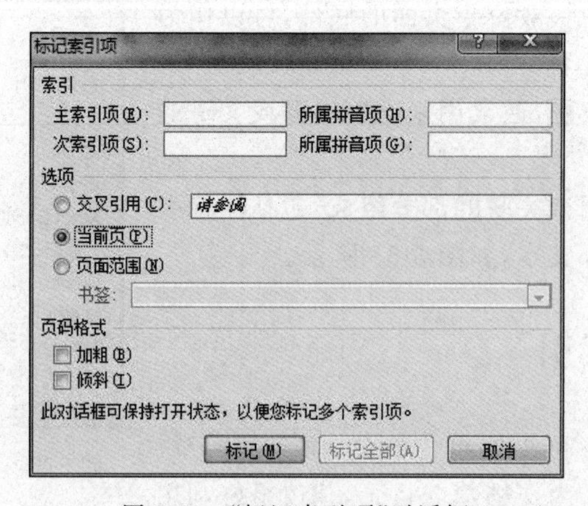

图 3-60　“标记索引项”对话框

① 对需要创建索引的关键词进行标记，即告诉 Word 哪些关键词参与索引的创建。

② 弹出“标记索引项”对话框，输入要作为索引的内容，并设置索引的相关格式，如图 3-61 所示。

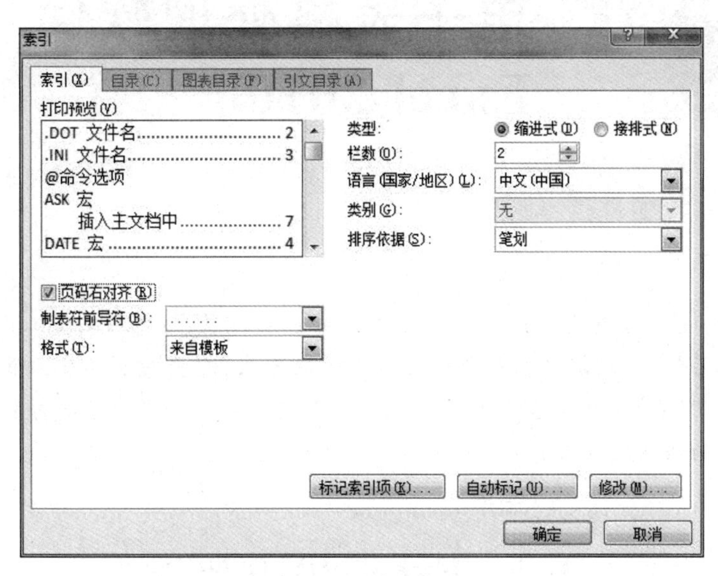

图 3-61 “索引”对话框

本 章 小 结

本章介绍了文档编辑软件 Word 2010 的新增功能，即文稿编辑及格式化处理的基础操作。学习本章的知识，可以熟练掌握各种长/短文稿的页面设置，文档的编辑，文档的格式化操作，插入各种对象，分栏、分页/分节以及页眉/页脚，脚注/尾注的操作方法。理解 Word 2010 的新增功能，可以借助图表配合文字描述，增加表述效果等。了解 Word 2010 的权限与共享、帮助信息及选项的设置与操作，可以为今后的工作、学习提供帮助。

第4章 电子表格处理软件 Excel 2010

学习目标：了解并掌握 Excel 2010 的基本功能和特点；理解并掌握工作簿、工作表的基本概念和相关操作；理解数据与图表之间的对应关系，掌握图表的建立和编辑操作；熟练掌握 Excel 2010 常用的数据分析方法，排序、筛选、汇总、合并及模拟分析运算；理解并掌握常用函数的语法格式及应用。

4.1 Excel 2010 概述

Excel 2010 是一套功能完整、操作简易的电子表格计算办公软件，提供丰富的函数及强大的图表、报表制作功能，能有效率地建立与管理资料。相比以前的 Excel 版本，Excel 2010 具有以下的新界面及新特性。

1. Excel 2010 工作界面

Excel 2010 的工作界面如图 4-1 所示。

图 4-1　Excel 2010 工作界面

(1) 快速访问工具栏

该工具栏位于工作界面的左上角,包含一组使用频率较高的工具按钮,如"保存""撤销"和"恢复"等按钮。可单击"快速访问工具栏"右侧的倒三角按钮,在展开的下拉列表中选择要在其中显示或隐藏的工具按钮。

(2) 功能区

标题栏的下方是一个由 9 个选项卡组成的区域。Excel 2010 将处理数据的所有命令组织在不同的选项卡中。单击不同的选项卡标签,可切换功能区中显示的工具命令。在每一个选项卡中,命令又被分类放置在不同的群组中。群组的右下角通常都会有一个对话框启动器按钮,用于打开与该组命令相关的对话框,以方便对要进行的操作做更进一步的设置。

(3) 编辑栏

编辑栏主要用于输入和修改活动单元格中的数据。当在工作表的某个单元格中输入数据时,编辑栏会同步显示输入的内容。

(4) 工作表编辑区

工作表编辑区用于显示或编辑工作表中的数据。

(5) 工作表标签

工作表标签位于工作簿窗口的左下角,默认名称为 Sheet1、Sheet2、Sheet3……单击不同的工作表标签,可在工作表间进行切换。默认情况下,一个工作簿包含 3 个工作表,可以根据需要添加或删除工作表。

(6) 行号

行号显示在工作簿窗口的左侧,依次用数字 1、2、3、4……表示。

(7) 列标

列标显示在工作簿窗口的上方,依次用字母 A、B、C……表示。

(8) 单元格

单元格是 Excel 2010 工作簿的最小组成单位,所有的数据都存储在单元格中。工作表编辑区中每一个长方形的小格就是一个单元格,每一个单元格都可用其所在的行号和列标标识,如 B3 单元格表示位于第 B 列第 3 行的单元格。

要退出 Excel 2010 时,可单击程序窗口右上角的"关闭"按钮,也可双击窗口左上角的程序图标或按 Alt+F4 键。

2. 内建截图功能

① 利用屏幕截图功能可以向 Excel 中轻松插入屏幕截图。选择"插入"选项卡中的"可用视窗"选项,在弹出的下拉列表中选择需要截取的程序窗口图标,程序会自动执行截取整个屏幕的操作,并且将截图插入到 Excel 2010 中,如图 4-2 所示。

② 如需截取某个窗口的某个部分,可选择"插入"选项卡中的"屏幕截图"选项,选择"屏幕剪辑"选项,程序会自动跳转到上一次打开的窗口,即可从其中截取特定的部分。

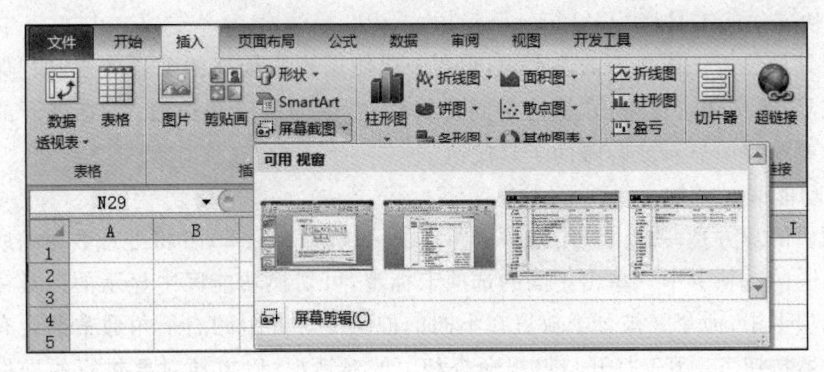

图 4-2　屏幕截图

3. 强大的粘贴功能

① Excel 2010 中的粘贴功能得到强化，不仅新增了更加丰富的选项，并且粘贴之前有即时显示的预览效果，使粘贴更直观。

② 选择需要进行复制的数据，单击“开始”选项卡中的“复制”按钮，然后单击“粘贴”下方的倒三角下拉按钮，从中选择所需的粘贴方式，如图 4-3 所示。

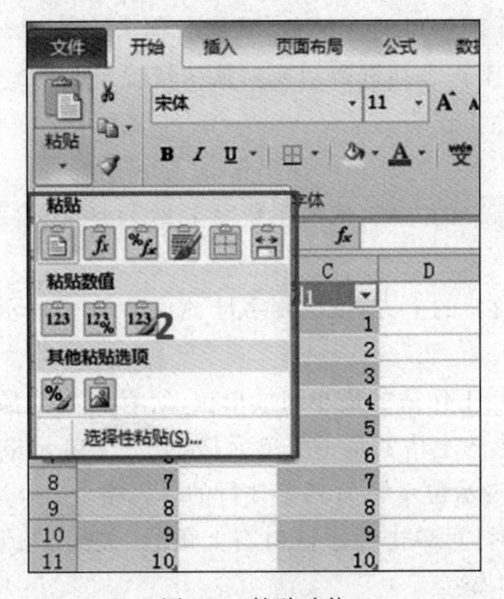

图 4-3　粘贴功能

4. 全新的条件格式

Excel 2010 提供了全新的条件格式，如图 4-4 所示。选择需要设置条件格式的数据区域，选择“开始”选项卡，在“样式”群组中选择“条件格式”选项，设定规则即可。

5. 迷你图

迷你图是 Excel 2010 的新增功能，它是工作表单元格中的一个微型图表，可以提供数据的直观表示方式，如图 4-5 所示。

条件格式中新增了丰富的图标集，可对不同的数据套用不同的图标。

图书名称	1月	2月	3月	4月	5月	6月	7月	8月	9月	10月
Excel 2007锦囊妙计	134	40	34	87	26	45	122	45	116	62
Excel函数在办公中的应用	99	82	16	138	237	114	198	149	185	66
Excel商务图表在办公中的应用	87	116	89	59	141	170	291	191	56	110
Excel数据统计与分析	104	108	93	48	36	59	91	58	61	68
Office高手——商务办公好帮手	126	3	33	76	132	41	135	46	42	91
PowerPoint商务演讲	141	54	193	103	106	56	28	30	41	38
Word 2007在办公中的应用	116	133	285	63	110	154	33	59	315	27
电子邮件使用技巧	88	74	12	21	146	73	33	94	54	88
总计	895	610	755	595	934	712	931	642	870	550

使用数据条，可以通过数据条的长短直观判断数据大小

图 4-4　条件格式示例

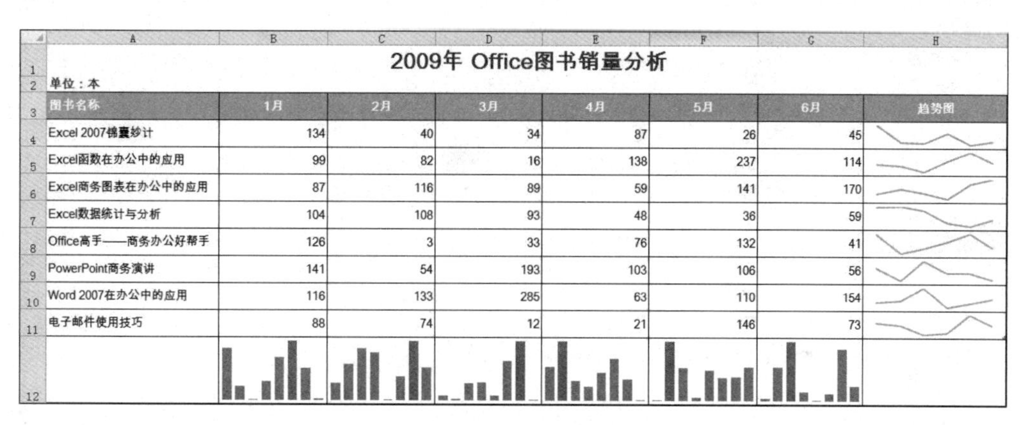

2009年 Office图书销量分析

单位：本

图书名称	1月	2月	3月	4月	5月	6月	趋势图
Excel 2007锦囊妙计	134	40	34	87	26	45	
Excel函数在办公中的应用	99	82	16	138	237	114	
Excel商务图表在办公中的应用	87	116	89	59	141	170	
Excel数据统计与分析	104	108	93	48	36	59	
Office高手——商务办公好帮手	126	3	33	76	132	41	
PowerPoint商务演讲	141	54	193	103	106	56	
Word 2007在办公中的应用	116	133	285	63	110	154	
电子邮件使用技巧	88	74	12	21	146	73	

图 4-5　迷你图示例

6. 文件兼容格式

当 Excel 软件升级为 2010 版本时，创建的电子表格扩展名为 xlsx，而 Excel 2003 及以前的版本均无法打开该文件。如需要在以前的版本中打开编辑 2010 版本，则需将文件保存为兼容模式。单击“文件”选项卡，选择“另存为”选项，从弹出的“另存为”对话框中设置保存类型为 Excel 97-2003 工作簿(＊.xls)。

4.2　Excel 2010 制表基础

Excel 2010 制表基础包括工作簿和工作表的基本操作、各种数据类型的录入以及对工作表的格式化、数据序列的填充等。在 Excel 2010 中，用户接触最多就是工作簿、工作表和单元格，工作簿就如同日常生活中的账本，而账本中的每一页账表就是工作表，账表

中的一格就是单元格，工作表中包含了数以百万计的单元格。

4.2.1 工作簿的基本操作

在 Excel 中生成的文件就叫做工作簿，也就是说，一个 Excel 文件就是一个工作簿。

1. 新建工作簿

通常情况下，启动 Excel 2010 时，系统会自动新建一个名为“工作簿 1”的空白工作簿。若要再新建空白工作簿，可按 Ctrl＋N 键，或选择“文件”选项卡，在打开的对话框中选择“新建”命令，在中部的“可用模板”列表中选择“空白工作簿”选项，然后单击“创建”按钮，如图 4-6 所示。

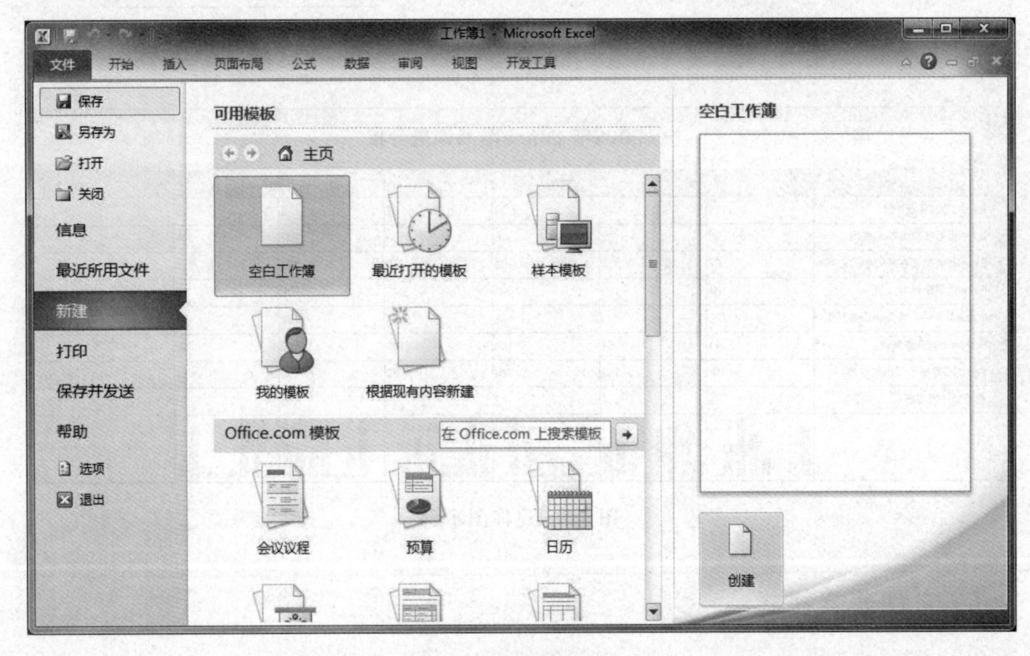

图 4-6 新建工作簿

2. 保存新工作簿

当对新工作簿进行编辑操作后，为防止数据丢失，需保存。要保存工作簿，可单击“快速访问工具栏”上的“保存”按钮；或者按 Ctrl＋S 键；或选择“文件”选项卡，在打开的对话框中选择“保存”选项，打开“另存为”对话框，在其中选择工作簿的保存位置，输入工作簿名称，然后单击“保存”按钮，如图 4-7 所示。

当对工作簿执行第二次保存操作时，不会再打开“另存为”对话框。若要另存工作簿，可在“文件”选项卡中选择“另存为”选项，在打开的“另存为”对话框中重新设置工作簿的保存路径、名称或保存类型等，然后单击“保存”按钮即可。

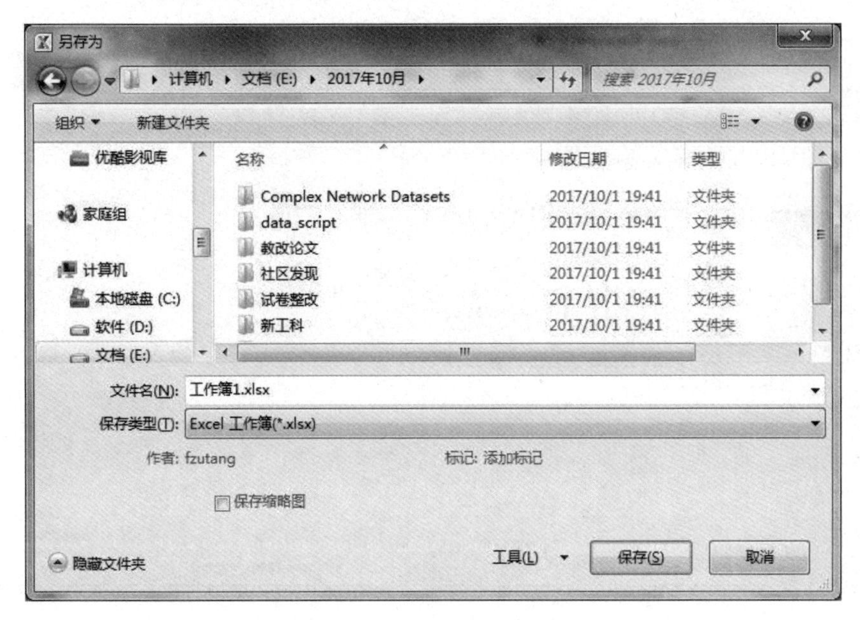

图 4-7 “另存为”对话框

3. 关闭工作簿

单击工作簿窗口右上角的“关闭窗口”按钮，或在“文件”选项中选择“关闭”选项。如果工作簿尚未保存，此时会打开一个提示对话框，用户可根据提示进行相应操作。

4. 打开工作簿

在“文件”选项卡中选择“打开”选项，然后在打开的“打开”对话框中找到工作簿的放置位置，选择要打开的工作簿，单击“打开”按钮，即可打开工作簿。此外，“文件”对话框中列出了最近所用文件，单击某个工作簿名称，即可将其打开，如图 4-8 所示。

5. 设置打开工作簿及修改工作簿权限密码

如果工作簿的数据比较重要，为了防止未授权的用户打开工作簿查看数据，或者只允许授权的用户修改工作簿，可以在工作簿中设置打开文件密码，或者修改文件密码，操作如下。

① 在“另存为”对话框中单击“工具”按钮，在弹出的下拉菜单中选择“常规选项”选项，弹出“常规选项”对话框，如图 4-9 和图 4-10 所示。

② 在“常规选项”对话框中输入密码，若设置“打开权限密码”，则用户打开工作簿时需要输入密码；若设置修改权限密码，则修改工作簿数据时需要输入密码；若输入密码错误，则只能浏览工作簿数据，不能修改数据。

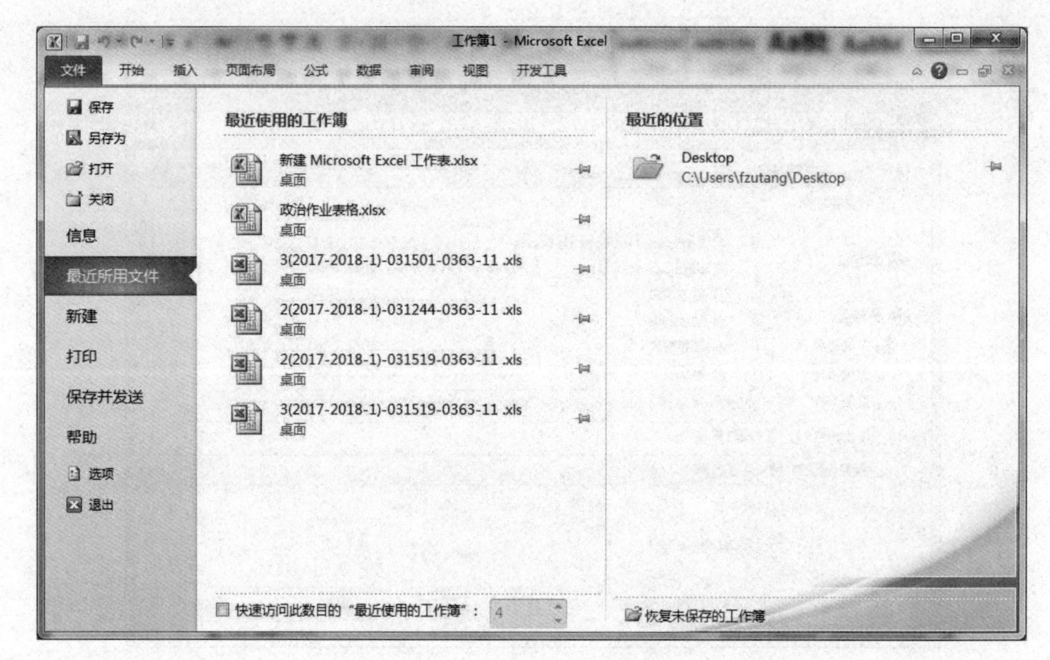

图 4-8 最近使用的工作簿

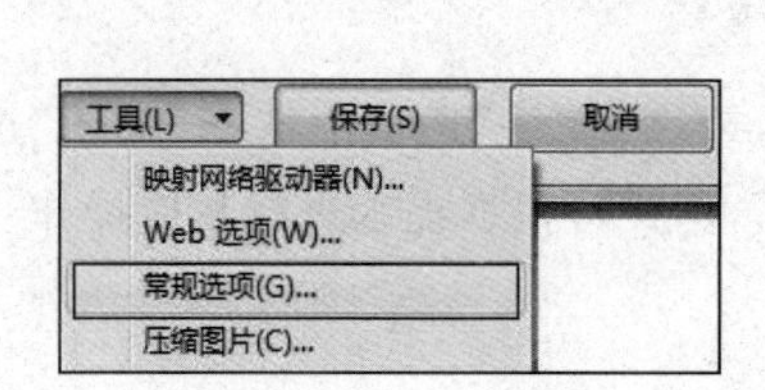

图 4-9 选择"常规选项"

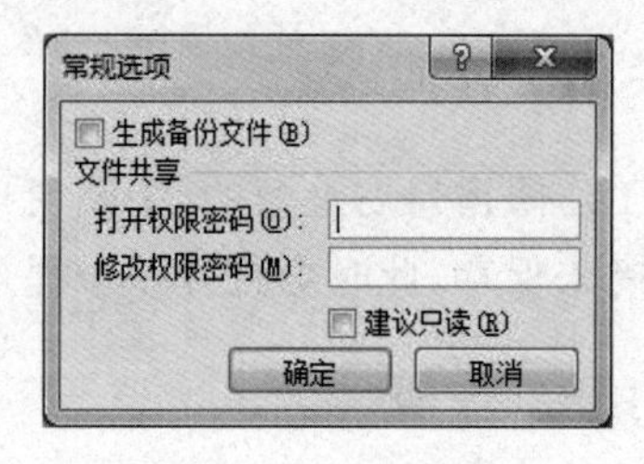

图 4-10 "常规选项"对话框

4.2.2 工作表的基本操作

工作表是显示在工作簿窗口中，由行和列构成的表格。它主要由单元格、行号、列标和工作表标签等组成。

1. 插入与删除工作表

(1) 插入工作表

在 Excel 2010 中，每一个工作簿最多可包含 255 张工作表。默认情况下，Excel 2010 为每个新建工作簿创建了 3 张工作表，标签名分别为 Sheet1、Sheet2、Sheet3。下面以新建的"工作簿 1"为例讲解插入新的工作表的方法，并重命名为"4.2.2"，具体步骤如下。

① 插入默认工作表(两种方法)。

• 单击工作簿左下方的"插入工作表"按钮 ，插入新的工作表，默认名称为 Sheet4。

- 选择工作表(假设选择 Sheet3),右击 Sheet3 工作表标签,在弹出的快捷菜单(图 4-11)中选择“插入”命令,弹出“插入”对话框,如图 4-12 所示,根据需要选择“工作表”,即可插入新的工作表 Sheet4,默认位置在 Sheet3 工作表的左侧。

② 重命名工作表(两种方法)。

- 双击 Sheet4 工作表,工作表名称会变成 Sheet4 ,输入新的名字“4.2.2”,单击“确定”按钮即可。
- 选择 Sheet4 工作表,右击,在弹出的快捷菜单(图 4-11)中选择“重命名”命令,工作表名称会变成 Sheet4 ,输入新的名字“4.2.2”,单击“确定”按钮即可。

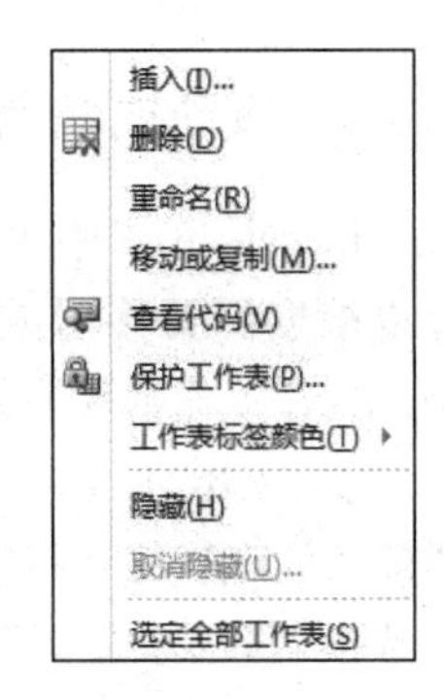

图 4-11 “工作表”快捷菜单

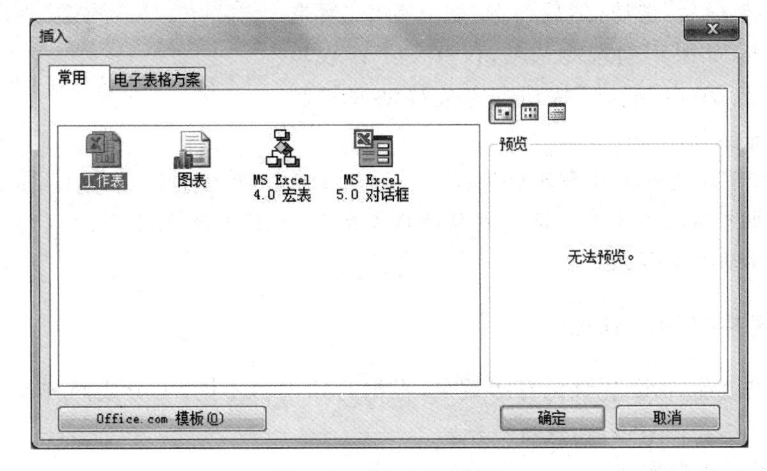

图 4-12 “插入”对话框

(2) 删除工作表

当工作簿中存在多余的工作表时,可以删除。下面将删除“4.3.5 示例.xlsx”工作簿中的“4.3.5FV 函数”“4.3.5PMT 函数”和“4.3.5RANK 函数”工作表,具体操作如下。

① 打开文件“4.3.5 示例.xlsx”,按住 Ctrl 键,同时选择“4.3.5FV 函数”“4.3.5PMT 函数”“4.3.5RANK 函数”工作表,在其上右击,在弹出的快捷菜单(图 4-11)中选择“删除”命令。

② 弹出的对话框如图 4-13 所示,选择“删除”按钮,将删除工作表和工作表中的数据。

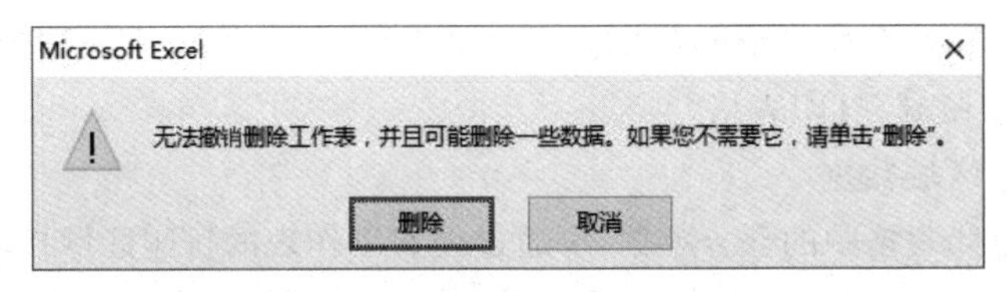

图 4-13 “删除工作表”对话框

2. 移动或复制工作表

Excel 2010 中工作表的位置并不是固定不变的。为了避免重复复制作相同的工作表，可以根据需要移动或复制工作表。下面在“4.3.4 示例.xlsx”工作簿中移动并复制工作表，具体步骤如下。

① 打开“4.3.4 示例.xlsx”工作簿，在“4.3.1 公式输入”工作表上右击，在弹出的快捷菜单(图 4-11)中选择“移动或复制”命令。

② 在打开的“移动或复制工作表”对话框的“下列选定工作表之前”列表框中选择移动工作表的位置，这里选择“移至最后”选项，然后勾选“建立副本”复选框复制工作表(如果不勾选此选项，仅移动工作表)，如图 4-14 所示，单击“确定”按钮。完成移动并复制“4.3.1 公式输入”工作表。

图 4-14 “移动或复制工作表”对话框

注意：移动或复制工作表的快捷操作方法为：选中要移动的工作表，拖动其到想要移动的位置即可移动工作表。选择要移动的工作表，按住 Ctrl 键并拖动到想要移到的位置即可完成移动并复制。

3. 预览并打印工作表

打印表格之前，需要先预览打印效果，根据打印内容不同，可分成两种情况打印：一是打印整个工作表；二是打印区域数据。

(1) 设置打印参数

选择需要打印的工作表，如果预览打印效果不太满意，可以重新设置，如设置纸张方向和纸张页边距等。下面在“4.2.2 打印数据.xlsx”工作簿中预览并打印工作表，具体操作步骤如下。

① 选择“文件”→“打印”命令，或者单击快速访问工具栏的“快速预览和打印”按钮，在窗口右侧预览工作表的打印效果，在窗口中间列表框“设置”栏的“纵向”下拉列表框中选择“横向”选项，再在弹出的中间列表框的下方单击“页面设置”按钮，如图 4-15 所示。

② 在打开的“页面设置”对话框中单击“页边距”选项卡，在“居中方式”栏中单击选中“水平”和“垂直”复选框，然后单击“确定”按钮，如图 4-15 所示。

③ 返回打印窗口，在窗口中间的“打印”栏的“份数”数值框中设置打印份数，设置完成后单击“打印”按钮，打印表格。

(2) 设置打印区域数据

如果只需要打印表格中的部分数据，可通过设置工作表的打印区域打印表格数据，下面以“4.2.2 打印数据.xlsx”工作簿为例，设置打印区域 A1:J8 单元格区域，操作步骤如下。

① 选择 A1:J8 单元格区域，在“页面布局”的“页面设置”群组中单击“打印区域”按钮，在打开的下拉列表中选择“设置打印区域”选项，所选区域周围将出现虚线框，表示该

区域将被打印。

② 选择“文件”→“打印”命令，单击“打印”按钮即可，如图 4-16 所示。

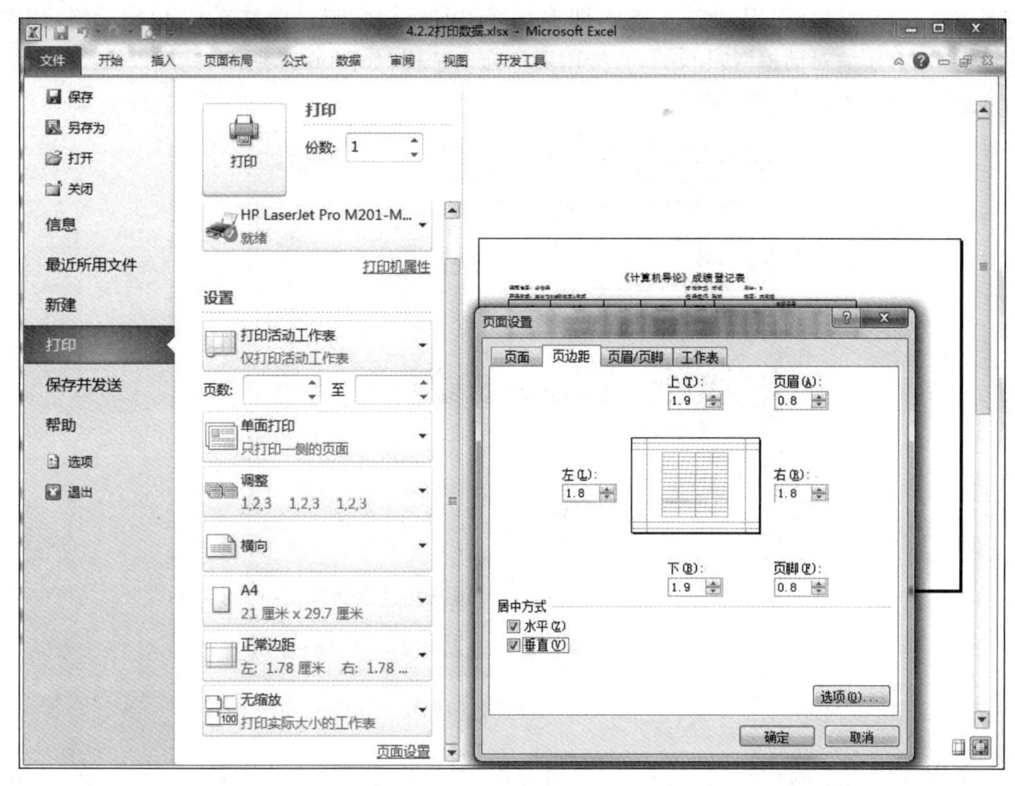

图 4-15　设置打印参数

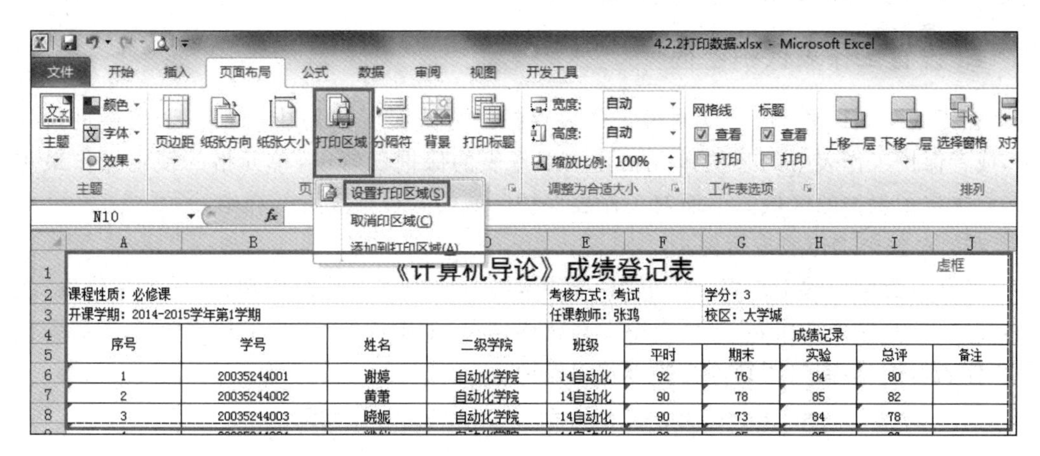

图 4-16　设置打印区域

(3) 设置打印标题

有时工作表纵向超过一页长，或横向超过一页宽，打印时希望能够在每一页都重复打印标题或者字段名，这时可通过设置“打印标题”来解决此类问题。具体操作步骤如下。

首先，打开需要设置的表格，然后再单击“页面布局”选项卡“页面设置”群组中的“打印标题”按钮，弹出“页面设置”对话框。

其次，在“页面设置”对话框中选择“工作表”选项卡，在“顶端标题行”输入框中直接输入需要重复打印的区域引用，如$1:$2，即重复打印前两行标题。或者单击“顶端标题行”输入框右边的“压缩对话框”按钮，直接用鼠标拖动选择，如图4-17所示，完成设置。

最后，单击“确定”按钮即可。

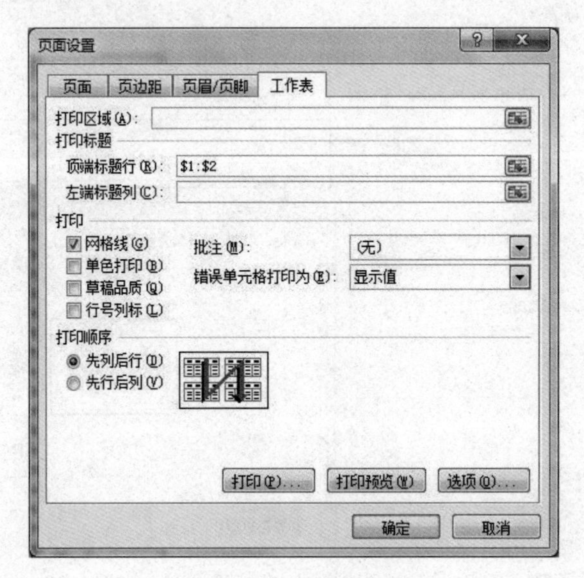

图4-17 设置打印标题

如果要设置左端行标列，只需在“页面设置”对话框中选择“工作表”选项卡，在“左端标题列”框中选择需要重复打印的区域即可。

4. 设置工作表保护密码

在Excel 2010中，也可以通过工作表保护的方式对工作簿中的某一个表格进行保护，或者保护工作表中的某些单元格。在工作表的保护设置中，单元格的锁定操作最重要，它决定了保护的区域。下面对工作表保护区域的3种情况进行介绍。

(1) 对整个工作表进行保护

打开需要保护的工作表，在“审阅”选项卡的“更改”选项群组中单击“保护工作表”按钮，在弹出的“保护工作表”对话框中设置密码即可，如图4-18和图4-19所示。当需要接触工作表保护时，需要用到该密码来解除保护。

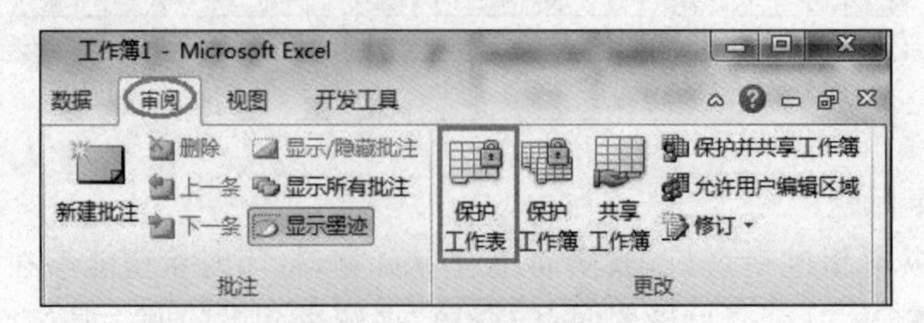

图4-18 保护工作表路径

(2) 保护除指定单元格区域之外的单元格区域

打开工作表,首先选择不需要保护的单元格区域,然后在“开始”选项卡上单击“单元格”群组中的“格式”按钮,在弹出的下拉菜单中选择“设置单元格格式”选项,如图 4-20 所示。弹出“设置单元格格式”对话框,在“保护”选项卡中取消“锁定单元格”复选框,如图 4-21 所示,注意锁定单元格,必须启动“保护工作表”才可以。保护工作表参照(1)的操作。

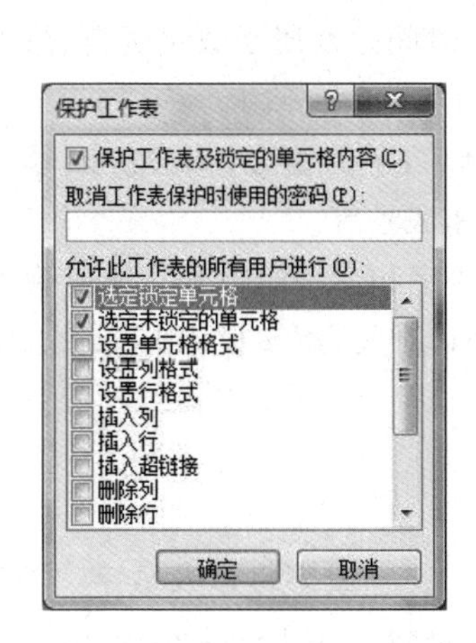

图 4-19 “保护工作表”对话框

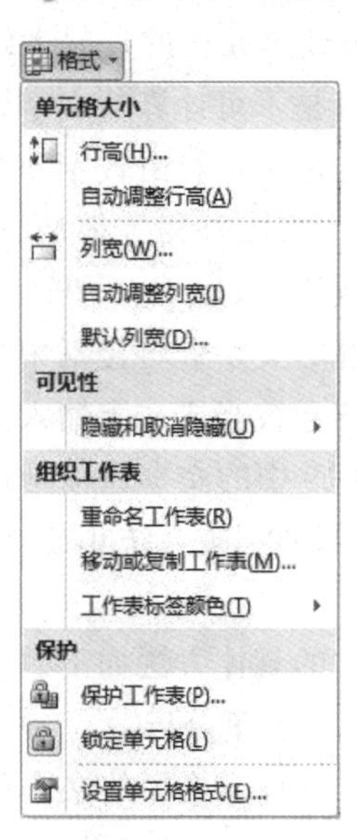

图 4-20 在“格式”下拉菜单中选择“设置单元格格式”选项

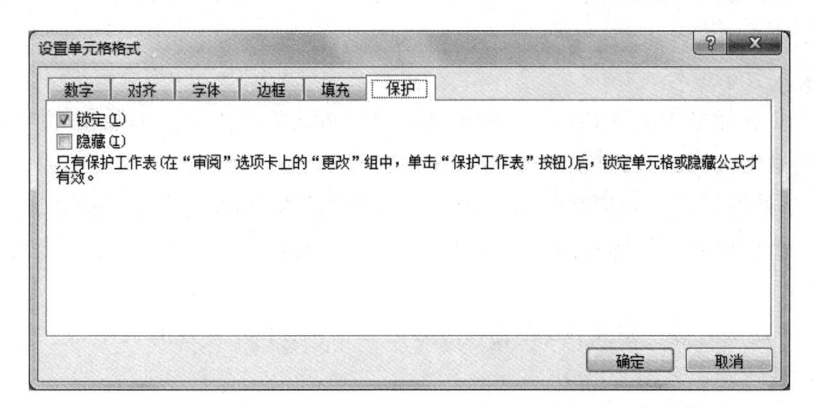

图 4-21 在“设置单元格格式”对话框中设置“保护”选项

(3) 仅仅对指定的单元格区域进行保护

首先需要取消整个工作表单元格区域的默认锁定属性,可以用 Ctrl+A 键选择所有区域,再按照前面介绍的方法取消单元格的锁定属性。其次选择需要保护的单元格区域,设置单元格为锁定属性,最后在“审阅”选项卡上启用“工作表保护”,就可完成设置。

(4) 取消工作表保护

对工作表进行保护后,“审阅”选项卡“更改”群组中的“保护工作表”按钮会变成“撤销工作表保护"按钮。如需撤销工作表的保护，只需单击该按钮，输入之前设置的工作表保护密码就可以解除保护。

4.2.3 文本的输入

输入 Excel 单元格的资料大致可分成两类：一种是可计算的数字资料（包括日期、时间），另一种则是不可计算的文字资料。

可计算的数字资料由数字 0～9 及一些符号（如小数点、＋、－、$、%……）所组成，如 15.36、－99、$350、75%等都是数字资料。日期与时间也是属于数字资料，只不过会含有少量的文字或符号，如 2012/06/10、08：30pm、3 月 14 日……。

不可计算的文字资料包括中文字样，英文字母、数字的组合（如身份证号）。不过，数字资料有时亦会被当成文字输入，如电话号码、邮递区号等。

Excel 2010 中的文本通常是指字符或者任何数字和字符的组合。任何输入到单元格内的字符集，只要不被系统识别成数字、公式、日期、时间、逻辑值，则 Excel 2010 一律将其视为文本。

输入文本的具体方法如下。

（1）在单元格里分行

Excel 2010 单元格中的文本包括任何中西文的文字或字母以及数字、空格和非数字字符的组合，每个单元格中最多可容纳 32000 个字符数。在 Excel 2010 的单元格中输入非数字的字符时，系统自动会按文本类型的数据来处理该字符，自动向左对齐，按一下回车键，光标会自动移到当前单元格的下一个单元格。若需要在单元格内分行，则按 Alt＋Enter 键来实现。

（2）输入数字编号

在 Excel 单元格中输入数字时，系统会自动判断该数字为数值型数据，并把最高位为零的数值判别为无意义，自动省略掉"0"，并自动向右对齐，例如输入"001"，系统会把该数据作为"1"来处理。若不希望系统自动把最高位的"0"省略掉，则需要在英文输入法状态下先输入一个单撇号"'"，将其指定为文本格式，然后再输入"001"，系统才能正确显示数字前面的"0"。

Excel 中默认的数字格式是"常规"，最多可以显示 11 位有效的数字，超过 11 位就以科学记数形式表达。

当单元格格式设置为"数值"、小数点位数为 0 时，最多也只能完全显示 15 位。多于 15 位的数字，从 16 位起显示为 0。要快速输入 15 位以上的数字且能完全显示，需要先输入一个英文单引号"'"，再输入数字。

如果需要在多个单元格输入上述各类型的数字编号，则可以通过改变单元格属性的方法快速设置。先选中该单元格区域，右击，在弹出的快捷菜单中选择"设置单元格格式"命令，在"设置单元格格式"对话框的"数字"选项卡中选择"文本"选项，即可完成设置，如图 4-22 所示。

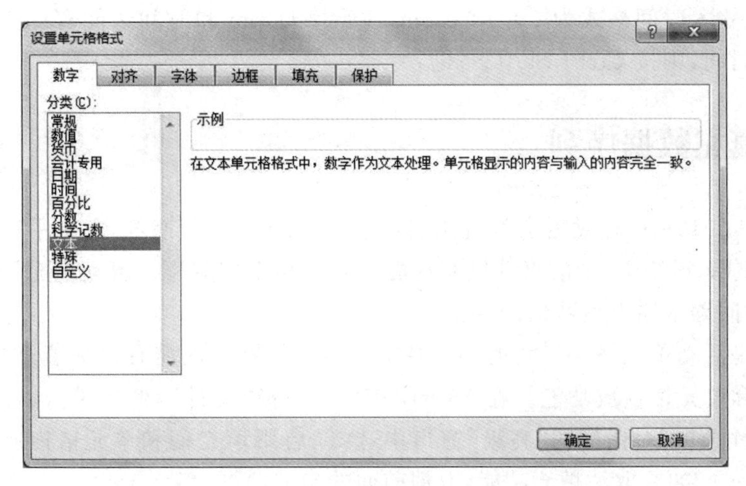

图 4-22　在“设置单元格格式”对话框中设置“数字”选项

4.2.4　数据类型的使用

在单元格中右击，从弹出的快捷菜单中选择“设置单元格格式”选项，在弹出的“设置单元格格式”对话框的“数字”选项卡中选择相应的分类，可以设置详细的数据类型。下面介绍一些常用的输入数据类型。

1. 输入数字

在 Excel 单元格中输入数字时，系统会自动右对齐，方便比较大小，如果对数字的格式有其他要求，可以单击“开始”选项卡“单元格”群组中的“格式”按钮，选择下拉列表中的“设置单元格格式”选项，弹出“设置单元格格式”对话框，在其中的“数字”选项卡的“数值”分类中设置保留小数点的位数。

2. 输入日期和分数

(1) 输入日期

在 Excel 中，日期和分数都要用到斜杠，输入日期的格式是“年/月/日”“年/月”“月/日”这三种格式，比如在单元格中输入“1/2”，按回车键后显示“1 月 2 日”。

(2) 输入分数

输入分数时，要在分数前输入“0”(零)，以示区别，并且在“0”和分子之间要有一个空格隔开，即“0＋空格＋分数”。比如输入“1/2”时，应该输入“0 1/2”，确定后，单元格中会显示“1/2”，而编辑栏中显示“0.5”。

3. 输入时间

在 Excel 中输入时间时，可以按 24 小时制输入，也可以按 12 小时制输入，这两种输入的表示方法是不同的。比如，要输入晚上 9 点，用 24 小时制输入格式为“21∶0∶0”，而用 12 小时制输入时间格式为 9:0:0 pm,注意字母 pm 和时间之间有一个空格。如果要输入当前时间,则按 Ctrl+Shift+;键。

4.2.5 填充数据序列

在 Excel 2010 中,有时需要设置项目编号、等差序列、日期等,此时手动输入非常麻烦,巧妙利用 Excel 2010 中的自动填充功能可以提高工作效率。自动填充功能可以自动填充日期、时间等本质上是数值的数据。

填充柄是活动单元格右下角的小黑色方块**+**,如果发现没有显示填充柄,可以设置启用填充柄和单元格拖放功能。在 Excel 2010 中选择"文件",然后单击"选项"选项,在弹出的"Excel 选项"对话框的"高级"窗口中选择"启用填充柄和单元格拖放功能"选项,如图 4-23 所示。如要取消填充功能,取消前面的勾选即可。

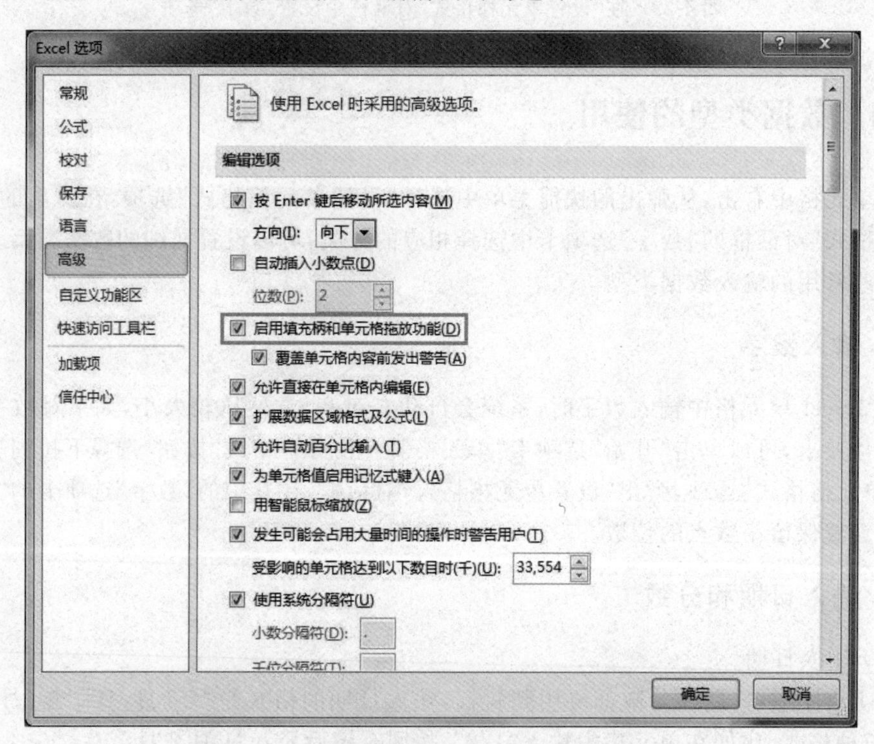

图 4-23 设置启用填充柄和单元格拖放功能

1. 自动填充序列

下面以等差序列为例讲解自动填充功能,其他如日期、时间等,本质上是数值的填充方式,可以采用相似的操作。

① 在单元格中输入序列的前面两个数,选中这两个单元格,如图 4-24 所示。

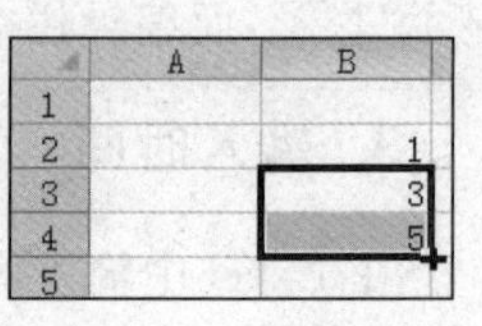

	A	B
1		
2		1
3		3
4		5
5		

图 4-24 序列填充

② 当鼠标指针变成"+"时,拖动填充柄到指定位置,结果如

图 4-25 所示。

注意：如果采用其他方式填充，可在弹出的智能标签上选择填充的类型，如图 4-26 所示。

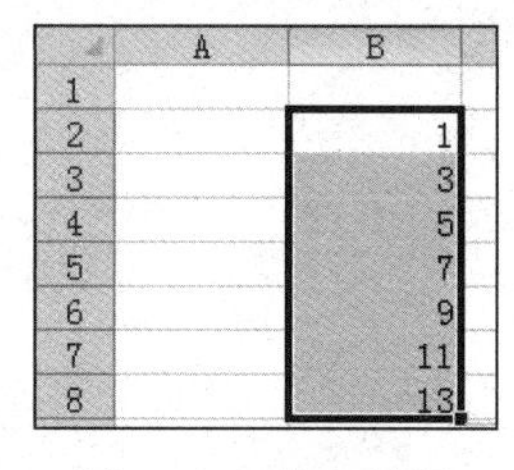

图 4-25　填充结果

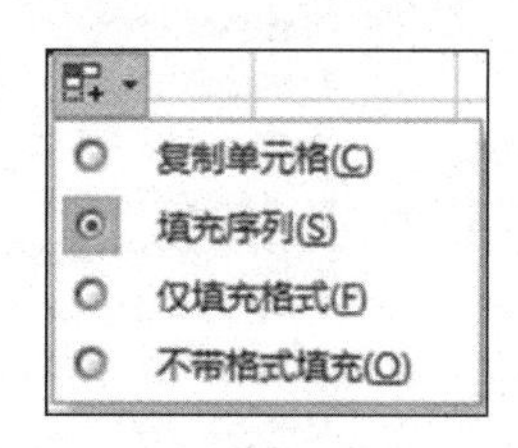

图 4-26　智能填充标签

2. 自定义填充序列

在 Excel 2010 中，除了使用“序列”对话框填充等差、等比等特殊数据，还可自定义填充序列，更方便地输入特定的数据序列。在 Excel 2010 中，自定义填充序列的具体操作方法如下。

① 在要设置自定义填充的单元格中输入数据，如在 B2 单元格中输入部门名称“计算机学院”，如图 4-27 所示。

B2　　fx　'计算机学院

	A	B	C	D
1	姓名	二级学院		
2	李小光	计算机学院		
3	韩昭			
4	章凡			
5	沈志明			
6	陈妙可			
7	吴晓云			
8	王军			
9	陈丽			

图 4-27　自定义填充数据

② 选择“文件”→“选项”选项，在弹出的“Excel 选项”对话框左侧列表中选择“高级”选项，在右侧“常规”选项区域中单击“编辑自定义列表”按钮，如图 4-28 所示。

③ 在弹出的“自定义序列”对话框“输入序列”列表框中输入要定义的序列，单击“添加”按钮，将其添加到左侧的“自定义序列”列表框中，如图 4-29 所示。

④ 单击“确定”按钮，关闭所有对话框，返回工作表。选中 B2 单元格，并将光标移动到单元格右下角。当指针显示为“+”形状时，向下拖动，即可自动填充设置的序列，如图 4-30 所示。

4.2.6　工作表的格式化

1. 设置数字格式

打开“单元格格式”对话框“数字”标签下的选项卡，可以改变数字(包括日期)在单元

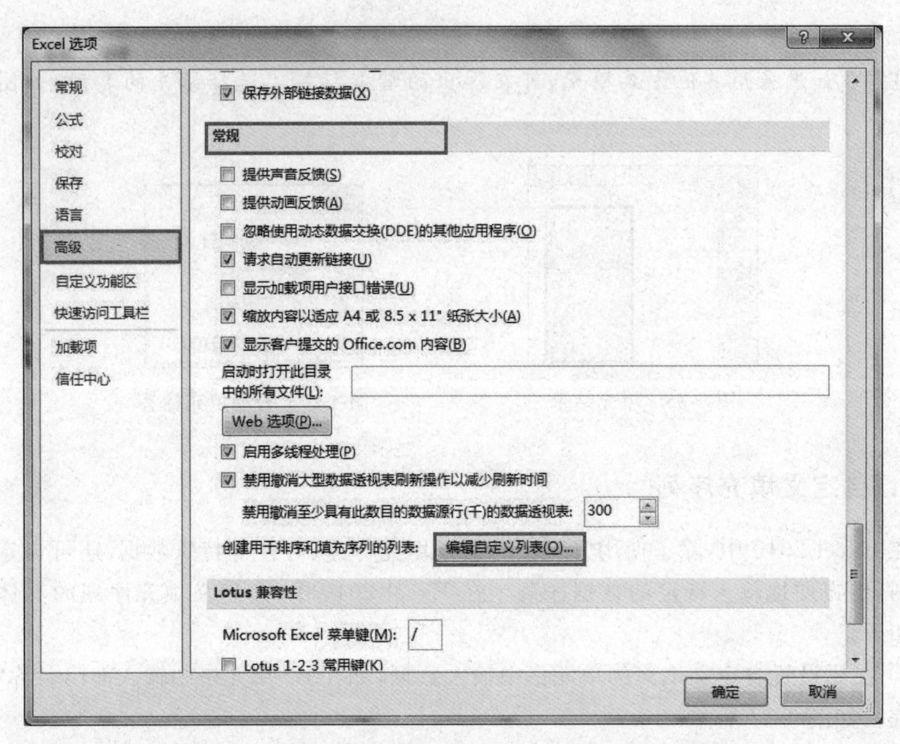

图 4-28 在“Excel”选项对话框中设置编辑自定义列表

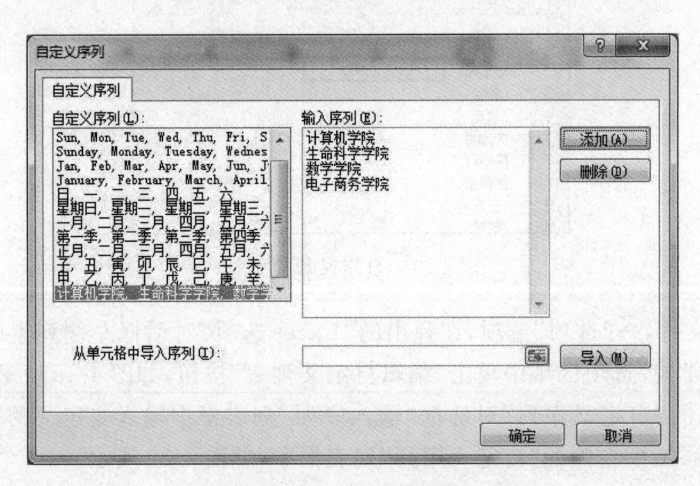

图 4-29 “自定义序列”对话框

	A	B
1	姓名	二级学院
2	李小光	计算机学院
3	韩昭	生命科学学院
4	章凡	数学学院
5	沈志明	电子商务学院
6	陈妙可	计算机学院
7	吴晓云	生命科学学院
8	王军	数学学院
9	陈丽	电子商务学院

图 4-30 自定义填充结果

格中的显示形式，但是不改变在编辑区的显示形式。

数字格式的分类主要有常规、数值、货币、会计专用、日期、时间、百分比、分数、科学记数、文本、特殊和自定义等。

例如，以格式“2018/2/4”输入日期，设置单元格格式中的日期格式，如图 4-31 所示，则单元格中的日期显示方式变成“二〇一八年二月四日”，如图 4-32 所示。

图 4-31　日期格式设置

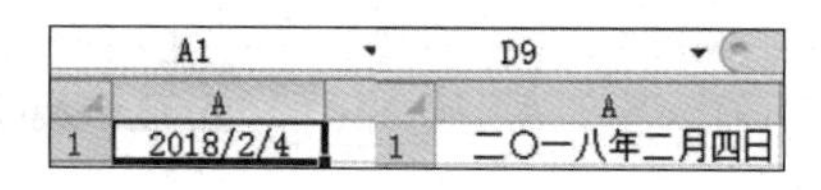

图 4-32　日期显示结果

2. 设置对齐和字体方式

打开“单元格格式”对话框“对齐”标签下的选项卡，可以设置单元格中内容的水平对齐、垂直对齐和文本方向，还可以完成相邻单元格的合并，合并后只有选定区域左上角的内容放到合并后的单元格中。

如果要取消合并单元格，则选定已合并的单元格，清除“对齐”标签选项卡下的“合并单元格”复选框即可。

打开“单元格格式”对话框“字体”标签下的选项卡，可以设置单元格内容的字体、颜色、下画线和特殊效果等。

例如，输入图 4-33 所示的单元格内容，设置水平对齐方式为“靠左”，缩进 0 字符，垂直对齐为“居中”，文字方向倾斜 15 度，如图 4-34 所示。字体设置为：仿宋字体，字形“加粗倾斜”，并带有“删除线”，如图 4-35 所示，设置完成后单击

图 4-33　原始数据

"确定"按钮,最终结果如图 4-36 所示。

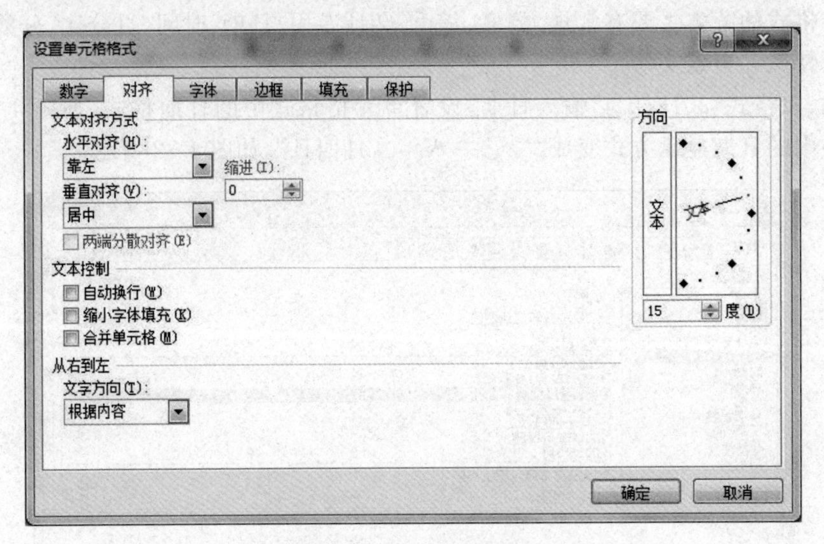

图 4-34　对齐方式设置

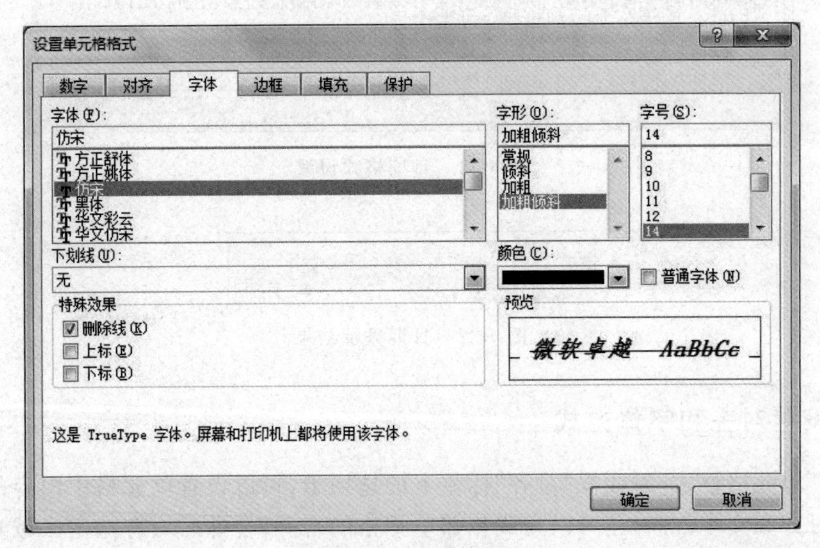

图 4-35　字体设置

图 4-36　设置效果

3. 设置单元格边框

打开“单元格格式”对话框“边框”标签下的选项卡，可以利用“预置”选项组为单元格或单元格区域设置“外边框”和“边框”；利用“边框”样式可以为单元格设置上边框、下边框、左边框、右边框和斜线等；还可以设置边框的线条样式和颜色。

如果要取消已设置的边框，选择“预置”选项组中的“无”即可。

例如，在图 4-33 所示的内容中，在“设置单元格格式”对话框中选择“边框”选项卡，在其功能区中选择线条样式为红色、虚线，外边框、内部实线、斜实线，如图 4-37 所示，单击“确定”按钮，最后的效果如图 4-38 所示。

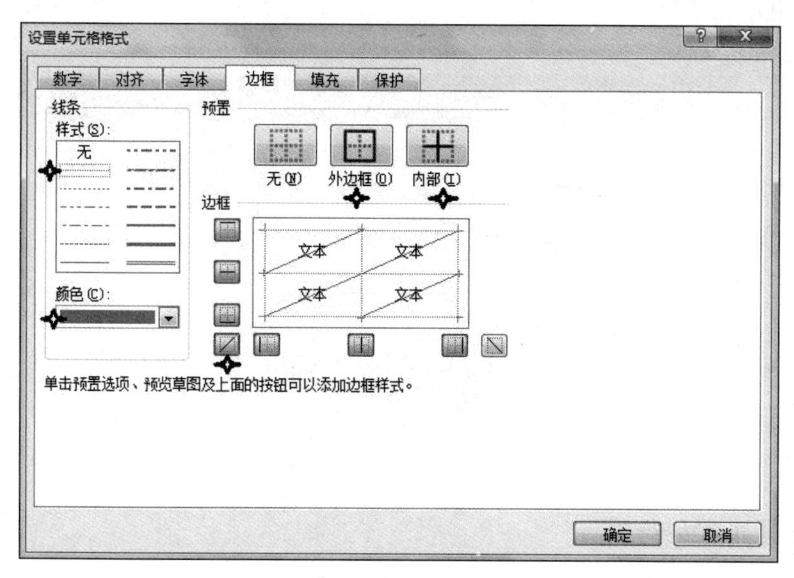

图 4-37 “设置单元格格式”对话框

图 4-38 边框设置效果

4. 设置单元格颜色

打开“单元格格式”对话框“填充”标签下的选项卡，可以设置突出显示某些单元格或单元格区域，为这些单元格设置背景色和图案。

在图 4-33 所示的单元格内容中填充单元格背景图案样式为“斜线”样式。具体操作为：选择“填充”选项卡，在“图案样式”中选择“▨”样式。如图 4-39 所示，单击“确定”按钮，显示效果如图 4-40 所示。

注意：选择“开始”选项卡的“对齐方式”群组、“数字”群组内的命令，可快速完成某些单元格的格式化工作。

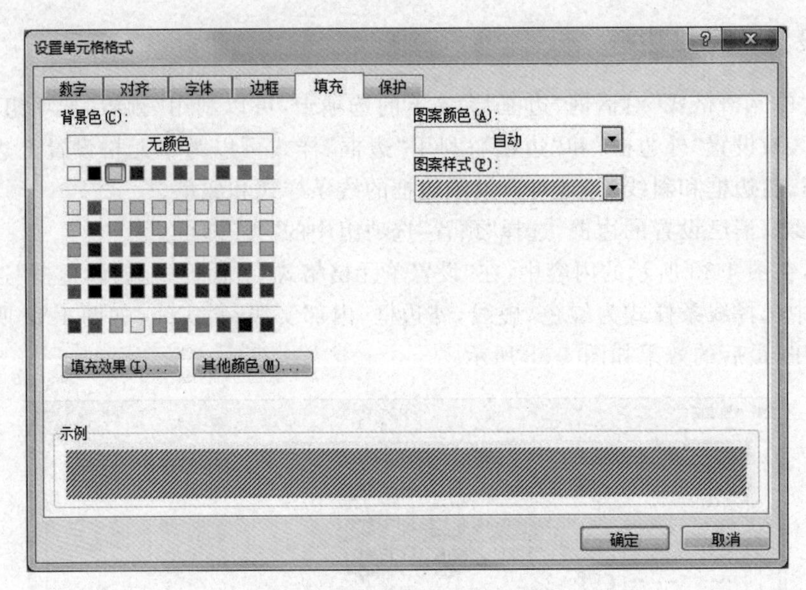

图 4-39 单元格填充方式设置

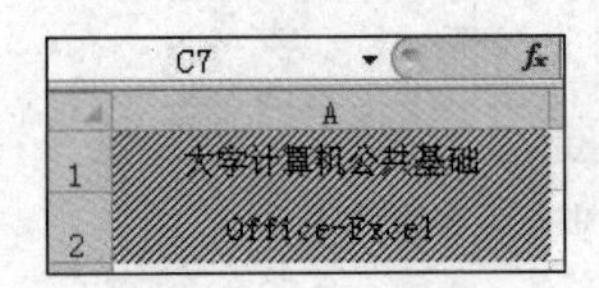

图 4-40 填充效果

5. 设置列宽和行高

(1) 设置列宽

① 使用鼠标粗略设置列宽。

将鼠标指针指向要改变列宽的列标之间的分隔线上，鼠标指针变成水平双向箭头形状，拖动，直至将列宽调整到合适宽度。

② 使用“列宽”命令精确设置列宽。

选定需要调整列宽的区域，选择“开始”选项卡“单元格”群组的“格式”命令，如图 4-41 所示，在弹出的“列宽”对话框中可精确设置列宽。

(2) 设置行高

① 使用鼠标粗略设置行高。

将鼠标指针指向要改变行高的行号之间的分隔线上，鼠标指针变成垂直双向箭头形状，拖动，直至将行高调整到合适高度。

② 使用“行高”命令精确设置行高。

选定需要调整行高的区域，选择“开始”选项卡“单元格”群组的“格式”命令，如图 4-41 所示，在弹出的“行高”对话框中可精确设置行高。

6. 可见性设置

在可见性的设置中，可以隐藏(取消隐藏)行、列和工作表。具体操作是选择“开始”选项卡“单元格”群组的“格式”下拉列表中选择“隐藏和取消隐藏”选项，选择隐藏或取消隐藏的选项，如图 4-42 所示。

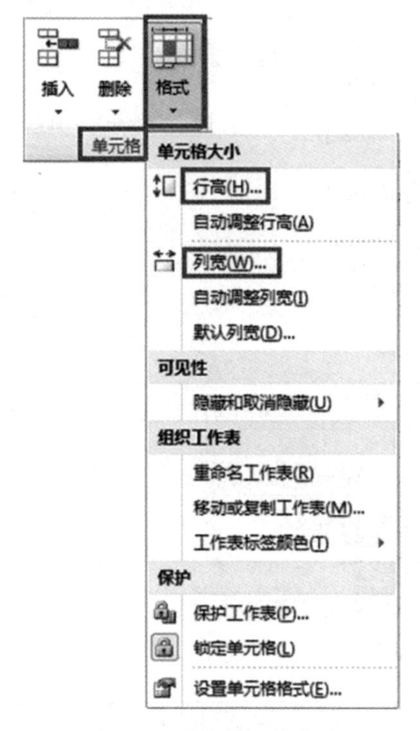

图 4-41　设置单元格大小

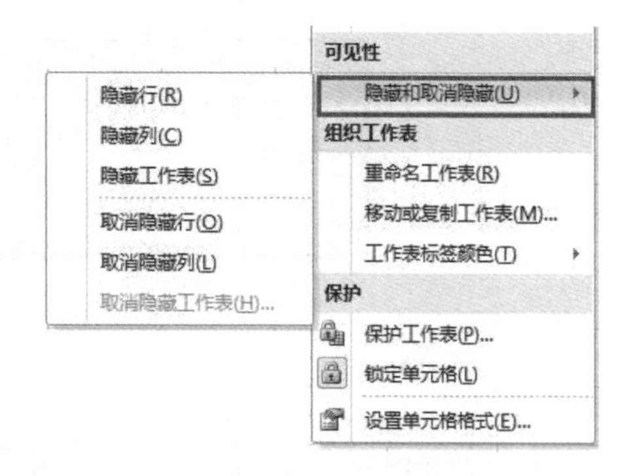

图 4-42　可见性设置

7. 设置条件格式

条件格式是指可以对含有数值或其他内容的单元格，或者含有公式的单元格应用某种条件，以决定数值的显示格式。

条件格式的设置是利用“开始”选项卡的“样式”命令群组完成的，下面以文件“4.2.6 示例.xlsx”中的工作表“4.2.6_7 条件格式”为例，要求利用条件格式设置英语成绩小于 80 分的单元格，效果显示“倾斜、删除线”。具体步骤如下。

首先，打开文件“4.2.6 示例.xlsx”，找到工作表“4.2.6_7 条件格式”，原始数据如图 4-43 所示，选择“开始”→“条件格式”→“突出显示单元格规则”→“小于”选项，如图 4-44 所示。打开条件格式中的“小于”对话框。

其次，在对话框中输入数据引用区域“= B2: B11”，设置为“自定义格式”，如图 4-45 所示。

D12

	A	B
1	姓名	英语
2	刘娜	82
3	黄良	92
4	陈杏	70
5	黄曼	84
6	许俊	68
7	陈静	80
8	林丹	70
9	梁锦	91
10	李润	66
11	林建	78

图 4-43　原始数据

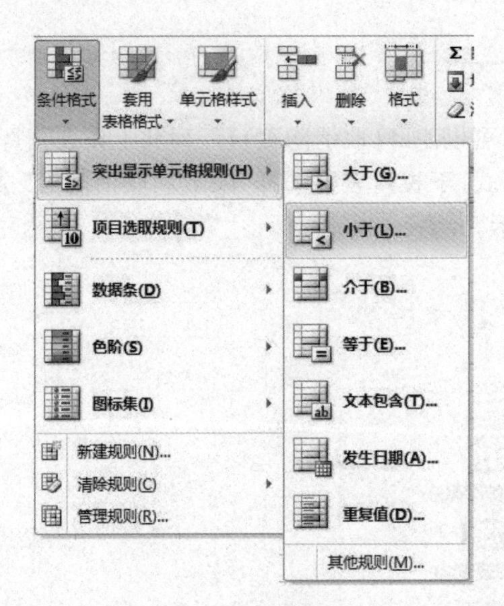

图 4-44　条件格式

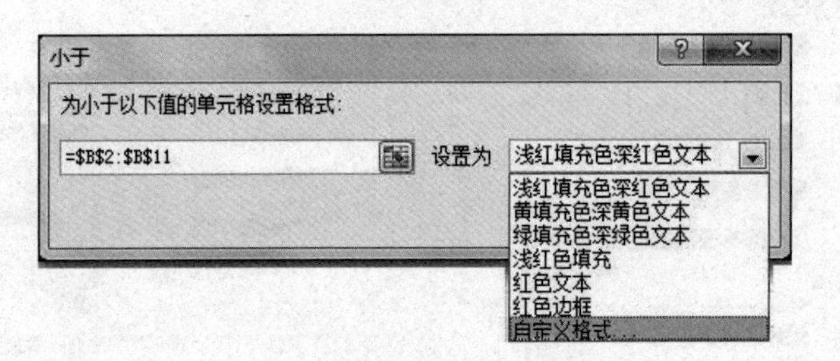

图 4-45　“小于”对话框

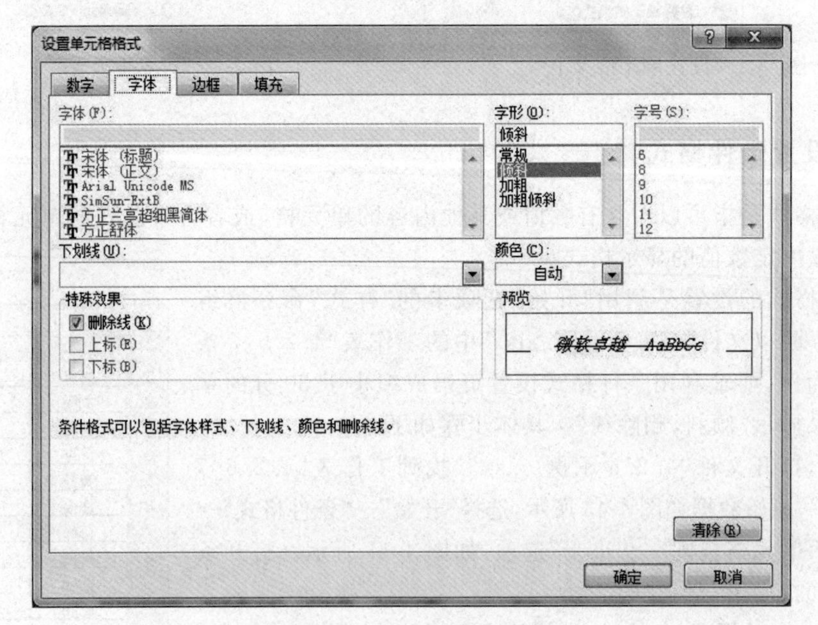

图 4-46　自定义设置单元格格式

最后，在弹出的设置单元格格式对话框中设置字形是“倾斜”，勾选特殊效果中的“删除线”，如图 4-46 所示，还可以根据需要设置单元格的边框、填充等效果。单击“确定”按钮，完成条件格式设置，显示效果如图 4-47 所示。

	A	B
1	姓名	英语
2	刘娜	82
3	黄良	92
4	陈杏	~~70~~
5	黄曼	84
6	许俊	~~68~~
7	陈静	80
8	林丹	~~70~~
9	梁锦	91
10	李润	~~66~~
11	林建	~~78~~

图 4-47 显示效果

8. 单元格样式

单元格样式是单元格字体、字号、对齐、边框和图案等一个或多个设置特性的组合，将这样的组合加以命名和保存，以供用户使用。应用样式即应用样式名的所有格式设置。

样式包括内置样式和自定义样式。内置样式为 Excel 内部定义的样式，可以直接使用，包括常规、货币和百分数等；自定义样式是用户根据需要自定义的组合设置，需定义样式名。

样式设置是利用“开始”选项卡的“样式”命令群组中的“单元格样式”按钮，如图 4-48 所示，以选择适合的单元格样式。

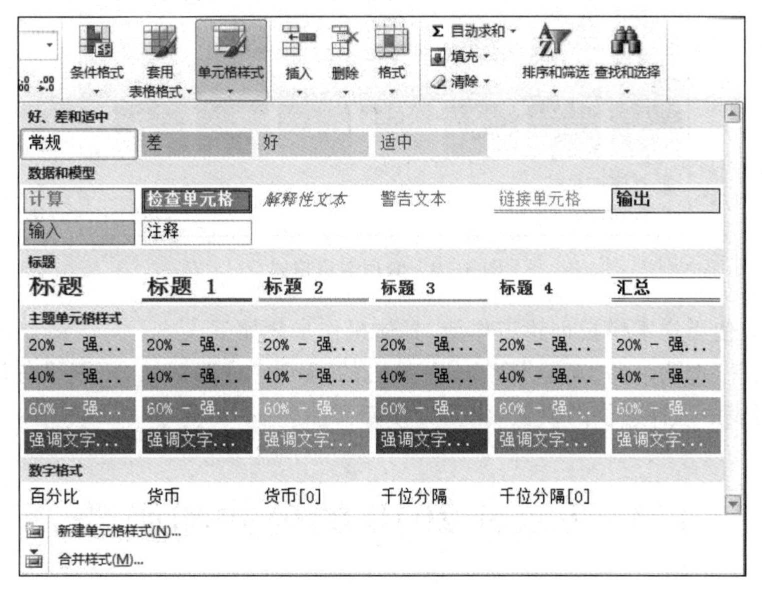

图 4-48 单元格样式

9. 自动套用格式

自动套用格式是把 Excel 提供的显示格式自动套用到用户指定的单元格区域，使表格更加美观，易于浏览，主要有浅色、中等深浅、深色三类格式。

自动套用格式是利用“开始”选项卡的“样式”群中的“套用表格格式”按钮，如图 4-49 所示，以选择适合的表格格式。

10. 使用模板

模板是含有特定格式的工作簿，其工作表结构已经设置好。

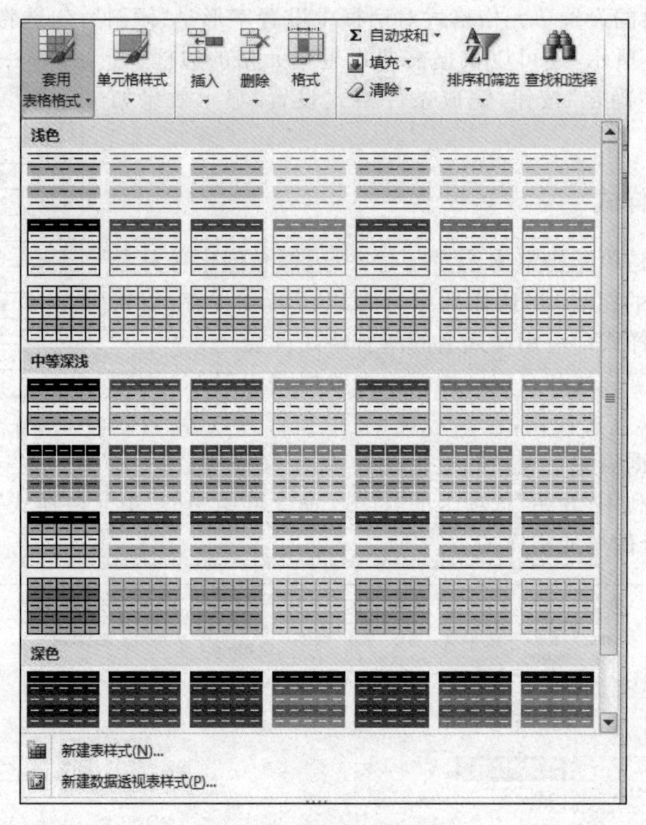

图 4-49　套用表格格式

用户可以使用样本模板创建工作簿，具体操作步骤如下。

单击“文件”选项卡的“新建”命令，在弹出的“新建”对话框的“可用模板”和“Office.com 模板”列表中选择提供的模板，建立工作簿文件。

4.3　Excel 2010 的公式和函数

如果需要对工作簿中的数据进行统计运算，就可以利用公式和函数进行。对工作表中的数据做加、减、乘、除等运算时，可以把计算的过程交给 Excel 的公式和函数去做，省去自行运算的时间，当数据有变动时，计算的结果还会立即更新。

4.3.1　使用公式的基本方法

1. 公式的概念

公式是在工作表中对数据进行计算的表达式，可以对不同单元格的数据进行加、减、乘、除等运算。公式由运算符和运算数据组成。运算符主要有算术运算符(加号 ＋、减号或负号－、乘号＊、除号/、乘方^)，字符链接符&，关系运算符(等号＝、不等于<>、大于>、大于等于>＝、小于<、小于等于<＝)组成。运算顺序依次为算术运算符、文字运算符和关系运算符。

2. 公式的输入方法

公式总是以等号“＝”开始，输入公式时，需要先输入“＝”，系统会判断输入的是公式而不是文本，接着再输入常量，或者是引用的单元格地址和运算符，最后按回车键或单击数据编辑列上的输入按钮 完成输入，系统会自动完成计算，结果显示在刚才输入公式的单元格中，如表4-50所示。

=B2+C2+D2

	A	B	C	D	E	F	G
1	姓名	得分	篮板	助攻	抢断	盖帽	
2	乔丹	35.5	6.5	6.5	2.1	1.0	=B2+C2+D2
3	伯德	28.7	8.7	3.2	1.5	1.5	
4	巴克利	25.3	13.5	3.4	1.5	2.5	
5	约翰逊	22.3	8.8	12.5	2.5	1.0	
6	马龙	28.1	12.3	2.1	1.7	2.6	
7	斯托克顿	17.7	3.4	13.4	2.0	0.5	

图4-50　公式输入

注意：在某些情况下，公式的输入可能出现错误，公式计算结果会返回错误值，如返回“#####!”表示输入或计算结果数值无法在当前的单元格显示出来，此时需要调整单元格尺寸。“#NAME”表示使用了不能识别的单元格；“#N/A”表示公式没有可用数值。

4.3.2　使用函数的基本方法

1. 函数的概念

函数是Excel中预定义的一些公式，将一些特定的计算过程通过程序固定下来，命名后供调用。Excel包含数学和三角函数、统计函数、财务函数、逻辑函数等13大类的函数，供用户选择。

在Excel的工作中，运用常用函数会加快工作速度，提高效率，此外，利用函数还可以减少在输入公式过程中出现的错误。

2. 函数的输入方法

(1) 直接输入方式

如果用户熟练掌握某个函数名和输入格式，可与输入公式类似，直接选中要输入函数的单元格，在单元格(编辑栏)中输入函数，例如求和函数，直接在单元格中输入“＝SUM(B2：D2)”，其含义和公式“＝B2＋C2＋D2”相同。

(2) 借助插入函数按钮 或“公式”选项卡输入

如果对某个函数不太熟悉，要正确输入函数的函数名及相应的格式是非常困难的。此时可单击编辑栏上的插入函数按钮 ，或者利用“公式”选项卡中的“插入函数”选项，或者在函数库的子类中进行查找,如图 4-51 所示。

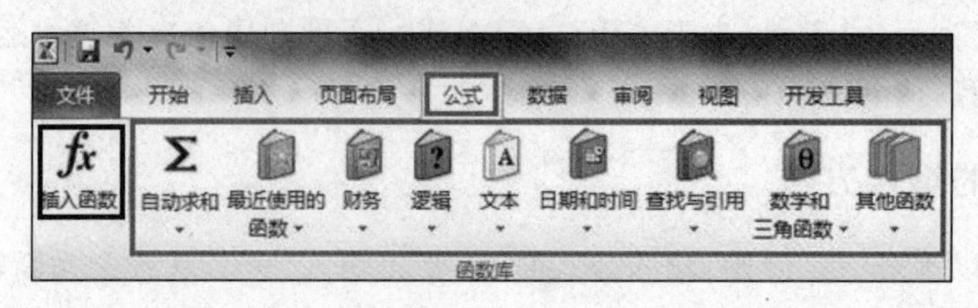

图 4-51　公式选项卡

单击编辑栏上的插入函数按钮 *fx*,或者选择“公式”→“插入函数”选项,弹出“插入函数”对话框,如图 4-51 所示对话框中的“搜索函数”选项可以对相关功能函数进行搜索,查找到需要的函数。以查找求“反余弦”的函数为例,弹出插入函数对话框后,在“搜索函数”文本框中输入“反余弦”,单击“转到”按钮,即可得到推荐的函数。单击每个函数,可以看到对话框下面显示每个函数的语法和功能。选择 ACOS 函数,单击“确定”按钮,即可完成对 ACOS() 函数的搜索和插入,如果对函数不甚理解,可单击左下角的“有关该函数的帮助”,详细了解该函数的情况,如图 4-52 所示。

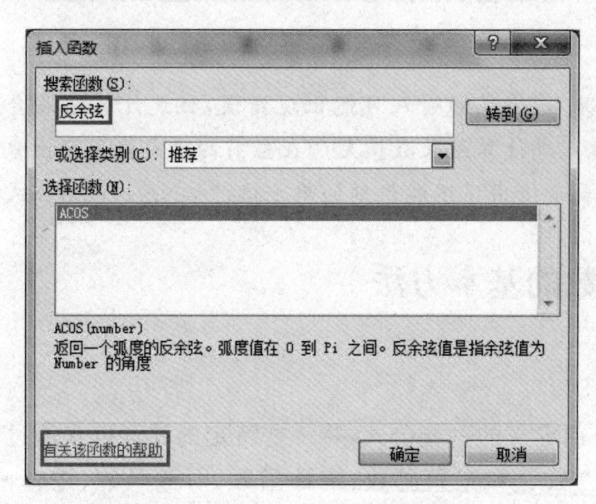

图 4-52　“插入函数”对话框

注意:若想直接在单元格中查看公式,可同时按下 Ctrl+`键(`键在 Tab 键的上方),在公式(函数)和计算结果间做切换。或者在“公式”的“公式审核”群组中选择“显示公式”选项。

4.3.3　单元格地址的引用

Excel 公式中单元格地址的引用包括相对引用、绝对引用和混合引用 3 种。3 种方式切换的快捷键为 F4。

1. 相对引用

公式中的相对单元格引用(例如 A1)是基于包含公式和单元格引用的单元格的相对位置。如果公式所在单元格的位置改变,引用也随之改变。如果多行或多列地复制公式,引用会自动调整。默认情况下,新公式使用相对引用。例如,如果将单元格 B2 中的相对引用复制到单元格 B3,将自动从＝A1 调整到＝A2。

2. 绝对引用

单元格中的绝对单元格引用(例如 ＄F＄6)总是在指定位置引用单元格 F6。如果公式所在单元格的位置改变,绝对引用的单元格始终保持不变。如果多行或多列地复制公式,绝对引用将不作调整。默认情况下,新公式使用相对引用,因此需要将它们转换为绝对引用。例如,如果将单元格 B2 中的绝对引用复制到单元格 B3,则在两个单元格中一样,都是＄F＄6。

3. 混合引用

混合引用具有绝对列和相对行,或是绝对行和相对列。绝对引用列采用＄A1、＄B1 等形式。绝对引用行采用 A＄1、B＄1 等形式。如果公式所在单元格的位置改变,则相对引用改变,而绝对引用不变。如果多行或多列地复制公式,相对引用自动调整,而绝对引用不作调整。例如,如果将一个混合引用从 A2 复制到 B3,它将从＝A＄1 调整到＝B＄1。

4.3.4 Excel 2010 中的常用函数

下面介绍 Excel 2010 中常用的函数,包括逻辑条件函数 IF,平均值函数 AVERAGE,求和函数 SUM,日期时间函数 YEAR、NOW,统计函数 COUNT,最大值最小值函数 MAX/ MIN。

1. 逻辑条件函数 IF

功能:如果指定条件的计算结果为 TRUE,IF 函数将返回某个值;如果该条件的计算结果为 FALSE,则返回另一个值。例如,如果 A1 大于 10,公式＝IF(A1＞10,"大于10","不大于 10")将返回“大于 10”,如果 A1 小于等于 10,则返回“不大于 10”。

语法格式:IF(logical_test,[value_if_true],[value_if_false])

IF 函数语法具有下列参数:

logical_test 为必需。计算结果可能为 TRUE 或 FALSE 的任意值或表达式。例如,A2＝4 就是一个逻辑表达式。如果单元格 A2 中的值等于 4,表达式的计算结果为 TRUE,否则为 FALSE。此参数可使用任何比较运算符。

value_if_true 为可选。logical_test 参数的计算结果为 TRUE 时所要返回的值。例如,如果此参数的值为文本字符串“计算正确”,并且 logical_test 参数的计算结果为 TRUE,则 IF 函数返回文本“计算正确”。如果 logical_test 的计算结果为 TRUE,并且省略 value_if_true 参数(即 logical_test 参数后仅跟一个逗号),IF 函数将返回 0(零)。若要显示单词 TRUE,请对 value_if_true 参数使用逻辑值 TRUE。

value_if_false 可选。logical_test 参数的计算结果为 FALSE 时所要返回的值。例

如，如果此参数的值为文本字符串“不正确”，并且 logical_test 参数的计算结果为 FALSE，则 IF 函数返回文本“不正确”。如果 logical_test 的计算结果为 FALSE，并且省略 value_if_false 参数（即 value_if_true 参数后没有逗号），则 IF 函数返回逻辑值 FALSE。如果 logical_test 的计算结果为 FALSE，并且省略 value_if_false 参数的值（即在 IF 函数中 value_if_true 参数后没有逗号），则 IF 函数返回值 0。

实例 1：统计“分数”，如果“分数”超过 60 分，输出“恭喜你通过考试”，低于 60 分则输出“FALSE”。具体的函数写法及结果如图 4-53 所示。

	A	B	C
1	分数	IF函数	结果
2	60	=IF(A2>=60,"恭喜你通过考试",FALSE)	恭喜你通过考试
3	56	=IF(A3>=60,"恭喜你通过考试",FALSE)	FALSE
4	78	=IF(A4>=60,"恭喜你通过考试",FALSE)	恭喜你通过考试

图 4-53 IF 函数实例 1

实例 2：统计“分数”，按照五分制的原则输出，即“分数≥90 分”，输出“优秀”；“分数≥80 分”，输出“良好”；“分数≥70 分”，输出“中等”；“分数≥60 分”，输出“及格”；其他输出“不及格”。具体的函数写法及结果如图 4-54 所示。

	A	B	C
1	分数	IF函数	结果
2	60	=IF(A2>89,"优秀",IF(A2>79,"良好", IF(A2>69,"中等",IF(A2>59,"及格","不及格"))))	及格
3	56	=IF(A3>89,"优秀",IF(A3>79,"良好", IF(A3>69,"中等",IF(A3>59,"及格","不及格"))))	不及格
4	78	=IF(A4>89,"优秀",IF(A4>79,"良好", IF(A4>69,"中等",IF(A4>59,"及格","不及格"))))	中等
5	83	=IF(A5>89,"优秀",IF(A5>79,"良好", IF(A5>69,"中等",IF(A5>59,"及格","不及格"))))	良好
6	92	=IF(A6>89,"优秀",IF(A6>79,"良好", IF(A6>69,"中等",IF(A6>59,"及格","不及格"))))	优秀

图 4-54 IF 函数实例 2

注意：IF 函数最多可以使用 64 个 IF 函数作为 value_if_true 和 value_if_false 参数进行嵌套，以构造更详尽的逻辑测试。

2. 求和函数 SUM

功能：将指定的参数相加求和。

语法格式：SUM(数值 1，数值 2，数值 3)

实例 1：=sum(A1:A5) 将单元格区域 A1～A5 中所有数值相加。

实例 2：=sum(A1,A3,15) 将 A1，A3 两个单元格中的数字相加，然后将结果与 15 相加。

实例 3：=sum(A1:C5,B4:D7) 将单元格两个区域 A1:C5 和 B4:D7 区域的和相加。

实例 4：=sum(A1:C5 B4:D7) 求单元格区域 A1:C5 与 B4:D7 重叠区域（即 B4:C5）的和。

3. 日期函数

(1) 当前日期和时间函数 NOW

功能：返回当前日期和时间。

语法格式：NOW()

实例：=NOW()　结果为当前的日期和时间：2018-2-7 9：02。

(2) 求年函数 YEAR

功能：返回某日期对应的年份。返回值为 1900 到 9999 之间的整数。

语法格式：YEAR(serial_number)

Serial_number 为必需。为一个日期值，其中包含要查找年份的日期。

实例：给定数据，利用 YEAR 函数实现，如图 4-55 所示。

	A	B	C
1	数据	YEAR函数	结果
2	2月7日	=YEAR(A2)	2018
3	=NOW()	=YEAR(A3)	2018
4	380	=YEAR(A4)	1901

图 4-55　YEAR 函数实例

Excel 可将日期存储为可用于计算的序列数。默认情况下，1900 年 1 月 1 日的序列号是 1，而 2018 年 1 月 1 日的序列号是 43101，这是因为它距 1900 年 1 月 1 日有 43101 天。

4. 求平均值函数 AVERAGE

功能：返回参数的平均值(算术平均值)。参数可以是数值或包含数值的名称、数组或引用。

语法格式：AVERAGE(number1，[number2]，…)

AVERAGE 函数语法具有下列参数 ：

number1 为必需。要计算平均值的第一个数字、单元格引用 (单元格引用：用于表示单元格在工作表上所处位置的坐标集。例如，显示在第 A 列和第 2 行交叉处的单元格，其引用形式为“A2”。)或单元格区域。

number2，…为可选。要计算平均值的其他数字、单元格引用或单元格区域，最多可包含 255 个。

实例 1：=AVERAGE(A1：A6)　对单元格区域 A1：A6 中的数值求平均值。

实例 2：=AVERAGE(A1：A6,C6)　对单元格区域 A1：A6 和 C6 的数值求平均值。

实例 3：=AVERAGE(A1：A6,10)　对单元格区域 A1：A6 数值和 10 求平均值。

5. 计数函数 COUNT

功能：计算包含数字的单元格以及参数列表中数字的个数。使用函数 COUNT 可以获取区域或数字数组中数字字段输入项的个数。

语法格式：COUNT(value1，[value2]，…)

COUNT 函数语法具有下列参数：

value1 为必需。要计算其中数字个数的第一个项、单元格引用或区域。

value2，…为可选。要计算其中数字个数的其他项、单元格引用或区域，最多可包含

255 个。

注意：这些参数可以包含或引用各种类型的数据，但只有数字类型的数据才被计算在内。

实例：根据给定的数据计算数字的个数，如图 4-56 所示。

	A	B	C
1	数据	函数公式	结果
2	课堂		
3	2018年2月8日	=COUNT(A2:A8)	3
4			
5	100	=COUNT(A5:A7)	2
6	11.11		
7	FALSE	=COUNT(A2:A8,3)	4
8	#DIV/0!		

图 4-56　COUNT 函数实例

6. 最大值/最小值函数

(1) 最大值函数 MAX

功能：返回一组值或指定区域中的最大值。

语法格式：MAX(number1, [number2], …)

MAX 函数语法具有下列参数：

number1,number2, …　number1 是必需的，后续数值是可选的。这些是要从中找出最大值的 1 到 255 个数字参数。

实例 1：=MAX(A1：A6)　对单元格区域 A1：A6 中的数值求最大值。

实例 2：=MAX(A1：A6,C6)　对单元格区域 A1：A6 和 C6 的数值求最大值。

实例 3：=MAX(A1：A6,15)　对单元格区域 A1：A6 的数值及数字 15 求最大值。

(2) 最小值函数 MIN

功能：返回一组值或指定区域中的最小值。

语法格式：MIN(number1, [number2], …)

MIN 函数语法具有下列参数：

number1,number2, …　number1 是必需的，后续数值是可选的。这些是要从中查找最小值的 1 到 255 个数字。

实例 1：=MIN(A1：A5)　对单元格区域 A1：A5 中的数值求最小值。

实例 2：=MIN(A1：A5,C6)　对单元格区域 A1：A5 和 C6 的数值求最小值。

实例 3：=MIN(A1：A5,15)　对单元格区域 A1：A5 的数值及数字 15 求最小值。

4.3.5　Excel 2010 中的专业函数

本节讲解一些 Excel 2010 中可能用到的专业函数，包括财务函数 FV、PMT，排名函数 RANK，搜索元素函数 VLOOKUP，条件统计函数 COUNTIF、SUMIF、AVERAGEIF。

1. 财务函数 FV

功能：基于固定利率及等额分期付款方式返回某项投资的未来值。

语法：FV(rate,nper,pmt,[pv],[type])

FV 函数语法具有下列参数：

rate 为必需。各期利率。例如当年利率为 8%时，使用 8%/12 计算一个月的还款额。

nper 为必需。年金的付款总期数。

pmt 为必需。各期所应支付的金额，其数值在整个年金期间保持不变。如果省略 pmt，则必须包括 pv 参数。

pv 为可选。现值，或一系列未来付款的当前值的累积和。如果省略 pv，则其值为 0，并且必须包括 pmt 参数。

type 为可选。数值为 0 或 1，用以指定各期的付款时间是在期初还是期末，0 表示期末，1 表示期初。如果省略 type，则其值为 0。

注意：应确认所指定的 rate 和 nper 单位的一致性。例如，同样是 4 年期年利率为 8% 的贷款，如果按月支付，rate 应为 8%/12，nper 应为 4×12；如果按年支付，rate 应为 8%，nper 为 4。

对于所有参数，支出的款项，如银行存款，表示为负数；收入的款项，如股息收入，表示为正数。

实例：根据给定的数据条件，利用 FV 函数计算投资的未来值，如图 4-57 所示。

	A	B	C	D
1	数据	说明	FV函数	结果
2	7.50%	年利率 Rate	=FV(A2/12,A3,A4,A5,A6)	¥3,483.85
3	15	付款期总数 Nper	=FV(A2/12,A3,A4)	¥3,134.87
4	-200	各期应付金额 Pmt		
5	-300	现值 Pv	=FV(A2/12,A3,A4,,A6)	¥3,154.47
6	1	支付时间：期初 Type		

图 4-57　FV 函数实例

实例 FV 函数说明如下：

① =FV(A2/12,A3,A4,A5,A6)。

说明：表中条件下投资的未来值(¥3483.85)。

② =FV(A2/12,A3,A4)。

说明：表中条件下投资的未来值(¥3134.87)。

③ =FV(A2/12,A3,A4,A5,A6)。

说明：表中条件下投资的未来值(¥3154.47)。

2. PMT 函数

功能：基于固定利率及等额分期付款方式返回贷款的每期付款额。

语法格式：PMT(rate, nper, pv, [fv], [type])

rate 为必需。表示贷款利率。

nper 为必需。该项为贷款(投资)的付款期总数。

pv 为必需。现值，或一系列未来付款的当前值的累积和，也称为本金。

fv 为可选。未来值，或在最后一次付款后希望得到的现金余额，如果省略 fv，其值为 0。

type 可选。数字 0 或 1，用以指示各期的付款时间是在期初还是期末。"0"或"省略"，表示“期末”；"1"表示“期初”。

注意：应确认指定的 rate 和 nper 单位的一致性。例如，同样是四年期年利率为 8% 的贷款，如果按月支付，rate 应为 8%/12，nper 应为 4×12；如果按年支付，rate 应为 8%，

nper 为 4。

实例：根据给定的数据，利用 PMT 函数计算贷款(储蓄)每期的付款(存款)额度，如图 4-58 所示。

	A	B	C	D
1	数据	说明	PMT函数	结果
2	7.50%	贷款年利率 rate	=PMT(A2/12,A3,A4)	¥-11,870.18
3	120	付款期总数 nper	现有利率下，贷款100万，每月应还金额	
4	¥1,000,000	贷款额 pv	=PMT(A2/12,A3,A4,0,1)	¥-11,796.45
5	1	支付时间：期初 type		
6				
7	4.50%	储蓄年利率 rate	=PMT(A7,A8*12,0,A9)	¥-4,145.11
8	5	计划储蓄年数 nper	现有利率情况下，5年后最终存的120万，每月应存金额	
9	¥1,200,000	未来值 fv		

图 4-58　PMT 函数实例

3. RANK 函数

功能：返回一个数字在数字列表中的排位。数字的排位是其大小与列表中其他值的比值(如果列表已排过序，则数字的排位就是它当前的位置)。

语法格式：RANK(number,ref,[order])

rANK 函数语法具有下列参数：

number 为必需。表示需要找到排位的数字。

ref 为必需。表示数字列表数组或对数字列表的引用。ref 中的非数值型值将被忽略。

order 可选。指明数字排位的方式。为 0 或省略，按降序排列；不为零，按升序排列。

注意：函数 RANK 对重复数的排位相同。但重复数的存在将影响后续数值的排位。例如，在一列按升序排列的整数中，如果整数 10 出现两次，其排位为 5，则 11 的排位为 7(没有排位为 6 的数值)。

实例：根据给定的数据，利用 RANK 函数计算排位，如图 4-59 所示。

	A	B	C
1	数据	RANK函数	结果
2	7	=RANK(A4,A2:A6,1)	1
3	14	=RANK(A2,A2:A6,1)	3
4	3	=RANK(A5,A2:A6)	2
5	8.5		

图 4-59　RANK 函数实例

4. 条件计数函数 COUNTIF

功能：计算指定区域中满足给定条件的单元格的个数。

语法格式：COUNTIF(range, criteria)

range 为必需。要对其进行计数的一个或多个单元格，其中包括数字或名称、数组或包含数字的引用。空值和文本值将被忽略。

criteria 为必需。用于定义将对哪些单元格进行计数的数字、表达式、单元格引用或文本字符串。例如，条件可以表示为 30、">30"、A5、"手机"或"30"。

实例：根据给定的数据进行条件计数，如图 4-60 所示。

实例中的函数说明如下：

① =COUNTIF(B2:B7,"水果")。

	A	B	C	D	E	F
1	销售额	产品品类	商品	佣金	COUNTIF函数	结果
2	¥250,000	电子	手机	¥2,500	=COUNTIF(B2:B7,"水果") ①	2
3	¥400,000	水果	香蕉	¥3,800		
4	¥500,000	玩具	遥控车	¥4,500	=COUNTIF(A2:A7,">300000") ②	4
5	¥280,000	玩具	无人机	¥2,700		
6	¥320,000	水果	香梨	¥3,000	=COUNTIF(B2:B7,"*具") ③	2
7	¥780,000	电子	平板	¥6,000		

图 4-60 COUNTIF 函数实例

说明：单元格区域 B2 到 B7 中包含“水果”的单元格的个数。

② =COUNTIF(A2：A7,">300000")。

说明：单元格区域 A2 到 A7 中大于 300000 的单元格的个数。

③ =COUNTIF(B2：B7,"*具")。

说明：单元格区域 B2 到 B7 中包含尾字是“具”的单元格的个数。

注意：在条件中可以使用通配符，即问号（?）和星号（*）。问号匹配任意单个字符，星号匹配任意一系列字符。若要查找实际的问号或星号，请在该字符前输入波形符（～）。

条件不区分大小写；例如，字符串 "apples" 和字符串 "APPLES" 将匹配相同的单元格。

5. 条件求和函数 SUMIF

功能：对满足条件的单元格求和。可以对区域中符合指定条件的值求和。

语法格式：SUMIF(range, criteria, [sum_range])

range 为必需。用于条件计算的单元格区域。每个区域中的单元格都必须是数字或名称、数组或包含数字的引用。空值和文本值将被忽略。

criteria 为必需。用于确定对哪些单元格求和的条件，其形式可以为数字、表达式、单元格引用、文本或函数。例如，条件可以表示为 30、">30"、A5、"30"、"苹果" 或 TODAY()。

注意：任何文本条件或任何含有逻辑或数学符号的条件都必须使用双引号（"）括起来。如果条件为数字，则无须使用双引号。

sum_range 可选。要求和的实际单元格(如果要对未在 range 参数中指定的单元格求和)。如果 sum_range 参数被省略，Excel 会对在 range 参数中指定的单元格(即应用条件的单元格)求和。

注意：sum_range 参数与 range 参数的大小和形状可以不同。求和的实际单元格通过以下方法确定：使用 sum_range 参数中左上角的单元格作为起始单元格，然后包括与 range 参数大小和形状相对应的单元格。如图 4-61 所示。

range	sum_range	实际求和的单元格
A1:A6	B1:B6	B1:B6
A1:A6	B1:B4	B1:B6
A1:B4	C1:D4	C1:D4

图 4-61 SUMIF 求和单元格

可以在 criteria 参数中使用通配符(包括问号(?)和星号(＊))。问号匹配任意单个字符;星号匹配任意一串字符。如果要查找实际的问号或星号,请在该字符前输入波形符(～)。

实例:根据给定的数据进行条件求和,如图 4-62 所示。

	A	B	C	D	E	F
1	销售额	产品品类	商品	佣金	SUMIF函数	结果
2	¥250,000	电子	手机	¥2,500	=SUMIF(A2:A7,">300000") ①	¥2,000,000
3	¥400,000	水果	香蕉	¥3,800	=SUMIF(A2:A7,">300000",D2:D7) ②	¥17,300
4	¥500,000	玩具	遥控车	¥4,500	=SUMIF(A2:A7,400000,D2:D7) ③	¥3,800
5	¥280,000	玩具	无人机	¥2,700	=SUMIF(B2:B7,"水果",D2:D7) ④	¥6,800
6	¥320,000	水果	香梨	¥3,000	=SUMIF(C2:C7,"香*",A2:A7) ⑤	¥720,000
7	¥780,000	电子	平板	¥6,000	=SUMIF(D2:D7,"<40000") ⑥	¥22,500

图 4-62 SUMIF 函数实例

实例中的 SUMIF 函数说明如下:

① =SUMIF(A2:A7,"＞300000")。

说明:高于 300000 的销售额之和。

② =SUMIF(A2:A7,"＞300000",D2:D7)。

说明:销售额高于 300000 的佣金之和。

③ =SUMIF(A2:A7,400000,D2:D7)。

说明:销售额等于 400000 的佣金之和。

④ =SUMIF(B2:B7,"水果",D2:D7)。

说明:"水果"类别下的佣金之和。

⑤ =SUMIF(C2:C7,"香＊",A2:A7)。

说明:以"香"开头的所有商品的销售额之和。

⑥ =SUMIF(D2:D7,"＜40000")。

说明:小于 40000 的佣金之和。

6. 条件求均值函数 AVERAGEIF

功能:查找给定条件指定的单元格的平均值(算术平均值),返回某个区域内满足给定条件的所有单元格的平均值。

语法格式:AVERAGEIF(range, criteria, [average_range])

AVERAGEIF 函数语法具有以下参数:

range 为必需。要计算平均值的一个或多个单元格,其中包括数字或包含数字的名称、数组或引用。

criteria 为必需。数字、表达式、单元格引用或文本形式的条件,用于定义要对哪些单元格计算平均值。例如,条件可以表示为 30、"30"、"＞30"、"水果"或 A5。

average_range 为可选。要计算平均值的实际单元格集。如果忽略,则使用 range。

注意:如果 average_range 中的单元格包含 TRUE、FALSE、空单元格,AVERAGEIF 将忽略。

如果 range 为空值或文本值,则 AVERAGEIF 会返回#DIV0! 错误值。

如果条件中的单元格为空单元格,AVERAGEIF 就会将其视为 0 值。

如果区域中没有满足条件的单元格,则 AVERAGEIF 会返回 #DIV/0! 错误值。

可以在条件中使用通配符,即问号(?)和星号(*)。问号匹配任一单个字符;星号匹配任一字符序列。如果要查找实际的问号或星号,请在字符前输入波形符(~)。

Average_range 不必与 range 的大小和形状相同。求平均值的实际单元格是通过使用 average_range 中左上方的单元格作为起始单元格,然后加入与 range 的大小和形状相对应的单元格确定的。如图 4-63 所示。

range	average_range	实际均值的单元格
A1:A6	B1:B6	B1:B6
A1:A6	B1:B4	B1:B6
A1:B4	C1:D4	C1:D4
A1:B4	C1:C3	C1:D4

图 4-63　AVERAGEIF 计算单元格

实例:根据给定的数据计算条件均值,如图 4-64 所示。

	A	B	C	D	E	F
1	销售额	产品品类	商品	佣金	AVERAGEIF函数	结果
2	¥250,000	电子	手机	¥2,500	=AVERAGEIF(A2:A7,"<300000",D2:D7) ①	¥2,600
3	¥400,000	水果	香蕉	¥3,800		
4	¥500,000	玩具	遥控车	¥4,500	=AVERAGEIF(D2:D7,100) ②	#DIV/0!
5	¥280,000	玩具	无人机	¥2,700		
6	¥320,000	水果	香梨	¥3,000	=AVERAGEIF(C2:C7,"*机",A2:A7) ③	¥265,000
7	¥780,000	电子	平板	¥6,000	=AVERAGEIF(B2:B7,"玩具",D2:D7) ④	¥3,600

图 4-64　AVERAGEIF 函数实例

实例中的 AVERAGEIF 函数说明如下:

① =AVERAGEIF(A2:A7,"<300000",D2:D7)。

说明:求所有销售额小于 300000 的佣金的平均值。

② =AVERAGEIF(D2:D7,100)。

说明:求佣金等于 100 的平均值,因为没有满足条件的数据,因此返回"#DIV/0!"。

③ =AVERAGEIF(C2:C7,"*机",A2:A7)。

说明:求商品名称尾字是"机"的销售额的平均值。

④ =AVERAGEIF(B2:B7,"玩具",D2:D7)。

说明:求产品品类是"玩具"的佣金的平均值。

7. 搜索元素函数 VLOOKUP

功能:搜索某个单元格区域的第一列,然后返回该区域相同行上任何单元格中的值。例如,假设区域 A2:C10 中包含学生列表,学生的"学号"存储在该区域的第一列,如果知道学生的学号,则可以使用 VLOOKUP 函数返回该学生所在的学院、姓名、考试成绩等。VLOOKUP 中的 V 表示垂直方向。

语法格式:VLOOKUP(lookup_value, table_array, col_index_num, [range_lookup])

lookup_value 为必需。要在表格或区域的第一列中搜索的值。lookup_value 参数可以是值或引用。如果为 lookup_value 参数提供的值小于 table_array 参数第一列中的最小值,则 VLOOKUP 将返回错误值 #N/A。

table_array 为必需。包含数据的单元格区域。可以使用对区域(例如,A2:D8)或区域名称的引用。table_array 第一列中的值是由 lookup_value 搜索的值。这些值可以是文本、数字或逻辑值。文本不区分大小写。

col_index_num 为必需。table_array 参数中必须返回的匹配值的列号。col_index_num 参数为 1 时，返回 table_array 第一列中的值；col_index_num 为 2 时，返回 table_array 第二列中的值，依此类推。

注意：如果 col_index_num 参数小于 1，则 VLOOKUP 返回错误值 #VALUE!。如果大于 table_array 的列数，则 VLOOKUP 返回错误值 #REF!。

range_lookup 为可选。一个逻辑值，指定希望 VLOOKUP 查找精确匹配值还是近似匹配值：如果 range_lookup 为 TRUE 或被省略，则返回精确匹配值或近似匹配值。如果找不到精确匹配值，则返回小于 lookup_value 的最大值。

注意：如果 range_lookup 为 TRUE 或被省略，则必须按升序排列 table_array 第一列中的值；否则，VLOOKUP 可能无法返回正确的值。

如果 range_lookup 为 FALSE，则不需要对 table_array 第一列中的值进行排序。

如果 range_lookup 参数为 FALSE，VLOOKUP 将只查找精确匹配值。如果 table_array 的第一列中有两个或更多值与 lookup_value 匹配，则使用第一个找到的值。如果找不到精确匹配值，则返回错误值 #N/A。

实例 1：根据给定的数据，搜索元素。

第一列数据没有按照升序排列，如图 4-65 所示。

	A	B	C	D	E	F
1	学号	姓名	学院	成绩	VLOOKUP函数	结果
2	2017010162	汤宝	计算机学院	310		
3	2018010173	徐雯	管理学院	323	=VLOOKUP(E10,A2:D10,3,1) ①	#N/A
4	2016010152	刘辉	电信学院	312		计算机学院
5	2017010142	黄良	美术学院	331	=VLOOKUP(2017010165,A2:D10,3,1) ②	
6	2018010132	陈观	文学院	324		美术学院
7	2019010182	黄曼	教育学院	339	=VLOOKUP(F10,A2:D10,3,FALSE) ③	
8	2019010183	许俊	教育学院	320		汤宝
9	2018010133	陈静	文学院	330	=VLOOKUP(2017010163,A2:D10,2,1) ④	
10	2017010165	林丹	计算机学院	336	2016010152	2017010142

图 4-65　VLOOKUP 实例 1

实例中的 VLOOKUP 函数说明如下：

① =VLOOKUP(E10,A2：D10,3,1)。

使用近似匹配搜索 A 列中的值与 E10 单元格中的值相匹配，在 A 列中找小于等于 2016010152 的最大值，然后返回同一行中 C 列的值。因为 A 列中的值没有按升序排列，所以返回一个错误。

② =VLOOKUP(2017010165,A2：D10,3,1)。

使用近似匹配搜索 A 列中的值 2017010165，然后返回同一行中 C 列的值。同样，因为 A 列中的值没有按升序排列，由于其值位于最后，所以返回值正确。

③ =VLOOKUP(F10,A2：D10,3,FALSE)。

使用精确匹配，在 A 列中搜索与 F10 单元格相同的值。然后返回同一行中 C 列的值。返回值为“美术学院”。

④ =VLOOKUP(2017010163,A2：D10,2,1)。

使用近似匹配，搜索 A 列中的值 2017010163，在 A 列中找到小于等于 2017010163

的最大值是2017010162,然后返回同一行中C列的值。同样,因为A列中的值没有按升序排列,由于其值位于最前,返回值正确。

注意:如果第一列数据没有按升序排列,则慎用近似搜索,因为可能会返回错误!

实例2:根据给定的数据搜索元素。第一列数据按照升序排列如图4-66所示。

	A	B	C	D	E	F
1	学号	姓名	学院	成绩	VLOOKUP函数	结果
2	2016010152	刘辉	电信学院	312	①	美术学院
3	2017010142	黄良	美术学院	331	=VLOOKUP(F10,A2:D10,3,1)	
4	2017010162	汤宝	计算机学院	310	②	计算机学院
5	2017010165	林丹	计算机学院	336	=VLOOKUP(2017010165,A2:D10,3)	
6	2018010132	陈观	文学院	324	③	310
7	2018010133	陈静	文学院	330	=VLOOKUP(A4,A2:D10,4,TRUE)	
8	2018010173	徐雯	管理学院	323	=IF(VLOOKUP(E10,A2:D10,4,1)>330,VLOOKUP(E10,A2:D10,2,1)&"是三好学生", ④	林丹是三好学生
9	2019010182	黄曼	教育学院	339	VLOOKUP(E10,A2:D10,2,1)&"不是三好学生")	
10	2019010183	许俊	教育学院	320	2017010165	2017010142

图4-66　VLOOKUP实例2

实例2中的VLOOKUP函数说明如下:

① = VLOOKUP(F10,A2:D10,3,1)。

使用近似匹配,搜索A列中与F10单元格中的值相匹配的值,在A列中找到小于或等于F10单元格中值的最大值是2017010142,然后返回同一行中C列的值,即美术学院。返回值正确。

② =VLOOKUP(2017010165,A2:D10,3)。

使用近似匹配,搜索A列中的值2017010165,在A列中找到值2017010165,然后返回同一行中C列的值,即计算机学院。返回值正确。

③ =VLOOKUP(A4,A2:D10,4,TRUE)。

使用近似匹配,搜索A列中与A4单元格中的值相匹配的值。在A列中值是2017010162,然后返回同一行中D列的值,即310。返回值正确。

④ =IF(VLOOKUP(E10,A2:D10,4,1)>330,VLOOKUP(E10,A2:D10,2,1)&"是三好学生",VLOOKUP(E10,A2:D10,2,1)&"不是三好学生")。

使用近似匹配,搜索A列中与E10单元格中的值相匹配的值。在A列中值是2017010165,返回同一行中D列的值336;运用IF函数判断返回值是否大于330,大于330则输出同一行中B列中的学生"是三好学生",否则输出同一行中B列中的学生"不是三好学生"。

4.4 Excel 2010图表应用

4.4.1 图表概述

Excel图表是对Excel工作表统计分析结果的进一步形象化说明。建立图表的目的是希望借助阅读图表分析数据,直观地展示数据间的对比关系、趋势,增强Excel工作表信息的直观阅读力度,加强对工作表统计分析结果的理解和掌握。Excel 2010内建了11类共70余种图表样式,如图4-67所示。

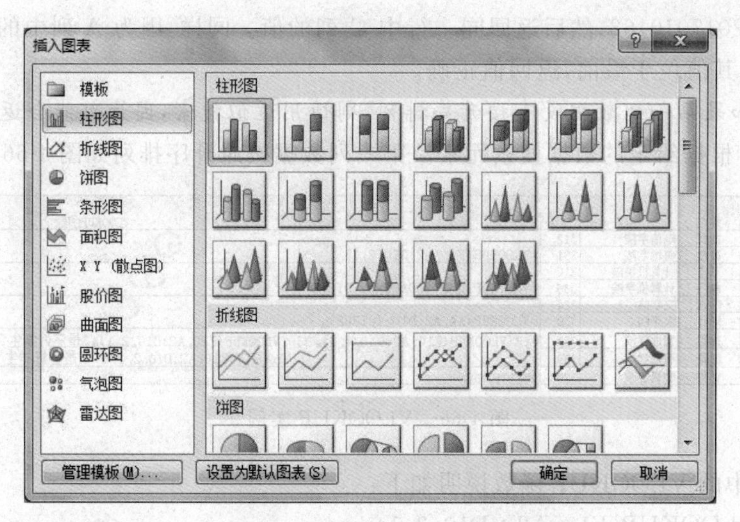

图 4-67 “插入图表”对话框

图表的基本类型如下。

下面以数据文件“4.4.1 示例.xlsx”中的数据展示相关的图表(柱形图将在后续详细讲解)。

① 柱形图:用于显示一段时间内的数据变化或说明项目之间的比较结果。该类型中有簇状柱形图、堆积柱形图、百分比堆积柱形图、三维簇状柱形图、三维堆积柱形图、三维百分比堆积柱形图、三维柱形图、簇状圆柱图、堆积圆柱图、百分比堆积圆柱图、三维圆柱簇状圆锥图、堆积圆锥图、百分比堆积圆锥图、三维圆锥图、簇状棱锥图、堆积棱锥图、百分比堆积棱锥图、三维棱锥图。

② 折线图:用于显示相同间隔内数据的预测趋势。该类型中有折线图、堆积折线图、百分比堆积折线图、带数据标记的折线图、带数据标记的堆积折线图、带数据标记的百分比堆积折线图、三维折线图。折线图如图 4-68 所示。

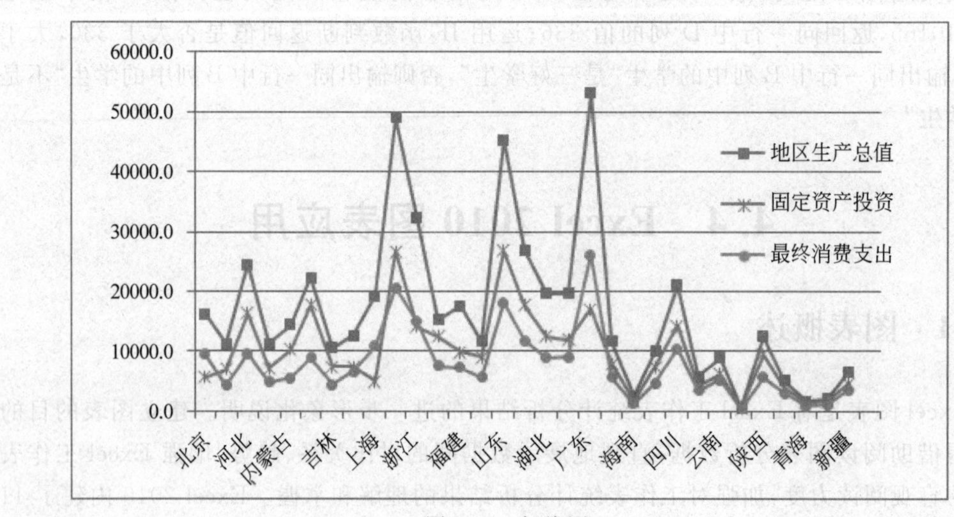

图 4-68 折线图

③ 饼图：用于显示构成数据系列的项目相对于项目总和的比例大小。该类型中有饼图、三维饼图、复合饼图、分离型饼图、分离型三维饼图和复合条饼图。饼图如图 4-69 所示。

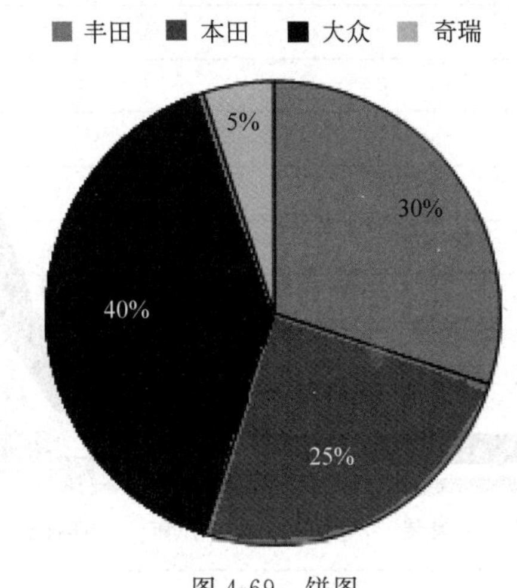

图 4-69 饼图

④ 条形图：用于显示各个项目之间的比较情况。该类型中有簇状条形图、堆积条形图、百分比堆积条形图、三维簇状条形图、三维堆积条形图、三维百分比堆积条形图、簇状水平圆柱图、堆积水平圆柱图、百分比堆积水平圆柱图、簇状水平圆锥图、堆积水平圆锥图、百分比堆积水平圆锥图、簇状水平棱锥图、堆积水平棱锥图和百分比堆积水平棱锥图。条形图如图 4-70 所示。

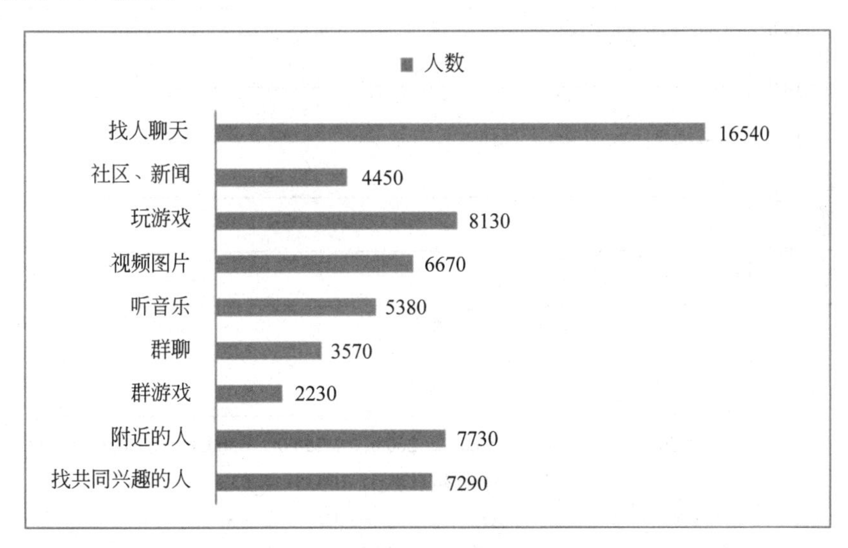

图 4-70 条形图

⑤ 面积图：面积图又称区域图，强调数量随时间而变化的程度，也可用于引起人们对总值趋势的注意。该类型中有面积图、堆积面积图、百分比堆积面积图、三维面积图、三

维堆积面积图和三维百分比堆积面积图。面积图如图 4-71 所示。

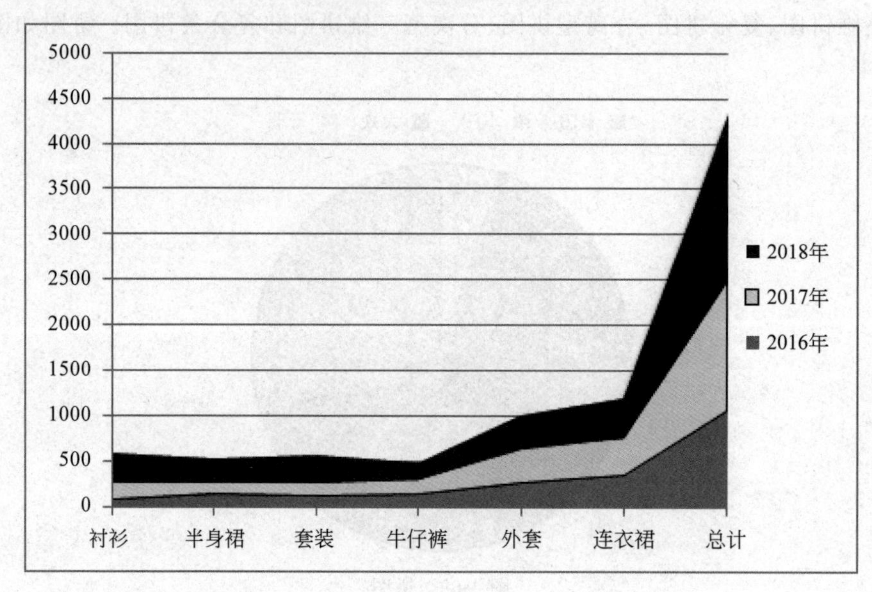

图 4-71　面积图

⑥ XY 散点图：既可显示多个数据系列的数值间关系，也可将两组数字绘制成一系列的 XY 坐标。该类型中有仅带数据标记的散点图、带平滑线和数据标记的散点图、带平滑线的散点图、带直线和数据标记的散点图和带直线的散点图。XY 散点图如图 4-72 所示。

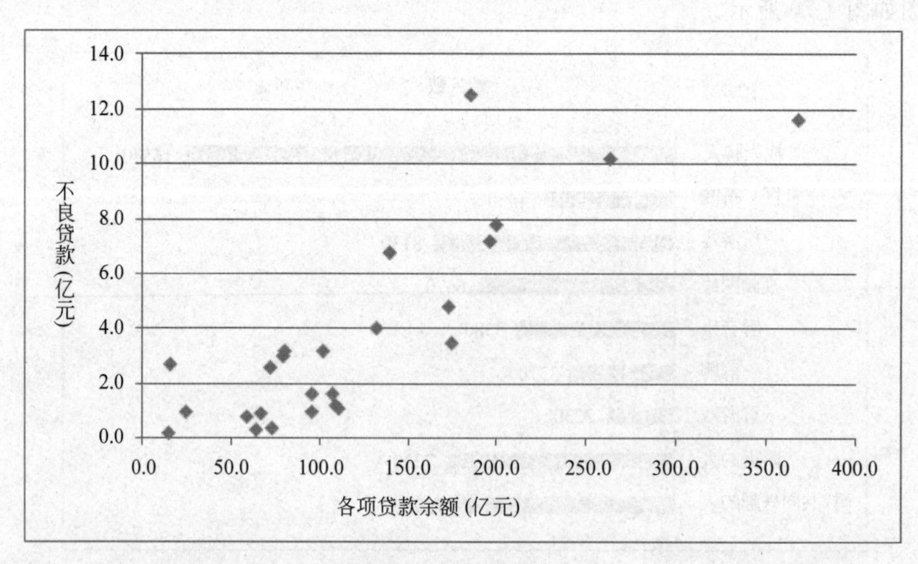

图 4-72　XY 散点图

⑦ 股价图：常用来说明股票价格，也可用于科学数据，如指示温度的变化。用来度量交易量的股价图具有两个数值轴，一个是度量交易量的列，另一个是股票价格。在该类

型中有：盘高—盘低—收盘图、开盘—盘高—盘低—收盘图、成交量—盘高—盘低—收盘图和成交量—开盘—盘高—盘低—收盘图。股价图如图 4-73 所示。

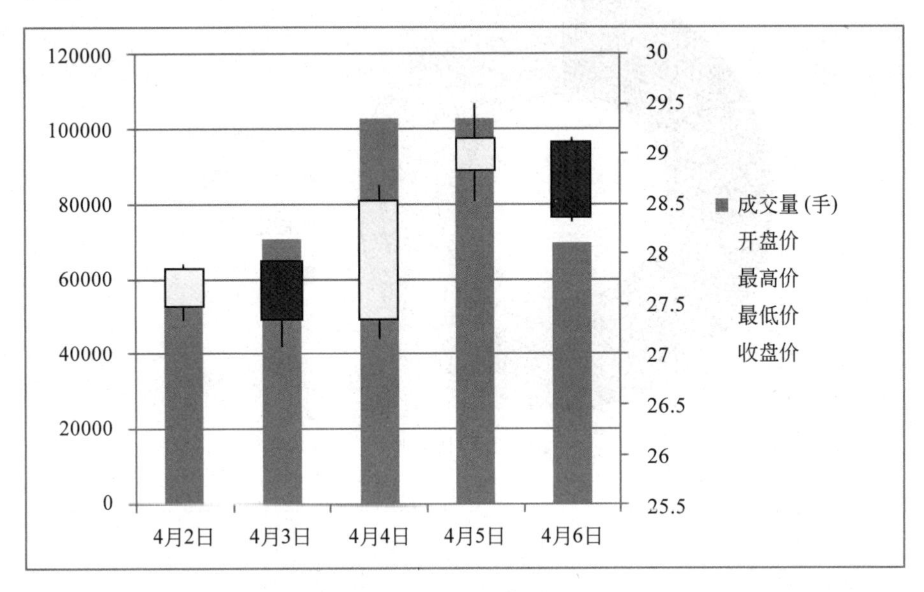

图 4-73　股价图

⑧ 曲面图：用于在两组数据间查找最优组合，比如在地形图中，颜色和图案指出了有相同值范围的地域。该类型中有三维曲面图、三维曲面图(框架图)、曲面图(俯视)、曲面图(俯视框架图)。曲面图如图 4-74 所示。

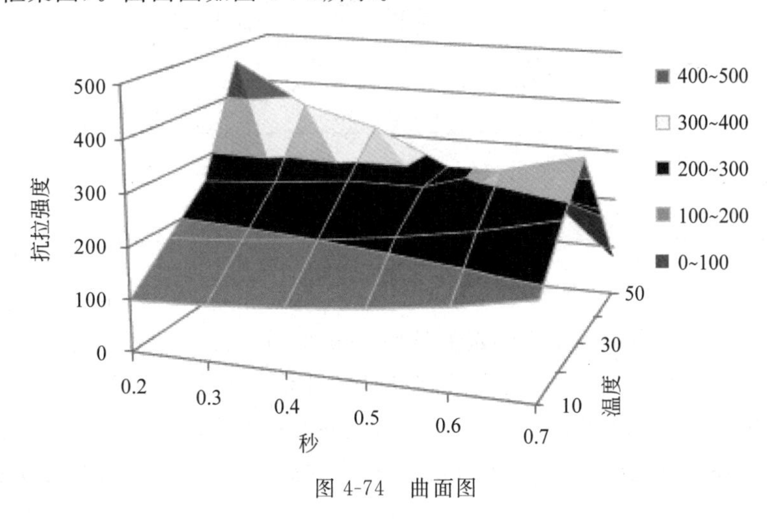

图 4-74　曲面图

⑨ 圆环图：像饼图一样，圆环图显示各个部分与整体之间的关系，但是它可以包含多个数据系列。该类型中有圆环图、分离型圆环图等。圆环图如图 4-75 所示。

⑩ 气泡图：气泡图与散点图相似，不同之处在于，气泡图允许在图表中额外加入一个表示大小的变量。实际上，这就像以二维方式绘制包含三个变量的图表一样。气泡由大小不同的标记(指示相对重要程度)表示。该类型中有气泡图、三维气泡图等。气泡图

如图 4-76 所示。

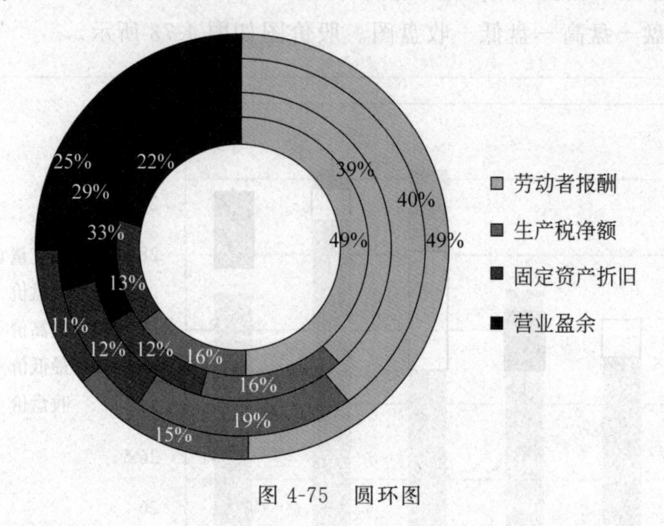

图 4-75　圆环图

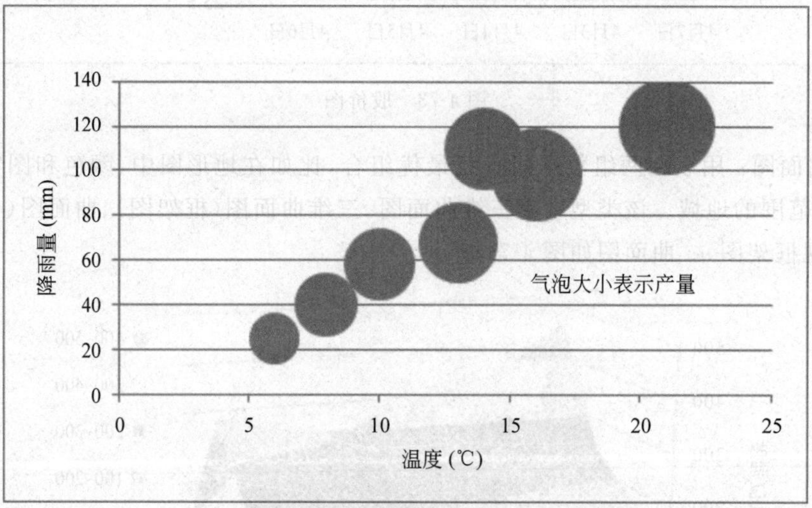

图 4-76　气泡图

⑪ 雷达图：又称为戴布拉图、蜘蛛网图（spider chart），主要应用于企业经营状况——收益性、生产性、流动性、安全性和成长性的评价。图中每个分类都有自己的数值轴，每个数值轴都从中心向外辐射，而线条则以相同的顺序连接所有的值。雷达图可以比较大量数据系列的合计值。该类型中有雷达图、带数据标记的雷达图、填充雷达图。雷达图如图 4-77 所示。

4.4.2　建立图表

建立图表可以选择两种方式：一是用于补充工作数据，可以在工作表上建立内嵌图表；二是要单独显示图表，则在新工作表上建立图表。内嵌图表和独立图表都被链接到建立它们的工作表数据上，当更新工作表时，二者都被更新。当保存工作簿时，图表被保存在工作表中。在工作表中选择数据源，执行“插入”选项卡中的“图表”命令，如图4-78所示，可以建立与工作表中所选区域的数据相对应的图表。如果对图表的显示效果不满意，可以使用“图表工具”的功能区按钮，或在图表的任何位置右击，在弹出的快捷菜单中对图表进行编辑或对图表进行格式化设置。

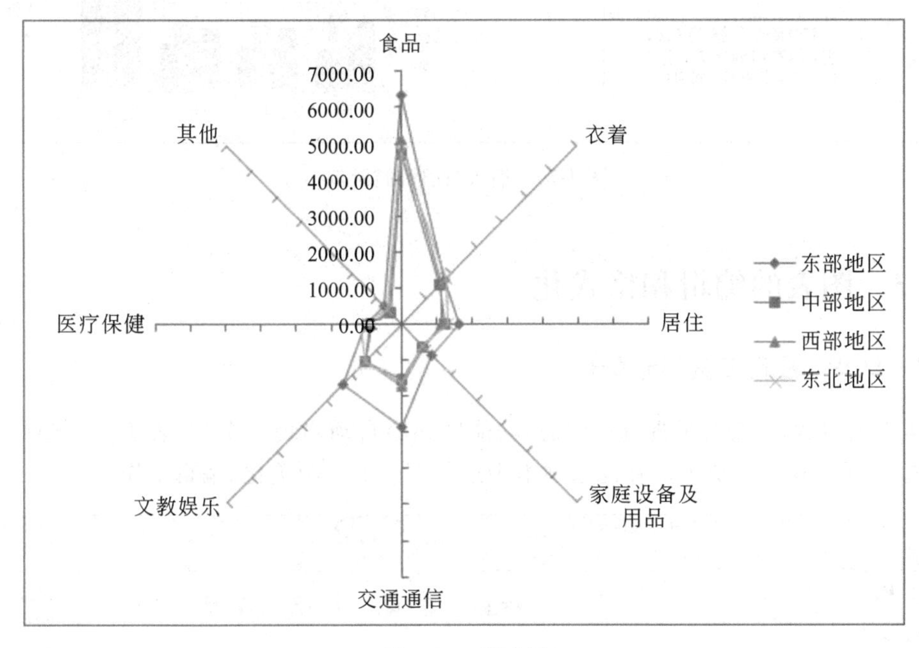

图 4-77　雷达图

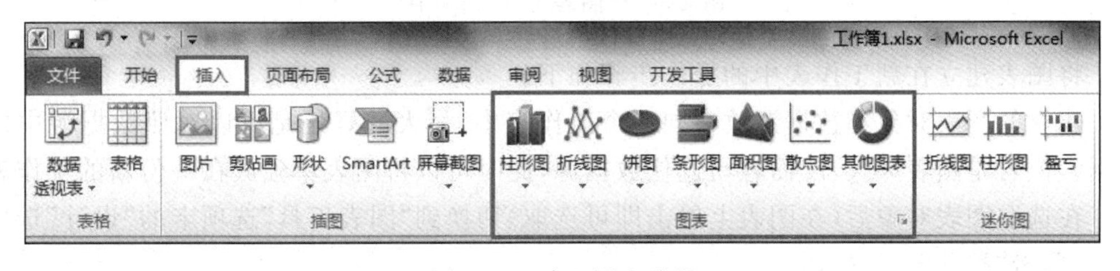

图 4-78　建立图表路径

下面以文件“4.4.3示例.xlsx”中的工作表“4.4.3图表的编辑和格式化”为例讲解如何建立柱形图，具体步骤如下。

找到工作表“4.4.3图表的编辑和格式化”，选取A3：E7范围，切换到“插入”选项卡，在“图表”功能区中进行操作：单击“柱形图”按钮，选择三维柱形图下的“三维簇状柱形图”，随即在工作表中建立好图表，如图4-79所示。

注意：在选取源数据后，可直接按下Alt+F1键，快速在工作表中建立图表，不过所建立的图表类型是预设的柱形图。如果有自行修改过默认的图表类型，那么将会以设定的默认图表类型为主。

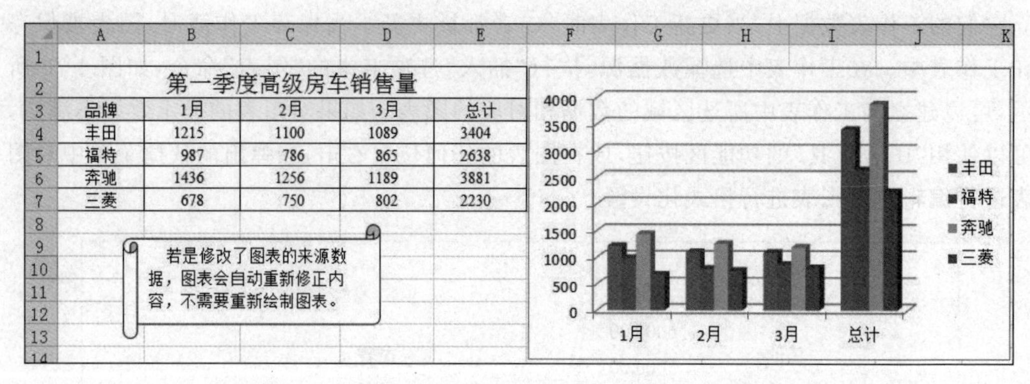

图 4-79 插入"柱形图"示例

4.4.3 图表的编辑和格式化

1. 认识"图表工具"选项卡

建立图表后，图表会呈现选取状态，功能区还会自动出现一个"图表工具"选项卡，如图 4-80 所示。操作人员可以在此选项卡中进行图表的各项美化、编辑工作。

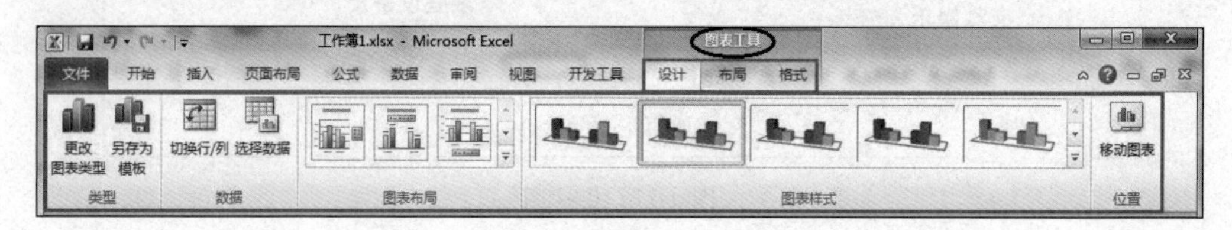

图 4-80 "图表工具"选项卡

将图表建立在新工作表中的操作步骤如下。

建立的图表对象和数据源放在同一个工作表中，最大的好处是可以对照数据源中的数据。但若是图表太大，反而容易遮住数据源，此时可以将图表单独放在一份新的工作表中。在选取图表对象后(在图表上单击即可选取)切换到"图表工具"选项卡的"设计"选项卡，并单击"移动图表"按钮。

弹出"移动图表"对话框，选择放置图表的位置，如图 4-81 所示，选择"新工作表"，输入"柱形图"，即可在"柱形图"工作表中看到建立的图表。

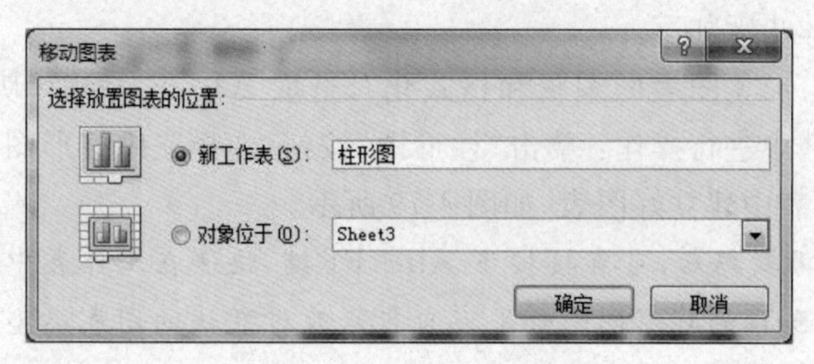

图 4-81 "移动图表"对话框

注意：要将图表建立在独立的工作表中，除了以上方法外，还有一个更简单的方法，就是选取数据来源后直接按 F11 键，即可自动将图表建立在 Chart1 工作表中。

2. 图表的组成项目

不同的图表类型，组成项目多少会有些差异，但大部分是相同的。下面以柱形图为例来说明图表的组成项目，如图 4-82 所示。

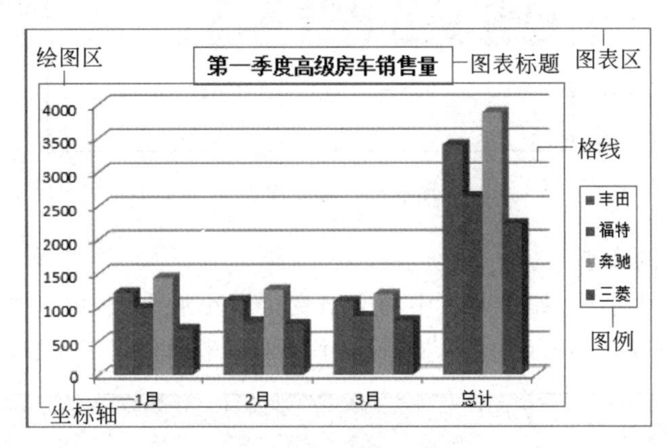

图 4-82　图表的组成项目

① 图表区：指整个图表及所涵盖的所有项目。

② 绘图区：指图表显示的区域，包含图形本身、类别名称、坐标轴等区域。

③ 图例：辨识图表中各组数据系列的说明。图例内还包括图例项标示、图例项目。图例项目是指与图例符号对应的资料数列名称；图例项标示代表数据系列的图样。

④ 坐标轴：平面图表通常有两个坐标轴：X 轴和 Y 轴，X 轴通常为水平轴，包含类别，Y 轴通常是垂直轴，包含数值资料；立体图表上则有 3 个坐标轴：X-Y 和 Z 轴。但并不是每种图表都有坐标轴，例如，饼图就没有坐标轴。

⑤ 网格线：由坐标轴的刻度记号向上或向右延伸到整个绘图区的直线。显示网格线比较容易察看图表上数据点的实际数值。

3. 调整图表对象的位置及大小

(1) 移动图表的位置

建立在工作表中的图表对象，也许位置和大小都不是很理想，需要进行调整。将光标放在"图表区"，当光标变为✣时，直接拖动图表对象即可移动图表，如图 4-83 所示，黑色框线代表图表移动后的新位置(注意，如果鼠标放在"绘图区"，移动的仅仅是绘图区对象，而不是移动图表的位置)。

(2) 调整图表的大小

如果图表的内容无法完整显示，或是觉得图表太小，可以通过拉曳图表对象周围的控点来调整：将光标放在控点处，当光标变成⤢ ⤡ ↔ ↕时，拉曳图表外框的控点可调整图表的宽度或高度，拉曳对角控点可同步调整宽度和高度。

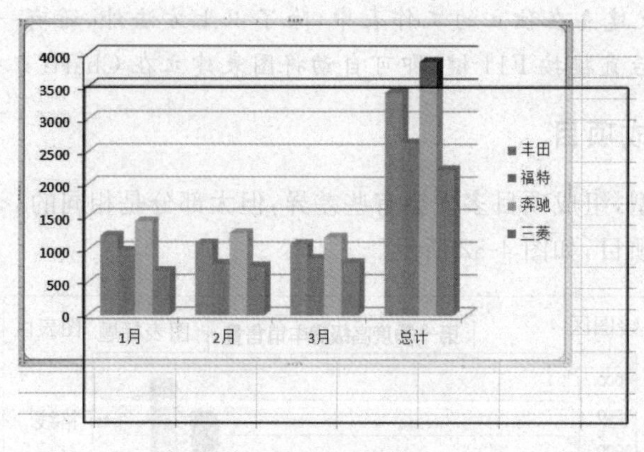

图 4-83　移动图表

(3) 调整字体的大小

调整过图表的大小后，如果图表中的文字变得太小或太大，可以先选取要调整的文字，并切换到“开始”选项卡，在“字体”区下拉字号列表来调整文字大小，如图 4-84 所示。

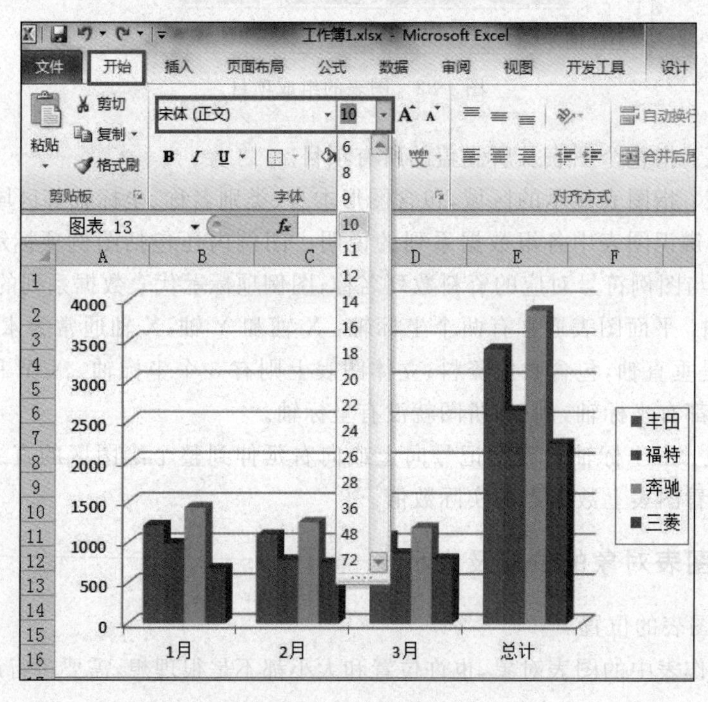

图 4-84　调整字号大小

注意：字体区中除了可调整图表中的文字大小，还可以利用此区的工具按钮来修改文字的格式，例如加粗、斜体、更改字型颜色等。

(4) 变更资料范围

建立图表之后，如果发现当初选取的数据范围有误，想改变图表的数据源范围，可以进行如下操作，而不必重新建立图表。如图 4-82 所示的数据，现在只需要 1～3 月的销售量，而不需将第一季度的总销售量也绘制成图表，就要重新选取数据范围。

选定图表对象，依次选择“图表工具”→“设计”→“选择数据”，弹出“选择数据源”对话框，如图 4-85 所示，将“图表数据区域”改成“＝Sheet3！＄A＄3：＄D＄7”（也可以直接用鼠标重新选择数据区域），单击“确定”按钮即可。结果如图 4-86 所示。

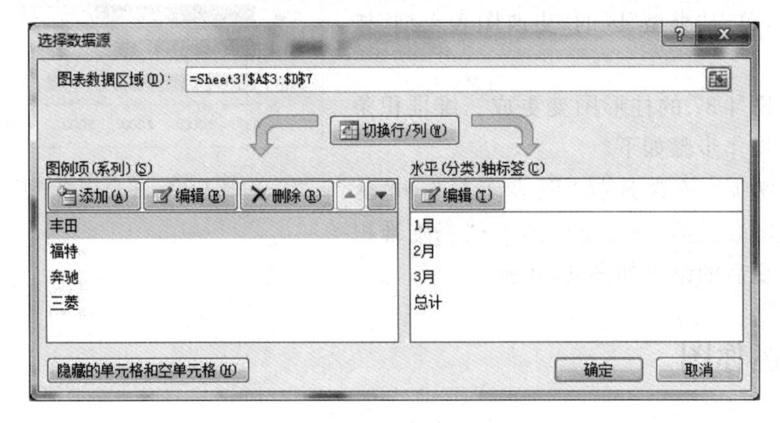

图 4-85 “选择数据源”对话框

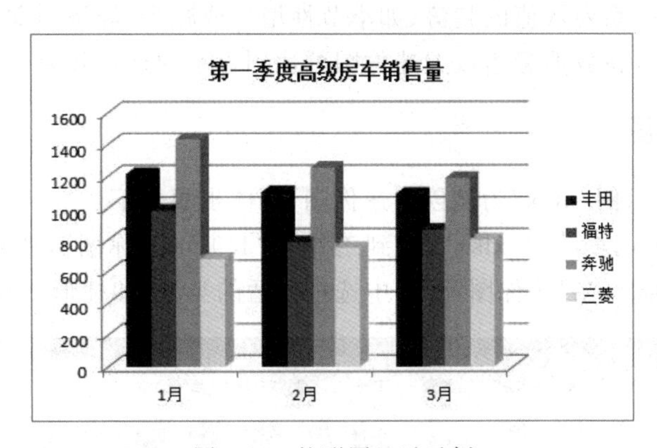

图 4-86 柱形图显示示例

图表的数据系列来自列，如果想将数据系列改成从行取得，可以选取图表对象，然后选择“图表工具”→“设计”→“选择数据”→“切换行/列”命令。结果如图 4-87 所示。

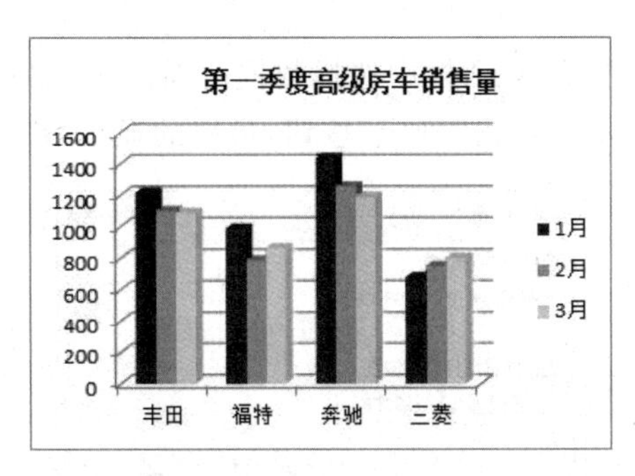

图 4-87 切换行/列示例图

(5) 变更图表类型

不同的图表类型,所表达的意义也不同。如果建立图表时选择的图表类型不适合,需要更换图表类型,可在选取图表后选择"图表工具"→"设计"命令,单击"类型"区的"更改图表类型"按钮来更换。

例如将图 4-87 的柱形图变更成三维堆积条形图。具体操作步骤如下。

选中图表后,依次选择"图表工具"→"设计"→"更改图表类型"→"条形图"→"三维堆积条形图",变更后的结果如图 4-88 所示。

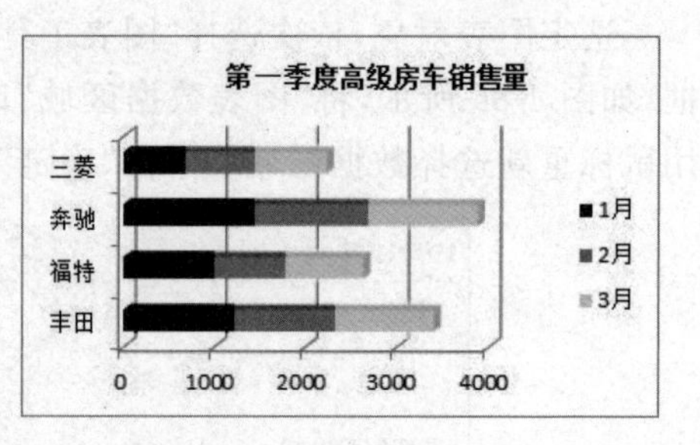

图 4-88　更改图表示例图

4.4.4　迷你图

迷你图是工作表单元格中的一个微型图表(不是对象),可提供数据的直观表示。使用迷你图可以显示一系列数值的趋势(如季节性增加或减少、经济周期),或者可以突出显示最大值和最小值。在数据旁边放置迷你图可达到显示的最佳效果。

1. 创建迷你图

下面以"4.4.4 示例.xlsx"为例创建迷你图,具体步骤如下。

① 打开文件"4.4.4 示例.xlsx",找到工作表"4.4.4 迷你图",选择迷你图的放置位置,单击"插入"选项卡,在"迷你图"分组中选择合适的类型(如柱形图),如图 4-89 所示。

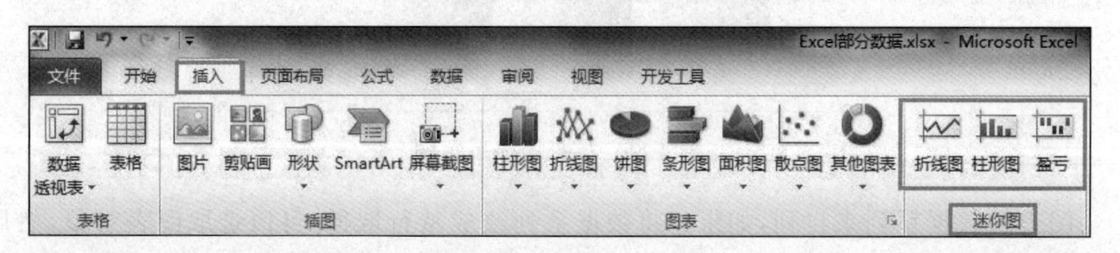

图 4-89　创建迷你图

② 在弹出的"创建迷你图"对话框中选择数据范围区域(如 G3∶G6)和迷你图的位置(如＄G＄7),如图 4-90 所示。单击"确定"按钮,最终的显示效果如图 4-91 所示。

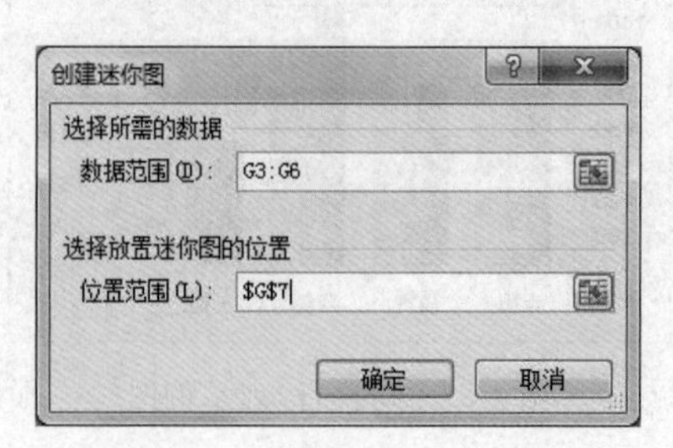

图 4-90　"创建迷你图"对话框

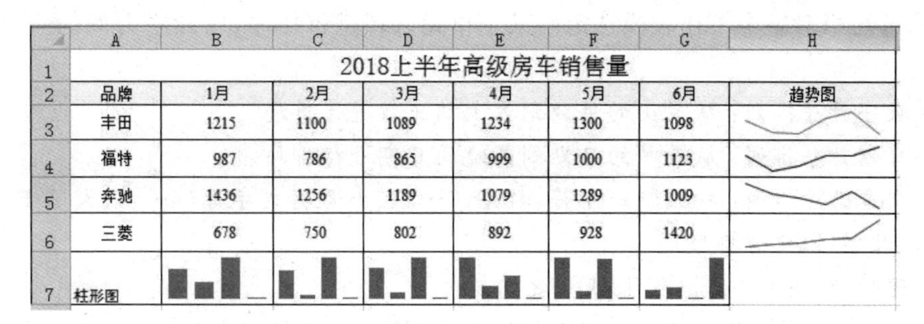

	A	B	C	D	E	F	G	H
1	2018上半年高级房车销售量							
2	品牌	1月	2月	3月	4月	5月	6月	趋势图
3	丰田	1215	1100	1089	1234	1300	1098	
4	福特	987	786	865	999	1000	1123	
5	奔驰	1436	1256	1189	1079	1289	1009	
6	三菱	678	750	802	892	928	1420	
7	柱形图							

图 4-91　迷你图显示效果

2. 修改迷你图

选中要修改的迷你图，在“迷你图工具”选项卡中选择“设计”选项，如图 4-92 所示，可修改迷你图的类型、显示方式、样式等。

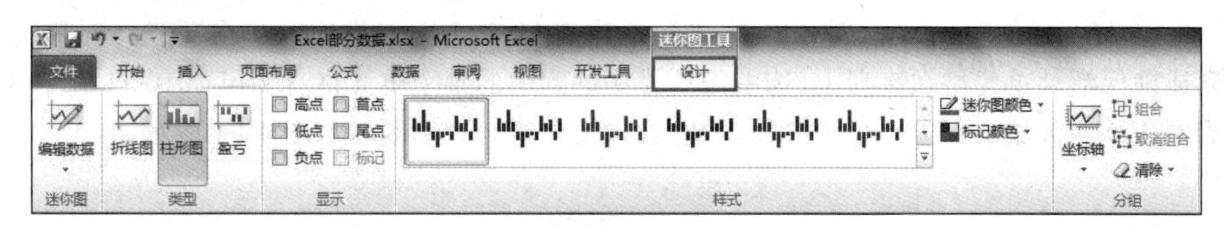

图 4-92　迷你图工具

3. 清除迷你图

若要清除迷你图，选中要清除的对象，右击，选择“迷你图”→“清除所选的迷你图”或“清除所选的迷你图组”命令即可。如图 4-93 所示。

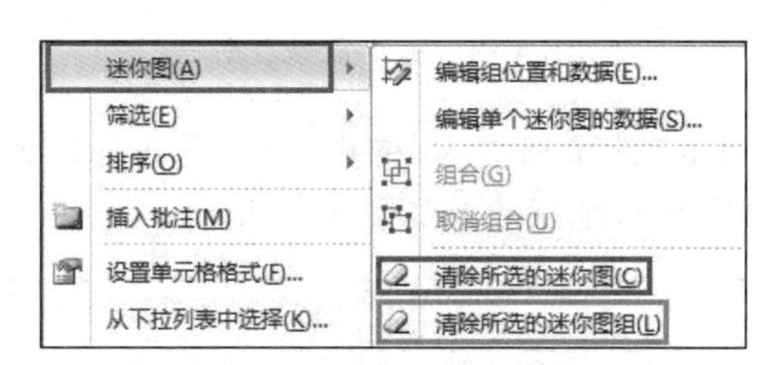

图 4-93　清除迷你图

4.5　Excel 2010 数据分析

4.5.1　数据排序

日常使用 Excel 2010 处理数据，时常需要排序，以方便对其进行分析。排序是根据数据表格中的相关字段名，按升序或降序排列数据表格中的记录。

Excel可以对整个工作表或选定的某个单元区域进行排序，以升序为例，升序排列规则如下。

① 数字升序排列：从最小的负数到最大的正数进行排序。

② 日期升序排列：从最早的日期到最晚的日期进行排序。

③ 文本升序排列：按照特殊字符、数字(0…9)、小写英文字母(a…z)、大写英文字母(A…Z)、汉字(以拼音排序)。

④ 逻辑值：FALSE 排在 TRUE 之前。

⑤ 错误值：所有错误值(如＃NUM! 和＃REF!)的优先级相同。

⑥ 空白单元格：总是放在最后。

降序排序与升序排序的顺序相反。

1. 简单排序

简单排序就是按照一个条件来排序，具体操作方法如下。

① 打开文件“4.5.1示例.xlsx”，找到工作表“4.5.1数据排序”，单击要进行排序的列或确保活动单元格在该列中(选中需要排序的列中的某个单元格，Excel 2010 自动将其周围连续的区域定义为参与排序的区域，且指定首行为列标题)，如图 4-94 所示。

	A	B	C	D	E	F	G
1	学生成绩单						
2	姓名	高数	英语	体育	政治	平均分	总分
3	汤宝	74	73	85	78	77.5	310
4	徐雯	80	80	82	81	80.8	323
5	刘辉	76	74	83	79	78.0	312
6	黄良	78	87	80	86	82.8	331
7	陈观	87	76	81	80	81.0	324
8	黄曼	90	88	78	83	84.8	339
9	许俊	82	77	79	82	80.0	320
10	陈静	93	83	77	77	82.5	330
11	林丹	88	70	88	90	84.0	336

图 4-94　排序原始数据

② 再选择“数据”选项卡“排序和筛选”群组中的“升序”或“降序”命令进行排序，如图 4-95 所示。选择“升序”命令，排序效果如图 4-96 所示。

	A	B	C	D	E	F	G
1	学生成绩单						
2	姓名	高数	英语	体育	政治	平均分	总分
3	汤宝	74	73	85	78	77.5	310
4	刘辉	76	74	83	79	78.0	312
5	黄良	78	87	80	86	82.8	331
6	徐雯	80	80	82	81	80.8	323
7	许俊	82	77	79	82	80.0	320
8	陈观	87	76	81	80	81.0	324
9	林丹	88	70	88	90	84.0	336
10	黄曼	90	88	78	83	84.8	339
11	陈静	93	83	77	77	82.5	330

图 4-95　简单排序结果

注意：当选定某个区域进行简单排序时，会弹出图 4-97 所示的对话框，选择不同的排序依据，结果会有所不同。当选定“以当前选定区域排序”时，其结果仅仅是对选定区域

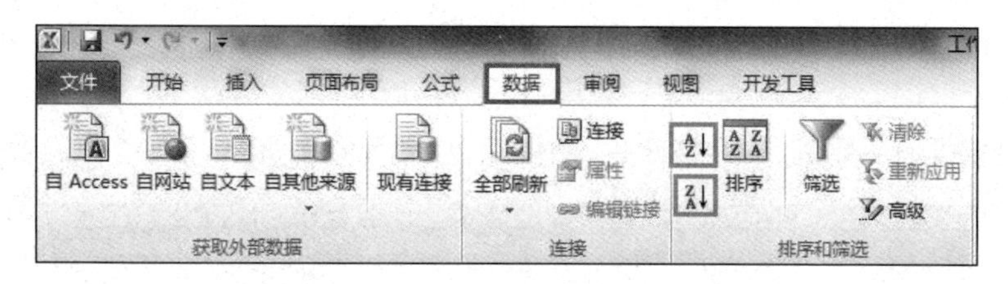

图 4-96　简单排序按钮

的数据进行简单排序，而扩展区域数据不参与排序。结果如图 4-98 所示。

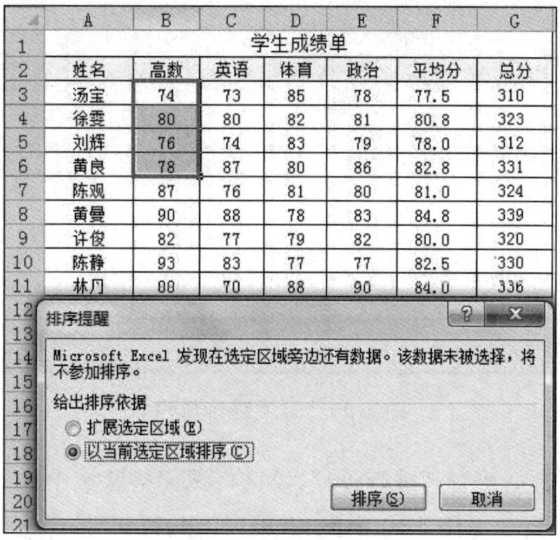

	A	B	C	D	E	F	G
1	学生成绩单						
2	姓名	高数	英语	体育	政治	平均分	总分
3	汤宝	74	73	85	78	77.5	310
4	徐雯	80	80	82	81	80.8	323
5	刘辉	76	74	83	79	78.0	312
6	黄良	78	87	80	86	82.8	331
7	陈观	87	76	81	80	81.0	324
8	黄曼	90	88	78	83	84.8	339
9	许俊	82	77	79	82	80.0	320
10	陈静	93	83	77	77	82.5	330
11	林丹	88	70	88	90	84.0	336

排序提醒

Microsoft Excel 发现在选定区域旁边还有数据。该数据未被选择，将不参加排序。

给出排序依据

扩展选定区域(E)

以当前选定区域排序(C)

排序(S)　取消

图 4-97　排序提醒

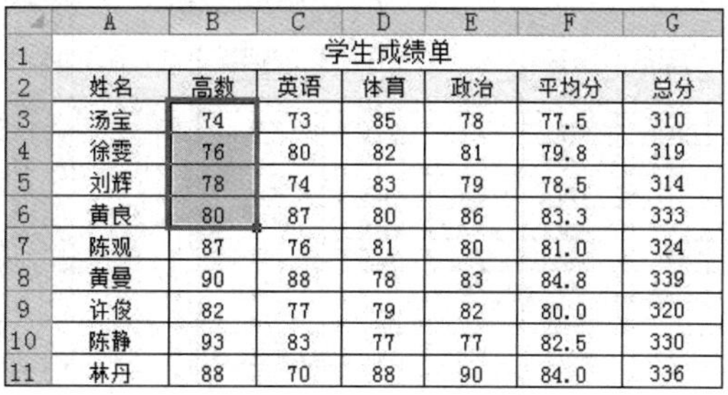

	A	B	C	D	E	F	G
1	学生成绩单						
2	姓名	高数	英语	体育	政治	平均分	总分
3	汤宝	74	73	85	78	77.5	310
4	徐雯	76	80	82	81	79.8	319
5	刘辉	78	74	83	79	78.5	314
6	黄良	80	87	80	86	83.3	333
7	陈观	87	76	81	80	81.0	324
8	黄曼	90	88	78	83	84.8	339
9	许俊	82	77	79	82	80.0	320
10	陈静	93	83	77	77	82.5	330
11	林丹	88	70	88	90	84.0	336

图 4-98　选定区域排序效果

2. 多关键字排序

多关键字排序就是按两个或两个以上的关键字排序，此时就需要在“排序”对话框中设置排序条件，为了获得最佳结果，要排序的单元格区域应包含列标题。

① 打开文件“4.5.1 示例.xlsx”，找到工作表“4.5.1 数据排序”，单击某个单元格或选定要排序的区域。

② 选择“数据”选项卡“排序和筛选”群组中的“排序”命令，如图 4-99 所示，在“主要关键字”条件中选择“姓名”，排序依据选择“数值”，次序选择“升序”；“次要关键字”条件

中选择“体育”，排序依据选择“数值”，次序选择“升序”，单击“确定”按钮，显示结果如图 4-100 所示。

排序的依据有：数值、单元格颜色、字体颜色、单元格图标。

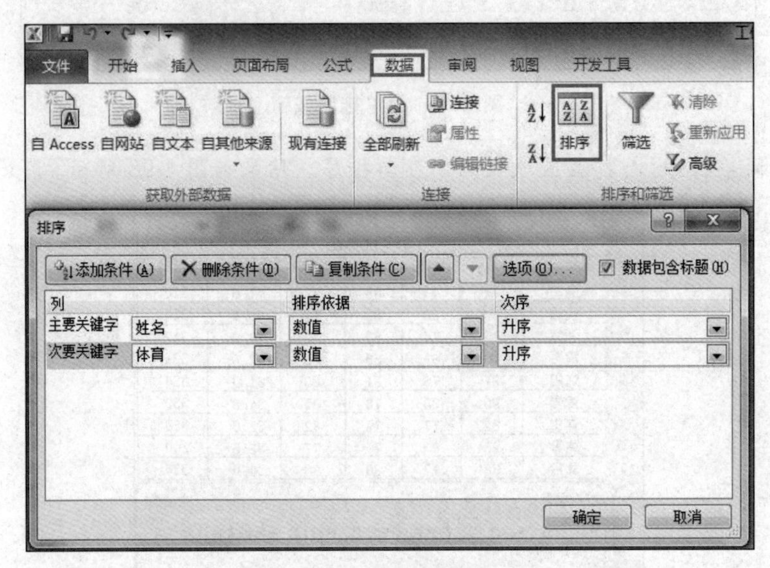

图 4-99　多关键字排序

若要对工作表中的数据按“行”进行排序，可选择单元格区域中的一行数据，或者确保活动单元格在表格的行中，然后单击图 4-99 中的“选项”按钮，打开“排序选项”对话框，选择“按行排序”单选按钮，如图 4-101 所示，还可以设置汉字在排序时是按字母还是按笔划顺序。

	A	B	C	D	E	F	G
1	学生成绩单						
2	姓名	高数	英语	体育	政治	平均分	总分
3	陈观	87	76	81	80	81.0	324
4	陈静	93	83	77	77	82.5	330
5	黄良	78	87	80	86	82.8	331
6	黄曼	90	88	78	83	84.8	339
7	林丹	88	70	88	90	84.0	336
8	刘辉	76	74	83	79	78.0	312
9	汤宝	74	73	85	78	77.5	310
10	徐雯	80	80	82	81	80.8	323
11	许俊	82	77	79	82	80.0	320

图 4-100　多关键字排序示例

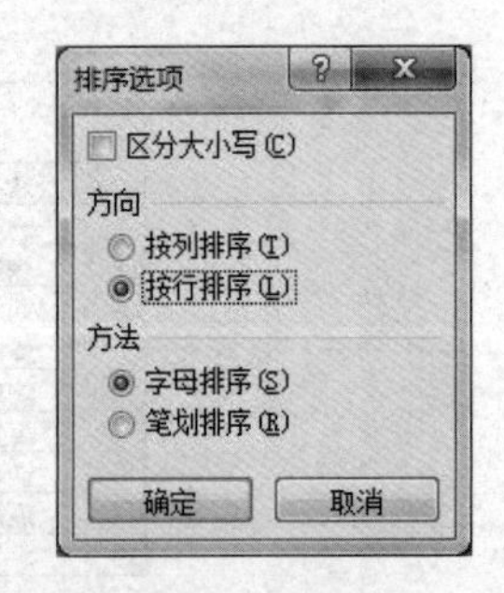

图 4-101　排序选项

3. 自定义排序

在某些情况下，已有的排序规则不能满足要求，此时可以用自定义排序规则来解决。除了可以使用 Excel 2010 内置的自定义序列排序外，还可以根据需要创建自定义序列，并按创建的自定义序列进行排序。

下面以创建一个“文科、理科”序列为例介绍自定义序列的方法。

① 选择“文件”→“选项”命令，在弹出的“Excel 选项”对话框左侧列表中选择“高级”选项，在右侧“常规”选项区域中单击“编辑自定义列表”按钮，弹出“自定义序列”对话框，

如图 4-102 所示。

② 在“自定义序列”对话框“输入序列”列表框中输入“文科,理科”,单击“添加”按钮,将其添加到左侧的“自定义序列”列表框中。单击“确定”按钮返回。

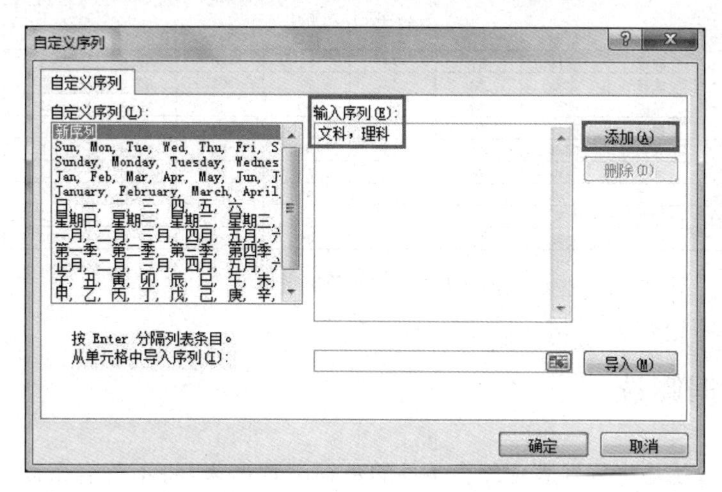

图 4-102 “自定义序列”对话框

接下来就可以用刚才自定义的序列来排序,具体步骤如下。

① 打开文件“4.5.1 示例.xlsx”,找到工作表“4.5.1 自定义排序”,打开要进行排序的工作表数据,如图 4-103 所示,选择“数据”选项卡中的“排序”命令,弹出“排序”对话框,如图 4-104 所示。

	A	B	C	D	E	F	G	H
1	学生成绩单							
2	姓名	科别	高数	英语	体育	政治	平均分	总分
3	汤宝	文科	74	73	85	78	77.5	310
4	徐雯	文科	80	80	82	81	80.8	323
5	刘辉	理科	76	74	83	79	78.0	312
6	黄良	理科	78	87	80	86	82.8	331
7	陈观	文科	87	76	81	80	81.0	324
8	黄曼	理科	90	88	78	83	84.8	339
9	许俊	文科	82	77	79	82	80.0	320
10	陈静	文科	93	83	77	77	82.5	330
11	林丹	理科	88	70	88	90	84.0	336

图 4-103 自定义排序原始数据

图 4-104 “排序”对话框

② 在次序中选择自定义列表“文科，理科”，如图 4-104 所示。

③ 单击“确定”按钮，排序的结果如图 4-105 所示。

	A	B	C	D	E	F	G	H
1	学生成绩单							
2	姓名	科别	高数	英语	体育	政治	平均分	总分
3	陈观	文科	87	76	81	80	81.0	324
4	陈静	文科	93	83	77	77	82.5	330
5	黄良	理科	78	87	80	86	82.8	331
6	黄曼	理科	90	88	78	83	84.8	339
7	林丹	理科	88	70	88	90	84.0	336
8	刘辉	理科	76	74	83	79	78.0	312
9	汤宝	文科	74	73	85	78	77.5	310
10	徐雯	文科	80	80	82	81	80.8	323
11	许俊	文科	82	77	79	82	80.0	320

图 4-105　自定义排序结果

4.5.2　数据筛选

数据的筛选就是将数据表中符合条件的数据筛选出来，将不符合条件的数据隐藏起来，从而快速找到数据表中需要的数据。Excel 2010 提供两种数据的筛选操作，即“自动筛选”和“高级筛选”。

1. 自动筛选

自动筛选适用于一个字段的筛选或者多字段“与”关系的筛选，下面以文件“4.5.2 示例.xlsx”中的工作表“4.5.2 数据筛选”为例讲解自动筛选，具体操作如下。

① 打开文件“4.5.2 示例.xlsx”，找到工作表“4.5.2 数据筛选”，把光标停留在工作表的任意一个单元格，选择“数据”选项卡“排序和筛选”群组中的“筛选”命令，当前数据列表中的每个列标题旁边均出现一个筛选箭头▼，如图 4-106 所示。

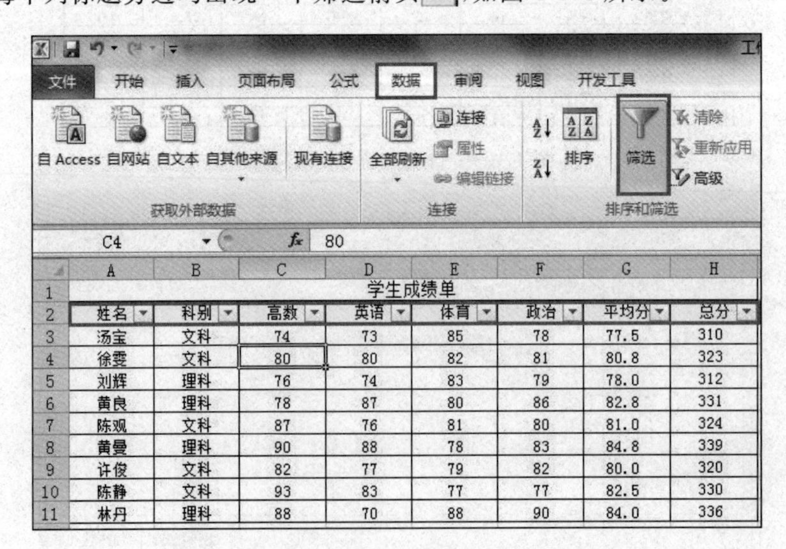

	A	B	C	D	E	F	G	H
1	学生成绩单							
2	姓名	科别	高数	英语	体育	政治	平均分	总分
3	汤宝	文科	74	73	85	78	77.5	310
4	徐雯	文科	80	80	82	81	80.8	323
5	刘辉	理科	76	74	83	79	78.0	312
6	黄良	理科	78	87	80	86	82.8	331
7	陈观	文科	87	76	81	80	81.0	324
8	黄曼	理科	90	88	78	83	84.8	339
9	许俊	文科	82	77	79	82	80.0	320
10	陈静	文科	93	83	77	77	82.5	330
11	林丹	理科	88	70	88	90	84.0	336

图 4-106　自动筛选

② 单击需要筛选字段右侧的筛选箭头，在弹出的筛选列表中选择“数字筛选”选项，在弹出的快捷菜单中设置筛选条件，如图 4-107 所示。选择“高数”字段的筛选箭头，在“数字筛选”菜单中选择“大于或等于”80 分的条件，如图 4-108 所示。单击“确定”按钮，最终的筛选结果如图 4-109 所示。若要返回筛选前的数据，只需要单击右侧的筛选箭头，选择“从‘高数’中清除筛选”选项或选定“全选”选项即可，如图 4-110 所示。

图 4-107　筛选“高数”成绩

图 4-108　自定义自动筛选方式

	A	B	C	D	E	F	G	H
1	学生成绩单							
2	姓名	科别	高数	英语	体育	政治	平均分	总分
4	徐雯	文科	80	80	82	81	80.8	323
7	陈观	文科	87	76	81	80	81.0	324
8	黄曼	理科	90	88	78	83	84.8	339
9	许俊	文科	82	77	79	82	80.0	320
10	陈静	文科	93	83	77	77	82.5	330
11	林丹	理科	88	70	88	90	84.0	336

图 4-109　筛选结果

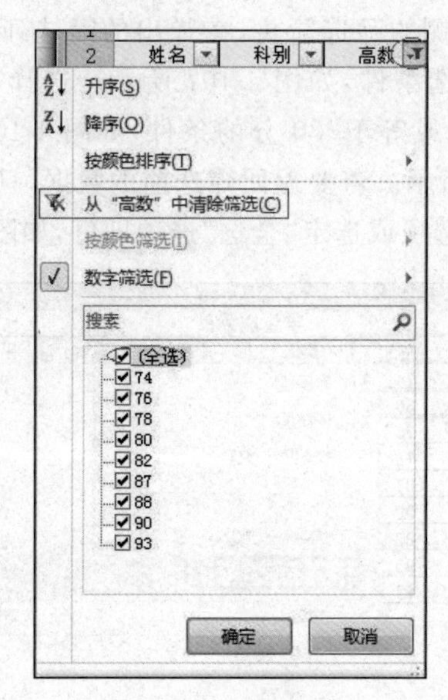

图 4-110　清除筛选

2. 高级筛选

高级筛选可以构建各种复杂条件的筛选，功能比自动筛选要强，例如多字段之间“或”关系的筛选。此外，高级筛选还可以在保留原数据表的同时单独显示筛选记录。下面以文件“4.5.2 示例”中的工作表“4.5.2 数据筛选”为例，对“学生成绩单”进行高级筛选，分别筛选出“高数”大于等于 80 分，或者“英语”大于等于 83 分的记录，操作如下。

① 要进行高级筛选，首先要建立一个条件区域，如图 4-111 中的“条件区域”所示。在条件区域中，同一行中的条件为“与”条件，不是同一行的条件为“或”条件。“与”条件就

	A	B	C	D	E	F	G	H
1	学生成绩单							
2	姓名	科别	高数	英语	体育	政治	平均分	总分
3	汤宝	文科	74	73	85	78	77.5	310
4	徐雯	文科	80	80	82	81	80.8	323
5	刘辉	理科	76	74	83	79	78.0	312
6	黄良	理科	78	87	80	86	82.8	331
7	陈观	文科	87	76	81	80	81.0	324
8	黄曼	理科	90	88	78	83	84.8	339
9	许俊	文科	82	77	79	82	80.0	320
10	陈静	文科	93	83	77	77	82.5	330
11	林丹	理科	88	70	88	90	84.0	336
12						原始数据		
13		高数	英语					
14		>=80		条件区域				
15			>=83			高级筛选结果		
16								
17	姓名	科别	高数	英语	体育	政治	平均分	总分
18	徐雯	文科	80	80	82	81	80.8	323
19	黄良	理科	78	87	80	86	82.8	331
20	陈观	文科	87	76	81	80	81.0	324
21	黄曼	理科	90	88	78	83	84.8	339
22	许俊	文科	82	77	79	82	80.0	320
23	陈静	文科	93	83	77	77	82.5	330
24	林丹	理科	88	70	88	90	84.0	336

图 4-111　高级筛选示例

是这些条件都必须同时满足；“或”条件就是这些条件只需满足其中一项即可。

② 打开需要筛选的文件，选择“数据”→“排序和筛选”→“高级”高级命令，如图 4-112 所示，弹出图 4-113 所示的“高级筛选”对话框，在“高级筛选”对话框中设置列表区域（需要筛选的区域）和条件区域（就是刚才创建的条件区域），以及筛选结果的存放方式，如图 4-108 所示，设置完成后单击“确定”按钮，即完成数据的高级筛选。

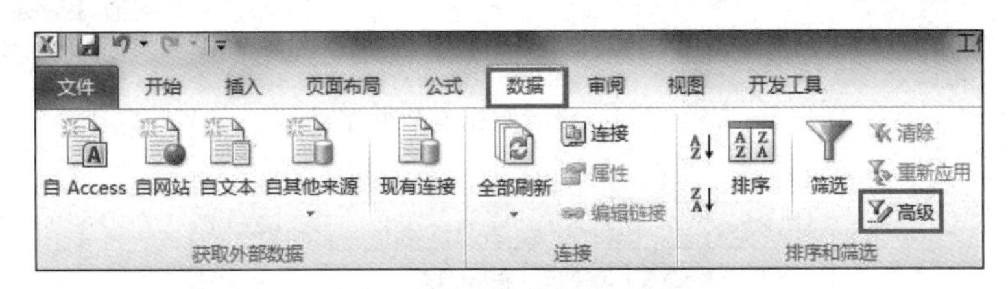

图 4-112 设置高级筛选路径

图 4-113 “高级筛选”对话框

一般来说，Excel 会自动给出列表区域，只需输入条件区域就可以了。这可以用鼠标来选取，筛选结果可以在原有区域显示，也可以在其他空白的单元格中显示。显示结果如图 4-111 所示。

4.5.3 数据有效性

在 Excel 工作表中记录数据时，难免会出现数据录入上的错误，而这样的错误有时会给后续工作带来大麻烦或巨大损失。Excel 2010 本身所提供的“数据有效性”功能，可以用于定义在单元格中输入或应该在单元格中输入的数据，从而有效防止无效数据的输入。下面以“4.5.3 示例.xlsx”为例设置“基本工资”有效范围在 $ 2000～ $ 5000，并显示出错警告信息。具体操作步骤如下。

① 在 Excel 2010 中打开“4.5.3 示例.xlsx”，找到工作表“4.5.3 数据的有效性”，选中“基本工资”列中的数据（假设选定 D3：D11）。

② 在“数据”选项卡的“数据工具”群组中选择“数据有效性”命令，在其下拉列表中选择“数据有效性”选项，如图 4-114 所示。

③ 打开“数据有效性”对话框。在“允许”下拉列表框中选择“整数”，设置“最小值”为 2000，最大值为 5000，如图 4-115 所示。

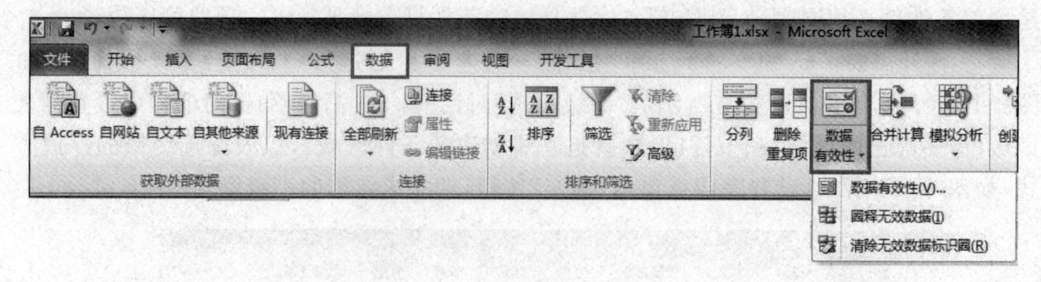

图 4-114　设置数据有效性路径

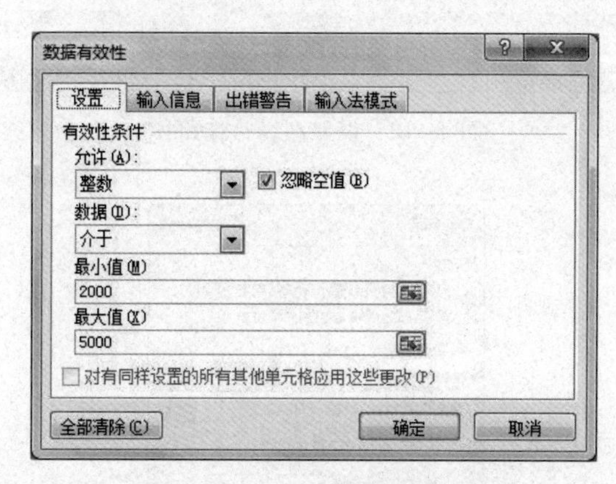

图 4-115　“数据有效性”对话框

④ 将“出错警告”选项卡中的“样式”设置为“警告”，“标题”设置为“数据输入有误”，“错误信息”设置为“基本工资应在‘2000 至 5000’之间，请检查数据，重新输入！”。如图 4-116 所示。

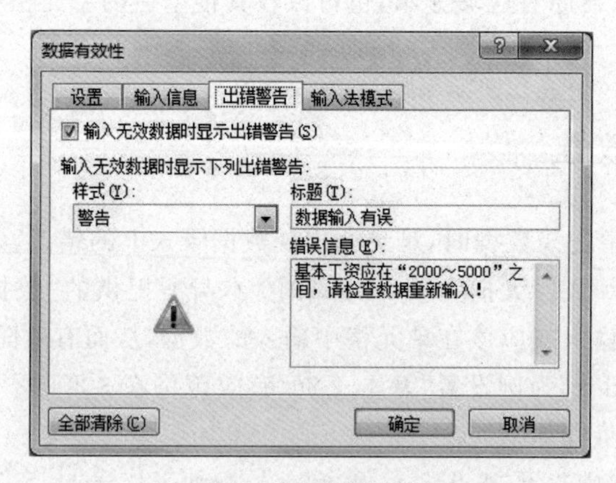

图 4-116　“出错警告”设置

⑤ 单击“确定”按钮，关闭对话框，数据有效性设置完毕。

此时，可单击“数据工具”选项按钮旁的下三角按钮，在弹出的下拉列表中选择“圈释无效数据”命令，系统即可将“基本工资”中错误的数据快速地标记出来。

若输入的数据小于 2000 或大于 5000，例如表中“林丹”的基本工资数据为 6000，确定后则会弹出警告对话框,如图 4-117 所示,提示输入的数据无效,修改错误数据,从而避免输入错误数据。

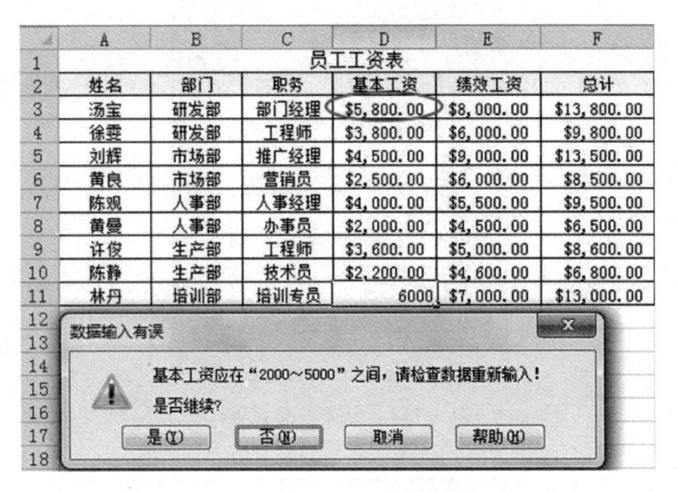

	A	B	C	D	E	F
1	员工工资表					
2	姓名	部门	职务	基本工资	绩效工资	总计
3	汤宝	研发部	部门经理	$5,800.00	$8,000.00	$13,800.00
4	徐雯	研发部	工程师	$3,800.00	$6,000.00	$9,800.00
5	刘辉	市场部	推广经理	$4,500.00	$9,000.00	$13,500.00
6	黄良	市场部	营销员	$2,500.00	$6,000.00	$8,500.00
7	陈观	人事部	人事经理	$4,000.00	$5,500.00	$9,500.00
8	黄曼	人事部	办事员	$2,000.00	$4,500.00	$6,500.00
9	许俊	生产部	工程师	$3,600.00	$5,000.00	$8,600.00
10	陈静	生产部	技术员	$2,200.00	$4,600.00	$6,800.00
11	林丹	培训部	培训专员	6000	$7,000.00	$13,000.00

图 4-117　输入错误数据提示

4.5.4　数据分类汇总

分类汇总就是按种类对数据进行快速汇总。在分类汇总之前,需要对数据进行排序,让同类内容有效地组织在一起。汇总结果可以是求和、平均值、方差、数值计数和最大值与最小值等。

1. 插入分类汇总

下面以分类汇总统计男女学生成绩平均值为例讲解。

① 打开数据“4.5.4 示例.xlsx”,可以看到工作表“4.5.4 数据分类汇总”中的“性别”这一列没有排序。因此需要对“性别”进行排序。选中需要排序的数据域,选择“数据”选项卡中的“升序”命令,即完成排序。

② 选中需要插入的分类汇总内容,选择“数据”选项卡→“分级显示”→“分类汇总”命令,如图 4-118 所示。弹出“分类汇总”对话框,如图 4-119 所示。

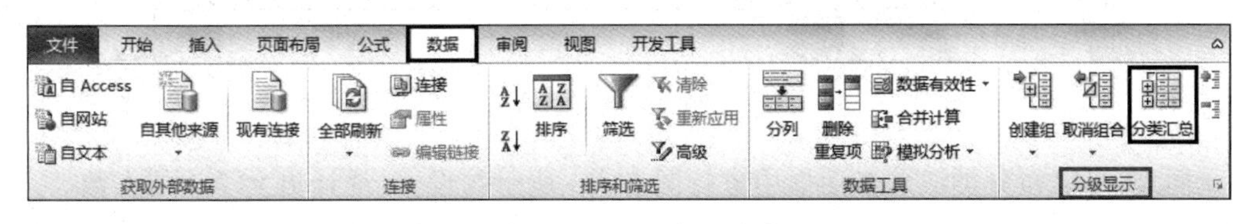

图 4-118　设置分类汇总路径

③ 在对话框中进行图 4-119 所示的设置,在分类字段中选择“性别”,在汇总方式中选择“平均值”,在“选定汇总项”中选择“平均分”选项,勾选“替换当前分类汇总”“每组数据分页”“汇总结果显示在数据下方”选项。

④ 单击“确定”按钮，分类汇总的结果如图 4-120 所示。

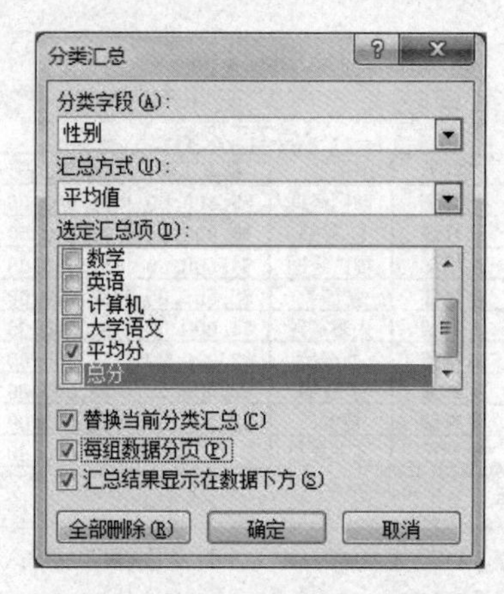

图 4-119　分类汇总设置 1

B10

	A	B	C	D	E	F	G	H
1	姓名	性别	数学	英语	计算机	大学语文	平均分	总分
2	龚华	男	90	81	92	91	88.50	354
3	洪宝	男	75	67	90	82	78.50	314
4	符祥	男	84	90	87	85	86.50	346
5	黄富	男	84	78	84	92	84.50	338
6	韦楠	男	74	80	82	46	70.50	282
7	黄宝	男	83	83	81	84	82.75	331
8	张杰	男	76	78	57	68	69.75	279
9	廖文	男	79	73	77	74	75.75	303
10	李健	男	88	72	76	70	76.50	306
11	韩光	男	56	78	76	80	72.50	290
12	李荣	男	78	76	75	75	76.00	304
13	何煜	男	66	75	74	72	71.75	287
14	金戈	男	74	68	72	54	67.00	268
15	陈翔	男	72	68	71	72	70.75	283
16		男 平均值					76.52	
17	陈丽	女	78	84	88	80	82.50	330
18	李帆	女	80	80	85	83	82.00	328
19	曾惠	女	82	84	84	83	83.25	333
20	陈玲	女	76	85	84	86	82.75	331
21	张敏	女	86	82	84	89	85.25	341
22	陈琰	女	83	82	83	78	81.50	326
23	李林	女	91	91	82	85	87.25	349
24	沈玮	女	77	76	80	76	77.25	309
25	吴晓	女	83	83	80	83	82.25	329
26	周欣	女	84	82	79	78	80.75	323
27	王晓	女	88	90	78	79	83.75	335
28	陈敏	女	83	86	78	85	83.00	332
29		女 平均值					82.63	
30		总计平均值					79.34	

图 4-120　分类汇总结果

同理，可以在分类汇总对话框中进行图 4-121 所示的设置，统计男女学生的人数。

2. 删除分类汇总

如果希望删除分类汇总，恢复原数据表，可以在已进行了分类汇总的数据区域中单击任意一单元格，选择“数据”选项卡“分级显示”群组中的“分类汇总”命令，在弹出的“分类汇总”对话框(图 4-121)中单击“全部删除”按钮，就可以恢复原数据表。

图 4-121 分类汇总设置 2

4.5.5 数据合并计算

在日常工作中，经常需要将一些相关数据合并在一起，Excel 2010 中有一个“合并计算”选项，如图 4-122 所示，对解决这类汇总多个格式一致的数据是非常简便的。

合并计算就是把一个表格或多个表格中相同字段的数据运用相关函数(求和、求平均值等)进行运算，并创建合并表格。

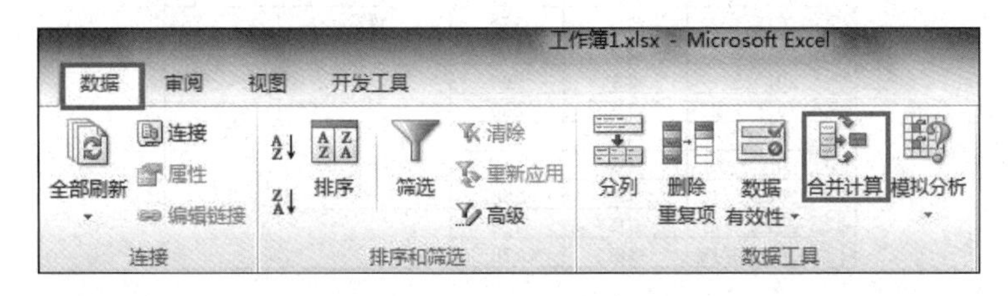

图 4-122 设置合并计算路径

1. 单表格的合并计算之求和

以数据工作表“4.5.5 数据合并计算”为基础，统计 2018 年 1～3 月每位员工的销售总量。具体操作步骤如下。

注意：用合并计算统计数据的时候，首先要选择一个放置统计结果的单元格，并选中这个单元格。

① 打开数据文件“4.5.5 示例.xlsx”，找到工作表“4.5.5 数据合并计算”，将结果放置在 E1 单元格，选中 E1 单元格，选择“数据”→“合并计算”，打开“合并计算”对话框。

② 在“合并计算”对话框中进行设置，如图 4-123 所示。

- 在“函数”一栏中选中“求和”。
- 在“引用位置”下方空白框内录入“B1：C13”，单击右侧“添加”按钮。“合并计算！B1：C13”被添加到“所有引用位置”下方的空白框内。

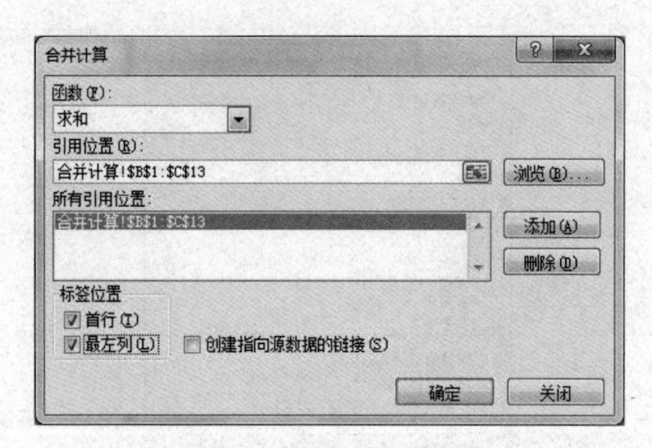

图 4-123 “合并计算”对话框

• 由于需要显示左列姓名和上方字段名称，所以在“标签位置”下方勾选“首行”和“左列”。

③ 单击“确定”按钮，完成数据合并计算。

可以看到，2018 年 1～3 月每个员工的销售总量已经统计出来，并放置在 E1：F5 区域内，如图 4-124 所示。

	A	B	C	D	E	F
1	销售日期	姓名	销售数量		姓名	销售数量
2	2018/1/10	龚华	190		龚华	400
3	2018/1/12	洪宝	213		洪宝	613
4	2018/1/30	符祥	116		符祥	536
5	2018/1/24	黄富	184		黄富	564
6	2018/2/11	龚华	100			
7	2018/2/12	洪宝	200			
8	2018/2/23	符祥	300			
9	2018/2/4	黄富	210			
10	2018/3/5	龚华	110			
11	2018/3/16	洪宝	200			
12	2018/3/27	符祥	120			
13	2018/3/18	黄富	170			

图 4-124 合并计算示例

注意：合并计算放置结果区域左上角的字段是空着的，只需要添上“姓名”字段即可。另外，单击“函数”下拉框的下列箭头，会看到合并计算不仅能求和，还能进行计数、平均值、最大值、最小值、乘积等等的统计。

2. 多工作表合并计算

合并计算不仅仅适合单工作表的运用，更多情况下还适合将多个工作中的数据合并在一起。

下面以两张工作表“4.5.5 数据合并计算”(图 4-125)和“4.5.5 数据合并计算 2”(图 4-126)为例，统计两张工作表中每个员工销售数量的最大值，并将结果放置在第三个工作表的 A1 单元格中。具体操作步骤如下。

需要说明的是：多工作表合并计算不需要名称顺序完全相同。例如本例中的员工姓名顺序就是不一样的。

	A	B	C
1	销售日期	姓名	销售数量
2	2018/1/10	龚华	190
3	2018/1/12	洪宝	213
4	2018/1/30	符祥	116
5	2018/1/24	黄富	184
6	2018/2/11	龚华	100
7	2018/2/12	洪宝	200
8	2018/2/23	符祥	300
9	2018/2/4	黄富	210
10	2018/3/5	龚华	110
11	2018/3/16	洪宝	200
12	2018/3/27	符祥	120
13	2018/3/18	黄富	170

图 4-125　原始数据 1

	A	B	C
1	销售日期	姓名	销售数量
2	2018/4/10	黄富	290
3	2018/4/12	洪宝	280
4	2018/4/30	符祥	275
5	2018/4/24	黄富	268
6	2018/5/11	符祥	300
7	2018/5/12	龚华	321
8	2018/5/23	洪宝	299
9	2018/5/4	龚华	308
10	2018/6/5	符祥	267
11	2018/6/16	黄富	320
12	2018/6/27	洪宝	232
13	2018/6/18	符祥	328

图 4-126　原始数据 2

① 打开数据文件“4.5.5 示例.xlsx”，选中新工作表(如 sheet1)中的 A1 单元格，然后选择“数据”→“合并计算”命令，弹出“合并计算”对话框，如图 4-127 所示，进行如下设置。

- 在“函数”一栏中选择“最大值”。
- 在“引用位置”下方空白框内录入“4.5.5 合并计算！＄B＄1：＄C＄13”，(可以直接通过鼠标选择数据)，单击右侧“添加”按钮。然后再录入“4.5.5 合并计算表 2！＄B＄1：＄C＄13”，再次单击“添加”按钮。
- 由于需要显示左列姓名和上方字段名称，所以在“标签位置”下方勾选“首行”和“左列”，合并计算设置完成。

② 单击“确定”按钮，然后在左上角的单元格(A1 单元格)添上“姓名”字段即可。两张工作表中每个员工的销售量最大值已经统计出来了，结果如图 4-128 所示。

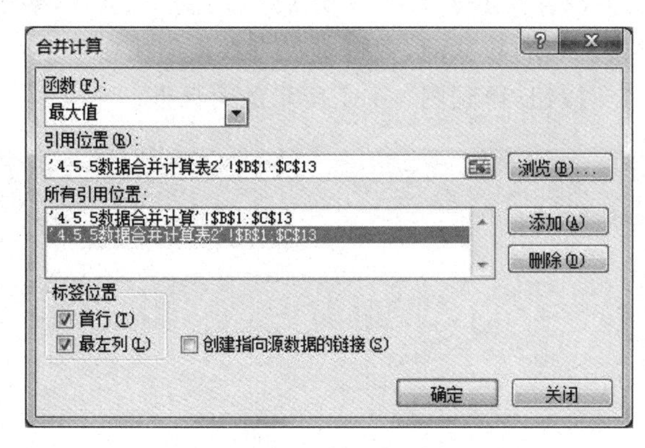

图 4-127　多表合并计算

	A	B
1	姓名	销售数量
2	龚华	321
3	洪宝	299
4	符祥	328
5	黄富	320

图 4-128　汇总结果

4.5.6　数据透视表/图

数据透视表是一种对大量数据进行快速汇总和建立交叉列表的交互式表格。它可以对表格数据进行深入分析，可以按使用者的习惯和分析要求对数据表的重要信息进行汇总和作图。利用数据透视表时，数据源表中的首行必须有列标题。

1. 创建数据透视表

从基本的操作层面来说，获得了数据源之后，可以通过简单的插入功能和拖动命令生成一份数据透视表。创建一个新表格时，首先要确定最后表格的行、列分别记录什么数据。每个字段都可以分别作为“列”和“数值”来使用，下面以文件“4.5.6 示例.xlsx”为例讲解创建数据透视表，具体步骤如下。

① 打开文件“4.5.6 示例.xlsx”，找到工作表“4.5.6 数据透视表”，单击任意一个单元格，选择“插入”→“数据透视表”命令，在弹出的快捷菜单中选择“数据透视表”选项，如图 4-129 所示。弹出“创建数据透视表”对话框，如图 4-130 所示。

图 4-129 设置数据透视表路径

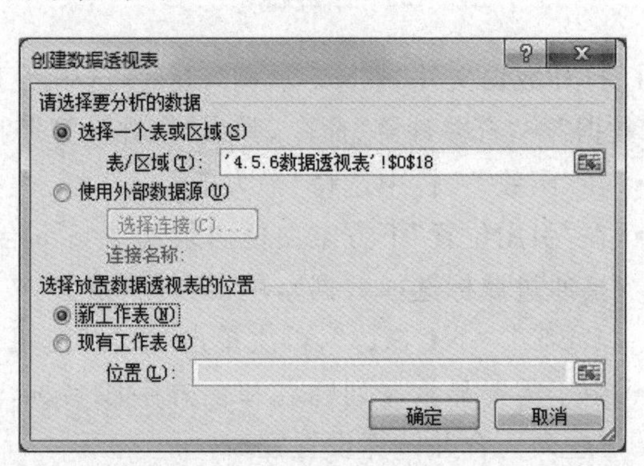

图 4-130 “创建数据透视表”对话框

② 在弹出的数据透视表对话框中设置数据表的区域及新建透视表的位置，系统会默认选取整个数据表的区域作为创建透视表的数据源，数据透视表默认创建在新工作表中，可根据需要修改，修改完后单击“确定”按钮，得到图 4-131 所示的对话框。

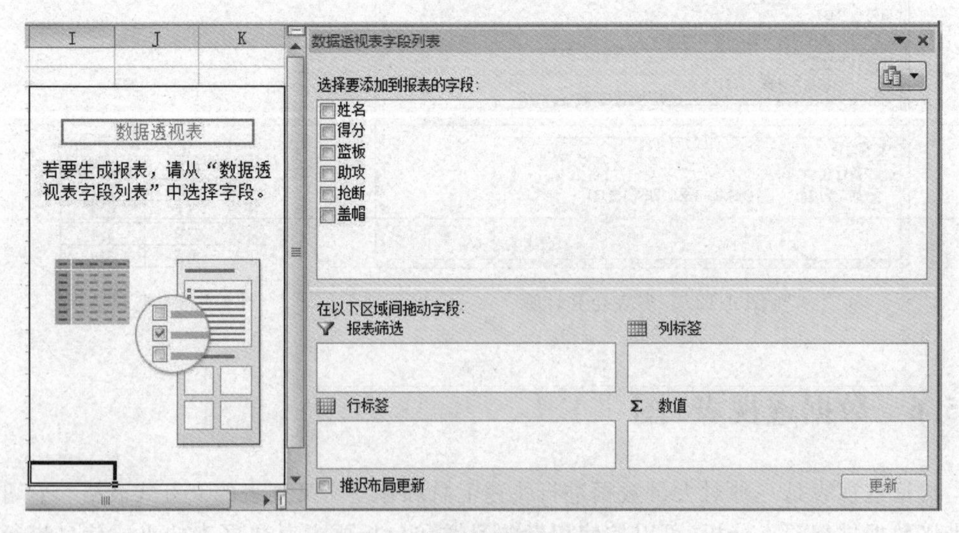

图 4-131 空的数据透视表对话框

③ 如图 4-132 所示，在行标签选择“姓名”，将“得分”“篮板”“助攻”“抢断”“盖帽”放

在数值区域。

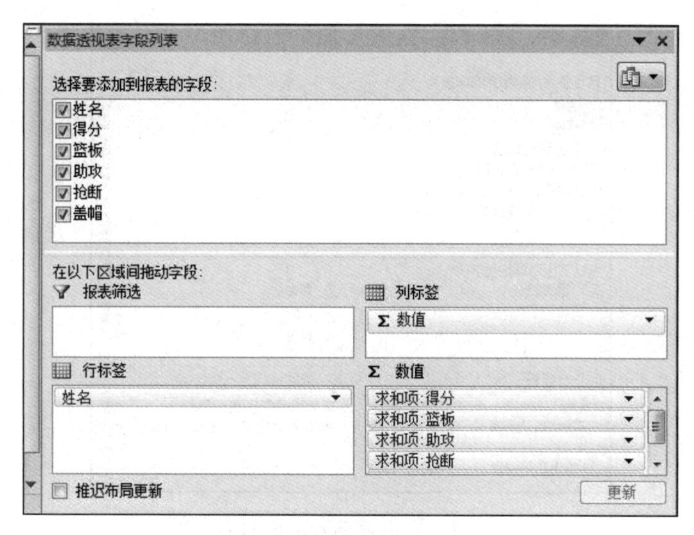

图 4-132　选取显示字段和数值

④ 数据透视表的显示结果如图 4-133 所示。

行标签	求和项:得分	求和项:篮板	求和项:助攻	求和项:抢断	求和项:盖帽
巴克利	25.3	13.5	3.4	1.5	2.5
伯德	28.7	8.7	3.2	1.5	1.5
马龙	28.1	12.3	2.1	1.7	2.6
乔丹	35.5	6.5	6.5	2.1	1
斯托克顿	17.7	3.4	13.4	2	0.5
约翰逊	22.3	8.8	12.5	2.5	1
总计	157.6	53.2	41.1	11.3	9.1

图 4-133　数据透视表结果

创建数据透视表练习：

用 Excel 创建数据透视表，根据给定的数据，要求在表的“行变量”中给出“性别”和“买衣物首选因素”，在“列变量”中给出学生的“家庭所在地区”，对“平均月生活费”和“月平均衣物支出”进行交叉汇总。具体操作步骤如下。

第 1 步：在文件“4.5.6 示例.xlsx”中找到工作表“4.5.6 数据透视表_练习数据”。

第 2 步：选中数据清单中的任意单元格，选择“插入”选项卡中的“数据透视表”选项，根据需要选择“数据源类型”和“报表类型”。

第 3 步：确定数据源区域。本例中的数据源区域为“A1：F31”。如果在启动向导之前单击了数据源单元格，Excel 会自动选定数据源区域，单击“确定”按钮。

第 4 步：打开“数据透视表字段列表”对话框，依次将“性别”和“买衣物首选因素”拖至左边的“行标签”区域，将“家庭所在地区”拖至上边的“列标签”区域，将“平均月生活费”和“月平均衣物支出”拖至“数值”区域，如图 4-134 所示，设置完成后关闭对话框。

第 5 步：输出的数据透视表如图 4-135 所示。

注意：建立不同的数据透视表，只需要将“数据透视表字段列表”对话框中的“行标签”

“列标签”或“数值”区域中的变量拖出，将需要的变量拖入，即可得到所需的数据透视表。

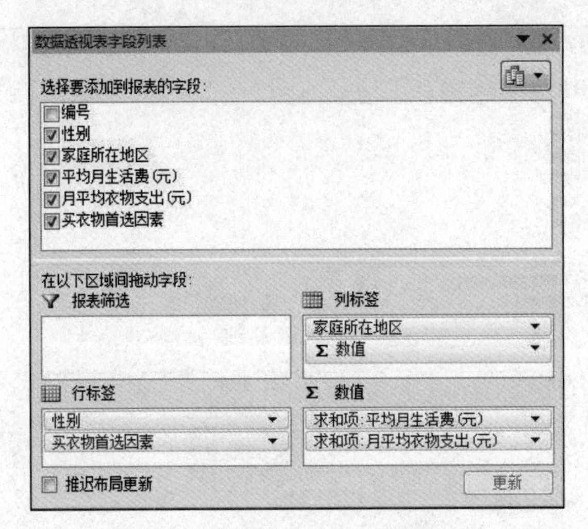

图 4-134 数据透视表字段列表设置

		家庭所在地	数据						
		大型城市		乡镇地区		中小城市		求和项:平均月生活费(元)汇总	求和项:月平均衣物支出(元)汇总
性别	买衣物首选	求和项:平均月生活费(元)	求和项:月平均衣物支出(元)	求和项:平均月生活费(元)	求和项:月平均衣物支出(元)	求和项:平均月生活费(元)	求和项:月平均衣物支出(元)		
⊟男	价格	1100	230	1800	180	400	40	3300	450
	款式	500	150			3000	800	3500	950
	品牌	1000	300	800	240	1600	480	3400	1020
男 汇总		2600	680	2600	420	5000	1320	10200	2420
⊟女	价格	700	230	400	120	2600	465	3700	815
	款式	2100	600			1100	330	3200	930
	品牌	500	50	800	80			1300	130
女 汇总		3300	880	1200	200	3700	795	8200	1875
总计		5900	1560	3800	620	8700	2115	18400	4295

图 4-135 数据透视表输出结果

2. 插入切片器

① 选择“数据透视表工具”下的“选项”选项，选择“插入切片器”命令，如图 4-136 所示。

② 在弹出的“插入切片器”对话框中勾选“姓名”“得分”和“助攻”三个选项，如图 4-137 所示。单击“确定”按钮。

③ Excel 将创建 3 个切片器，如图 4-138 所示。通过切片器可以很直观地筛选要查询的数据。

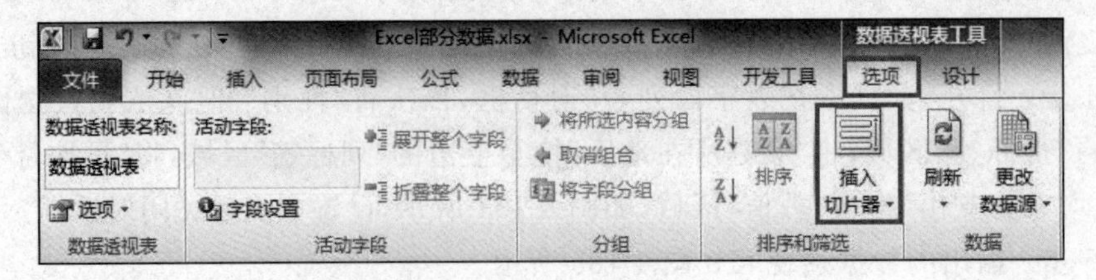

图 4-136 插入切片器命令

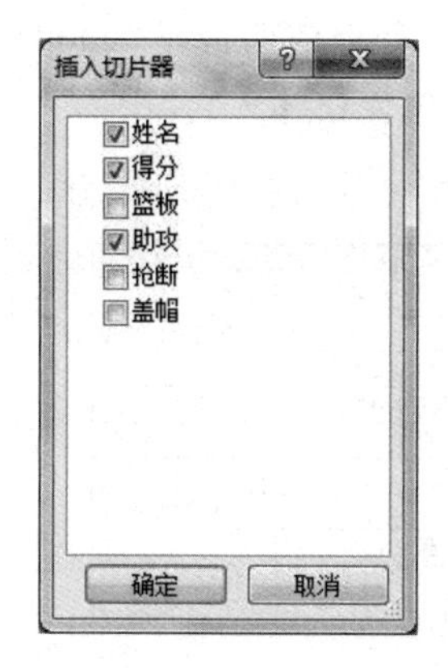

图 4-137 “插入切片器”对话框

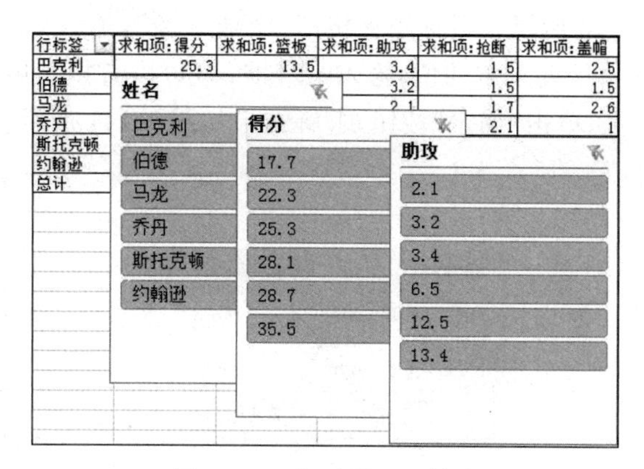

图 4-138 切片器显示结果

3. 关闭切片器

① 单击清除筛选器按钮或按 Alt+C 键即可关闭切片器。

② 如果要删除切片器,选择某个切片器,按 Delete 键即可。

4.5.7 模拟分析和运算

模拟运算表是将工作表一个单元格区域的数据进行模拟计算,测试使用一个或两个变量对运算结果的影响。在 Excel 2010 中,用户可以构造两种模拟运算表,分别为单变量模拟运算表和多变量模拟运算表。

1. 单变量模拟求解

单变量模拟求解是根据给定公式计算结果来计算公式的变量值,也就是求解一元方程式的变量求解。下面以税款缴纳“4.5.7 单变量模拟求解”为例讲解单变量模拟求解,具体步骤如下。

① 首先打开 Excel 文件“4.5.7 示例.xlsx”,找到工作表“4.5.7 单变量模拟求解”。

② 设置公式。在 B5 中输入“=B4−B3”,在 B7 中输入“=B2 * B5 * B6”,在 B9 中输入“=B8 * B2”,在 B10 中输入“=B7+B9+B2”,设置公式如图 4-139 所示。

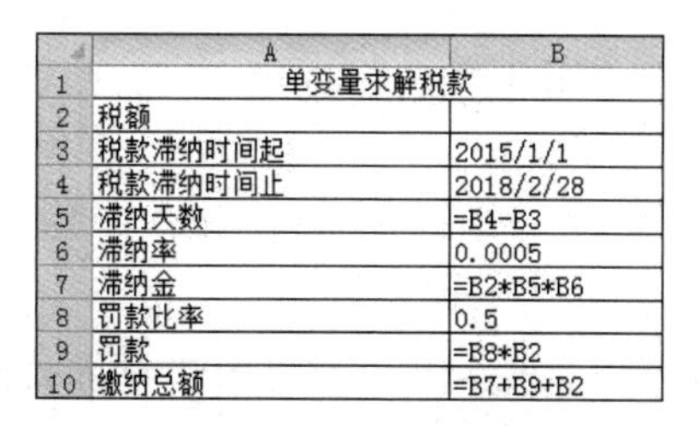

	A	B
1	单变量求解税款	
2	税额	
3	税款滞纳时间起	2015/1/1
4	税款滞纳时间止	2018/2/28
5	滞纳天数	=B4-B3
6	滞纳率	0.0005
7	滞纳金	=B2*B5*B6
8	罚款比率	0.5
9	罚款	=B8*B2
10	缴纳总额	=B7+B9+B2

图 4-139 单变量求解数据

③ 选择“数据”→“模拟分析”→“单变量求解”命令,弹出“单变量求解”对话框,如

图 4-140 所示。目标单元格即“缴纳总额”，输入“＄B＄10”，目标值假设是“20000”，可变单元格即要求解的值，输入“＄B＄2”(可以直接用鼠标选定单元格输入)。

④ 单击“确定”按钮，求解结果如图 4-141 所示。

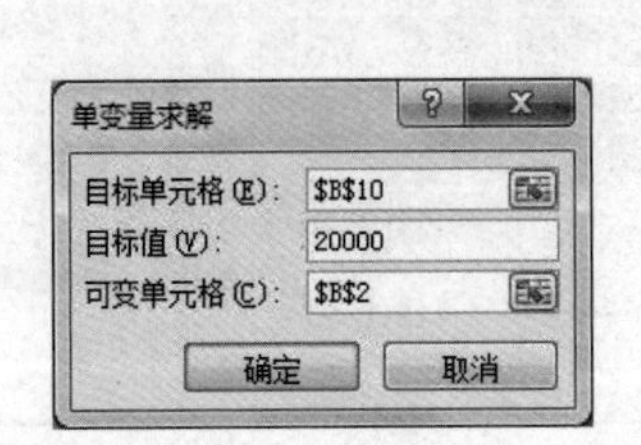

图 4-140 “单变量求解”对话框

	A	B
1	单变量求解税款	
2	税额	9629.27299
3	税款滞纳时间起	2015/1/1
4	税款滞纳时间止	2018/2/28
5	滞纳天数	1154
6	滞纳率	0.0005
7	滞纳金	5556.090515
8	罚款比率	0.5
9	罚款	4814.636495
10	缴纳总额	20000

图 4-141 求解结果

单变量求解方法能够运用 Excel 工具快速评价自身的税务风险和财务风险，根据不同情况做出决策。

2. 双变量模拟求解

在其他因素不变的条件下，分析两个参数的变化对目标值的影响时，需要使用双变量模拟运算表。双变量模拟运算表是根据两个变量的变化来测试对公式计算结果的影响，例如月还款额的多少和贷款年限及利率都有关系。下面以计算按揭贷款方式购买一套房子在不同利率、不同贷款周期下月还款额为例，创建双变量模拟运算表，具体操作如下。

① 打开 Excel 文件“4.5.7 示例.xlsx”，找到工作表“4.5.7 双变量模拟求解”。如图 4-142 所示。

	A	B	C	D	E	F	G	H
1	按揭贷款购房分析							
2					年限			
3	房子总价	¥4,000,000.00	每月支付金额：		5	6	8	10
4	首付金额	¥1,200,000.00	年利率	4.58%				
5	贷款金额	¥2,800,000.00		5.12%				
6	还款年限	10		5.45%				
7	年利率	4.50%		5.55%				
8	实际还款时间（单位：月）	60		5.80%				

图 4-142 双变量模拟求解原始数据

② 选择 Excel 单元格 D3，切换到“公式”选项卡，在“函数库”群组中单击“财务”下拉按钮，选择 PMT 函数。

③ 弹出“函数参数”对话框，在 Rate(比率)、Nper(期数)和 Pv(现值)文本框中分别输入 B7/12、B6＊12 和 －B5。如图 4-143 所示。

④ 单击“确定”按钮，也可以直接向单元格 D3 中输入公式＝PMT(B7/12,B6＊12,B5)，按下回车键得到结果(注意 B5 前加“－”号，每月支付金额计算结果是“29018.75”，不加“－”号，计算结果是“－29018.75”)。计算结果如图 4-144 所示。

⑤ 选择单元格区域 D3：H8，切换到“数据”选项卡，在“数据工具”群组中单击“模拟

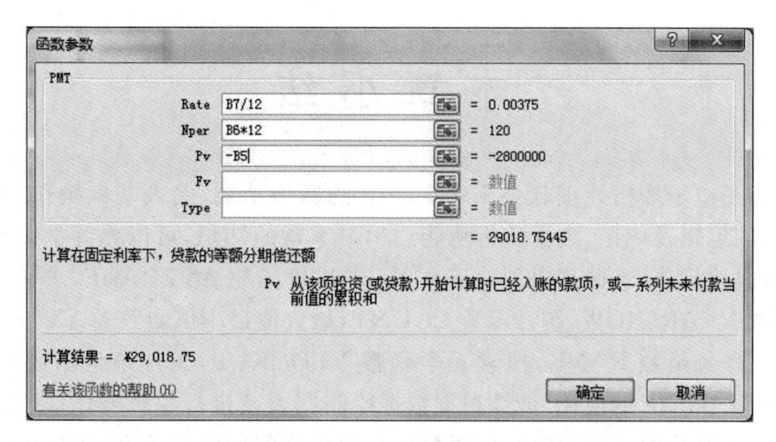

图 4-143　PMT 函数对话框

	A	B	C	D	E	F	G	H
1	按揭贷款购房分析							
2					年限			
3	房子总价	¥4,000,000.00	每月支付金额：	¥29,018.75	5	6	0	10
4	首付金额	¥1,200,000.00	年利率	4.58%				
5	贷款金额	¥2,800,000.00		5.12%				
6	还款年限	10		5.45%				
7	年利率	4.50%		5.55%				
8	实际还款时间（单位：月）	60		5.80%				

图 4-144　PMT 函数计算结果

分析"下拉按钮，选择"模拟运算表"命令。弹出"模拟运算表"对话框，如图 4-145 所示。

⑥ 在"模拟运算表"对话框的"输入引用行的单元格"文本框中输入"＄B＄6"，在"输入引用列的单元格"文本框中输入"＄B＄7"，单击"确定"按钮。

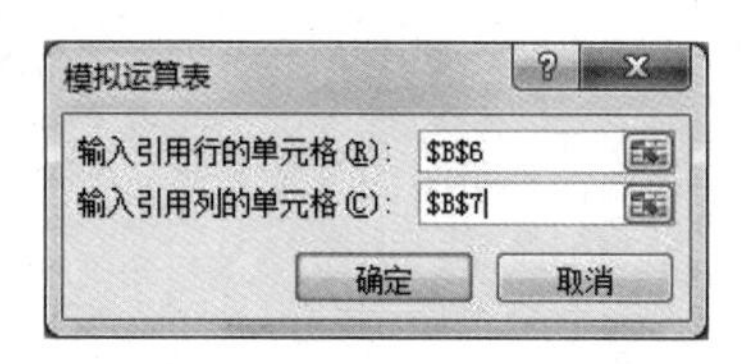

图 4-145　"模拟运算表"对话框

⑦ 在单元格区域 E4：H8 中显示将年利率和年限都作为变量时顾客每月应支付的金额。计算结果如图 4-146 所示。

	A	B	C	D	E	F	G	H
1	按揭贷款购房分析							
2					年限			
3	房子总价	¥4,000,000.00	每月支付金额：	¥29,018.75	5	6	8	10
4	首付金额	¥1,200,000.00	年利率	4.58%	¥52,302.37	¥44,550.34	¥34,890.58	¥29,126.85
5	贷款金额	¥2,800,000.00		5.12%	¥52,993.53	¥45,249.83	¥35,607.96	¥29,862.85
6	还款年限	10		5.45%	¥53,418.66	¥45,680.60	¥36,050.73	¥30,318.03
7	年利率	4.50%		5.55%	¥53,547.90	¥45,811.63	¥36,185.55	¥30,456.78
8	实际还款时间（单位：月）	60		5.80%	¥53,871.83	¥46,140.20	¥36,523.94	¥30,805.27

图 4-146　双变量模拟求解结果

本 章 小 结

本章介绍了电子表格处理软件 Excel 2010 的新增功能、制表基础操作、公式和函数的使用、图表的编辑及应用、数据分析功能。学习本章的知识，可以熟练掌握各种类型数据的输入、格式化操作；掌握逻辑条件函数 IF，平均值函数 AVERAGE，求和函数 SUM，日期时间函数 YEAR、NOW，统计函数 COUNT，最大值最小值函数 MAX/ MIN，财务函数 FV、PMT，排名函数 RANK，搜索元素函数 VLOOKUP，条件统计函数 COUNTIF、SUMIF、AVERAGEIF 的应用；能够根据数据绘制图表及进行编辑操作；掌握数据排序、筛选、汇总、合并及模拟分析运算。理解数据与图表之间的对应关系、各种函数的语法格式。了解 Excel 2010 的帮助信息及选项的设置与操作，可以为今后的工作、学习提供帮助。

第5章 演示文稿软件 PowerPoint 2010

学习目标：了解演示文稿软件 PowerPoint 2010 的基础知识，掌握演示文稿的建立和使用方法；掌握幻灯片切换、幻灯片放映等基本方法；掌握制作摘要幻灯片的基本方法；理解并掌握 PowerPoint 2010 的模板设置和一些高级的操作技巧等内容，熟练使用 PowerPoint 2010 制作幻灯片演示文稿。

5.1 PowerPoint 2010 概述

5.1.1 认识 PowerPoint

PowerPoint 2010 是微软公司 Office 2010 办公套装软件中的一个重要组成部分，功能非常丰富，它提供了方便、快捷建立演示文稿的功能，可以使用文本、图形、图像、音频、视频、动画和更多手段来设计具有视觉震撼力的演示文稿，并广泛应用于演讲、教学、产品演示、广告宣传以及学术交流等方面，其制作的演示文稿的文件扩展名为 pptx（或 ppt），也可以保存为 pdf、gif 等格式的文件。

5.1.2 PowerPoint 2010 的工作界面

PowerPoint 2010 的工作界面主要包括标题栏、快速访问工具栏、选项卡和功能区、幻灯片窗口、幻灯片/大纲浏览窗口、状态栏、备注窗格、视图切换按钮、显示比例，如图 5-1 所示。

（1）快速访问工具栏

该工具栏位于工作界面的左上角，包含一组使用频率较高的工具，如“保存”“撤销”和“恢复”等按钮。可单击“快速访问工具栏”右侧的倒三角按钮，在展开的下拉列表中选择要在其中显示或隐藏的工具按钮。

（2）选项卡和功能区

位于标题栏的下方，是一个由 9 个选项卡组成的区域。PowerPoint 2010 将处理演示文稿的所有命令组织在不同的选项卡中。单击不同的选项卡标签，可切换功能区中显示的工具命令。在每一个选项卡中，命令又被分类放置在不同的群组中。组的右下角通

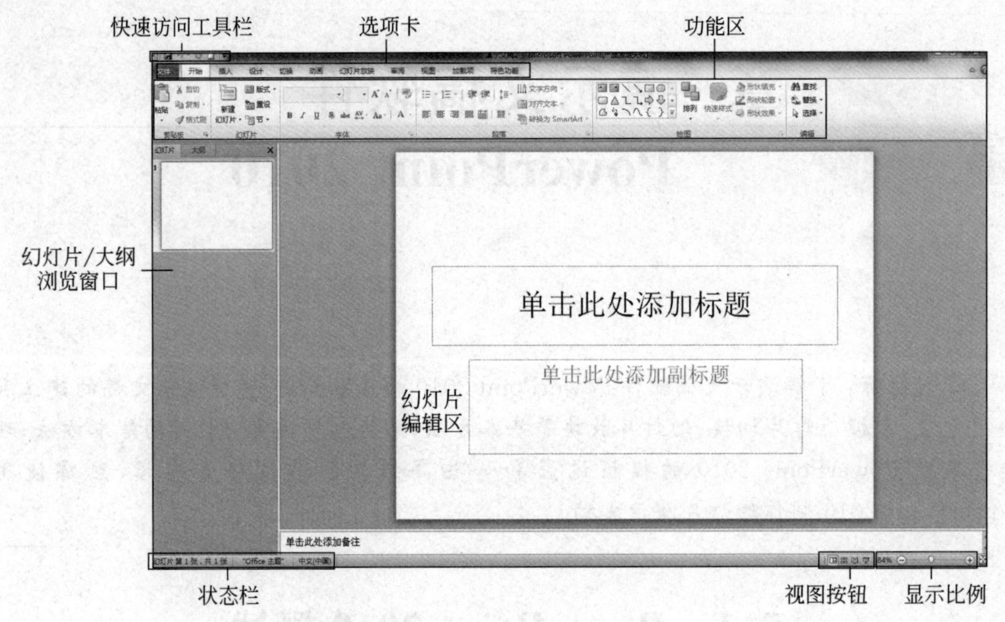

图 5-1 PowerPoint 2010 工作界面

常都会有一个对话框启动器按钮,用于打开与该组命令相关的对话框,以方便对要进行的操作做更进一步的设置。

- 幻灯片窗口:位于演示文稿编辑区的右侧,用于显示、编辑幻灯片的内容。
- 幻灯片/大纲浏览窗口:位于演示文稿编辑区的左侧,其上方有 2 个选项卡,单击不同的选项卡,可在"幻灯片"浏览窗口和"大纲"浏览窗口两个窗口之间切换。
- 状态栏:位于工作界面的左下角,用于显示文档的页面、字数、主题、语言等信息。
- 视图按钮:位于工作界面的右下角,有 4 个视图按钮,分别是普通视图、幻灯片浏览、阅读视图、幻灯片放映,4 种视图可以根据需要相互切换。
- 显示比例:位于工作界面的右下角,用于显示当前页面的显示比例,默认情况下是 100%。

5.1.3 PowerPoint 2010 的视图方式

PowerPoint 2010 提供了 6 种视图方式,它们各有不同的用途。用户可以在大纲区上方找到幻灯片视图和大纲视图,在窗口右下方找到普通视图、幻灯片浏览视图、阅读视图和幻灯片放映这 4 种主要视图,如图 5-2 所示。

5.1.4 演示文稿的基本操作

演示文稿的基本操作包括演示文稿的创建、保存、关闭以及幻灯片的插入、删除、复制、移动等。

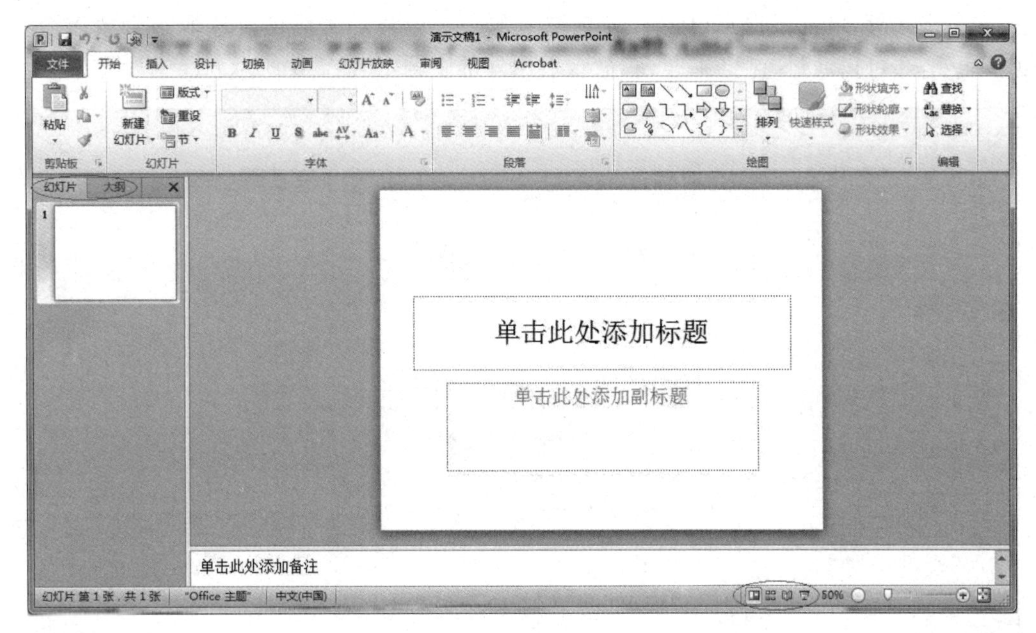

图 5-2 PowerPoint 2010 视图

5.2 演示文稿的编辑

5.2.1 新建演示文稿

用 PowerPoint 新建演示文稿，可以通过新建空白演示文稿、根据模板、根据主题、根据现有演示文稿这 4 种方式创建。

1. 使用空白演示文稿方式新建演示文稿

新建的演示文稿如图 5-3 所示，空白演示文稿没有任何设计方案，用户可根据需要自行选取需要的主题和版式。

2. 根据模板新建演示文稿

模板是事先设计好的演示文稿样本，如相册、培训、宣传手册、项目状态报告等，样本中设置好了各幻灯片的版式和外观样式，可以方便地使用这些模板建立一个类似的演示文稿。系统还提供了丰富多样的 Office.com 在线模板，可以在线搜索并下载，也可以利用母版创建自己喜欢的模板(我的模板)。

3. 使用主题方式新建演示文稿

PowerPoint 有事先设计好的一组主题，即演示文稿的样式框架，包括母版、背景、配色、文字格式等,可以根据自己的喜爱选取主题。一个演示文稿可以选取一个或多个主题。此外,还可以通过“浏览主题…”命令引用外部主题,如图 5-4 所示。

图 5-3 新建空白演示文稿

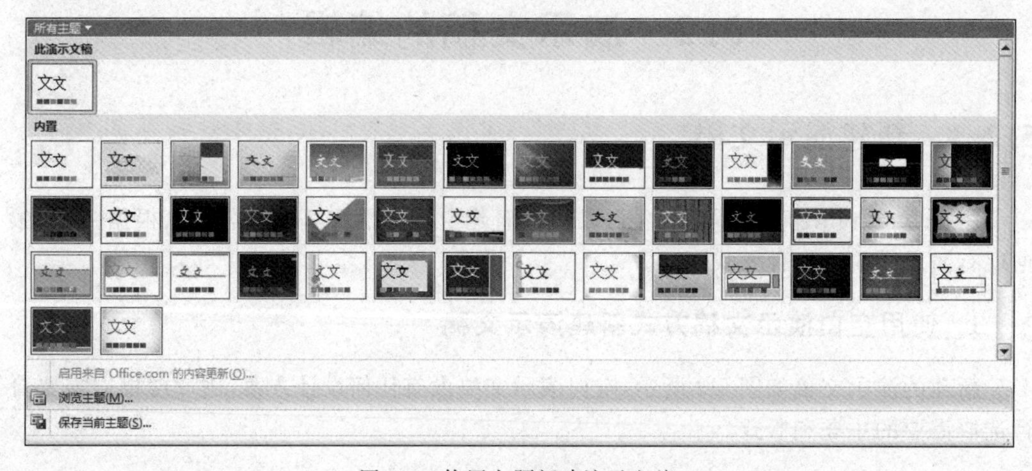

图 5-4 使用主题新建演示文稿

4. 使用现有演示文稿方式新建演示文稿

可以根据现有演示文稿的风格快速创建一个新的演示文稿,新建的演示文稿风格和现有的演示文稿一样,修改相关内容即可完成。

5.2.2 插入与删除

在演示文稿中可以实现对幻灯片的“插入”和“删除”操作。

1. 插入幻灯片

新建一个演示文稿，默认方式下只有一张标题幻灯片。要添加其他内容幻灯片，有以下两种方法。

方法一：选择“开始”选项卡，在“幻灯片”群组中选择“新建幻灯片”选项，在弹出的幻灯片版式列表中选择一种版式，在当前幻灯片后插入指定版式的新幻灯片。

方法二：在幻灯片浏览视图或普通视图的选项卡区域选取一张幻灯片，右击，在弹出的快捷菜单中选择“新建幻灯片”选项，则在当前选中的幻灯片后插入一张新的幻灯片。

2. 删除幻灯片

在幻灯片的浏览视图或普通视图区域选取一张或多张幻灯片，按“Delete”键即可。

5.2.3 复制和移动

在演示文稿中可以实现对幻灯片的“复制”和“移动”操作。

1. 复制幻灯片

在幻灯片浏览视图或普通视图区域选取一张或几张幻灯片，按住 Ctrl 键的同时拖动到目标位置即可。

2. 移动幻灯片

在幻灯片浏览视图或普通视图区域选取一张或几张幻灯片，拖动将它移到新的位置即可。

5.2.4 改变版式

在普通视图方式下选择需要改变的幻灯片，选择“开始”→“幻灯片”→“版式”命令，选择“版式”选项卡，打开“版式”下拉列表，如图 5-5 所示，选择需要的版式。

5.2.5 修改主题样式

如果对内置的“主题样式”不满意，可以选择主题组右侧的“颜色”“字体”“效果”选项重新调整，如图 5-6 所示。

5.2.6 更改背景

在演示文稿中更改背景颜色或图案，操作步骤如下。

① 选择“设计”→“背景”→“背景样式”命令，选择“设置背景格式”选项，弹出“设置背景格式”对话框，如图 5-7 所示。

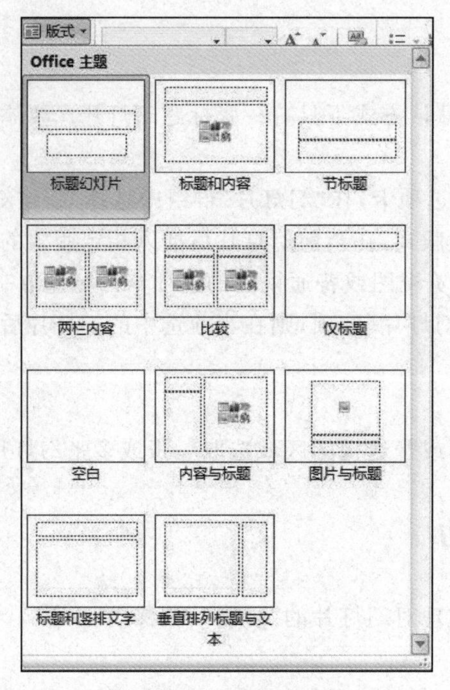

图 5-5　幻灯片版式

图 5-6　修改幻灯片主题样式

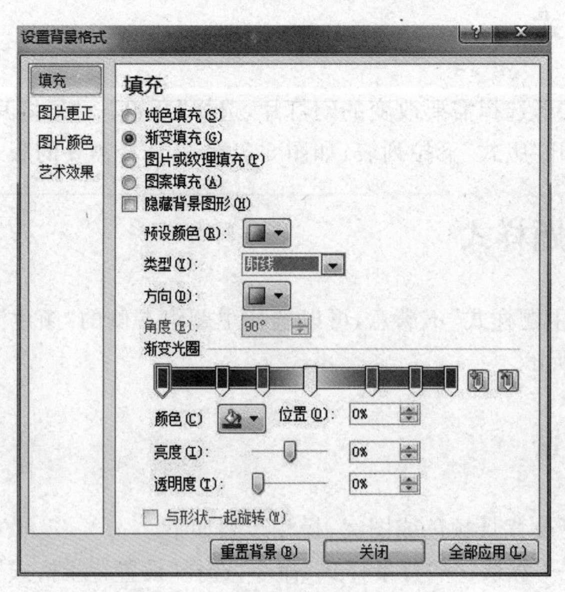

图 5-7　“设置背景格式”对话框

② 单击“渐变填充”按钮，在“预设颜色”中选择“熊熊火焰”，在“类型”中选择“射线”，在“方向”中选择“中心辐射”。

③ 单击“关闭”按钮，则背景设置应用于当前幻灯片上，若单击“全部应用”按钮，则背景设置应用到整个演示文稿，单击“重置背景”则取消背景设置。

5.2.7 保存演示文稿

制作好的演示文稿应及时保存在计算机中，且根据需要选择不同的保存方式，以满足实际需求。

① 直接保存演示文稿：选择“文件”→“保存”命令，或单击快速访问工具栏中的“保存”按钮，打开“另存为”对话框，选择保存位置并输入文件名，单击“保存”按钮。

② 另存为演示文稿：如果演示文稿进行了修改，选择“文件”→“另存为”命令，打开“另存为”对话框，可以将演示文稿保存到其他位置或重新命名演示文稿。

③ 将演示文稿保存为模板：将演示文稿保存为模板，可以提高制作同类演示文稿的速度，选择“文件”→“保存”命令，打开“另存为”对话框，在保存类型下拉列表中选择“PowerPoint 模板(*.potx)”选项，输入文件名，单击“保存”按钮，如图 5-8 所示。

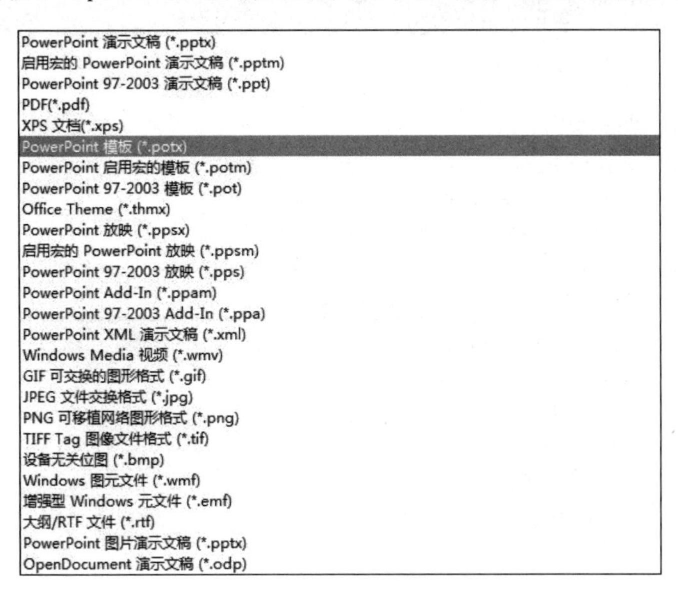

图 5-8 将演示文稿保存为 PowerPoint 模板

④ 保存为低版本演示文稿：如果希望保存的演示文稿可以在 PowerPoint 97 或 PowerPoint 2003 软件中打开或编辑，应将其保存为低版本，在保存类型下拉列表中选择“PowerPoint 97-2003 演示文稿”选项，如图 5-9 所示。

⑤ 自动保存演示文稿：在制作演示文稿的过程中，可以设置演示文稿定时保存，即指定自动保存时间间隔(如 5 分钟)，以减少不必要的损失，避免重复工作，如图 5-10 所示。

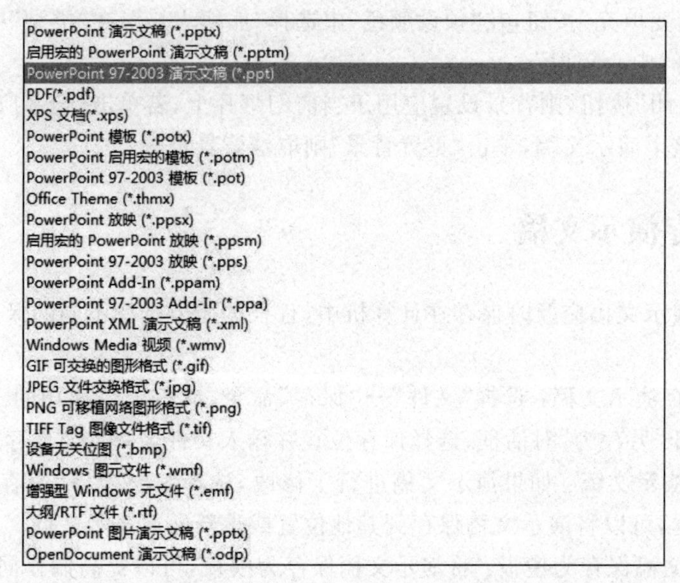

图 5-9　保存为低版本演示文稿

图 5-10　设置自动保存文件时间间隔

5.3 演示文稿的插入元素操作

5.3.1 输入文本

创建一个演示文稿，第一张就是标题幻灯片，需要输入文本。输入文本分两种情况，如图 5-10 所示。

① 有文本占位符。单击文本占位符，占位符的虚线框变成粗边线的矩形框，同时文本框中出现一个闪烁的光标，表示可以直接输入文本内容。输入完后，单击文本占位符以外的地方即可结束输入，占位符的虚线框消失，如图 5-11 所示。

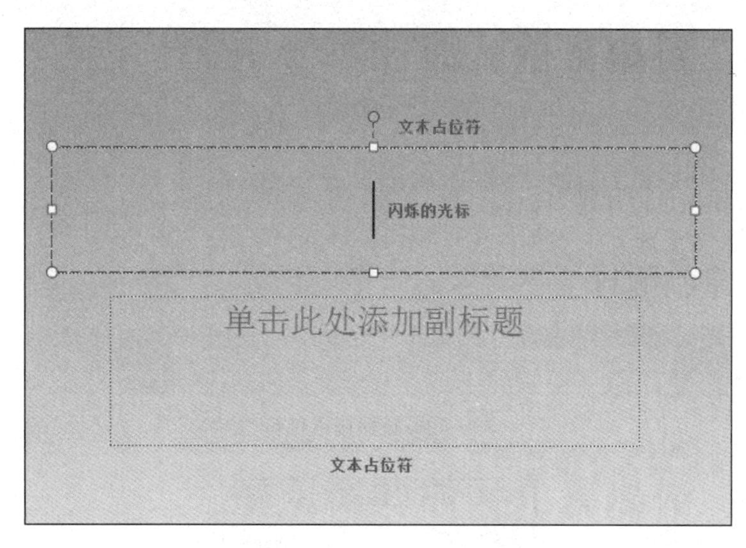

图 5-11　有文本占位符输入文本

② 无文本占位符：选择"插入"→"文本框"选项，选择"横排文本框(H)"或"竖排文本(V)"选项，输入文本，如图 5-12 所示。

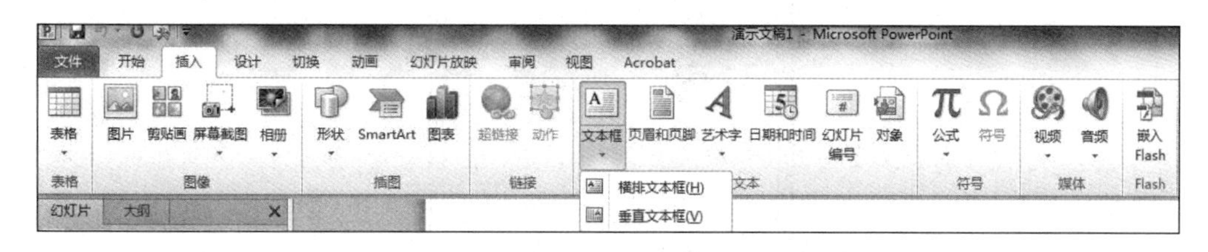

图 5-12　插入文本

文本输入完后，可对文本进行格式化，操作与 Word 类似。

5.3.2 插入剪贴画

在演示文稿中插入一些与文稿主题有关的剪贴画，可以使演示文稿生动有趣、更富吸引力。操作方法如下。

在内容占位符中，单击“剪贴画”占位符，如图 5-13 所示，弹出“剪贴画”对话框，在“搜索文字”编辑框内输入文本，如“人物”，在“结果类型”下拉列表中勾选所有媒体文件类型，单击“搜索”按钮，搜索出系统内置的所有人物剪贴画，如图 5-14 所示。

插入剪贴画后可对图片进行相关设置，操作与 Word 类似。

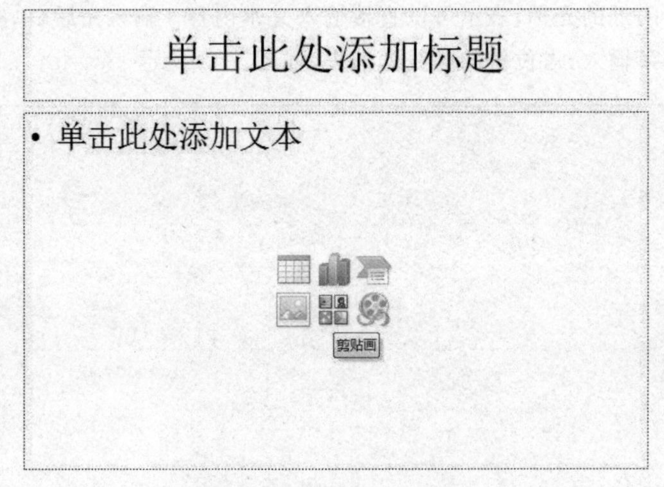

图 5-13 剪贴画占位符

图 5-14 “剪贴画”对话框

5.3.3 插入绘制图形

选择“插入”→“插图”→“形状”命令，展开“形状”下拉列表。在其中选择某种形状样式后单击，此时鼠标变成十字形状，拖动确定形状大小，绘制出所需图形，功能区显示出“绘图工具”选项卡，选择“格式”选项，设置绘制的图形，如图 5-15 所示。

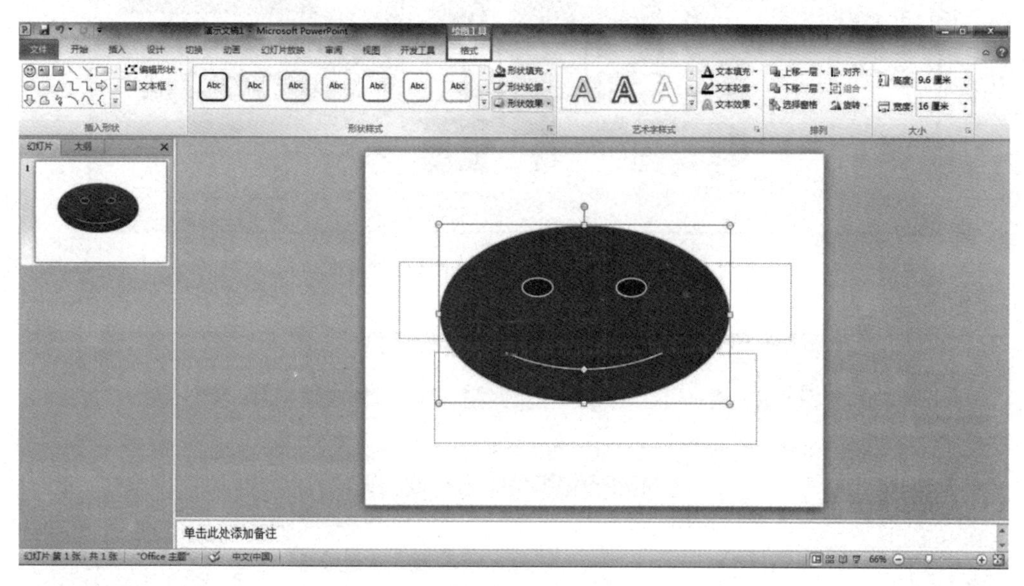

图 5-15 插入绘制图形

5.3.4 插入 SmartArt 图形

SmartArt 图形是信息和观点的视觉表示形式，可以通过从多种不同布局中选择来创建 SmartArt 图形。幻灯片中加入 SmartArt 图形(包括以前版本的组织结构图)，可使版面整洁，便于表现系统的组织结构形式。创建 SmartArt 图形时，系统会提示选择一种类型，如“列表”“流程”“层次结构”或“关系”等，类型类似于 SmartArt 图形的类别，并且每种类型包含几种不同布局。“选择 SmartArt 图形”对话框如图 5-16 所示。

选择“SmartArt 工具”→“设计”选项卡，在“创建图形”功能群组中选择“添加形状”命令，在弹出的下拉列表中选取“在后面添加形状”/“在前面添加形状”；选择“SmartArt 工具”→“格式”命令选项卡，设置 SmartArt 图形格式，如图 5-17 所示。

5.3.5 插入艺术字

选择“插入”选项卡，在“文本”功能群组中单击“艺术字”按钮，展开“艺术字”下拉列表，如图 5-18 所示。

单击艺术字样式(第 N 行第 M 列)，在幻灯片编辑区显示“请在此放置您的文字”艺

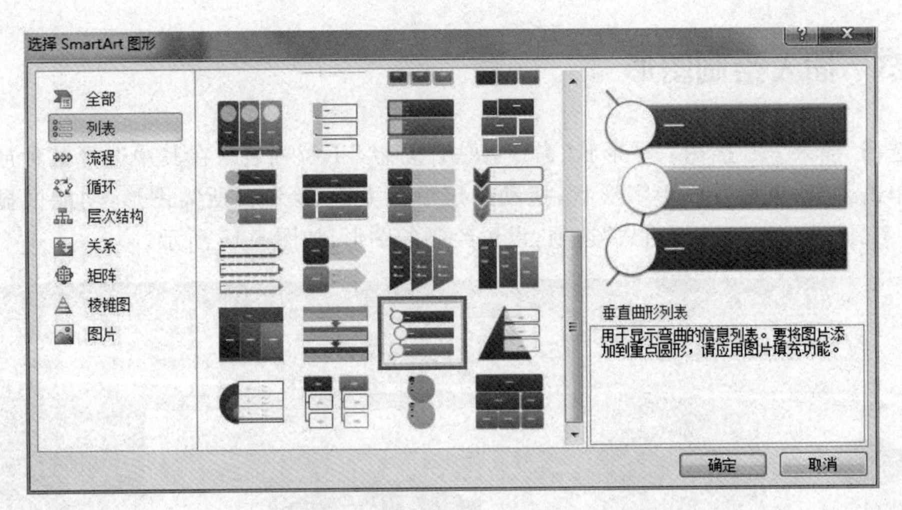

图 5-16 “选择 SmartArt 图形”对话框

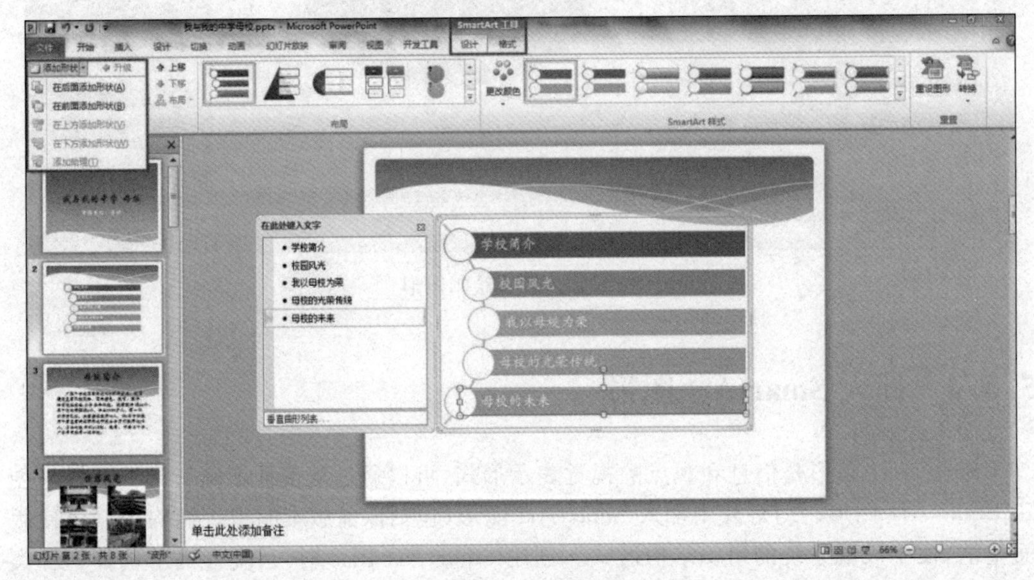

图 5-17 增加 SmartArt 形状格式

术字编辑框，输入要编辑的艺术字文本内容，在幻灯片上看到文本的艺术效果。选取艺术字，选择“绘图工具”的“格式”选项，在其中可以进一步设置艺术字，如图 5-19 所示。

5.3.6 插入图表

PowerPoint 2010 可直接利用“图表生成器”提供的各种图表类型和图表向导创建具有复杂功能和丰富界面的各种图表，增强演示文稿的演示效果。有图表占位符的单击图表占位符，或在“插入”选项卡中选择“图表”选项，均可启动 Microsoft Graph 应用程序插入图表对象，弹出“插入图表”对话框，如图 5-20 所示。

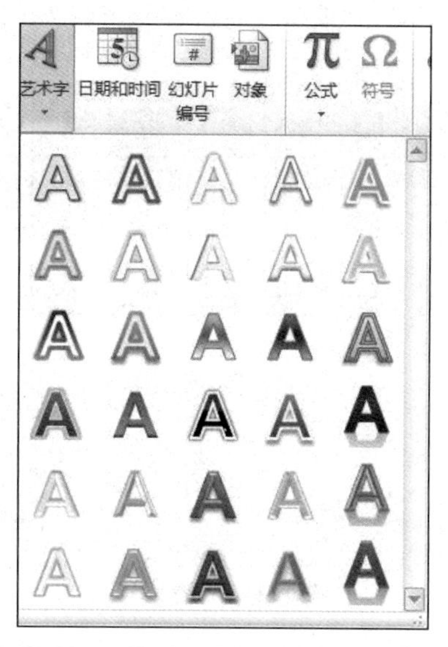

图 5-18　艺术字样式

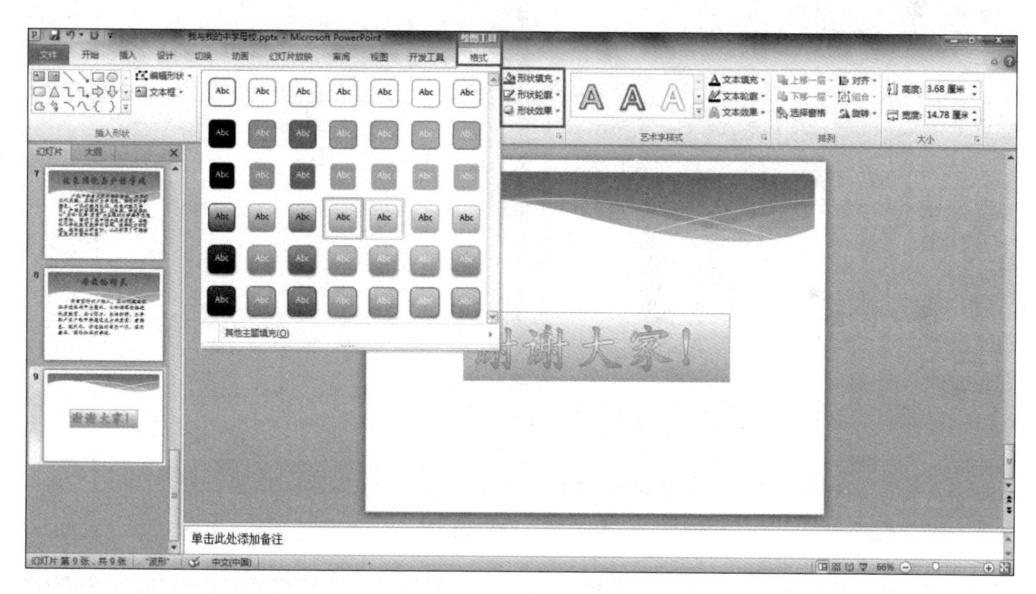

图 5-19　设置艺术字格式

选择"柱形图"→"簇状柱形图"，单击"确定"按钮，在幻灯片编辑区插入所选图表，同时弹出 Excel 表格，修改 Excel 表格内容，则图表相应改变，关闭 Excel 表格，则回到幻灯片编辑；"图表工具"下面有"设计"/"布局"/"格式"3 个功能按钮，可以对图表进行相关修改和设置，如图 5-21 所示。

选择单击"图表工具"下方的"设计"选项，弹出设计功能区，对图表进行设计，如图 5-22 所示。

选择"图表工具"下方的"布局"选项，弹出布局功能区，对图表进行布局，如图 5-23 所示。

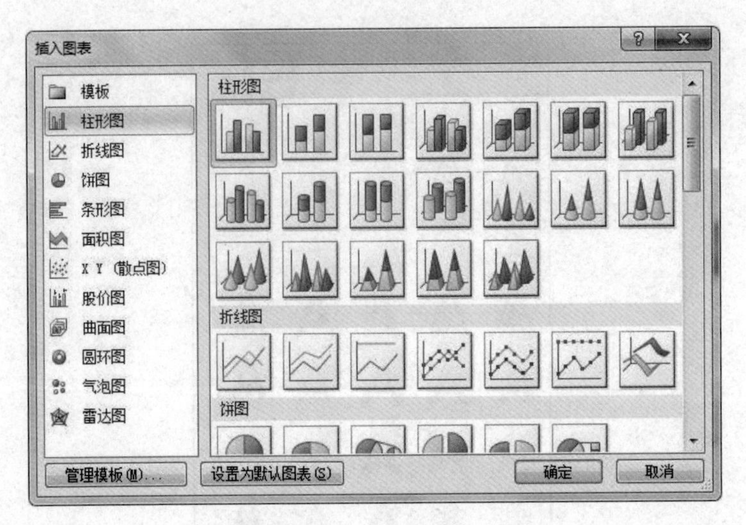

图 5-20　图表样式

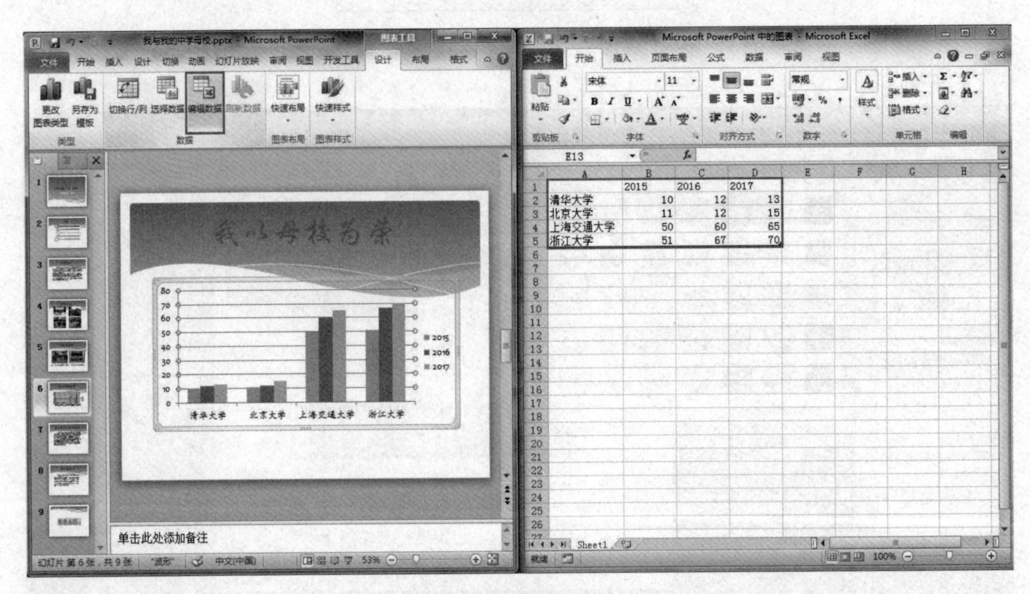

图 5-21　编辑图表

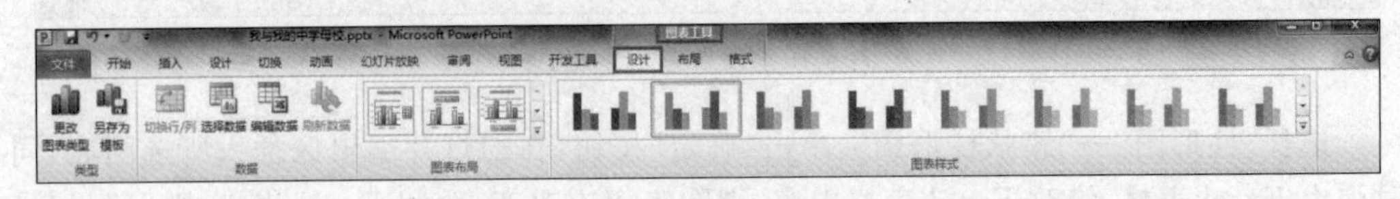

图 5-22　图表设计功能区

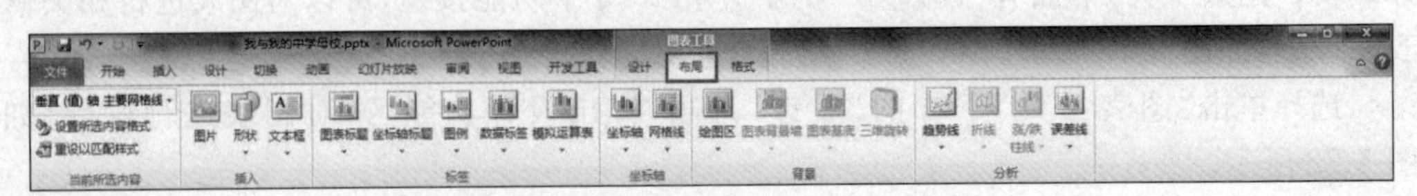

图 5-23　图表布局功能区

选择“图表工具”下方的“格式”选项，弹出格式功能区，对图表进行格式设计，如图 5-24 所示。

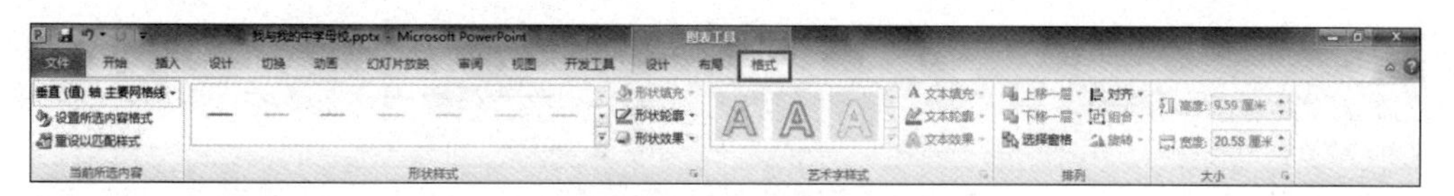

图 5-24　图表格式功能区

5.3.7　插入表格

在内容占位符上单击“插入表格”图标，弹出“插入表格”对话框，输入表格行数和列数，单击“确定”按钮，如图 5-25 所示。

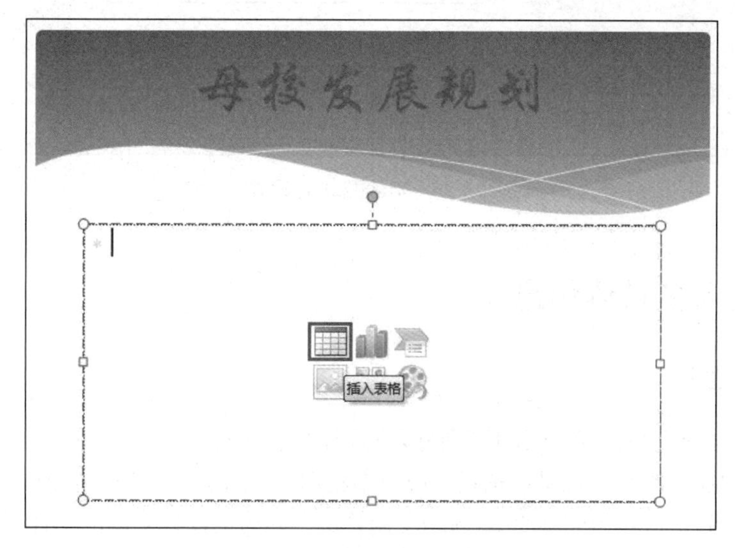

图 5-25　利用内容占位符插入表格

选择“插入”选项卡，在“表格”群组中选择“表格”选项，拖动鼠标插入所需表格，如图 5-26 所示，或选择表格下面的“插入表格…”选项，在弹出的“插入表格”对话框中，输入表格的行数和列数，如图 5-27 所示，单击“确定”按钮，即可在幻灯片中插入表格。

图 5-26　选择“插入表格”选项

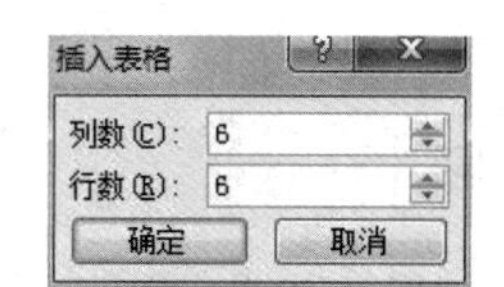

图 5-27　设置表格行数列数

单击“确定”按钮后，在幻灯片编辑区插入所需表格，同时，选项卡功能区弹出“表格工具”选项卡，选择“设计”“布局”选项，可对表格进行相关设置，如图 5-28 所示。

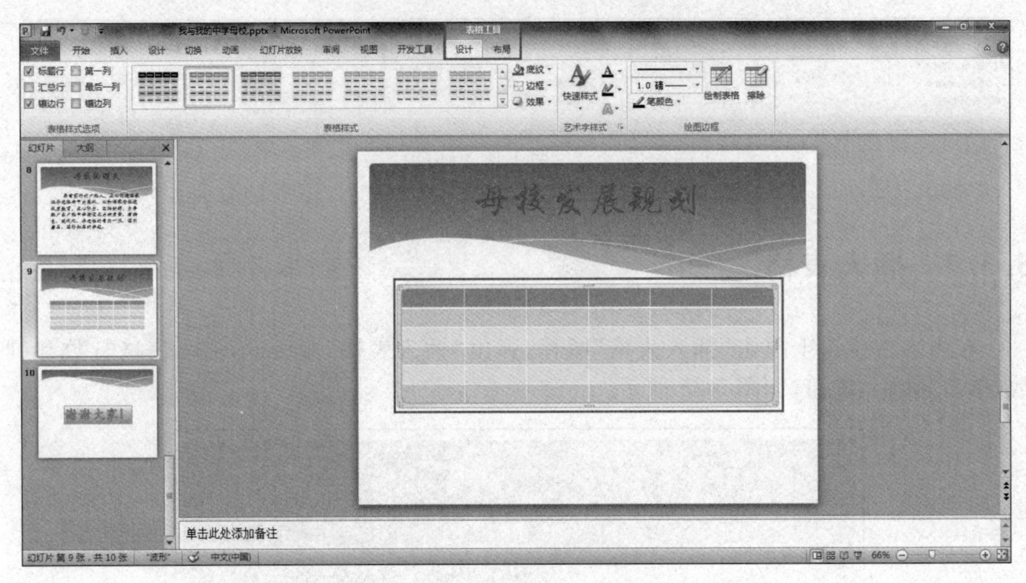

图 5-28　对表格进行设置

5.3.8　插入多媒体信息

1. 插入图片

在内容占位符上单击“插入图片”图标，或选择“插入”选项卡，在“图像”群组中选择“图片”选项，弹出“插入图片”对话框，选择一幅或多幅图片，单击“插入”按钮即可以将图片插入到幻灯片中。另外，PowerPoint 2010 新增了制作电子相册的功能：单击“图像”群组中的“相册”选项，可以将来自文件的一组图片制作成多张幻灯片的相册，如图 5-29 所示。

图 5-29　插入图像选项卡

选取某张图片，功能区显示“图片工具”选项卡，选择“格式”选项，对图片进行相关设置，如图 5-30 所示。

2. 插入音频

选择“插入”→“媒体”→“音频”选项，如图 5-31 所示，在弹出的下拉列表中有“文件中的音频”“剪贴画音频”“录制音频”,选取“文件中的音频”选项,弹出“插入音频”对话框,选取音频文件,单击“插入”按钮,幻灯片上将显示一个表示音频文件的图标,同时,功能区显示“音频工具”选项卡,下面包含“格式”“播放”选项,可以对音频播放进行相关设置,如图5-32所示。

图 5-30　设置图片格式

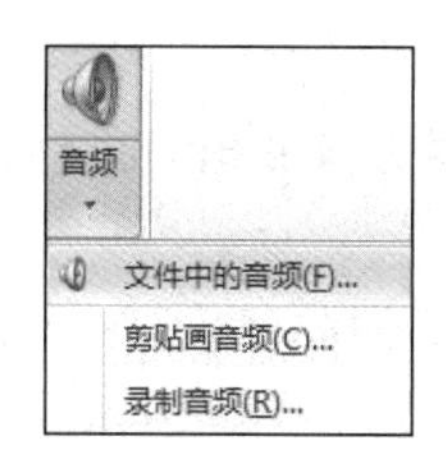

图 5-31　选取音频文件类型

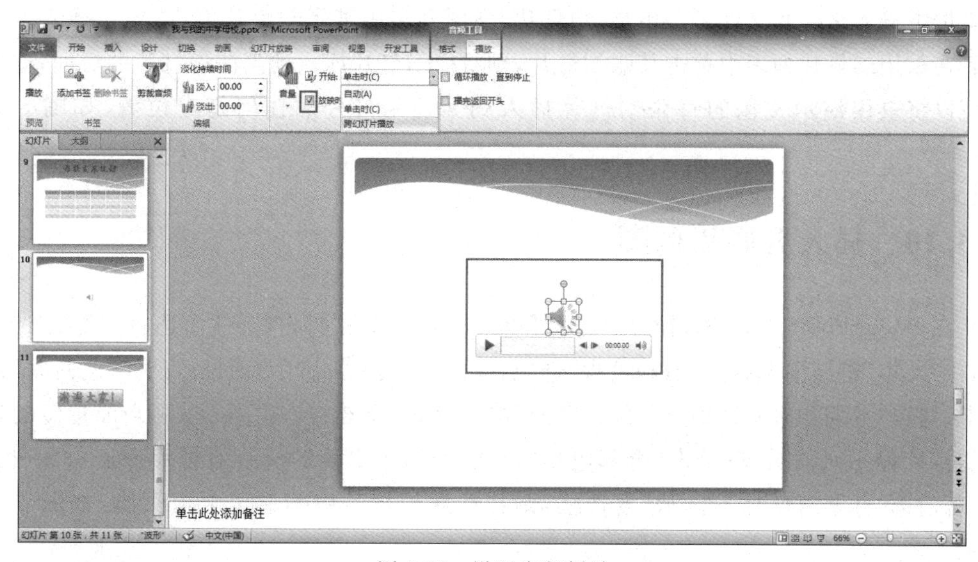

图 5-32　设置音频播放

插入的音频文件可以设置为自动播放、单击鼠标播放、跨幻灯片播放，选项如下。

① 自动播放：勾选“放映时隐藏”复选框，当放映到此张幻灯片时，音频图标自动隐藏，插入的音频文件将自动开始播放，切换到下一张幻灯片后，音频文件停止播放。

② 单击时播放：放映到此张幻灯片时，单击音频图标，插入的音频文件将开始播放，切换到下一张幻灯片后，音频文件停止播放。

③ 跨幻灯片播放：勾选“放映时隐藏”复选框，放映到此张幻灯片时，音频图标自动隐藏，插入的音频文件将自动开始播放，切换到下一张幻灯片，音频文件继续播放，直到幻灯片放映结束，这种方式通常设置背景音乐，音频文件插入到第一张幻灯片；或幻灯片放映结束，最后播放一首歌曲。

3. 插入视频

选择“插入”选项卡，在“媒体”群组中选择“视频”选项，如图 5-33 所示，选取“文件中的视频”“来自网站的视频”或“剪贴画视频”选项，弹出“插入视频文件”对话框，选取要插入的视频文件，单击“插入”按钮，将此视频插入到当前幻灯片。

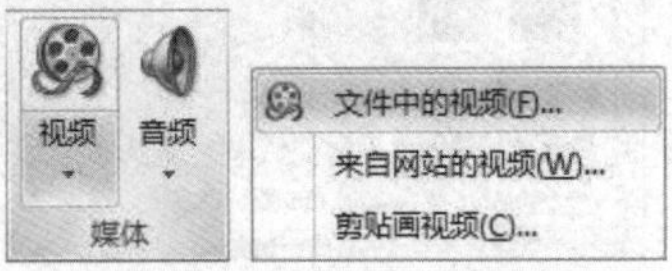

图 5-33　插入视频

5.3.9　插入其他演示文稿的幻灯片

在 PowerPoint 2010 编辑某个演示文稿时，可以插入其他演示文稿中的单张、多张或全部幻灯片。

选择某张幻灯片为当前幻灯片，选择“开始”→“幻灯片”→“新建幻灯片”→“重用幻灯片”选项，弹出“重用幻灯片”对话框，如图 5-34 所示。

单击“浏览”按钮，找到包含所需幻灯片的演示文稿的文件名，并将其打开，或直接在文本框中输入路径和文件名。单击“幻灯片”视图列表中某张幻灯片下方(定位插入点)，然后在重用幻灯片列表中单击某张幻灯片，则将此幻灯片插入到当前幻灯片的后面；这样就可以将重用演示文稿的每张幻灯片插入到当前幻灯片的任何指定位置，如图 5-35 所示。

5.3.10　插入页眉和页脚

在 PowerPoint 2010 编辑幻灯片时可以插入页眉和页脚，操作为：选择“插入”选项卡，在“文本”群组中选择“页眉和页脚”选项，弹出“页眉和页脚”对话框。选择“幻灯片”选项卡，勾选“日期和时间”“幻灯片编号”“页脚”复选框，单击“应用”按钮，则当前选定的这张幻灯片显示页眉页脚；单击“全部应用”按钮，则演示文稿的所有幻灯片都显示页眉页脚；若勾选“标题幻灯片不显示”复选框，则在标题幻灯片中不显示页眉页脚，如图 5-36 所示。

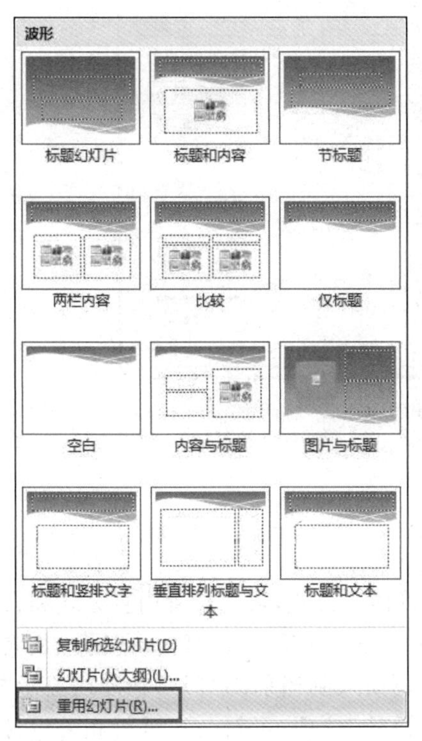

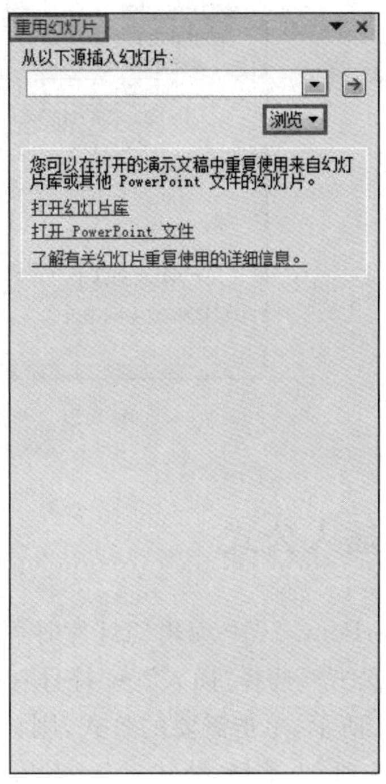

图 5-34　插入重用幻灯片

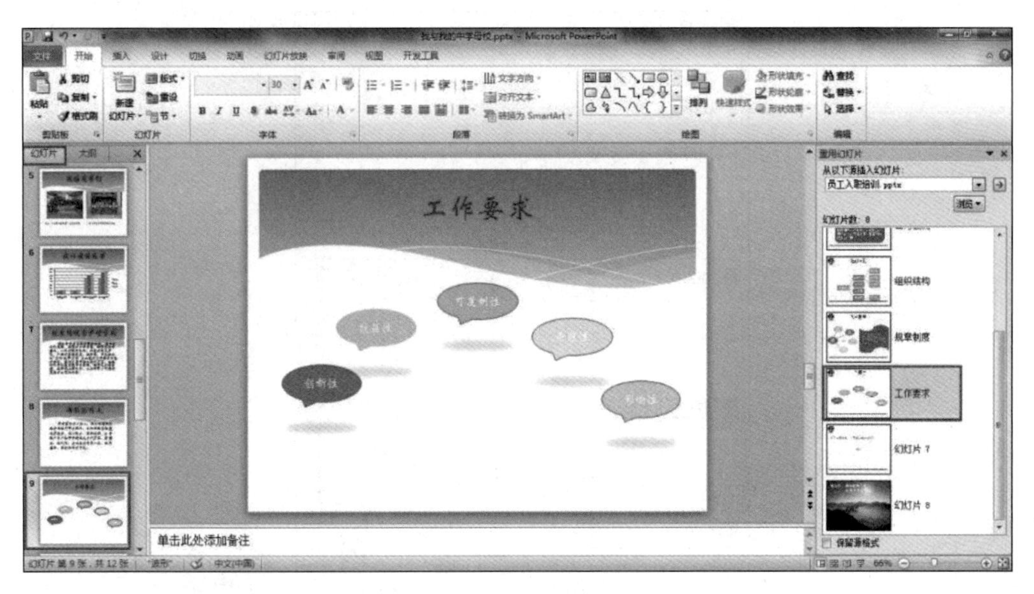

图 5-35　插入其他演示文稿的幻灯片

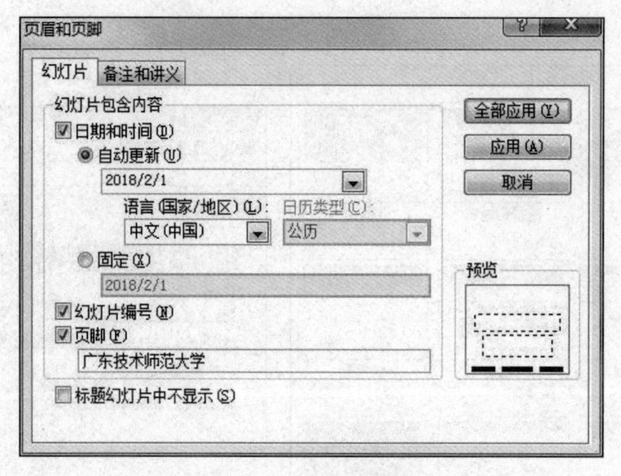

图 5-36 “页眉和页脚”对话框

5.3.11 插入公式

在 PowerPoint 2010 编辑幻灯片时可以插入公式，可以设置内置公式和自定义公式。

① 内置公式：选择“插入”→“符号”→“公式”选项，弹出“PowerPoint 内置公式”对话框，如图 5-37 所示，单击需要的公式，则公式插入到当前幻灯片，功能区显示“绘图工具”“公式工具”选项卡，选择“公式工具”下的“设计”选项，可对公式进行相关设计操作；选择“绘图工具”下的“格式”选项，可对公式格式进行相关设置，如图 5-38 所示。

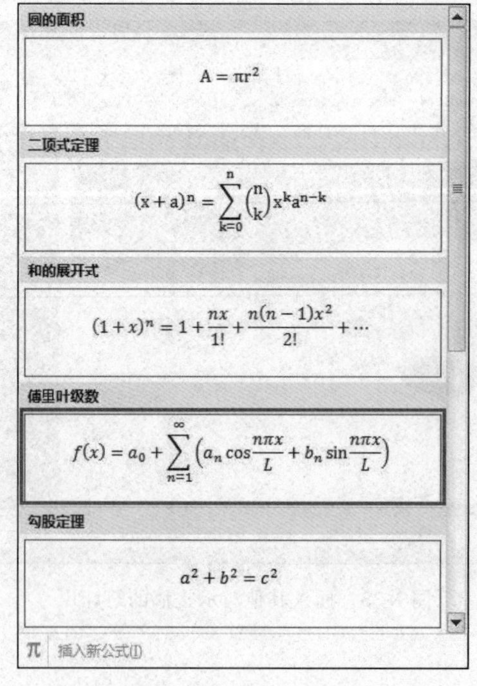

图 5-37 “PowerPoint 内置公式”对话框

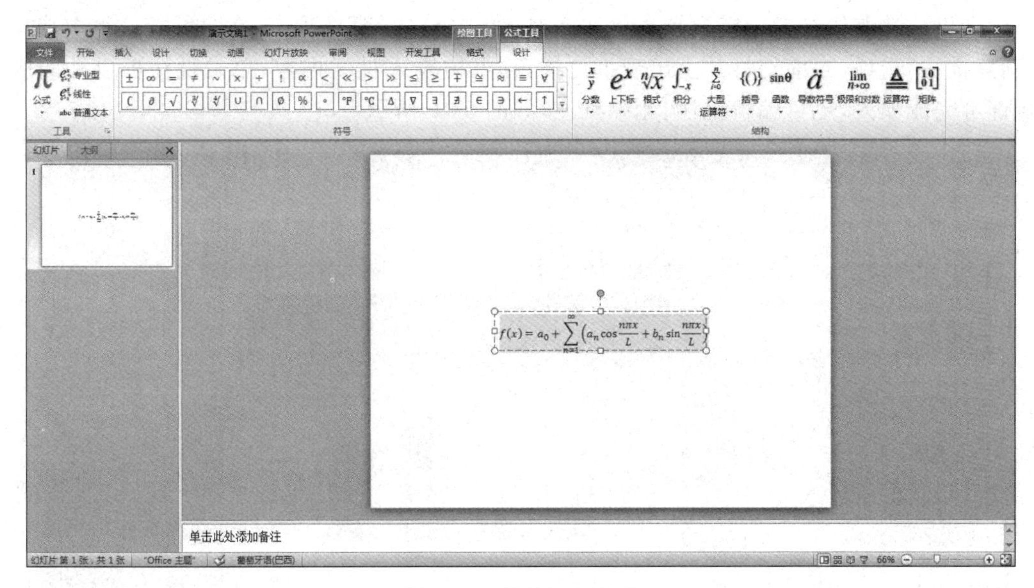

图 5-38　编辑已有公式

② 自定义公式：选择“插入”→“符号”→“π”选项，幻灯片编辑区出现提示框“在此处键入公式”，同时，功能区显示“绘图工具”“公式工具”选项卡，可以使用 PowerPoint 提供的“符号库”和“结构库”构建自己的公式，如图 5-39 所示。

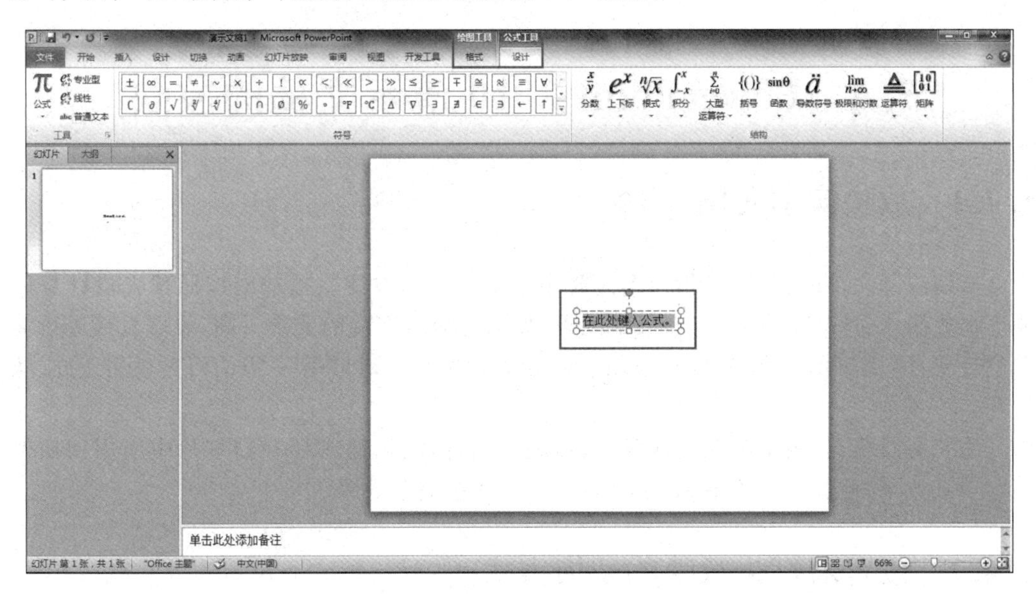

图 5-39　自定义公式

5.3.12　插入批注

批注是审阅文稿时在幻灯片上插入的附注，它会出现在黄色的批注框内，不会影响原演示文稿。选取幻灯片中需要插入批注的对象，选择“审阅”选项卡，在“批注”群组中选择“新建批注”选项，当前幻灯片上出现批注框，在框内输入批注内容，单击批注框以外的区域即可完成输入，也可编辑批注、删除批注，如图 5-40 所示。

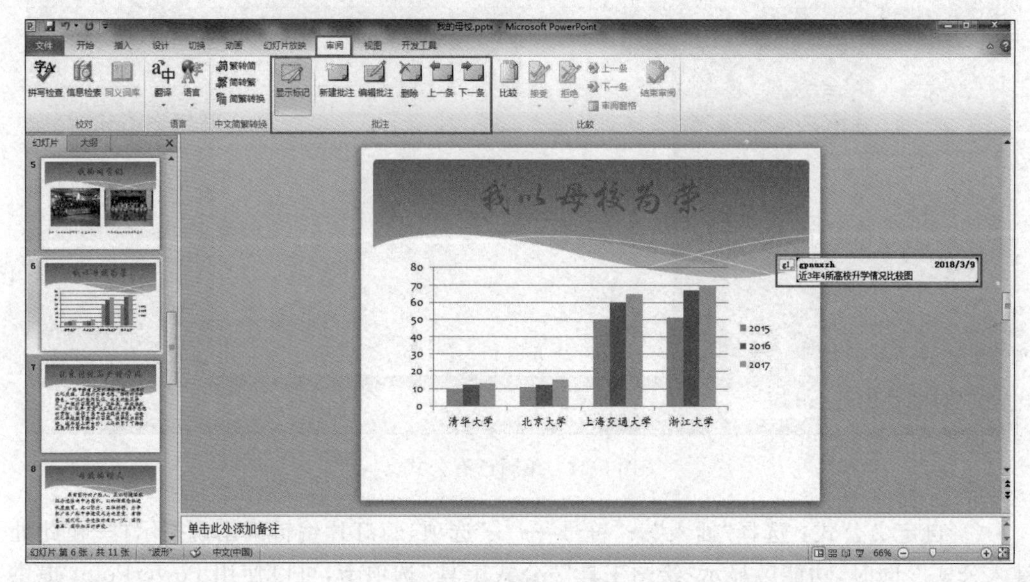

图 5-40　插入批注

5.4　PowerPoint 2010 演示文稿的放映

5.4.1　放映演示文稿

所谓演示文稿的放映，是指连续播放多张幻灯片的过程。播放时按照预先设计好的顺序播放演示每一张幻灯片。一般情况下，如果对演示文稿的要求不高，可以直接进行简单的放映，即从演示文稿中的某张幻灯片起，顺序放映到最后一张幻灯片为止的放映过程。

为了突出重点，吸引观众的注意力，在放映幻灯片时，通常要在幻灯片中使用切换效果和动画效果，使放映过程更加形象生动，实现动态演示效果。

5.4.2　设置幻灯片放映的切换方式

幻灯片的切换方式是指某张幻灯片进入或退出屏幕时的特殊视觉效果，目的是为了使前后两张幻灯片之间的过渡自然。幻灯片的切换效果是演示期间从一张幻灯片移到下一张幻灯片时进入或退出屏幕时的特殊视觉效果，如图 5-41 所示。

打开演示文稿，选择“切换”选项卡，选取切换方式“百叶窗”，选择“效果选项”选项，在下拉列表中选择“水平”效果，选择“声音”为“风铃”，“持续时间”为“00.75”，单击“全部应

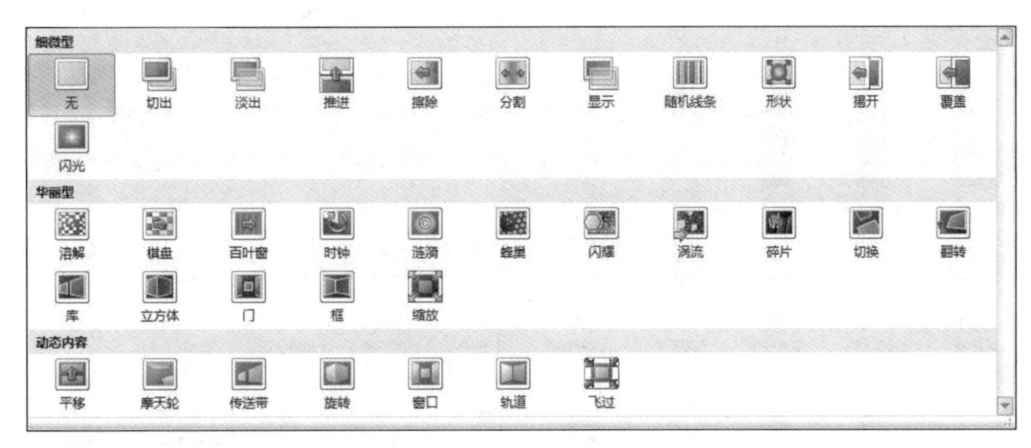

图 5-41　幻灯片切换方式

用”按钮，则此演示文稿每张幻灯片的切换方式都如上所示；否则，应用于当前所选幻灯片，即应用于一张幻灯片，如图 5-42 所示。

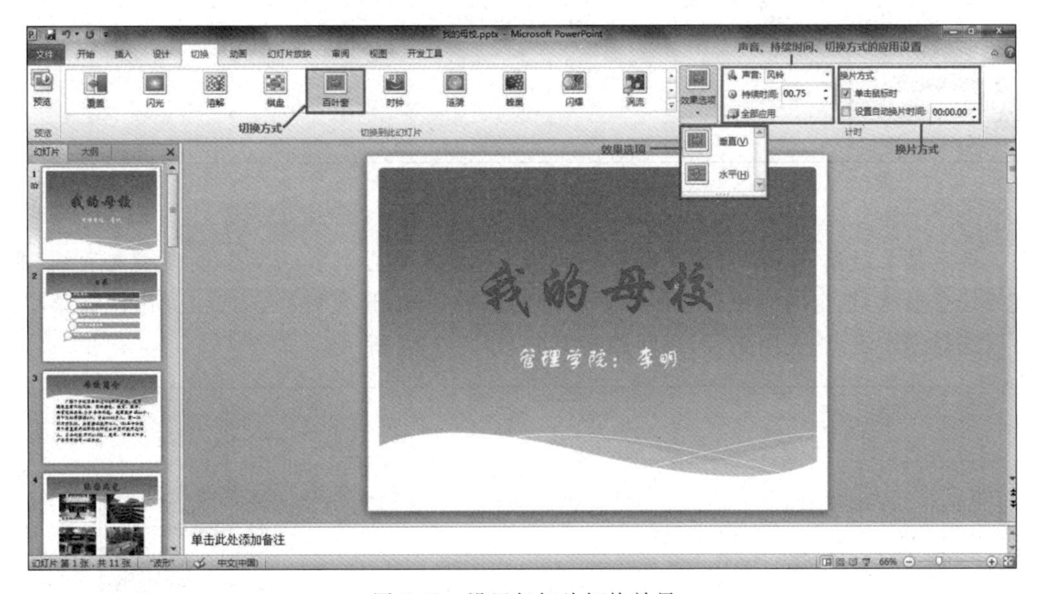

图 5-42　设置幻灯片切换效果

5.4.3　设置幻灯片的动画效果

动画效果是指在幻灯片的放映过程中，幻灯片上的各种对象以一定的次序及方式进入画面中产生的动态效果。

可以将 PowerPoint 2010 演示文稿中的文本、图片、形状、表格、SmartArt 图形和其他对象制作成动画，赋予它们进入、退出、大小或颜色变化以及自定义路径等动画效果，如图 5-43 所示。

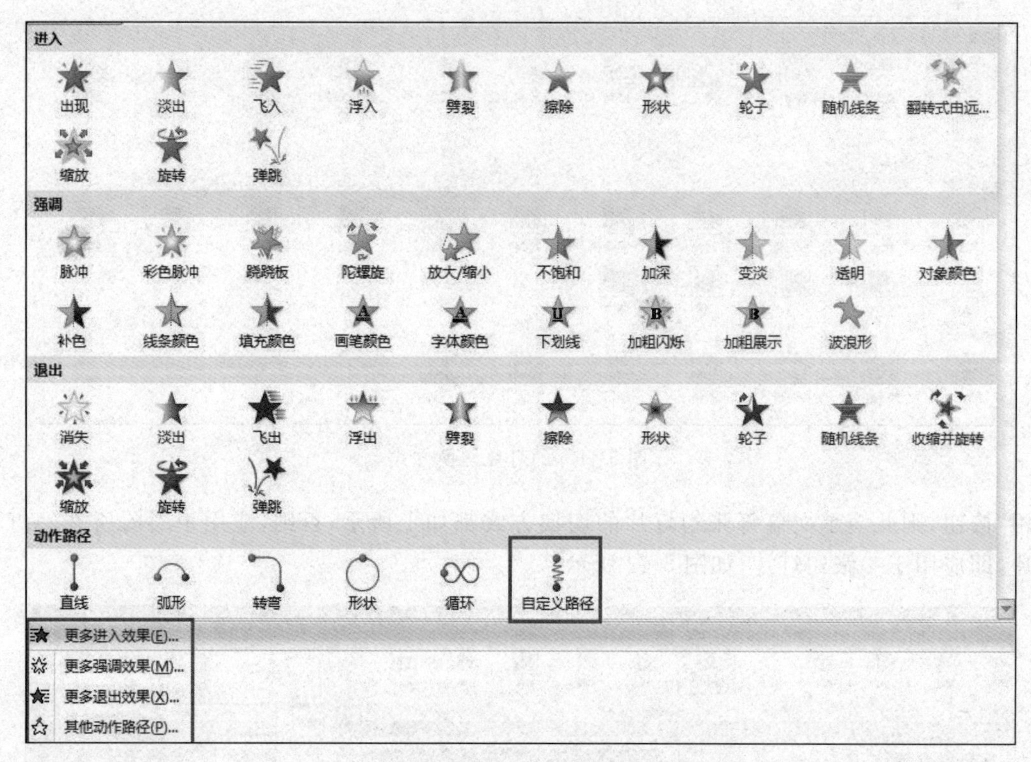

图 5-43　幻灯片动画效果

选定某个对象，选择“自定义路径”选项，光标变为实心十字，拖动鼠标随意画直线、曲线或任意形状，选定的对象就按照用户所画的路径运动，选定路径，右击，弹出快捷菜单，可以选择编辑定点、关闭路径、反转路径方向，如图 5-44 所示。

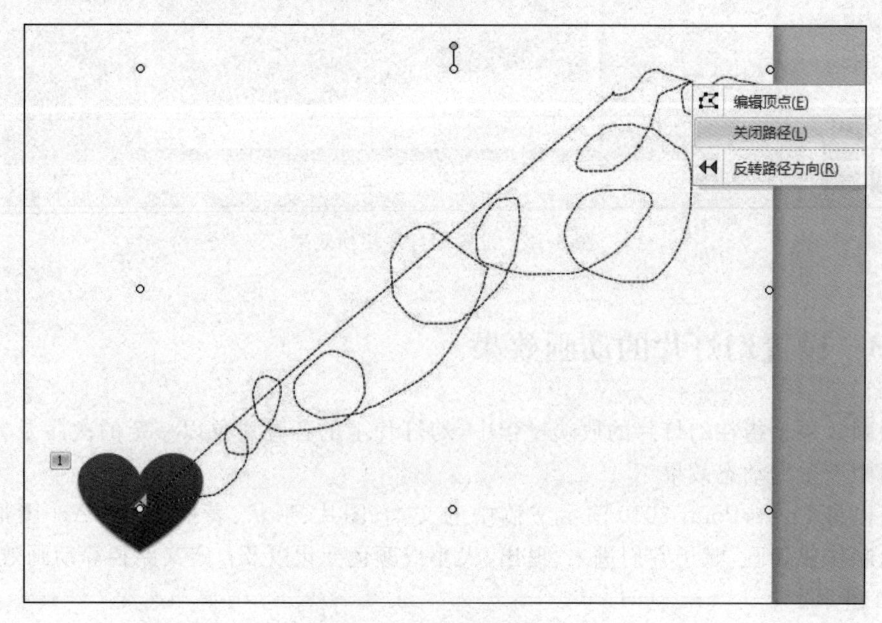

图 5-44　自定义路径

选择“动画”→“高级动画”→“动画窗格”选项，弹出“动画窗格”对话框，选择“效果选项”选项，如图 5-45 所示，对所选对象的“效果”“计时”“正文文本动画”进行设置，如图 5-46 所示。

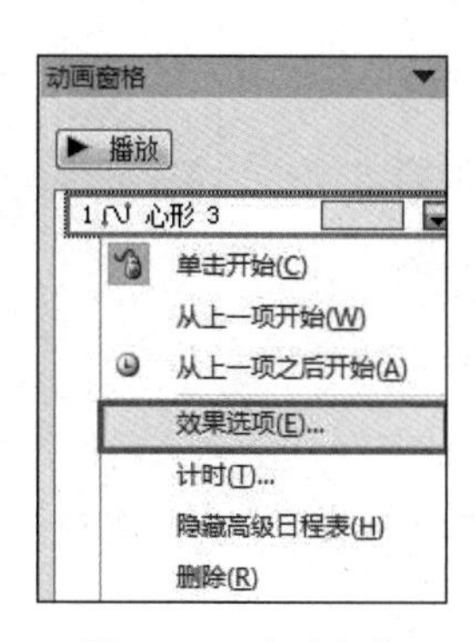

图 5-45　动画窗格

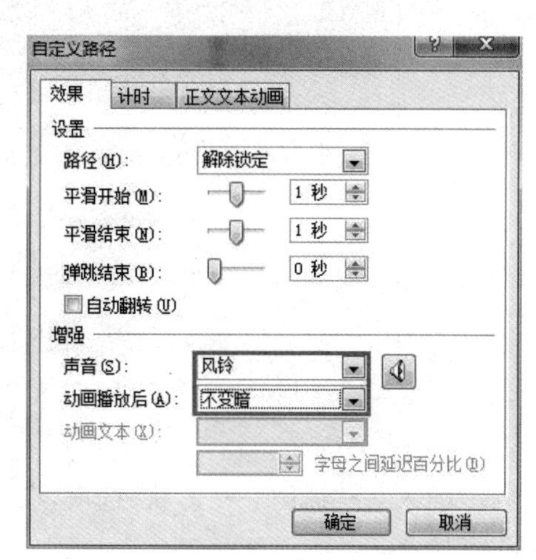

图 5-46　设置效果选项

5.4.4　创建超链接和动作按钮

在演示文稿中使用超链接功能，不仅可以在不同的幻灯片之间自由切换，还可以在幻灯片与其他 Office 文档或 HTML 文档之间切换，超链接还可以指向 Internet 上的站点。通过使用超链接，可以实现同一份演示文稿在不同的情形下显示不同内容的效果。

① 选择目录幻灯片，选取要设置超链接的文本，选择“插入”→“链接”→“超链接”选项，弹出“插入超链接”对话框，选择“本文档中的位置”→“母校简介”，单击“确定”按钮，即可完成所选文本超链接的设置，如图 5-47 所示。

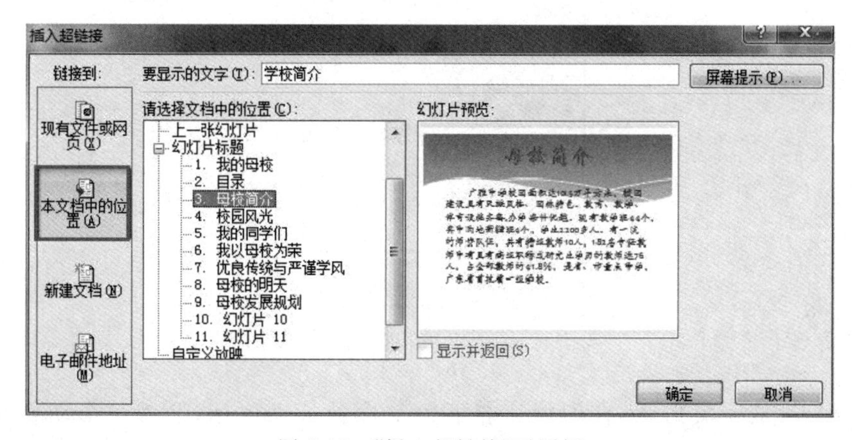

图 5-47　“插入超链接”对话框

② 在幻灯片编辑区可以看到，设置超链接的文本颜色已经变化，并且文本下方有一

条蓝色的线，使用相同方法依次为各项文本设置超链接，如图 5-48 所示。

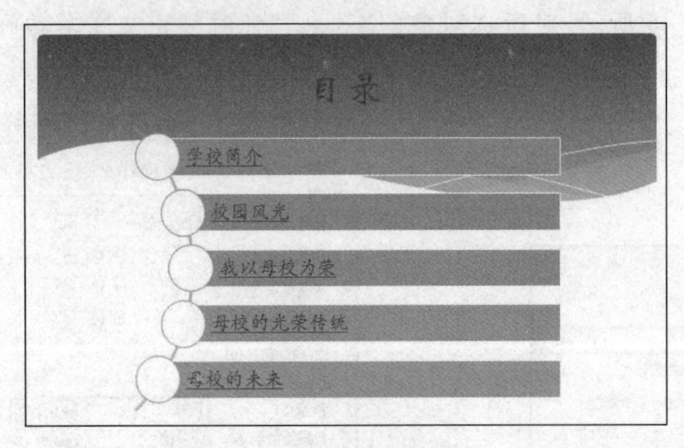

图 5-48　设置超链接

③ 选择“插入”→“插图”→“形状”选项，在形状列表的“动作按钮”组中选择第 5 个按钮，如图 5-49 所示。

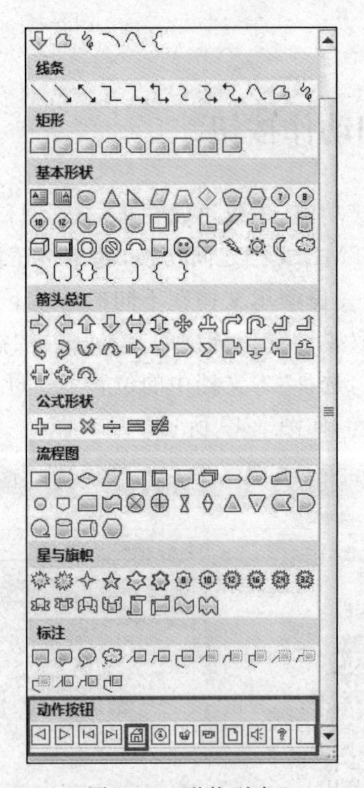

图 5-49　形状列表

④ 光标变成十字形状，在幻灯片右下角空白处拖动鼠标，绘制一个动作按钮，如图 5-50 所示。

松开左键，弹出“动作设置”对话框，如图 5-51 所示，单击“超链接到”单选项，在下拉列表中选择“幻灯片”选项，打开“超链接到幻灯片”对话框，选择“目录”幻灯片，依次单击“确定”按钮，如图 5-52 所示。

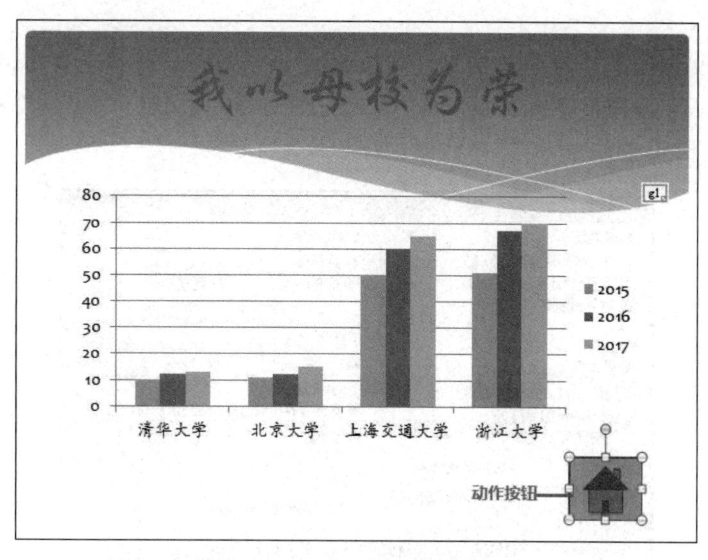

图 5-50　绘制动作按钮

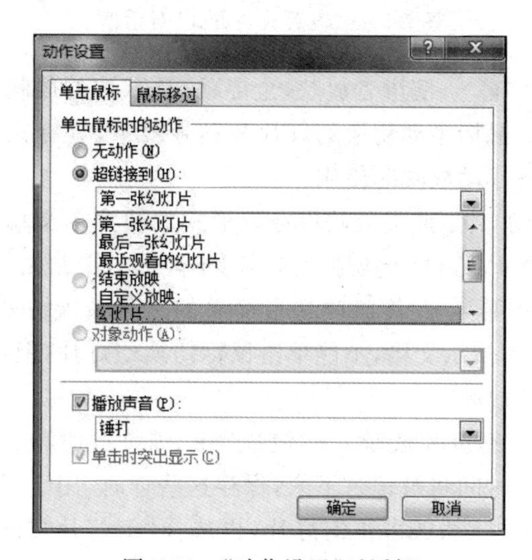

图 5-51　“动作设置”对话框

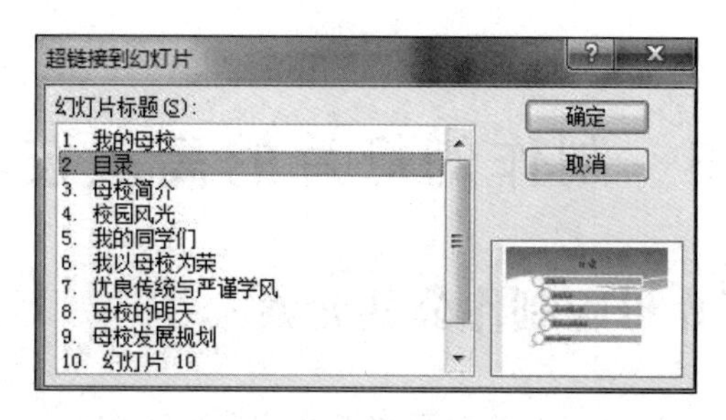

图 5-52　选择超链接到的目标

5.4.5 幻灯片的放映

制作演示文稿的最终目的就是要将制作的演示文稿展示给观众欣赏，即放映演示文稿。不同的演示环境需要不同的放映方式。选择“幻灯片放映”→“设置”→“设置幻灯片放映”选项，打开“设置放映方式”对话框，如图 5-53 所示。

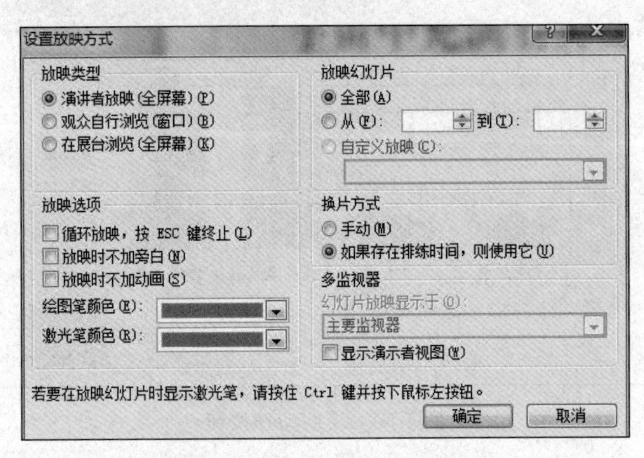

图 5-53 “设置放映方式”对话框

① 演讲者放映(全屏幕)：演讲者放映(全屏幕)是默认的放映类型，以全屏幕方式放映演示文稿，演讲者单击鼠标手动切换幻灯片和动画效果，具有完全控制权，也可以在放映过程中录下旁白，以备自动放映时使用。

② 观众自行浏览(窗口)：此类放映以窗口形式放映演示文稿，放映过程当中可以利用滚动条、PageDown 键、PageUp 键切换幻灯片，不能通过单击鼠标放映。

③ 在展台浏览(全屏幕)：此类放映是最简单的一种放映方式，不需要人为控制，系统自动以全屏幕方式放映演示文稿，不能单击鼠标切换幻灯片，但可以超链接和动作按钮来切换，按 Esc 键可结束放映。

④ 排练计时：选择“幻灯片放映”→“设置”→“排练计时”选项，启动全屏幻灯片放映，每张幻灯片上所用的时间将被记录下来，保存这些计时，用于以后自动放映演示文稿。

⑤ 隐藏幻灯片：选取一张或多张幻灯片，再选择“幻灯片放映”→“设置”→“隐藏幻灯片”选项，则所选幻灯片不会放映出来，若再次选择“隐藏幻灯片”选项，则所选幻灯片又重新放映出来。

5.5 制作幻灯片的高级技巧

5.5.1 利用幻灯片母版制作公共元素

幻灯片母版是存储有关演示文稿主题和板式信息的主幻灯片，包括幻灯片的背景、颜色、字体、效果、占位符大小及位置等。

选择“视图”→“母版视图”→“幻灯片母版”选项，显示“幻灯片母版”功能区，按需要编辑幻灯片母版，编辑完成后关闭母版视图，重新回到普通视图；制作演示文稿时，常常需要在每一张幻灯片中都显示同一个对象，如公司的 Logo，该功能可以利用幻灯片母版来实现，如图 5-54 所示。

图 5-54　编辑幻灯片母版

5.5.2　将多个主题应用于演示文稿

如果演示文稿需要包含多个主题，则必须包含多个幻灯片母版。每个主题与一组版式相关联，每组版式与一个幻灯片母版相关联。选择“设计”→“主题”→“▼”选项，打开所有主题列表，或选择主题下面的“浏览主题”选项，打开外部主题文件，应用于当前打开的演示文稿，如图 5-55 所示。

右击某个主题，弹出快捷菜单，在其中选取命令“应用于相应幻灯片(M)”“应用于所有幻灯片(A)”或“应用于选定幻灯片(S)”，如图 5-56 所示。

5.5.3　在幻灯片中插入 Flash 文件

准备在 PowerPoint 2010 中插入预先准备好的 Flash 文件 *.swf，但是在默认状态下，“开发工具”这一工具栏并没有出现在界面上，需要先从自定义工具栏中加入。

① 为了方便，把需要插入的 Flash 文件 flash12.swf 和幻灯片演示文稿放在同一个文件夹内。运行 PowerPoint 程序，打开要插入 Flash 文件的幻灯片。

② 选择“文件”→“选项”选项，如图 5-57 所示。

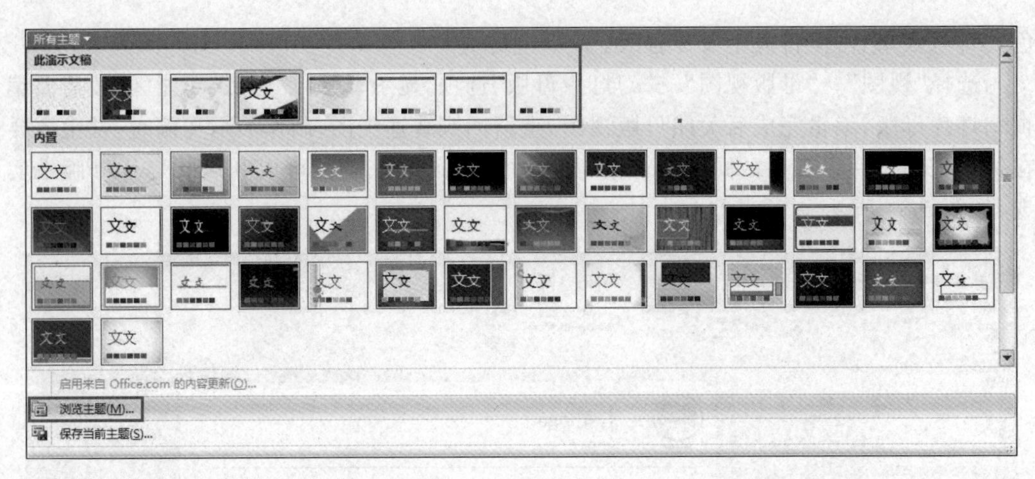

图 5-55　主题列表

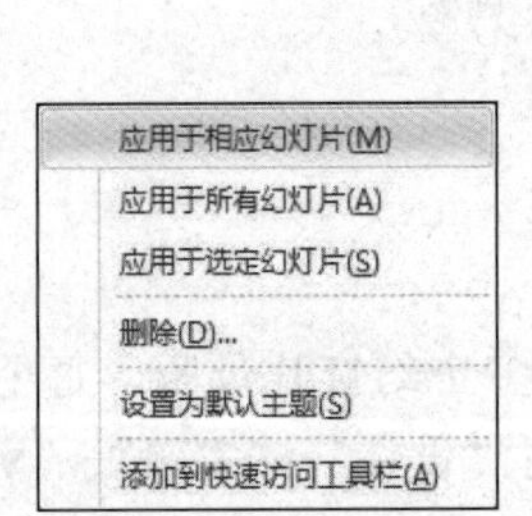

图 5-56　应用主题

图 5-57　选择"选项"选项

③ 弹出"PowerPoint 选项"对话框，在其中选取"自定义功能区"，在右面的自定义功能区中选择主选项卡，勾选下面的"开发工具"选项，单击"确认"按钮返回，如图 5-58 所示。

④ 确认后，界面出现"开发工具"选项卡。在"开发工具"功能区的"控件"群组中选择"其他控件"选项，如图 5-59 所示。

⑤ 在弹出的"其他控件"对话框中选择 Shockwave Flash Object 对象(技巧：按 S 键可快速定位到 S 开头的对象名)，单击"确认"按钮，如图 5-60 所示。

⑥ 此时鼠标变成十字，在 PowerPoint 编辑区拖动鼠标，绘制播放 Flash 的界面区域，如图 5-61 所示。

⑦ 在控件上右击，在弹出的快捷菜单上选择"属性"选项，如图 5-62 所示，打开属性对话框，如图 5-63 所示。

图 5-58　设置自定义功能区

图 5-59　“开发工具”功能区

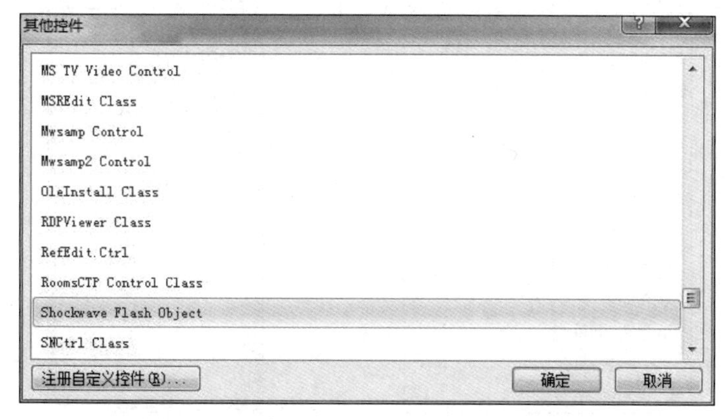

图 5-60　选择 Shockwave Flash Object 对象

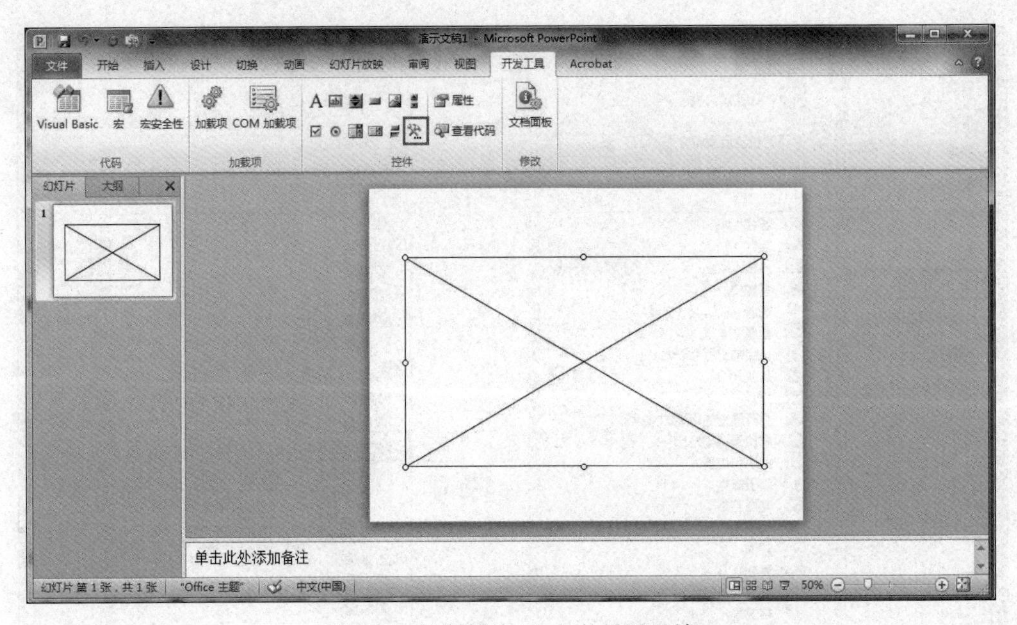

图 5-61 绘制播放 Flash 的界面区域

图 5-62 选择“属性”选项

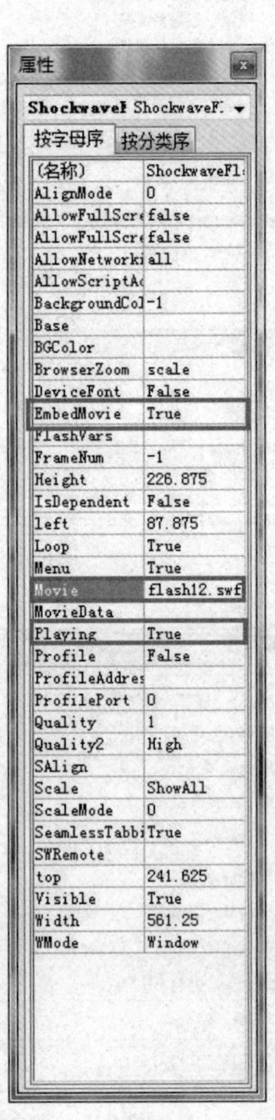

图 5-63 “属性”对话框

⑧ 在“属性”对话框中设置以下属性。

- 在“movie”项填上 flash 文件的文件名，请注意，文件名要包括文件扩展名 swf。
- 注意，“Playing”后面设置为 True，一般情况下设为 True，以实现 Flash 自动播放，如果为 False，则在播放第一帧后停止，需手动继续。
- 再把“EmbedMovie”后面的项设为 True，这个选项能确保 Flash 文件完全嵌入演示文稿，否则插入的文件可能仅仅是个链接。如果 Flash 文件和演示文稿有一个变动了路径，就无法播放，同样，如果只把演示文稿发给别人，未把 Flash 文件发走，同样无法播放。EmbedMovie 后面的项设为 True，确保 Flash 文件完全嵌入演示文稿，无上述后顾之忧。设置完后关闭属性对话框返回。

⑨ 保存文件，插入 Flash 文件就完成了。放映幻灯片，Flash 文件就自动放映。

5.5.4 演示文稿的发布

演示文稿制作完成后，根据使用需要保存并发布演示文稿，常用的发布方式如下。

1. 直接复制演示文稿

这种方法最简单、方便，只需要将制作的演示文稿的整个目录复制到 U 盘即可携带，但需要注意以下两点。

① 必须保证演示文稿中超链接的所有文件(文档、音频、视频)放在演示文稿同一目录中。

② 确保运行该演示文稿的计算机安装的 PowerPoint 版本与制作版本一致，不然可能会出现自定义动画不能正常播放的情况。

2. 将演示文稿打包成 CD

选择“文件”→“保存并发送”→“将演示文稿打包成 CD”→“打包成 CD”选项，弹出“打包成 CD”对话框，选取要复制的一个或多个文件，单击“复制到文件夹”按钮，如图 5-64 所示。

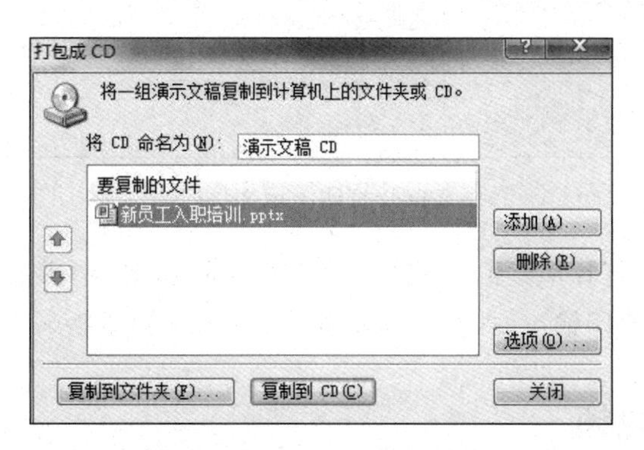

图 5-64 选取要复制的文件

弹出“复制到文件夹”对话框，如图 5-65 所示，命名文件夹名称或默认文件夹名称为“演示文稿 CD”，设置文件夹保存路径，单击“确定”按钮，将选定的文件打包成用户命名的文件夹或默认的文件夹“演示文稿 CD”。

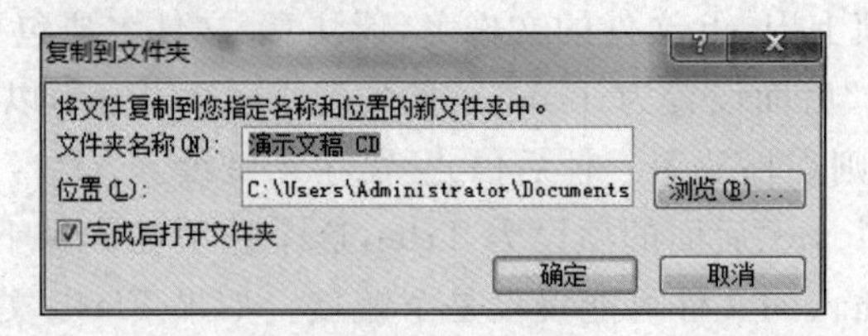

图 5-65 将文件打包

3. 打印演示文稿

选择“文件”→“打印”→“打印全部幻灯片”,如图 5-66 所示。

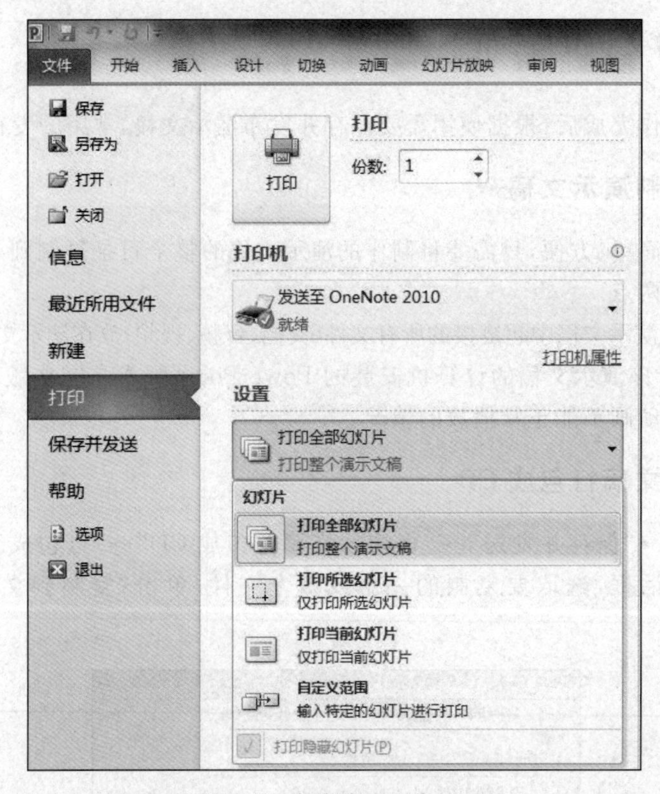

图 5-66 打印演示文稿(1)

选择“打印全部幻灯片”选项,弹出“打印版式”列表,选择“讲义”组中的“6 张水平放置的幻灯片”选项,则打印输出时,每页显示 6 张幻灯片,如图 5-67 所示。

5.5.5 录制微视频

① 打开要录制的演示文稿,在“幻灯片放映”选项卡“设置”群组中单击“录制幻灯片演示”的下拉框,如图 5-68 所示,选择“从头开始录制...”选项,弹出“录制幻灯片演示”对

话框，如图 5-69 所示，勾选复选框“幻灯片和动画计时(T)”“旁白和激光笔(N)”，单击“开始录制”按钮，进入幻灯片播放界面，左上角出现计时的对话框，如图 5-70 所示。

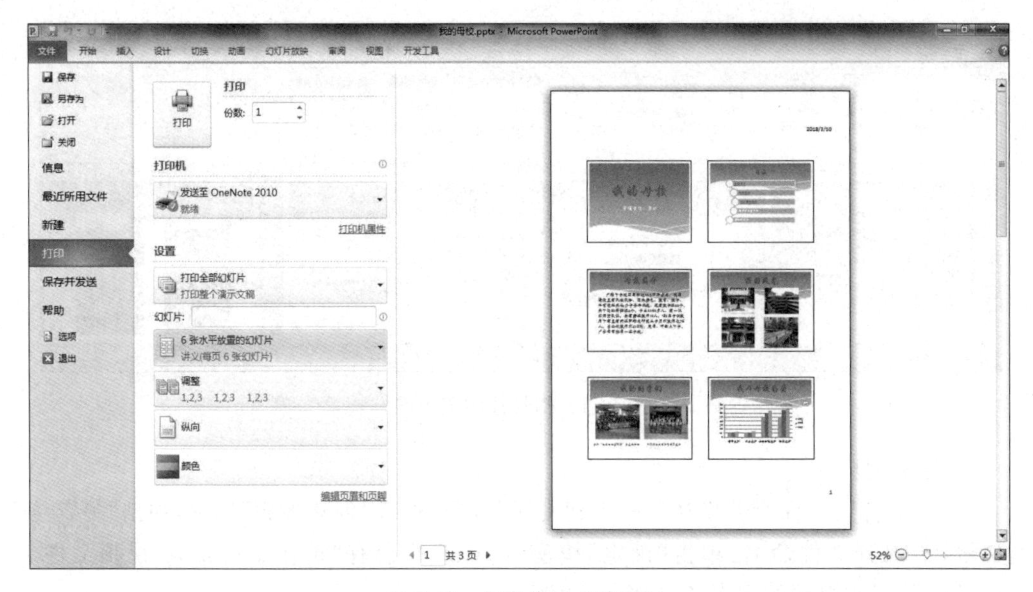

图 5-67　打印演示文稿(2)

图 5-68　从头开始录制

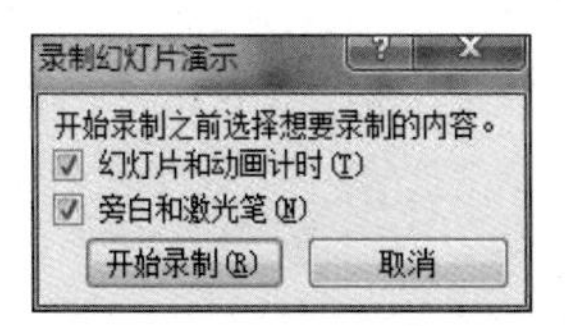

图 5-69　勾选录制选项

图 5-70　计时对话框

② 录制完成后，放映视图自动切换到浏览视图状态，每张幻灯片的左下角显示放映时间，右下角显示一个小喇叭(录制旁白)，如图 5-71 所示。

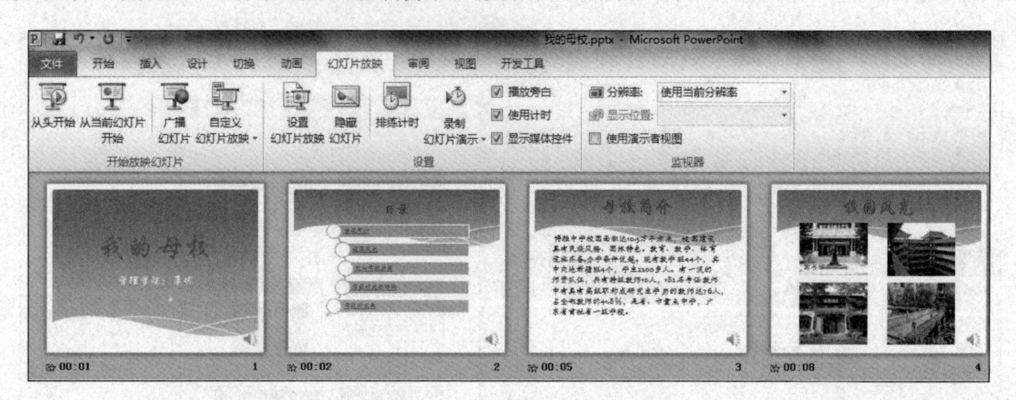

图 5-71　幻灯片浏览视图

③ 创建视频

单击“文件”→“保存并发送”→“创建视频”选项，选择“创建视频”选项，弹出“另存为”对话框，给视频文件命名，单击“确定”按钮后，状态栏会有“正在制作视频 视频文件名.wmv”以及制作视频的进度条，如图 5-72 所示。

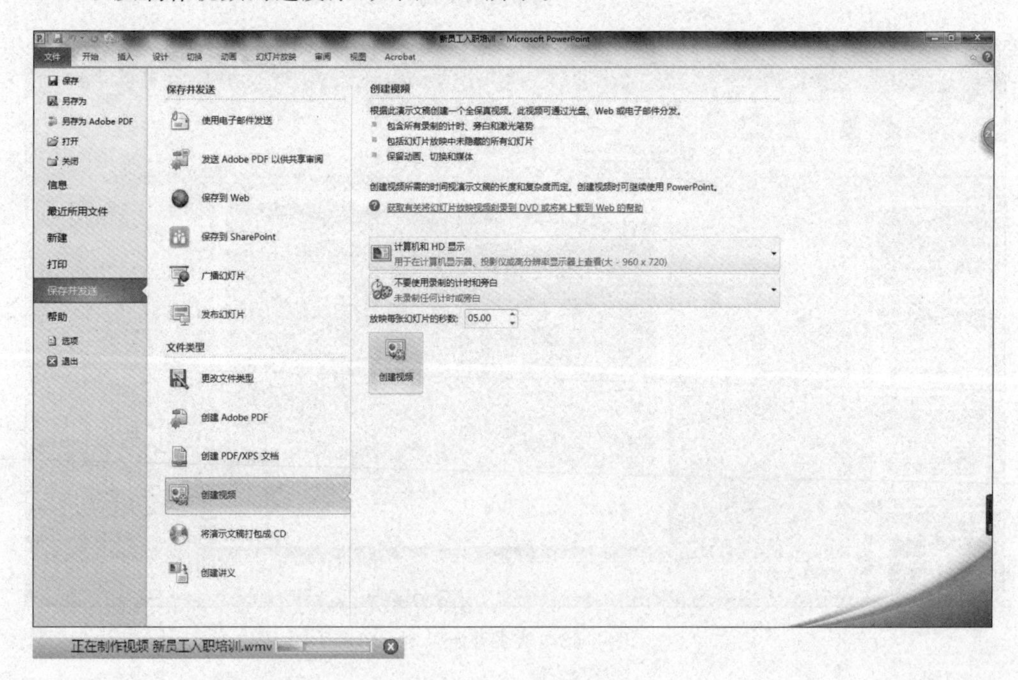

图 5-72　录制微视频

5.5.6 “节”的应用

当遇到一个庞大的演示文稿时，幻灯片标题和编号混杂在一起，内容也难分清楚上下文关系。在 PowerPoint 2010 中，可以使用“节”的功能组织幻灯片，就像使用文件夹组织文件一样。可以对“节”进行命名，分列幻灯片组。如果幻灯片制作是从空白模板开始，可使用节来列出演示文稿的主题。既可以在幻灯片浏览视图中查看节，也可以在普通视图中查看节。

选择“开始”选项卡，在“幻灯片”群组中选择“节”选项，弹出下拉列表，在其中选择“新增节”选项，弹出“重命名节”对话框，如图 5-73 所示，在其中输入“节名称”。

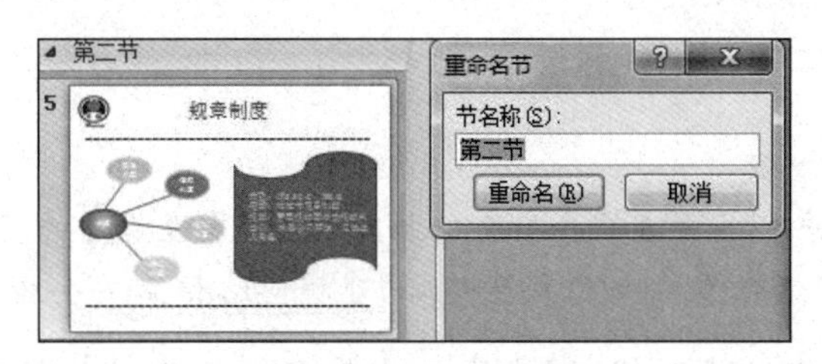

图 5-73　幻灯片分节

本 章 小 结

本章介绍了演示文稿软件 PowerPoint 2010 的新增功能，PowerPoint 2010 的创建、编辑及格式化处理的基础操作。学习本章的 PowerPoint 2010 基础知识，可以熟练掌握 PowerPoint 2010 演示文稿的主题、背景、样式及文本的编辑操作，掌握演示文稿中插入对象以及演示文稿放映中的切换方式、动画效果、超链接以及放映控制等内容。理解 PowerPoint 2010 的新增功能，借助图表配合文字描述，增加演示文稿的表述效果等。了解 PowerPoint 2010 的选项等高级设置、帮助信息及权限、共享等设置与操作，为今后的工作、学习提供帮助。

第6章 网络信息安全

学习目标：了解并掌握网络信息安全的基础知识；掌握病毒的基本概念、预防及查杀病毒的方法等；了解网络信息安全的发展趋势，理解网络信息安全模型。

人类正处在一个信息化时代，网络已经成为人们工作和生活中不可缺少的工具。随着网络在全球范围内的迅速普及，信息传递也由利用物理介质的传统方式转变为通过网络传播，所以网络信息的安全问题日益突出。信息与网络涉及国家的政府、军事、科技、文教、企业等诸多领域，在计算机信息网络中存储、传输和处理的信息，很多是政府宏观调控决策、商业经济信息、银行资金转账、股票证券、能源资源数据、科研数据等重要信息，其中一些是敏感信息甚至是国家机密，所以难免会吸引来自世界各地的各种人为攻击（例如制造计算机病毒、信息窃取、伪造用户身份、入侵工业和军事网络等）。因此，网络信息安全事关国家安全，信息化建设事关国家发展、社会稳定、企业生存和发展等重大问题。

随着网络的发展、技术的进步，信息安全面临的挑战也在增大。中国互联网络信息中心（CNNIC）的最新统计数据显示，截至2017年12月，我国网民规模达到7.72亿，互联网普及率达到55.8%，其中使用手机上网的人群占比为97.5%。网站总数为533万个，网络购物用户规模达到5.33亿，网上支付用户规模达到5.31亿，在线政务服务用户规模达到4.85亿。国际上围绕互联网关键资源和网络空间国际规则的角逐更加激烈，云计算、工控系统、智能硬件、个人隐私等都面临着安全威胁，黑客组织和"暗网"市场的横行令网络攻击与日俱增，破坏性难以估量。互联网是一把"双刃剑"，在对社会发展起到积极作用，给人类带来巨大便利的同时，也出现网络犯罪、网络攻击、网络泄密等诸多安全问题。安全是网络赖以生存的基础，只有网络安全得到保障，网络才能不断进步和发展。一方面，对网络的攻击方式层出不穷，两年间增加了十几倍，攻击方式的增加意味着对网络威胁的增大。随着硬件技术和并行技术的发展，计算机的计算能力迅速提高，针对安全通信措施的攻击也不断增大。另一方面，网络应用范围的不断扩大使人们对网络依赖的程度增大，对网络的破坏造成的损失和混乱会比以往任何时候都大。这些对网络信息安全保护提出了更高的要求，也使网络信息安全学科的地位更加重要，网络信息安全必然随着网络应用的发展而不断发展。

本章主要围绕网络信息安全现状、主要威胁、防御技术和计算机病毒四个方面讨论。

6.1 网络信息安全现状

习近平总书记指出,“网络安全和信息化是事关国家安全和国家发展,事关广大人民群众工作生活的重大战略问题。”互联网与生俱有的开放性、交互性和分散性特征使人类所憧憬的信息共享、开放、灵活和快速等需求得到满足。网络环境为信息共享、信息交流、信息服务创造了理想空间,网络技术的迅速发展和广泛应用为人类社会的进步提供了巨大推动力。正是由于互联网的上述特性,产生了许多安全问题。具体如下。

① 黑客(hacker)。指在互联网上有一批熟悉网络技术的人,经常利用网络现存的一些漏洞设法进入他人的计算机系统。有些人只是为了好奇,而有些人是心怀不良动机侵入他人系统,偷窥机密信息,或破坏计算机系统,这部分人就被称为“黑客”。尽管人们在计算机技术上做出了种种努力,但这种攻击却是愈演愈烈。从单一地利用计算机病毒破坏和用黑客手段进行入侵攻击转变为使用恶意代码与黑客攻击手段相结合,使得这种攻击具有传播速度迅猛、受害面惊人和穿透深度广的特点,往往一次攻击就会给受害者带来严重的破坏和损失。

② 信息泄露、信息污染、信息不易受控。例如,资源未授权侵用、未授权信息流出现、系统拒绝信息流和系统否认等,这些都是信息安全的技术难点。

③ 在网络环境中,一些组织或个人出于某种特殊目的,进行信息泄密、信息破坏、信息侵权和意识形态的信息渗透,甚至通过网络进行政治颠覆等活动,使国家利益、社会公共利益和各类主体的合法权益受到威胁。

④ 网络运用的趋势是全社会广泛参与,随之而来的是控制权分散的管理问题。由于人们的利益、目标及价值观产生分歧,使信息资源的保护和管理出现脱节和真空,从而使信息安全问题变得广泛而复杂。

⑤ 随着社会重要基础设施的高度信息化,社会的“命脉”和核心控制系统有可能面临恶意攻击而导致损坏和瘫痪,包括国防通信设施、动力控制网、金融系统和政府网站等。

6.1.1 目前网络信息安全表现

近年来,人们的网络安全意识逐步提高,很多企业根据核心数据库和系统运营的需要,逐步部署了防火墙、防病毒和入侵监测系统等安全产品,并配备了相应的安全策略。虽然有了这些措施,但并不能解决一切问题。我国网络安全问题日益突出,主要表现在以下几个方面。

1. 网络安全产业薄弱

随着“互联网+”、智能制造等新兴产业的崛起,传统网络安全威胁加速向工业网络、系统、设备渗透的病毒、木马日益猖獗。安全企业或者整个行业都面临着新品开发与技术的更新,传统的防御体系已经落后,更适合互联网特性的新产品呼之欲出。与国际巨头相比，我国网络安全产业起步晚、发展慢，多以提供技术和产品的中小民营企业为主。这些企业的技术能力参差不齐，规模较小，缺少技术交流，难以形成合力。据统计，美国政府和企业每年对网络安全投入占其 IT 投入的 15%左右，其他发达国家也在 10%以上，而我国仅占 1%。我国网络安全投入和整体市场规模有很大的提升空间。

2. 安全事件不能准确定位

信息安全系统通常是由防火墙、入侵检测、漏洞扫描、安全审计、防病毒、流量监控等产品组成的，但是由于安全产品来自不同的厂商，没有统一的标准，所以安全产品之间无法进行信息交流，于是形成许多安全孤岛和安全盲区。由于事件孤立，相互之间无法形成很好的集成关联，因而一个事件的出现不能关联到真实问题。

如入侵监测系统事件报警，就需关联同一时间防火墙报警、被攻击的服务器安全日志报警等，从而了解是真实报警还是误报；如是未知病毒的攻击，则分为两类，即网络病毒、主机病毒。网络病毒大都表现为流量异常，主机病毒大都表现为中央处理器异常、内存异常、磁盘空间异常、文件的属性和大小改变等。要发现这个问题，需要关联流量监控（网络病毒）、服务器运行状态监控（主机病毒）、完整性检测（主机病毒）来发现。为了预防网络病毒大规模爆发，必须在病毒爆发前快速发现中毒机器并切断源头。如服务器的攻击，可能是安全事件遭病毒感染；分布式拒绝服务（distributed denial of service，DDoS）攻击可能是服务器 CPU 超负荷；端口某服务流量太大、访问量太大等，必须将多种因素结合起来才能更好地分析，快速知道真实问题点并及时恢复正常。

DDoS 是一种基于 DoS（deny of service）的特殊形式的拒绝服务攻击，是一种分布、协作的大规模攻击方式，主要瞄准比较大的站点，像商业公司、搜索引擎和政府部门的站点。DDoS 攻击是利用一批受控制的机器向一台机器发起攻击，这样来势迅猛的攻击令人难以防备，因此具有较大的破坏性。

3. 无法做集中的事件自动统计

它包括某台服务器的安全情况报表、所有机房发生攻击事件的频率报表、网络中利用次数最多的攻击方式报表、发生攻击事件的网段报表、服务器性能利用率最低的服务器列表等。需要管理员人为地对这些事件做统计记录，生成报告，从而耗费大量人力。

4. 网络安全意识缺乏

普通民众对网络主权、网络边疆和网络安全的认识不深，认识不到“网络安全人人有责”，危机意识、紧迫意识、参与意识不强。对网络看负面多、看消极多、看危害多，把敌对势力的网上攻击视若洪水猛兽。有的把网络使用管理与安全管理、保密捆在一起，搞“一刀切”、全面禁止，缺少科学化的应对措施，一管就死，一放就乱。

5. 网络专业人才不足

与日益增长的网络安全需求相比，我国网络安全的人才储备较为稀缺。2016 年 11 月在武汉召开的“第五届全国网络与信息安全防护峰会”上，网络安全人才培养问题引发专家关注。教育部统计资料显示，全国理工院校达1200多所，其中仅有约103所院校开办网络安全专业，博士点、硕士点不到40个。据新华社报道，“截至2014年，我国重要行业信息系统和信息基础设施需要各类网络安全人才70余万人，到2020年，这一数字将达140万人，还会以每年1.5万人的速度递增。”“但目前，我国仅有126所高校设立了143个网络安全相关专业，仅占1200所理工学校的10%，不少985、211院校均未设立该专业。近3年，全国网络安全相关专业年均招生数在1万人左右，距离140万人的需求仍存在巨大差距。”此外，不仅人才总量远远不够，人才结构也远不能满足高速发展的信息化建设需要，专业型人才、复合型人才、领军型人才明显短缺。这一现状将严重影响我国网络安全建设，制约我国信息化发展进程。

6.1.2 网络信息的本质特性

网络信息有三种本质特性，分别是保密性、完整性和可用性。

1. 保密性

指未经授权的个体和实体不能使用信息，或者无法接触到信息。人们经常在网站上登记身份信息，如果网站被黑客入侵，数据库中的个人信息被盗取，那么信息的保密性就受到破坏。

2. 完整性

指信息保持一致，避免被非法篡改。随着现代金融业的发展，个人财富表现为银行账号上的数字，如果黑客入侵银行信息系统的数据库，篡改了资产数字，造成个人财富的增加或减少，那么信息的完整性就被破坏了。

3. 可用性

指信息在人们需要的时候是可以被获取的。不法分子入侵服务器，删除重要的数据文件而导致信息服务的中断，这就是可用性受到破坏。

网络信息安全是指在信息采集、加工、存储和传输四个过程中对信息保密性、完整性和可用性的保护，其本质是在信息的安全期内保证信息在网络上静态存储及动态传输时不因偶然或恶意的原因而遭到破坏、更改、暴露、窃取和非法使用。

互联网的商业模式不断创新，线上线下服务融合不断加速，公共服务上网步伐不断加快。以手机为中心的智能设备的普及进一步促进“万物互联”，构筑智能家居和人车互联的新体验。在网络发展的同时，网络信息安全问题也不可避免。随着信息化基础建设的推进，网络信息安全管理已经成为影响国家安全和社会稳定的重要因素，特别是随着4G/5G移动时代的来临，其重要性将更加突出。

据统计，超过一半的网民在日常使用网络的过程中遭遇过安全事件，主要集中在个人信息泄露、网上诈骗、设备中病毒或木马、账号或密码被盗4个方面。另外，在2017年，在我国境内监测到感染网络病毒的终端达到2095万个；被篡改的网站累计达60684个，其中政府网站累计达 1605 个；被植入后门网站累计达 43928 个，其中政府网站累计达 2062 个；信息系统安全漏洞累计达 15981 个，其中高危漏洞累计达 5678 个。网络信息安全依然面临挑战。

《中国网民网络安全意识调研报告》的调查数据显示，我国约九成网民认为当前的网络环境是安全的，网民对自己网络安全防范能力总体来说也是比较自信的。近九成网民在手机和电脑上都安装了安全软件，并且能做到至少每周检查一次。同时也比较关注网络安全知识，能够通过电视、网络等手段学习相关内容。近九成网民会把账号密码做一定的区分，并且能够使用复杂密码，但仍有小部分网民将所有账号都使用同一个密码，甚至使用纯字母或纯数字密码。六成网民会选择只连接带密码或知名品牌提供的 WiFi，近两成网民不会连接任何公共 WiFi，但是也有近两成网民对免费 WiFi 都连接。在连接公共 WIFi 时，甚至还有一部分网民会购物和进行网银交易。还有七成网民曾经遭遇过网络诈骗，其中近 6%的网民曾经被骗子成功诈骗。而"90 后"网民因为社会经验相对不足，相对来说是最容易被骗的群体。

同时，《中华人民共和国网络安全法》于 2017 年 6 月 1 日开始实施，全国人大常委会也建议加快个人信息保护和关键信息基础设施保护等相关配套法规的立法进程。相关法案的建立和实施将极大地促进我国网络信息安全领域的技术发展。我国信息安全相关的研究经历了通信保密和数据保护两个阶段，正在进入网络信息安全研究阶段，已经开发研制出防火墙、安全路由器、安全网关、黑客入侵检测、系统脆弱性扫描软件等产品。但因网络信息安全领域是一个综合、交叉的学科领域，它结合了数学、物理、生化、电子信息技术和计算机技术等诸多学科的长期积累和最新发展成果，以提出系统性、完整性和协同性的解决方案。国际上已有众多先进完善的网络安全解决方案和产品，但由于出口限制和国家安全等方面的问题，不能直接用于我国的网络信息安全保障。现在，国内已有一些网络安全解决方案和产品，不过这些解决方案和产品与国外同类产品相比尚有一定的差距。

网络信息安全技术处于领先的国家主要是美国、以色列、英国和法国等，一方面这些国家在技术上特别是在芯片技术上有着一定的技术沉淀，另一方面这些国家在网络信息安全技术的应用上起步较早，应用范围也比较广泛。它们的领先优势主要集中在防火墙、入侵监测、漏洞扫描、防毒杀毒、身份认证等传统的安全产品上。但是在注重内外兼顾的信息安全综合审计上，国内的理念意识早于国外，产品开发早于国外，目前在技术上有一定的优势。

6.2　网络信息安全的主要威胁

网络信息安全威胁是指某个人、物、事件或程序对某一资源的机密性、完整性、可用性或合法性所造成的危害。某种攻击就是某种威胁的具体实现。

安全威胁可分为偶然的(如信息被发往错误的地址)和故意的(如黑客渗透)两类。故意威胁又可进一步分为被动和主动两类。

6.2.1 安全攻击

对于计算机或网络安全性的攻击，指利用网络存在的漏洞和安全缺陷，对网络系统的硬、软件及其系统中的数据进行的攻击。当信息从信源向信宿流动时，列出了信息正常流动和受到各种类型的攻击的情况，如图 6-1 所示。

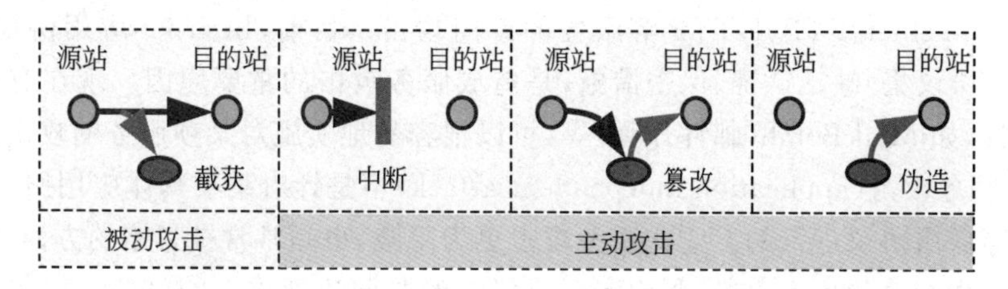

图 6-1　安全攻击

① 截获是指未授权的实体得到了资源的访问权，这是对保密性的攻击。未授权实体可以是个人、程序或计算机。

② 中断是指系统资源遭到破坏或变得不能使用，这是对可用性的攻击。例如，对部分硬件进行破坏、切断通信线路或禁用文件管理系统。

③ 篡改是指未授权的实体不仅得到了访问权，而且还篡改了资源，这是对完整性的攻击。

④ 伪造是指未授权的实体向系统中插入伪造的对象，这是对真实性的攻击。

1. 主动攻击与被动攻击

主动攻击会导致某些数据流的篡改和虚假数据流的产生，这类攻击可分为篡改、伪造消息数据和终端拒绝服务等。①篡改消息是指一个合法消息的某些部分被改变、删除，消息被延迟或改变顺序，通常用以产生一个未授权的效果。如修改传输消息中的数据，将“允许 A 执行操作”改为“允许 B 执行操作”。②伪造指的是某个实体(人或系统)发出含有其他实体身份信息的数据信息，假扮成其他实体，从而以欺骗方式获取一些合法用户的权利和特权。③拒绝服务即常说的 DoS，其目的是使计算机或网络无法提供正常的服务。一般而言，很难绝对预防主动攻击，因为需要随时对所有通信工具和路径进行完全保护。防止主动攻击的做法是对攻击进行检测，并从它引起的中断或延迟中恢复过来。检测可以起到预防作用。

在被动攻击中，攻击者不对数据信息做任何修改，截取/窃听是指在未经用户同意和认可的情况下攻击者获得了信息或相关数据。被动攻击通常包括泄露信息内容和流量分析等。①泄露信息内容主要包括电话对话、电子邮件消息以及可能含有敏感的机密信息，要防止对手从传送中获得这些内容。②流量分析攻击方式适用于一些特殊场合，例如敏感信息都是保密的，攻击者虽然从截获的消息中无法得到消息的真实内容，但攻击者还能通过观察这些数据包的模式分析确定出通信双方的位置、通信的次数及消息的长度，获知相关的敏感信息，这种攻击方式称为流量分析。被动攻击很难检测，但可以采取措施防止它得逞。

2. 服务攻击与非服务攻击

从网络高层协议的角度分析，攻击方法可以概括地分为两大类，即服务攻击与非服务攻击。

① 服务攻击(application dependent attack)是针对某种特定网络服务的攻击，如针对E-mail服务、Telnet、FTP、HTTP等服务的专门攻击。目前，Internet应用协议集(主要是TCP/IP协议集)缺乏认证、保密措施，是造成服务攻击的重要原因。现在有很多具体的攻击工具，如Mail Bomb(邮件炸弹)等，可以很容易地实施对某项服务的攻击。

② 非服务攻击(application independent attack)不是针对某项具体应用服务，而是基于网络层等低层协议进行的。它比服务攻击更为隐蔽，也是常常被忽略的方面，因而被认为是一种更为有效的攻击手段，利用实现协议时的漏洞达到攻击的目的。如源路由攻击和地址欺骗。TCP/IP协议(尤其是IPv4)自身的安全机制不足为攻击者提供了方便之门。

与服务攻击相比，非服务攻击与特定服务攻击无法相比，它往往利用协议或操作系统实现协议时的漏洞来达到攻击的目的，更为隐蔽，而且目前也是常常被忽略的方面，因而被认为是一种更为有效的且更具危险性的攻击手段。

6.2.2 计算机系统的脆弱性

网络最初的出现是为了方便信息的交流，实现网络资源和数据的共享，而对于网络信息安全保障方面没有深入的规划。随着计算机与通信技术的迅速发展，网络信息面临着多种多样的安全威胁。其中既有诸如水灾、火灾、雷击和地震等自然灾害，也有网络自身的结构缺陷，还有一些如窃密、重放和篡改等恶意攻击以及软件漏洞等。这些主要的威胁导致网络原有的优越性、开放性和互联性变成了带来网络信息安全隐患的便利通道。网络信息安全的目的是将计算机系统中的服务与资源的弱点降到最低限度，也就是将脆弱性降低到最低程度。网络信息安全问题与计算机系统的脆弱性紧密相关，其脆弱性体现在软件、通信协议、数据库管理系统和人员4个方面。

1. 软件的脆弱性

随着软件规模的不断扩大，各种系统软件、应用软件也变得越来越复杂，系统中的安全漏洞或“后门”也不可避免地存在。比如操作系统，无论是Windows还是UNIX、Linux，都或多或少地存在安全漏洞，各种浏览器和桌面软件也被发现过存在安全隐患。虽然软件设计者和相关安全人员不断地发现并公布新的漏洞，但是漏洞总是层出不穷。软件的漏洞可以分为两种，一种是有意设计的漏洞，另一种是无意制造的漏洞。有意设计的漏洞是软件设计者为日后控制系统或窃取信息而故意编写的漏洞，包括各种后门、逻辑炸弹等。无意制造的漏洞是软件设计者由于疏忽或其他技术原因而留下的漏洞。任何一个软件系统都可能会因为软件设计者的一个疏忽、设计中的一个缺陷等原因而存在漏洞，不可能完美无缺，这些漏洞最终将成为黑客攻击的便利途径。

2. 通信协议的脆弱性

计算机网络的互联是在各种通信协议的基础上运行的，因特网设计的初衷是为了计算机之间进行信息交换和数据共享，并且不会因为局部故障而影响信息的传输，因此缺乏对安全性整体的构想和设计，在安全防范方面存在滞后性及不适应性。通信协议的开放性和复杂性以及协议设计时所缺少的认证机制和加密机制使得网络安全存在着先天不足。当前计算机系统使用的 FTP、E-mail 等协议以及互联网赖以存在的 TCP/IP 协议等缺乏相应的安全机制，包含着许多影响网络安全的因素，存在着诸多漏洞。

3. 数据库管理系统的脆弱性

数据库主要应用于客户/服务器(client/server，C/S)平台。在服务器端，数据库由服务器上的 DBMS(database management system)进行管理。由于 C/S 结构允许服务器同时存在多个客户端，而各个客户端对于数据的共享要求强烈，这就涉及数据库的安全性与可靠性问题。当前大量的信息都存储在各种数据库中，然而在数据库系统安全方面的考虑却很少，有时数据库管理系统的安全性与操作系统的安全性不配套，导致了数据库不安全因素的存在，对数据库构成的威胁主要有对数据的破坏、泄露和篡改等。

4. 人员因素

无论怎样的网络信息系统都离不开人的管理。网络内部用户的误操作、资源滥用和恶意行为也有可能对网络信息安全造成巨大的威胁。当前多数机构都已经建立了内部局域网和网络信息系统，但是普遍缺少安全管理员，缺少定期的安全测试与检查，缺少网络信息安全管理的技术规范，更缺少安全监控。事实上，很多机构及用户的网站都疏于这方面的管理，没有制定严格的管理制度。ITAA 的调查显示，美国 90%的 IT 企业对黑客攻击准备不足，75%～85%的网站都抵挡不住黑客的攻击，约有 75%的企业存在网上信息失窃的情况。相关管理者应充分认识到这些潜在威胁，及时地采取补救措施。网络信息系统需要严格管理，这才是机构和个人免遭攻击的重要举措。

6.2.3 网络信息安全性威胁

归纳起来，网络信息安全性威胁主要有三个方面：计算机病毒、黑客恶意攻击和拒绝服务。

1. 计算机病毒

计算机病毒是人为制造的，是编制者在程序中插入的破坏计算机功能或者数据，并且可以自我复制的一组计算机指令或者程序代码。计算机病毒数量繁多，传染性强，影响范围广。自 1986 年第一个公认的计算机病毒“大脑(C-Brain)”出现以来，全世界已有上万种计算机病毒问世，每个月都有几百种新病毒出现。层出不穷的计算机病毒给用户造成严重的心理压力，极大地影响了计算机的使用效率，并带来难以估量的损失。

2. 黑客攻击

黑客是对计算机科学、编程和设计方面具高度理解的计算机用户，他们利用自己的技术专长专门攻击别人的网站和计算机，而不暴露身份。这种非法活动有时是恶意的，会给受害者带来难以预计的损失。目前，网络上存在数十万个黑客网站，这些网站介绍系统漏洞、攻击方法和攻击软件的使用，造成任何网络、任何站点都有可能遭受黑客的攻击。黑客技术已经被越来越多的人掌握和发展，其入侵方式不断地改进和更新，而有效的防御手段却相对落后，尤其是现在还缺乏针对网络犯罪有效的跟踪和反击手段，以致黑客恶意攻击，难以预防和杜绝。黑客采用的攻击和破坏方式多种多样，对没有网络安全防护设备或防护级别较低的网站和系统进行攻击和破坏，给网络的安全防护带来严峻的挑战。恶意攻击大致可分为两种：一种是主动攻击，即黑客侵入系统后以各种方式破坏对方信息的有效性和完整性；另一种是被动攻击，这种攻击是在不影响网络正常工作的情况下利用技术手段截获、窃取、破译，以获得对方网络上传输的有用信息。这两类攻击都会给网络信息安全带来巨大的隐患，造成损失。

3. 拒绝服务

拒绝服务(DoS)攻击是目前较常见的一种攻击类型。它是被攻击的服务器在短时间内收到大量垃圾信息或干扰信息，使得服务器相关服务崩溃、系统资源耗尽，导致服务器无法向正常用户提供服务的现象。拒绝服务攻击的目的很明确，就是让合法用户不能正常访问网络资源，从而达到其不可告人的目的。

常见的 DoS 攻击有带宽攻击和连通性攻击两种。

① 带宽攻击以极大的通信量冲击网络，使得所有可用的网络资源都被消耗殆尽，最后导致合法的用户请求无法通过。

② 连通性攻击用大量的连接请求冲击计算机，使得所有可用的操作系统资源都被消耗殆尽，最终计算机无法再处理合法用户的请求。

6.3 网络信息系统的防御技术

6.3.1 网络信息安全模型

典型的网络安全模型如图 6-2 所示。信息需要从一方通过网络传送到另一方。在传送中，主体地位的双方必须相互合作，以便进行交换。通过通信协议(如 TCP/IP)在两个主体之间可以建立一条逻辑信息通道。

为防止对手对信息机密性、可靠性等造成破坏，需要保护传送的信息。保证安全性的所有机制包括以下两部分。

① 对被传送的信息进行与安全相关的转换。图 6-2 中包含了加密消息和以消息内

容为基础的补充代码。加密消息使对手无法识别，补充代码可以用来验证发送方的身份。

② 两个主体共享不希望对手得知的保密信息。例如，使用密钥链接，在发送前对信息进行转换，在接收后再转换回来。

为了实现安全传送，可能需要可信任的第三方。第三方可能会负责向两个主体分发保密信息，而向其他对手保密，或者需要第三方对两个主体间传送信息可靠性的争端进行仲裁。

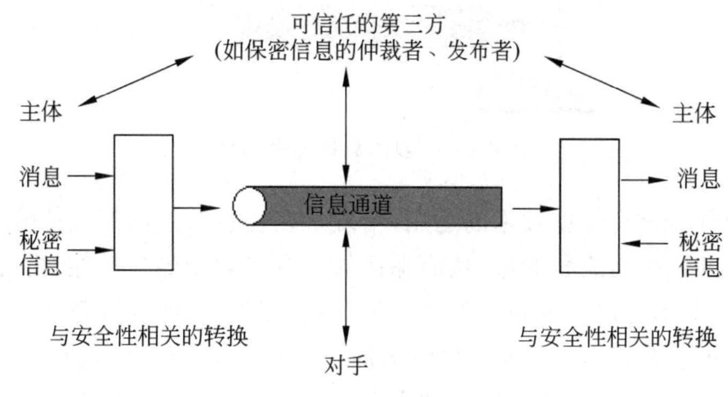

图 6-2 网络安全模型

这种通用模型指出了设计特定安全服务的 4 个基本任务。

① 设计执行与安全性相关的转换算法，该算法必须使对手不能对算法进行破解，以实现其目的。

② 生成算法使用的保密信息。

③ 开发分发和共享保密信息的方法。

④ 指定两个主体要使用的协议，并利用安全算法和保密信息实现特定的安全服务。

6.3.2 解决网络信息安全的主要途径

解决网络信息安全问题的主要途径是利用数据加密与认证、网络访问控制技术。数据加密与认证用于隐蔽传输信息、认证用户身份、网路访问控制技术等。

1. 数据加密

数据加密防止数据被查看或修改，并在不安全的信道上提供安全的通信信道。加密的功能是将明文通过某种算法转换成一段无法识别的密文。在古老的加密方法中，加密的算法和加密的密钥都必须保密，否则就会被攻击者破译。例如，古人将一段羊皮条缠绕在一根圆木上，然后在其上写下要传送书信的内容，展开羊皮条后，这些书信内容将变成一堆杂乱的图文，那么这种将羊皮条缠绕在圆木上的做法可视为加密算法，而圆木棍的粗细、皮条的缠绕方向就是密钥。在现代加密体系中，算法的私密性已经不再需要，信息的安全依赖于密钥的保密性。一般的数据加密模型如图 6-3 所示。

通常状况下，在对计算机网络加密信息处理中，基本的信息加密方式主要有链接加密、首尾加密以及节点加密三种。第一，在链接加密处理中，需要通过对计算机各个网络

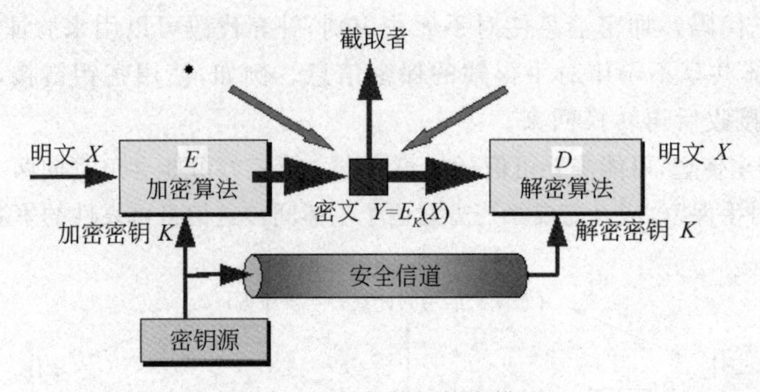

图 6-3　一般的数据加密模型

节点信息状况的分析进行加密技术的运用，实现加密信息节点的有效传输，在每个节点设计中需要有不同的密码与之相对应，从而保证加密技术运用的科学性，当信息进入系统资源中，也就完善了对信息内容的解密处理。第二，首尾加密，作为最常见的加密方式，主要是在信息或是数据收集过程中，通过对网络加密处理实现对网络信息内容的有效保护。第三，节点加密。该种加密方式与链接加密存在着一定的差异，因此在数据阐述中，需要对节点加密技术进行妥善的处理以及科学保存，并在信息资源保管中实现对硬件系统的妥善保管。

2. 数字认证技术

数字认证技术泛指使用现代计算机技术和网络技术进行的认证。数字认证的引入对社会的发展和进步有很大帮助，可以减少运营成本和管理费用还可以减少金融领域中的多重现金处理和现金欺诈。随着现代网络技术和计算机技术的发展，数字欺诈的现象越来越普遍，比如用户名下文件和资金传输可能会被伪造或更改。

数字认证提供了一种机制，使用户能证明其发出信息来源的正确性和发出信息的完整性。数字认证的另一个主要作用是操作系统可以通过它来实现对资源的访问控制。

在计算机网络验证技术构建中，作为计算机网络安全以及信息完整整合的手段，需要通过对使用人员进行身份验证，也就是计算机网络系统通过对用户身份的核查保证信息资源传输及运用的安全性。通过身份验证信息体系的构建，计算机系统可以判断用户的身份是否合法，同时也会对用户的权限进行进一步的核查。通过这种层次性的身份验证方式，可以实现对计算机加密技术的有效运用，提升网络系统运用的安全性。

3. 网络访问控制技术

网络访问控制技术用于对系统进行安全保护，抵抗各种外来攻击，致力于提供介入控制和保证数据传输安全的技术手段。它可以抵御网络威胁，并能及时发现网络攻击线索，修补有关漏洞，记录和审计网络访问日志，以及尽可能地保护网络安全，以下防御技术可供选择。

(1) 防火墙

“防火墙”是一种由计算机硬件和软件的组合而使互联网与内部网之间建立起的一个

安全网关(security gateway),从而保护内部网免受非法用户的侵入。它其实就是一个把互联网与内部网(通常为局域网或城域网)隔开的屏障。

防火墙技术是经过长期验证的实用性很强的网络安全防御技术,它阻挡对网络的非法访问和不安全数据的传递,使得本地系统和网络免于受到来自外部网络的安全威胁。防火墙技术是解决网络安全问题的主要手段之一,用于逻辑隔离受保护的内部网络与外部网络,是一种加强网络之间访问控制的网络设备,能够保护内部网络信息不被外部非法授权用户访问。它已经被广泛地应用于内部网络和外部公共网络互联的环境中,是内、外部网络之间的第一道屏障。防火墙之所以能够保障网络安全,是因为防火墙可以扫描流经它的网络通信数据,对一些攻击进行过滤,以免其在目标计算机上被执行。防火墙可以通过关闭不使用的端口来禁止特定端口的流出通信,封锁木马,还可以禁止来自特殊站点的访问,从而防止来自非法入侵者的不良企图。防火墙可以记录和统计有关网络滥用的情况。防火墙技术属于典型的被动防御和静态安全技术,主要是实现网络安全的安全策略,而这种策略是预先定义好的。在策略中涉及的网络访问行为可以实施有效管理,而策略之外的网络访问行为则无法控制。但是防火墙技术只能防外不防内,它不能防范网络内部的攻击,也不能防范病毒。网络管理员可将防火墙技术与其他安全技术配合使用,这样可以更好地提高网络的安全性。

(2) 入侵检测与防护

从传统上说,一般采用防火墙作为系统安全的第一道屏障。但是随着网络技术的高速发展、攻击者技术的日趋成熟以及攻击手法的日趋多样,单纯的防火墙已经不能很好地完成安全防护工作。入侵检测技术是继“防火墙”“数据加密”等传统安全保护措施之后新一代的安全保障技术。

入侵(intrusion)是指试图破坏计算机保密性、完整性、可用性或可控性的一系列活动。入侵活动包括非授权用户试图存取数据、处理数据或者妨碍计算机的正常运行的活动。入侵检测(intrusion detection)是对入侵行为的检测,它通过收集和分析计算机网络或计算机系统中若干关键点的信息检查网络或系统中是否存在违反安全策略的行为和被攻击的迹象。入侵检测作为一种积极、主动的安全防护技术,提供了对内部攻击、外部攻击和误操作的实时保护,在网络系统受到危害之前响应入侵并进行拦截。

入侵检测与防护的技术主要有两种:入侵检测系统(intrusion detection system, IDS)和入侵防护系统(intrusion prevention system, IPS)。

入侵检测系统注重的是网络安全状况的监管,通过监视网络或系统资源寻找违反安全策略的行为或攻击迹象,并发出报警。因此,绝大多数入侵检测系统是被动的,在攻击实际发生之前,它们往往无法预先发出警报。

入侵防护系统则倾向于提供主动防护,注重对入侵行为的控制。其设计宗旨是预先对入侵活动和攻击性网络流量进行拦截,避免其造成损失,而不是简单地在恶意流量传送时或传送后才发出警报。入侵防护系统是通过直接嵌入到网络流量中实现这一功能的,即通过一个网络端口接收来自外部系统的流量,经过检查确认其中不包含异常活动或可疑内容后,再通过另外一个端口将它传送到内部系统中。这样有问题的数据包,以及所有来自同一数据流的后续数据包,都能在入侵防护设备中被清除掉。

(3) 虚拟专用网络

虚拟专用网络(virtual private network,VPN)是依靠因特网服务提供商和其他网络服务提供商,在公用网络中建立专用的、安全的数据通信通道的技术。VPN 可以认为是加密和认证技术在网络传输中的应用。VPN 网络连接由服务器、客户机和传输介质三部分组成,其连接不是采用物理介质,而是使用称为“隧道”的技术作为传输介质,而这个隧道是建立在公共网络之中的。为了保证数据安全,VPN 服务器和客户机之间的通信数据都进行了加密处理。有了数据加密,就可以认为数据是在一条专用的数据链路上进行安全传输,就如同专门架设了一个专用网络一样,其实质上就是利用加密技术在公网上封装出一个数据通信隧道。

(4) 安全扫描

安全扫描包括漏洞扫描、端口扫描、密码类扫描(发现弱口令密码)等。安全扫描可以使用一种扫描器软件来完成,扫描器是最有效的网络安全检测工具之一。它可以自动检测远程或本地主机、网络系统的安全弱点以及所存在可能被利用的系统漏洞。

(5) 网络蜜罐技术

蜜罐(honeypot)技术是一种主动防御技术,是入侵检测技术的一个重要发展方向,也是一个“诱捕”攻击者的陷阱。蜜罐系统是一个包含漏洞的诱骗系统,它通过模拟一个或多个易受攻击的主机和服务,给攻击者提供一个容易攻击的目标。攻击者往往在蜜罐上浪费时间,延缓对真正目标的攻击。由于蜜罐技术的特性和原理,使得它可以为入侵的取证提供重要的信息和有用的线索,便于研究入侵者的攻击行为。

6.3.3 网络信息安全的发展趋势

未来的网络信息安全可能出现以下 4 个方向的发展趋势,这些趋势是可以预见的。当然,除此之外可能还会有更多发展趋势的出现。

1. 云安全

在云计算环境下,计算资源处于个人和组织的控制之外。从本质上说,云计算提供的是一种在线付费的服务。在某些方面,这种发展趋势与互联网的诞生相呼应。云计算可以通过网络为许多用户提供近乎无限的计算资源,使其他用户也可以分享网络资源。用户无须自己购买并运行 Web 服务器及数据存储设备,而是可以租用云服务提供商相应的服务,从而能够节省 40%～80%的费用。云计算带来了一些新的安全问题,风险更加集中,且具有不确定性。随着数据在云服务提供者和用户之间流动,究竟谁需要对各方面的安全负责,是一个需要面对的问题。

云安全通过网状的大量客户端,对网络中的软件行为进行异常监测,获取互联网中木马、恶意程序的最新信息,推送到服务端进行自动分析和处理,再把病毒和木马的解决方案分发到每一个客户端。云安全的策略构想是:使用者越多,每个使用者就越安全,因为如此庞大的用户群足以覆盖互联网的每个角落,只要某个网站被挂马或某个新木马病毒出现,就会立刻被截获。

瑞星、趋势、卡巴斯基、迈克菲(McAfee)、赛门铁克(Symantec)、江民科技、金山、360安全卫士、卡卡上网安全助手等都推出了云安全解决方案。趋势科技云安全已经在全球建立了五大数据中心,拥有几万部在线服务器。据悉,云安全可以支持平均每天55亿条点击查询,每天收集分析2.5亿个样本,资料库第一次命中率就可以达到99%。借助云安全,趋势科技现在每天阻断的病毒感染最高达1000万次。

2. 大数据安全

随着数据集变得越来越庞大和复杂,需要用新的工具和方法对数据进行分析。这些工具能够支持用户从搜集的数据分析出有价值的信息。大数据的范围巨大,越来越多的决策需要通过大数据的关联分析,但是大数据也带来了新的安全问题。例如,研究人员对用户观影偏好的研究甚至可以获取用户的真实身份,更多的数据及更好的工具能分析出更多的信息,但是这也将打破人类社会的法律和道德底线。

大数据技术的产生与发展带来了发展机遇,也带来了网络安全隐患,如用户的隐私保护等问题。在当今信息爆炸的大数据时代,必须对网络安全隐患加以防范,从数据存储、应用和管理三方面制定不同的防范措施,保障网络安全,充分发挥大数据的优势。

3. 移动通信安全

随着移动终端变得越来越小巧廉价,个人用户将越来越多地从桌面计算机转向移动智能终端,而且这种转变还没有停止的迹象。目前,在通信领域超过1/4的专利涉及移动技术。

用户使用手机和平板电脑等智能终端时,安全风险也随之而来。从2013年开始,针对移动设备的恶意软件已超过35万种,而在这之前,这个数字几乎是0。不过真正的危险在于用户的安全意识却没有提高。移动设备的界面较小,很难为用户提示安全信息,而且它的计算能力较弱也很难为用户提供防护。与桌面计算机不一样,移动设备在家和办公室之间移动,因此安全边界难以确定。用户对自身设备的安全管理较少,更多的是依赖于供应商提供的安全服务。然而,供应商的市场比较分散,从手机操作系统到移动应用程序,每个部分都与安全息息相关,但是每个部分的供应商都无法对手机的安全负责。

无线网络动态变化的拓扑结构使得安全方案的实施难度更大。有线网络具有固定的拓扑结构,安全技术和方案容易部署;而在无线网络环境中,动态的、变化的拓扑结构缺乏集中管理机制,使得安全技术(如密钥管理、信任管理等)更加复杂(可能是无中心控制节点、自治的)。例如,WSN中的密钥管理问题、MANET中的信任管理问题。另外,无线网络环境中做出的许多决策是分散的,许多网络算法(如路由算法、定位算法等)必须依赖大量节点的共同参与和协作来完成。

最后还要涉及移动平台的监管问题,政府哪些机构负责监督、市场哪些主体负责打击移动互联网的威胁等等。

4. 物联网安全

物联网的概念是将一切连接到网络设备上,以搜集和使用数据。生活中的很多实物,如从相机到汽车都已经内置了电脑芯片，它们都能互联互通。从手环到办公室再到商店都内置了电脑芯片，而且也可以互联互通。在这种场景下，分布式传感器能够探测街道交通、汽车导航、物流配送、智能穿戴以及智能家电等。

由于互联网标准开放，任何人都能参与建立，因此发展迅速。但是连接到物联网上的设备仍然缺乏输入输出、共享及自动化的指令解释、数据处理的标准。统一的数据格式是数据搜集和解释的前提，也是一项很昂贵的提议。更多决策需要复杂的技术协议，需要代理软件对需求进行分析，并反过来提供决策和建议。

对于网络信息安全而言，物联网带来便捷的同时，另一个主要的挑战是一切都要基于计算机数据进行决策，那么需要努力确保数据不会被损坏。现在已经有黑客从攻击智能汽车到攻击具有联网功能的智能穿戴设备，这些都涉及安全防范的问题。

6.4 计算机病毒的概念、特征及分类

6.4.1 计算机病毒的概念

计算机病毒(computer virus)在《中华人民共和国计算机信息系统安全保护条例》中被明确定义为“编制或者在计算机程序中插入的破坏计算机功能或者破坏数据，影响计算机使用并且能够自我复制的一组计算机指令或者程序代码”。计算机病毒通常潜伏在计算机的存储介质或者程序里，当条件满足时即被激活，通过修改其他程序的方法将自身以某种形式复制到其他程序中。当复制成功时，受影响的程序即被认为是感染了该计算机病毒。

绝大多数计算机病毒的目标是运行微软视窗的系统，并且尝试不同的机制，以感染新的主机。计算机病毒经常使用复杂的反检测和隐身策略，以规避防病毒软件。病毒编制者创建病毒的动机包括寻求利润(勒索是较为常见的一种方式)、操纵和控制舆论以达到政治目的、证明软件存在漏洞、破坏和拒绝服务、自娱自乐或者仅仅为了探索网络安全问题和改进算法。

一个有效的计算机病毒必须具有搜索功能，用来查找值得感染的目标文件或磁盘。计算机病毒还包含复制功能，以便将自己复制到目标程序中。

计算机病毒由以下三个组成部分构成。

① 传染媒介：是指病毒传播方式。病毒通常包含一个搜索进程，它查找新文件或新磁盘，以进行感染传播。

② 触发器：也称为逻辑炸弹，用于确定要激活或传递的恶意指令的事件或条件。如特定的日期、特定时间、其他特定存在的程序、磁盘容量超过某些临界值或双击打开特定文件等。

③ 有效指令：是执行病毒的恶意目的实际命令和有效数据。大多数时候的有效指令是有害的，其活动目的一般是比较明显的，比如因为它导致系统变慢或死机。但有时有效指令是非破坏性的，则称为病毒玩笑。

计算机病毒的生命周期主要分为以下四个阶段。

① 休眠阶段：在此阶段病毒程序处于空闲状态。病毒已成功感染目标计算机或软件，但此阶段不采取任何行动。病毒最终将被“触发器”激活，即某些事件或某种操作将导致该病毒的执行。并非所有病毒都包含此阶段。

② 传播阶段：病毒开始传播，即复制病毒程序自身。病毒将自己的副本置入其他程序或者磁盘的某些区域。该副本可能与传播版本不完全相同，病毒经常变形或发生变化，以躲避专业人员和防病毒软件的检测。每个被感染的程序都包含病毒的副本，并且进入传播阶段。

③ 触发阶段：休眠病毒在激活时进入此阶段，现在将执行其预期的功能。触发阶段可能是由各种系统事件引起的，甚至可以是该病毒自身复制的次数。

④ 执行阶段：这是病毒的实际工作，有效指令将被释放。它可能具有破坏性，例如删除磁盘上的文件、使系统崩溃或损坏文件等；有时也是相对无害的，例如在屏幕上弹出幽默或政治消息等。

6.4.2 计算机病毒的主要特征

1. 传染性

这是病毒的基本特征，是判断一个程序是否为计算机病毒的最重要的特征，一旦病毒被复制或产生变种，其传染速度之快令人难以想象。

2. 破坏性

任何计算机病毒感染了系统后，都会对系统产生不同程度的影响。发作时，轻则占用系统资源，影响计算机运行速度，降低计算机工作效率，使用户不能正常使用计算机；重则破坏计算机的数据，甚至破坏计算机硬件，带来巨大的损失。

3. 寄生性

一般情况下，计算机病毒都不是独立存在的，而是寄生于其他的程序中，当执行这个程序时，病毒代码就会被执行。在正常程序未启动之前，用户是不易发觉病毒存在的。

4. 隐蔽性

计算机病毒具有很强的隐蔽性，它通常附在正常的程序之中，或藏在磁盘隐秘的地方。有些病毒采用了极其高明的手段来隐藏自己，如使用透明图标、注册表内的相似字符等，而且有的病毒在感染了系统之后，计算机系统仍能正常工作，用户不会感到有任何异常，在这种情况下，普通用户无法在正常的情况下发现病毒。

5. 潜伏性（触发性）

大部分的病毒感染系统之后，一般不会马上发作，而是隐藏在系统中，就像定时炸弹一样，只有在满足特定条件时才被触发。例如，黑色星期五病毒不到预定时间就不会发作，用户就不会觉察出异常。一旦遇到13日并且是星期五，病毒就会被激活，并且对系统进行破坏。当然，像噩梦般的CIH病毒，是在每月的26日发作。

国家计算机病毒应急处理中心于2017年7月17日在天津发布“第十六次计算机病毒和移动终端病毒疫情调查报告”，此次调查活动于2017年3月17日至4月17日在全国范围内组织开展，采用了线上线下同步进行的方式。调查结果显示，2016年我国网络安全状况较为平稳，计算机病毒感染率为57.88%，比2015年下降6个百分点；移动终端病毒感染率为43.33%，比2015年下降了7.13%。计算机病毒感染率和移动终端病毒感染率均有小幅下降；用户的网络安全意识普遍提升。

但与此同时，网络安全形势依然严峻，移动互联网恶意程序数量呈高速增长态势，新的恶意样本层出不穷；病毒感染、网络攻击、信息泄露、勒索软件等安全事件时有发生；网络诈骗也是用户面临的主要安全威胁之一；僵尸网络肆虐，物联网安全防护任重道远。政府部门、关键信息基础设施的网络安全防护能力有待进一步加强。

2016年，全球勒索软件大范围爆发，通过限制用户访问系统，或者加密系统中的文件，导致用户系统、应用无法使用，数据文件丢失，强迫用户支付赎金。调查显示，59.36%的用户认为勒索软件普遍存在，27%的用户遭受过勒索软件勒索。

网络诈骗也是用户面临的主要安全威胁之一。调查显示，网络钓鱼/网络欺诈事件呈逐年上升态势，在五大类主要安全事件中位列第三，占46.23%，比2015年增长了9个百分点。通过对大量网络诈骗案件的分析发现，钓鱼网站是网络欺诈的主要手段之一。

6.4.3 计算机病毒的分类

计算机病毒数量繁多，按照不同特点，可以有多种分类方法。同时，根据不同的分类方法，同一种计算机病毒也可以属于不同的种类。

(1) 根据病毒存在的媒体划分

① 网络病毒：通过计算机网络传播感染网络中的可执行文件。

② 文件病毒：感染计算机中的文件(如com、exe、doc等类型文件)。

③ 引导型病毒：感染启动扇区(boot)和硬盘的系统引导扇区(main boot record，MBR)。

还有这三种情况的混合型，例如，多型病毒(文件和引导型)感染文件和引导扇区两种目标，这样的病毒通常都具有复杂的算法，它们使用非常规的办法入侵系统，同时使用了加密和变形算法。

(2) 根据病毒传染渠道划分

① 驻留型病毒：这种病毒感染计算机后，把自身的内存驻留部分放在内存(RAM)中，这一部分程序挂接系统调用并且合并到操作系统中去，它始终处于激活状态，一直到关机或重新启动。

② 非驻留型病毒：这种病毒在得到机会激活时并不感染计算机内存。一些病毒在内存中留有小部分，但是并不通过这一部分进行传染，这类病毒也被划分为非驻留型病毒。

(3) 根据破坏能力划分

① 无害型：除了传染时减少磁盘的可用空间外，对系统没有其他影响。

② 无危险型：这类病毒仅仅是减少内存、显示图像、发出声音及同类影响。

③ 危险型：这类病毒在计算机系统操作中造成严重的错误。

④ 非常危险型：这类病毒删除程序、破坏数据、清除系统内存区和操作系统中重要的信息。

这些病毒对系统造成的危害并不仅仅是本身的算法中存在的危险指令，也包括它们传染其他程序时会引起无法预料的和灾难性的后果，由病毒引起其他的程序产生的错误也会破坏数据和扇区。某些无害型病毒也可能会对其他版本的 Windows 和其他操作系统造成破坏。

(4) 根据算法划分

① 伴随型病毒：这类病毒并不改变文件本身，它们根据算法产生 exe 文件的伴随体，具有同样的名字和不同的扩展名。例如，xcopy. exe 的伴随体是 xcopy. com。病毒把自身写入 com 文件，并不改变 exe 文件，当 DOS 加载文件时，伴随体优先被执行，再由伴随体加载执行原来的 exe 文件。

② "蠕虫"型病毒：通过计算机网络传播，不改变文件和资料信息，利用网络从一台机器的内存传播到其他机器的内存，计算机通过网络发送自身的病毒。有时它们在系统存在，一般除了内存不占用其他资源。

③ 寄生型病毒：除了伴随和"蠕虫"型，其他病毒均可称为寄生型病毒，它们依附在系统的引导扇区或文件中，通过系统的功能进行传播。按其算法不同还可细分为以下几类。

- 练习型病毒：病毒自身包含错误，不能很好地传播，例如一些在调试阶段的病毒。
- 诡秘型病毒：一般不直接修改 DOS 中断和扇区数据，而是通过设备技术和文件缓冲区等修改 DOS 内部，不易看到资源，使用比较高级的技术，利用 DOS 空闲的数据区进行工作。
- 变型病毒：又称幽灵病毒，这类病毒使用一个复杂的算法，使自己的每一份副本都具有不同的内容和长度。它们一般是由一段混有无关指令的解码算法和被变化过的病毒体组成。

6.5 计算机病毒的预防

对于任何计算机系统来说，病毒始终是不可避免的一种威胁。计算机病毒可导致系统故障、数据毁坏、浪费计算机资源、增加维护成本等，每年造成数百亿的经济损失。相应地，也诞生了防病毒软件行业，开发出许多免费开源的防病毒工具，向各种操作系统的用户销售或免费分发。尽管目前尚无防病毒软件能够对抗所有计算机病毒，但是计算机安全研究人员正在积极寻找新的方法，使防病毒解决方案能够更有效地检测新兴的病毒。平时使用计算机和其他智能电子设备的时候，只要注意做到以下几个方面，就会大大减少病毒感染的机会。

1. 建立良好的安全习惯

不要打开一些来历不明的邮件及附件，并尽快删除。不要浏览不良网站和打开来路不明的链接，尤其不要轻易打开那些诱人名称的网页，来路不明的链接很可能是蠕虫病毒自动通过电子邮件或即时通信软件发送的，这样的链接大多都是指向利用浏览器漏洞制作的网站。这类网站往往包含大量盗取他人信息的病毒，访问这些网站后，不用下载也会被其控制，感染病毒，计算机中的信息都会被自动盗走。

不要执行从互联网下载后未经杀毒处理的软件，这些必要的习惯会使计算机更安全。连接到互联网和打开安全性未知的软件之前，要安装杀毒软件与防火墙产品，并且及时更新。杀毒软件不是万能的，用户自身的安全行为依然是保证系统安全的关键因素。

2. 关闭或删除系统中不需要的服务

默认情况下，许多操作系统会安装一些辅助服务，如 FTP 客户端、Telnet 和 Web 服务器。这些服务为攻击者提供了方便，而又对用户没有太大用处，删除它们就能大大减少被攻击的可能性。

3. 及时修补操作系统以及主要软件的安全漏洞

据统计，80%的网络病毒是通过系统安全漏洞传播的，像红色代码、尼姆达、冲击波等，所以应该定期到微软网站下载最新的安全补丁，以防患于未然。操作系统 Windows 及其捆绑的软件，如 IE 浏览器等的安全补丁，可以在 Microsoft Update 命令下获得更新。设置一个复杂的系统密码，关闭系统默认网络共享，可以防止局域网入侵或弱口令蠕虫传播。定期检查系统配置实用程序启动选项卡的情况，可以及时停止不明的 Windows 服务。

4. 及时安装防火墙

安装较新版本的个人防火墙，并随系统启动一同加载，在防火墙的使用中禁止来路不明的软件访问网络，可以预防病毒。防火墙可以“主动防御”以及实时监控注册表，每次不良程序针对计算机的恶意操作都可以实施拦截阻断，防止多数黑客进入计算机偷窥、窃密或放置黑客程序。

5. 安装专业的防病毒软件，进行全面监控

在病毒日益增多的今天，使用杀毒软件进行防杀病毒是简单有效并且越来越经济的选择。安装了反病毒软件后，应该经常升级至最新版本，保持最新病毒库，以便能够查出最新的病毒，一些反病毒软件的升级服务器每小时就有新病毒库包供更新。

选择包含实时扫描功能的杀毒软件。为了防止计算机遭遇病毒或蠕虫，需要一个实时的自动扫描工具，以确保日常操作时可以及时发现病毒和蠕虫的感染，并阻止其蔓延。实时扫描可能会为系统性能带来一定的压力，但在浏览网页和收发电子邮件的时候，一定

不能关闭杀毒软件的实时扫描功能来获得额外的性能提高。

定期对计算机系统进行全面扫描。仅仅依靠实时扫描是远远不够的，还应该经常对系统进行全面扫描。实时扫描只能在病毒感染前进行监测，如果系统在连接时被感染，可以有效地予以保护。但这样也有可能出现病毒没有包含在反病毒软件特征代码库里的情况，定期全面扫描可以发现这些漏网的病毒。

对于杀毒软件，可以关注一些主流杀毒软件评测机构的报告，比如 AV-TEST 和 AV-Comparatives 的评测报告。这些机构每年都有数次对市场上优秀的杀毒软件进行全方位的测试评选，根据近几年的评选结果，Avira、Bitdefender 和卡巴斯基都是比较优秀的 PC 端杀毒软件，并且都提供免费版给个人用户使用。

6. 谨慎使用盗版软件和被破解的软件

这类软件往往被制作者植入了病毒，或者留有后门盗取用户信息。因此尽量到官方网站下载和使用相关的软件；不要运行不安全的程序，特别是一些具有诱惑性的文件名的程序，单击运行后病毒就在系统中运行了。

7. 使用复杂的密码

许多网络病毒就是通过猜测简单密码的方式攻击系统的。因此使用复杂的密码将会大大提高计算机的安全系数。

8. 迅速隔离受感染的计算机

当发现计算机病毒或异常时，应立即中断网络，然后尽快采取有效的查杀病毒措施，以防止计算机受到更多的感染，或者成为传播源感染其他计算机。

本 章 小 结

本章介绍了有关网络信息安全的基础知识，包括网络信息安全的现状、面临的主要威胁、网络信息系统的常用防御技术以及计算机病毒的概念、特征及分类。通过本章的学习，应掌握信息安全、计算机病毒的基本概念、计算机病毒的特征和信息安全的主流防御途径，理解网络信息安全模型，了解网络信息安全发展趋势，树立良好的信息安全意识，为后续的课程学习打好基础。

第7章 计算机网络基础

学习目标：了解计算机网络的起源与发展；理解并掌握计算机网络及数据通信的基本概念、分类、网络拓扑结构、通信协议、TCP/IP 协议工作原理、IP 地址和域名、HTTP 协议、FTP 协议等；熟练使用计算机网络进行信息检索、信息传输等相关操作。

7.1 计算机网络概述

计算机网络，又称数据网络，是一种数字化的通信网络，它允许节点共享资源。在计算机网络中，计算设备使用节点之间的连接，即数据链路来交换数据，这些数据链路是通过电线或光缆等有线介质或者 WiFi 这样的无线介质建立起来的。计算机网络的节点包括主机，比如个人电脑、移动终端和服务器以及各种用于通信的网络硬件。当一个设备能够与其他设备交换信息时，无论它们是否直接连接，都可以说这两个设备是联网的。全球第一个计算机网络可以追溯到 20 世纪 50 年代后期北美防空司令部用于收集各地雷达站数据的 SAGE 系统。而互联网的鼻祖则是在 1969 年全球第一个运营的数据包交换网络——美国高等研究计划署网络（ARPANET）。经过大半个世纪的发展，计算机网络已经可以支持大量的应用和服务，比如访问万维网、数字视频、数字音频、共享存储服务器和打印机，以及使用电子邮件和即时消息等应用程序，成为人类工作和生活的基础设施之一。

在当前的技术条件下，计算机网络被定义为是利用通信设备和通信线路将地理位置不同的、功能独立的多个计算机系统连接起来，以功能完善的网络软件和通信协议实现网络的硬件、软件及资源共享和信息传递的系统。计算机网络往往是由多台计算机组成的，每台计算机都是独立工作的，这些计算机通过一定的通信介质连接起来，互相交换信息。网络上的设备包括个人电脑、小型机、大型机、终端、打印机、绘图仪和存储设备等，用户可以通过网络共享设备资源和信息资源。网络处理的电子信息，除了一般文字信息外，还包括声音和视频信息等。所以计算机网络是由资源子网和通信子网两部分组成的。网络中实现资源共享功能的设备及其软件的集合称为资源子网，包括服务器、工作站、共享的打印机和其他设备及相关软件。通信子网是实现网络通信功能的设备及其软件的集合，包括通信设备、网络通信协议和通信控制软件等。

7.1.1 计算机网络的功能

计算机网络是计算机技术和通信技术紧密结合的产物，它不仅使计算机的作用范围超越了地理位置的限制，而且大大加强了计算机本身的信息处理能力。计算机网络向用户提供的最重要的功能包括共享软硬件资源和信息通信。

- 共享硬件资源：用户能够共享众多联网硬件设备资源，比如服务器资源、存储设备和打印机等。
- 共享软件资源：用户能够共享配置和升级高效简便的网络版软件，并且可以通过服务器共享数据信息。
- 信息交换和通信：计算机网络实际上是一种计算机通信系统，网络中的计算机之间可以快速可靠地传递数据，实现文件的复制和传输，也可以通过软件收发电子邮件和发送即时消息。

此外，还可以通过计算机网络提高系统的可靠性、实现分布式处理以及综合信息服务。

提高系统的可靠性：在单机情况下，任何一个系统都可能发生故障，这样就会带来不便。而当计算机联网后，各计算机可以通过网络互为备份，当某台计算机发生故障时，则可由其他的计算机代为处理问题。甚至在网络的某些结点上设置专门的备用设备，这样计算机网络就能提高系统可靠性了。如果在系统设计之初就将数据和信息资源存放于多个不同的地点，就可以防止因故障而无法访问或因自然灾害造成的数据破坏，这也是目前在各个重要机构的数据信息网中所常用的灾备中心的设计思路。

实现分布式处理：对于大型任务，如果集中在一台计算机上运行，负荷太重，则可以将任务分散到不同的计算机分别完成，或由网络中比较空闲的计算机分担负荷。计算机连成网络有利于共同协作，进行重大项目的开发和研究，还可以将许多小型机或微型机连成高性能的分布式计算系统，使其具有解决复杂问题的能力，从而大大降低费用。

综合信息服务：计算机网络可以向全社会提供各地的经济信息、科研情报、商业信息和咨询服务，如因特网上的 WWW 服务。

7.1.2 计算机网络的分类

计算机网络的划分标准多种多样，比如按通信介质可以分为有线网和无线网，按用途可以分为公用网和专用网，按传播技术可以分为点到点式网络和广播式网络。但是按网络覆盖范围划分是一种比较通用的划分标准，根据最新技术，可以把网络划分为个人网、局域网、城域网、广域网和互联网 5 种，图 7-1 所示为互联网、广域网和局域网之间的关系。

(1) 个人网(personal area network，PAN)

个人网是个人范围(随身携带或数米之内)的计算设备所组成的通信网络，包括计算

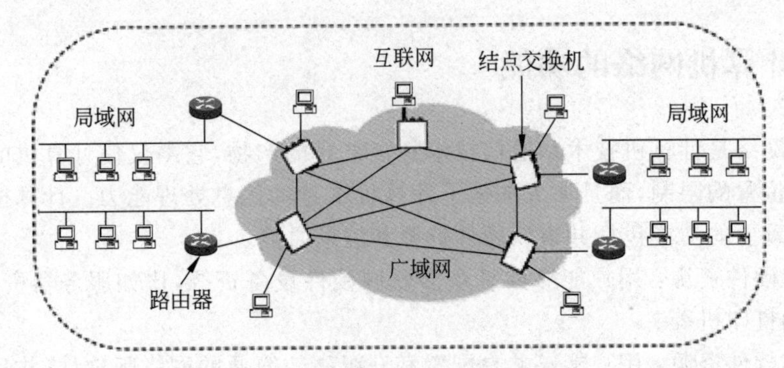

图 7-1　互联网、广域网和局域网

机、移动终端、智能手表和数码影音等设备。个人网既可以用于这些设备之间的数据交换，又可以将这些设备连接到高层网络或互联网。个人网可以采用有线连接，例如 USB 或者 Firewire 总线，也可以采用无线连接，例如红外、NFC 或蓝牙。采用无线技术的个人网，又称为无线个人网 WPAN(wireless personal area network)。

(2) 局域网(local area network，LAN)

局域网是最常见、应用最广的一种网络。现在局域网随着整个计算机网络技术的发展和提高得到充分的应用和普及，几乎每个机构、每个家庭都有自己的局域网。局域网是一个可连接住宅、学校、实验室、校园或办公大楼等有限区域内计算机的计算机网络，它所覆盖的地区范围较小，一般来说是几米至 10 公里以内。局域网在计算机数量配置上没有太多的限制，少的可以只有两台，多的可达几百台。局域网的特点是连接范围窄、用户数少、配置容易和连接速率高。以太网和 WiFi 是目前局域网中最常用的两项技术，其中商用以太网的最快速率已经达到 10G 了。

(3) 城域网(metropolitan area network，MAN)

城域网通过改进局域网中的传输介质扩大网络的覆盖范围，实现在一个城市但不在同一园区范围内的计算机互联。这种网络的连接距离可以达到 10 公里至 100 公里。城域网与局域网相比，扩展的距离更长，连接的计算机数量更多，在地理范围上可以说是局域网的延伸。在一个大型城市或都市区，一个城域网通常连接着多个局域网。光纤连接的引入使城域网中高速的局域网互连成为可能。

(4) 广域网(wide area network，WAN)

广域网也称为远程网，所覆盖的范围比城域网更广，它一般是在不同地区的局域网或城域网互联，通常跨接很大的地理范围，从几十公里到几千公里，能连接多个地区、城市和国家，或横跨几个洲，并能提供远距离通信，形成国际性的远程网络。

(5) 互联网(Internet)

互联网又称为“英特网”，是网络与网络之间串连形成的庞大网络。这些网络以一组标准的 TCP/IP 协议相连，连接着全球几十亿个设备，形成逻辑上的单一网络。它是由从地方到全球范围的几百万个私人的、学术界的、企业的和政府的网络所构成，这种将计算机网络连接在一起的方法称作“网络互联”，在此基础上发展出的覆盖全世界的互联网络就称为互联网。

从地理范围来说，它是全球计算机的互联，这种网络的最大特点就是不定性，整个网络的计算机每时每刻随着网络的接入在不断地发生变化。当连在互联网上的时候，计算机是互联网的一部分，一旦断开互联网的连接，计算机就不属于互联网了。它的优点非常明显，就是信息量大且传播广，无论身处何地，只要联上互联网就可以对任何可以联网的用户发出邮件和消息。互联网拥有范围广泛的信息资源和服务，例如相互关系的超文本文件、万维网的应用、支持电子邮件的基础设施、点对点网络、文件共享以及 IP 电话服务等。

局域网、城域网和广域网三者之间的比较分析如表 7-1 所示。

表 7-1 局域网、城域网和广域网比较分析

类型 对比	局域网(LAN)	城域网(MAN)	广域网(WAN)
覆盖范围	10 千米以内	10～100 千米	几百到几千千米
协议标准	IEEE 802.3	IEEE 802.6	IMP
结构特征	物理层	数据链路层	网络层
典型设备	集线器	交换机	路由器
终端组成	计算机	计算机或局域网	计算机、局域网、城域网
特点	连接范围小、用户数少、配置简单	实质上是一个大型的局域网，传输速率高；技术先进、安全	主要提供面向通信的服务，覆盖范围广，通信的距离远，技术复杂

7.1.3 计算机网络的拓扑结构

计算机网络的拓扑结构(topology)是指网络中通信链路和节点的几何排列形式，网络的拓扑结构对整个网络的设计、功能、可靠性和费用等方面有着重要影响。选用何种类型的网络拓扑结构，要根据实际需要而定。大多数网络使用 5 种基本拓扑结构：星型、总线型、树型、环型和网型。

1. 星型拓扑结构

星型拓扑结构指网络中的各节点设备通过一个网络集中设备连接在一起，各节点呈星状分布的网络连接方式。如图 7-2 所示，星型拓扑网络结构简单，容易实现，便于管理、维护和调试，但是每个节点都要和中心节点直接连接，需要耗费大量的线缆，线路利用率不高，并且安装、维护的工作量也剧增。星型拓扑的节点扩展、移动方便，扩展节点时只需要从集线器或交换机等集中设备中拉一条电缆即可，而移动一个节点只需要把相应节点设备移到新节点即可。星型拓扑故障诊断和隔离容易，一个节点出现故障不会影响其他节点的连接，可任意拆走故障节点。星型拓扑中央节点的负担较重，易形成瓶颈，各站点的分布处理能力较低，中央节点一旦发生故障，则整个网络都受到影响。

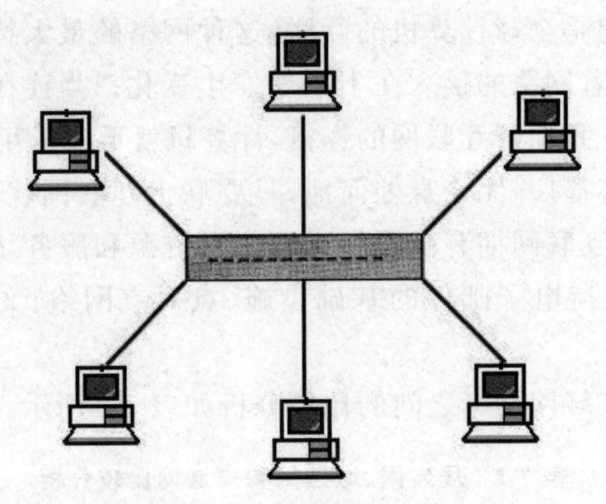

图 7-2　星型拓扑结构

2. 总线型拓扑结构

总线型拓扑结构采用一条公共总线作为传输介质，且总线两端必须有终结器，每个节点通过相应的硬件接口直接连接在总线上。信号沿总线进行广播式传送，任何一个节点的信息都可以沿着总线向两个方向传输扩散，并且能被总线中任何一个节点所接收。如图 7-3 所示，总线有一定的负载能力，因此总线长度有一定限制，一条总线也只能连接一定数量的节点。总线型拓扑布线容易，所需电缆数量少，结构简单，采用无源介质可靠性高。它易于扩充，增加或减少用户比较方便。但是总线的传输距离有限，通信范围受到限制。分布式协议不能保证信息的及时传送，不具有实时功能。所有数据都需经过总线传送，总线成为整个网络的瓶颈，当节点较多时，容易产生信息堵塞，传递不畅，所以连接的节点不宜过多。总线自身的故障可以导致系统的崩溃。如果某一个节点发生故障，将影响整个网络，故障诊断困难，故障隔离更困难。

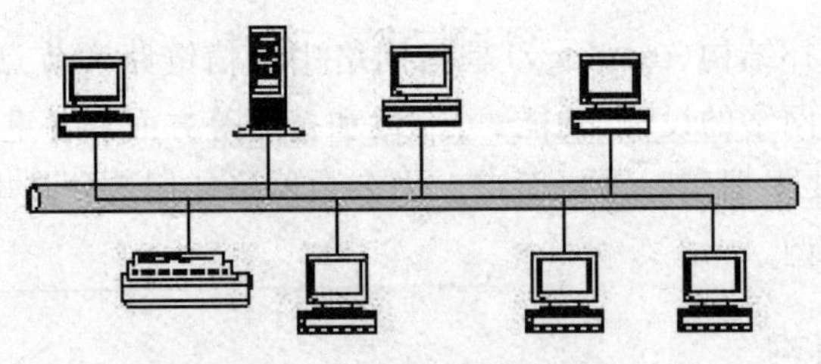

图 7-3　总线型拓扑结构

3. 树型拓扑结构

树型拓扑结构实际上是星型拓扑的发展和补充，由多个层次的星状结构纵向连接而成，具有根节点和分支节点，呈树状排列，整体看来像一棵倒置的树，如图 7-4 所示。树型拓扑有许多和星型拓扑相似的优点，比星型拓扑的扩展性更高，树型拓扑的线路总长度短，成本较低，结点易于扩充，但结构较复杂，传输时延大。树型拓扑易于扩展，可以延伸出很多分支和子分支，这些新节点和新分支都能容易地加入网内。故障隔离较为容易，如果某一分支的节点或线路发生故障，主要影响局部区域，因而很容易将故障分支与整个系统隔离开来。树型拓扑的缺点是各个节点对根节点的依赖性太大，如果根节点发生故障，也会造成全网不能正常工作。

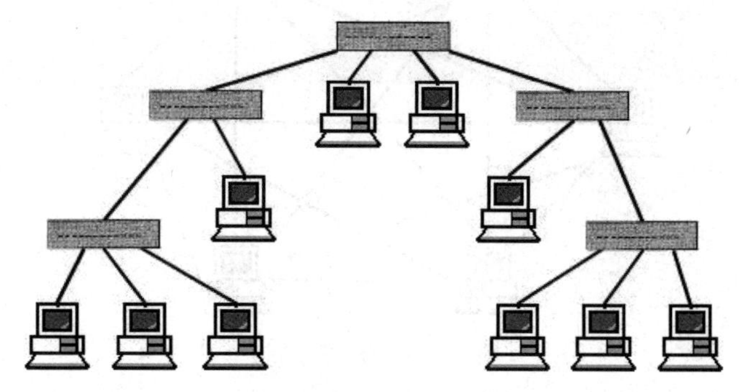

图 7-4　树型拓扑结构

4. 环型拓扑结构

环型拓扑结构是以共享的传输媒介将网络节点首尾连接，形成一个封闭的环状网络。如图 7-5 所示，数据在环路中沿着一个方向在各个节点间传输，信息从一个节点传到另一个节点，这种结构消除了通信时对中心系统的依赖，各节点都可以发送和接收信息。环型拓扑实现简单，投资小，传输速度较快。信息流在网中是沿着固定方向流动的，两个节点仅有一条道路，故简化了路径选择的控制。环路上的各节点都是自举控制，故控制软件简单。但是由于数据在环路中是串行穿过各个节点，当环中节点过多时，势必影响信息传输速率，使网络的响应时间延长。环路是封闭的，不便于扩充，如果要添加或移动节点，就必须中断整个网络。它的可靠性低，维护困难，一个节点发生故障将会造成全网瘫痪，对分支节点故障的定位较难。

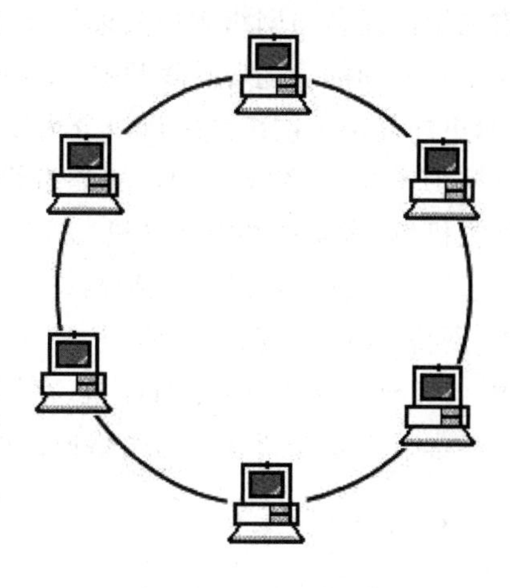

图 7-5　环型拓扑结构

5. 网型拓扑结构

网型拓扑结构中的各节点通过传输线连接起来，并且每一个节点至少与其他两个节点相连，图 7-6 中展示的网型拓扑为全连接型的网型拓扑。网型拓扑具有较高的可靠性，但其结构复杂，实现起来费用较高，不易管理和维护，多用于骨干网，需要使用路由算法来计算发送数据的最佳路径。网型拓扑网络的可靠性高，任意两个节点之间存在着两条或两条以上的通信路径，当一条路径发生故障时，还可以通过另一条路径把信息送至目标节点。网络可组建成各种形状，采用多种通信信道及多种传输速率。网型拓扑的缺点主要是控制复杂、软件复杂、线路费用高、不易扩充，必须采用路由算法和流量控制方法。如果设置不当，会造成广播风暴，严重时可以使网络完全瘫痪。

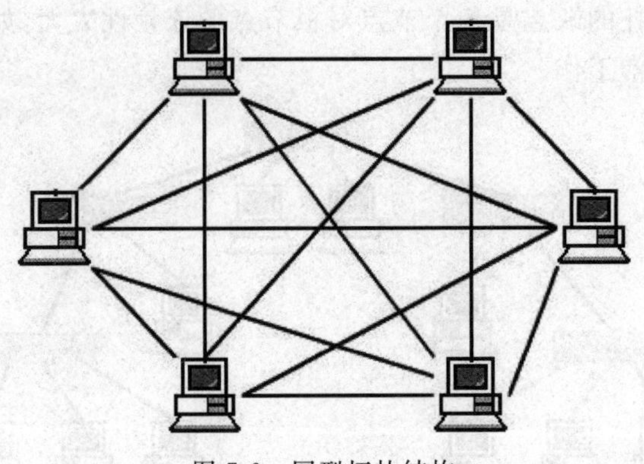

图 7-6　网型拓扑结构

7.1.4　计算机网络的硬件

硬件是计算机网络的物理基础。要构成一个计算机网络系统，首先要将计算机及其附属硬件设备与网络中的其他计算机系统连接起来。不同的计算机网络系统，在硬件方面是有差别的。随着计算机技术和网络技术的发展，网络硬件日趋多样化，功能更加强大，更加复杂。网络硬件可以分为以下 3 类。

① 计算机系统：工作站（终端设备，又称客户机，通常是个人电脑）；网络服务器（又称主机，通常是高性能计算机）。

② 网络通信设备：包括网络交换设备、互连设备和传输设备，比如网线、网卡、集线器、网桥、交换机、路由器等。

③ 网络外部设备：打印机、存储设备、影音设备等。

本节主要介绍常见的网络通信设备。

1. 网线

除了无线连接之外，网线是连接局域网必不可少的物理介质。常见的网线主要有双绞线、同轴电缆和光缆三种。双绞线是由许多对线组成的数据传输线，特点是价格便宜，所以被广泛应用。根据 ISO/IEC 11801 标准分类，常见的双绞线有三类线（CAT-3，最大速率为 10Mbps）；五类线（CAT-5，最大速率为 100Mbps）；超五类线；六类线（CAT-6，最大速率为 1000Mbps）；七类线；超七类线。同轴电缆是由一层层的绝缘线包裹着中央铜导体的电缆线，特点是抗干扰能力好，传输数据稳定，价格也便宜，同样被广泛使用，如有线电视线等。光缆是目前最先进的网线，由细如发丝的玻璃纤维，即光纤外加绝缘套组成，由于靠光波传送，它的特点就是抗电磁干扰性极好，保密性强，速度快，传输容量大。

2. 网卡

网卡又称网络接口控制器或网络适配器，是一块被设计用来允许计算机在计算机网络上进行通信的计算机硬件，它使得用户可以通过电缆或无线相互连接。每个网卡都拥有电气电子工程师协会(IEEE)分配的一个独一无二的物理地址(MAC地址),为48位二进制串行号,被写在卡上的一块ROM中,记录为12位16进制码。没有任何两块被生产出来的网卡拥有同样的地址,以保证在网上传播的数据信息能够被准确无误地定位到硬件源头。

3. 集线器

集线器是指将多条网线或光纤集合连接在同一段物理介质下的设备,它可以视作多端口的中继器。如图7-7所示,由于集线器会把收到的数字信号经过再生或放大再从集线器的所有端口提交走,因此会造成信号之间碰撞的机会增大,而且信号也可能被窃听。这意味着所有连到集线器的设备都是属于同一个碰撞网域以及广播网域,因此大部分集线器已被交换机取代。

图7-7 集线器

4. 网桥

网桥又称桥接器(network bridge),它负责网络桥接,将网络的多个网段在数据链路层(OSI参考模型第2层)连接起来。网桥在功能上与集线器等其他用于连接网段的设备类似,不过后者工作在物理层(OSI参考模型第1层)。网桥能够识别数据链路层中的数据帧,并将这些数据帧临时存储于内存,再重新生成信号,作为一个全新的数据帧转发给相连的另一个网段。由于能够对数据帧拆包、暂存、重新打包,网桥能够连接不同技术参数传输速率的数据链路。在向其他网段转发数据帧时,网桥会做冲突检测控制。它还能通过地址自学机制和过滤功能控制网络流量,具有OSI第2层网络交换机功能。网桥仅仅在不同网络之间有数据传输时才将数据转发到其他网络,不是像集线器那样对所有数据都进行广播。网桥可以分区网段,不像集线器仍是在为同一碰撞网域,所以对带宽耗损较大。

5. 交换机

交换机是一个用于扩大网络的设备,如图7-8所示,它能为子网提供更多的连接端口,被广泛应用于OSI参考模型的第2层,即数据链路层。交换机内部的CPU会在每个端口成功连接时将MAC地址和端口对应,形成一张MAC地址表。在今后的通信中,发往该MAC地址的数据包将仅送往其对应的端口,而不是所有的端口。因此交换机可用于划分数据链路层广播,即冲突域;但它不能划分网络层广播,即广播域。交换机与集线器的不同之处是,集线器会将网络内某一用户发送的数据包传至所有已连接到集线器的电脑。而交换机则只会将数据包通过MAC地址表发送到指定目的地的电脑,相对能减少数据碰撞及数据被窃听的机会。交换机更能将同时传到的数据包进行分别处理,而集线器则不能。

图 7-8 交换机

6. 路由器

路由器是连接两个以上网络的设备，如图 7-9 所示，提供路由与转送两种重要机制。决定数据包从来源端到目的端所经过的路由路径（主机到主机之间的传输路径）的过程称为路由；将路由器输入端的数据包移送至适当的路由器输出端（在路由器内部进行）称为转送。路由器在 OSI 参考模型的第 3 层，即网络层，由于其位于两个或更多个网络的交汇处，从而可以在它们之间传递分组数据。路由器与交换机的区别主要是路由器是属于 OSI 第 3 层的产品，而交换机是 OSI 第 2 层的产品。第 2 层的产品功能在于，将网络上各个计算机的 MAC 地址记在 MAC 地址表中，当局域网中的计算机要经过交换机去交换传递数据时，就查询交换机上 MAC 地址表中的信息，将数据包发送给指定的计算机，而不会像第一层的产品（如集线器）那样，给每台在网络中的电脑都发送。而路由器除了有交换机的功能外，更拥有路由表作为发送数据包时的依据，在有多种选择的路径中选择最佳的路径。此外，路由器可以连接两个以上不同网段的网络，而交换机只能连接两个。

图 7-9 路由器

7.1.5 计算机网络的软件

计算机网络除了必须拥有硬件组成外，还要加上相应的网络软件，才能成为一个完整的计算机网络系统，才能根据网络通信协议实现信息的发送、接受以及对通信过程进行控制，从而使用户能够共享网络的资源。

在网络系统中，网络上的每个用户都可享有系统中的各种资源，因此系统必须对用户进行控制，否则就会造成系统混乱、信息数据的破坏和丢失。为了协调系统资源，系统需要使用软件工具对网络资源进行全面的管理、调度和分配，并采取一系列的安全保密措施，防止用户不合理地对数据和信息进行访问。网络软件是实现网络功能不可缺少的软件环境。网络软件包括以下内容。

网络操作系统：是对计算机网络进行自动管理的机构，以实现系统资源共享、管理用户对不同资源进行访问，是最主要的网络软件。网络操作系统是用于管理网络软、硬资源，提供简单网络管理的系统软件。常见的网络操作系统有 UNIX、Netware、Windows NT、Linux 等。

网络协议和协议软件：通过协议程序实现网络协议功能。按网络所采用的协议层次模型(如ISO建议的开放系统互联参考模型)组织而成。除物理层外,其余各层协议大都由软件实现。每层协议软件通常由一个或多个进程组成,其主要任务是完成相应层协议所规定的功能,以及与上、下层的接口功能。

网络通信软件:用于实现计算机之间的通信和信息传输,监督和控制通信工作的软件。它除了作为计算机网络软件的基础组成部分外,还可用作计算机与自带终端或附属计算机之间实现通信的软件。

网络管理及网络应用软件:网络管理软件是用来对网络资源进行管理和对网络进行维护的软件。网络应用软件是为网络用户提供服务并为网络用户解决实际问题的软件。

网络软件研究的重点不是在网络中互联的各个独立的计算机本身的功能,而是如何实现网络特有的功能。

7.1.6 无线局域网

无线局域网(wireless local area network,WLAN)是目前最热门的一种局域网,它与传统局域网的主要不同之处就是传输介质的不同。传统局域网都是通过有形的物理介质进行连接的,如双绞线、同轴电缆和光缆等,而无线局域网不依靠任何导线连接,它是通过可以在真空中传播的无线电波来进行连接的。无线局域网摆脱了有形传输介质的束缚,提供了移动接入的功能,给许多需要发送数据但又不能坐在办公室等固定场所的人员提供了方便。当大量持有便携式电脑的用户都在同一个地方同时要求上网时,用线缆连网则布线是个很大的问题,这时采用无线局域网就比较容易实现,只要在网络的覆盖范围内就可以随时随地连接上无线网络,与服务器及其他工作站连接。

无线局域网遵循IEEE 802.11标准,第一个版本发表于1997年,定义了介质访问接入控制层和物理层。物理层定义了工作在2.4GHz频段上的两种无线调频方式和一种红外传输的方式。1999年,又加上了两个补充版本802.11a,定义了一个在5GHz频段上的数据传输速率可达54Mbit/s的物理层,802.11b定义了一个在2.4GHz频段上但数据传输速率高达11Mbit/s的物理层。2.4GHz频段为世界上绝大多数国家通用,因此802.11b得到了广泛的应用。1999年,业界成立了WiFi联盟,致力解决匹配802.11标准的产品生产和设备兼容等问题。IEEE 802.11标准一直在演进,目前已经发展到了第5代。

第1代802.11,1997年制定的原始标准,只使用2.4GHz,最高速率为2Mb/s。

第2代802.11b,只使用2.4GHz,最高速率为11Mb/s。

第3代802.11g/a,分别使用2.4GHz和5GHz,最高速率为54Mb/s。

第4代802.11n,可使用2.4GHz或5GHz,在20MHz和40MHz信道带宽下最高速率分别为72.2和150Mb/s。

第5代802.11ac,只使用5GHz,在20/40/80/160MHz信道带宽下最高速率分别为87.6/200/433.3/866.7Mb/s。

这些标准是选购相关移动终端和网络设备的关键参数之一。

WiFi的设置至少需要一个接入点(access point,AP)和一个或多个客户端。无线AP每100ms将服务设置标识SSID(service set identifier)经由信号台(beacons)数据包广播一次，所有的 WiFi 客户端都能收到这个 SSID 广播数据包，客户端可以借此决定是否要和这一个 SSID 的 AP 连接。此外，随着携带式 WiFi 路由器 MiFi 的出现，可以很容易地创建自己的 WiFi 热点，通过电信网实现上网，大部分智能手机也可充当小型无线路由器，供周围的设备连接互联网。WiFi 无线通信也可以不通过接入点，直接从一台客户端连接到另一台客户端，这就是点对点的 ad-hoc 模式，这种无线 ad-hoc 模式受到掌上游戏机、数码相机和其他消费性电子设备的欢迎。

WiFi 网络覆盖范围有限，一个使用 802.11b 或 802.11g 的典型无线路由器和天线，在无任何障碍物情况下的覆盖范围可达到室内 50 平方米，室外 140 平方米。802.11n 则可到达超过这个范围两倍的距离。

7.2 Internet 基础

Internet 是全世界最大的计算机网络，承载着大量的信息资源和服务，如超文本文档、万维网(WWW)、电子邮件、电话、电子商务、网络聊天和文件共享的应用，是一个信息资源和资源共享的集合。Internet 是由许多子网相互连接而成的，每个子网中都连接着若干台计算机，以相互交流信息资源为目的。

7.2.1 Internet 的概念及特点

1. Internet 的概念

Internet 即互联网、因特网，指由多个计算机网络相互连接而成的一个网络，如图 7-10 所示，它是在功能和逻辑上组成的一个大型网络。

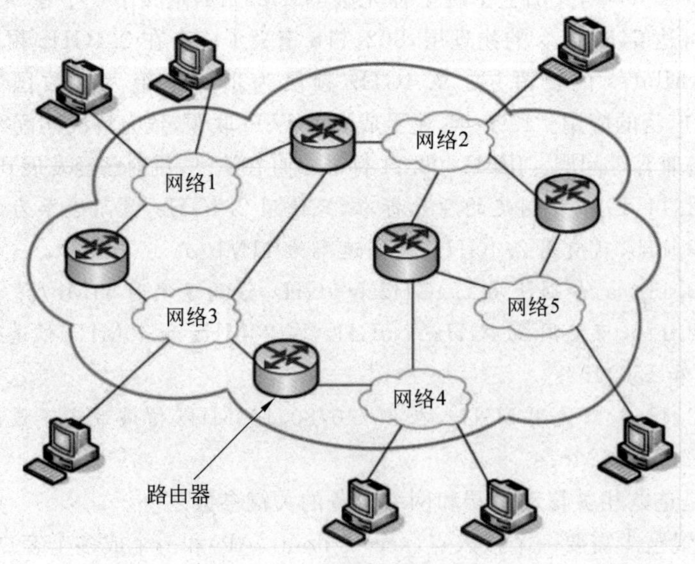

图 7-10　网络互联示意图

从广义上讲，Internet 就是“连接网络的网络”，这种将计算机网络互相联接在一起的方法称为网络互联。它是一个全球共有、使用 TCP/IP 这套协议的计算机系统。简称“互联网”。

2. Internet 的特点

Internet 是全球范围内最大的计算机网络，它拥有成千上万的主机和数以亿计的网络用户。通过 Internet 网络，人们可以学习、购物、娱乐、社交等。Internet 正在不断改变着人们的生活和工作方式。具体而言，Internet 具有如下特点。

① 自由，互联网能够不受空间限制来进行信息交换，用户的言论、使用以及信息的流动都是自由的。

② 开放，Internet 是世界上最开放的计算机网络，任何一台计算机，只要能够支持 TCP/IP 协议，就可以连接互联网，实现信息交换。

③ 交互，交换信息具有互动性(人与人、人与信息之间可以互动交流)。

④ 平等，互联网中的计算机，不分等级，没有特权。

⑤ 资源共享，互联网是一个没有中心的自主式开放组织，其发展强调的是资源共享。

⑥ 虚拟，通过对信息的数字化处理，互联网能够通过虚拟技术实现许多传统现实中才具有的功能。

⑦ 个性化，互联网作为社交的虚拟社区，可以突出个性化，互联网引导的是个性化的时代。

⑧ 信息交换能以多种形式存在(视频、图片、文字等)。

7.2.2 OSI 参考模型和 TCP/IP

为了能使各种计算机在世界范围内互联，国际标准化组织(international organzation for standardization，ISO)和国际电报电话咨询委员会(international telegraph and telephone consultative committee，CCITT)联合制定了开放系统互联参考模型(open system interconnection，OSI)，简称 OSI 模型，其含义就是推荐所有公司使用这个规范来控制网络。这样所有公司都有相同的规范，就能相互联结。计算机网络体系结构划分为 7 层，为开放式互联信息系统提供了一种功能结构的框架。OSI 模型并没有提供明确的方法，只是描述了一些概念，用来协调进程间通信标准的制定。

1. OSI 参考模型

国际标准化组织于 1985 年研究的网络互联模型。该体系结构标准定义了网络互联的七层框架(物理层、数据链路层、网络层、传输层、会话层、表示层、应用层)，即 OSI 模型。如图 7-11 所示。

每一层实现各自的功能和协议，并完成与相邻层的接口通信。OSI 模型的服务定义详细说明了各层所提供的服务。某一层的服务就是该层及其下各层的一种能力，它通过接口提供给更高一层。

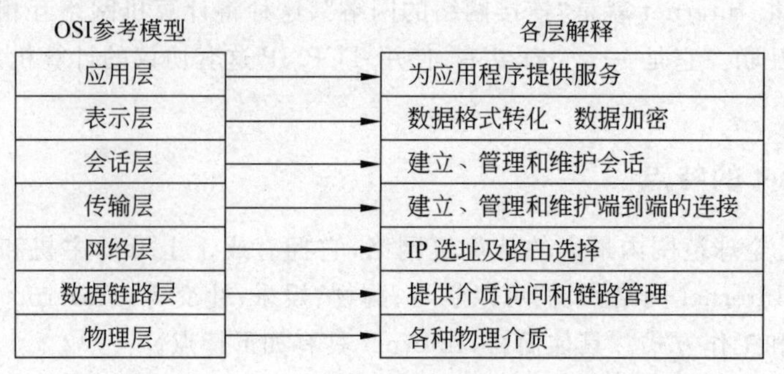

图 7-11 OSI 参考模型

这里只对 OSI 各层进行功能上的大概阐述，不详细深究，因为实际上每一层都是一个复杂的层。

① 应用层：OSI 模型中最靠近用户的一层，是为计算机用户提供应用接口，也为用户直接提供各种网络服务。常见应用层的网络服务协议有 HTTP、HTTPS、FTP、POP3、SMTP 等。

② 表示层：提供各种用于应用层数据的编码和转换功能，确保一个系统的应用层发送的数据能被另一个系统的应用层识别。如果必要，该层可提供一种标准表示形式，用于将计算机内部的多种数据格式转换成通信中采用的标准表示形式。数据压缩和加密也是表示层可提供的转换功能之一。

③ 会话层：会话层就是负责建立、管理和终止表示层实体之间的通信会话。该层的通信由不同设备中应用程序之间的服务请求和响应组成。

④ 传输层：传输层建立了主机端到端的链接，它的作用是为上层协议提供端到端的可靠和透明的数据传输服务，包括处理差错控制和流量控制等问题。该层向高层屏蔽了下层数据通信的细节，使高层用户看到的只是在两个传输实体间的一条主机到主机的、可由用户控制和设定的、可靠的数据通路。通常说的 TCP UDP 就是在这一层。端口号即是这里的“端”。

⑤ 网络层：本层通过 IP 寻址来建立两个节点之间的连接，为源端的运输层送来的分组选择合适的路由和交换节点，正确无误地按照地址传送给目的端的运输层。这一层就是经常说的 IP 协议层。IP 协议是 Internet 的基础。

⑥ 数据链路层：将比特组合成字节，再将字节组合成帧，使用链路层地址（以太网使用 MAC 地址）来访问介质，并进行差错检测。

数据链路层又分为 2 个子层：逻辑链路控制子层（LLC）和媒体访问控制子层（MAC）。

MAC 子层处理 CSMA/CD 算法、数据出错校验、成帧等；LLC 子层定义了一些字段，使上次协议能共享数据链路层。在实际使用中，LLC 子层并非是必需的。

⑦ 物理层：实际最终信号的传输是通过物理层实现的。通过物理介质传输比特流。它规定了电平、速度和电缆针脚。常用设备有（各种物理设备）集线器、中继器、调制解调器、网线、双绞线、同轴电缆。这些都是物理层的传输介质。

2. TCP/IP 协议

真正实现 Internet 的是一整个互联网协议族，称为 TCP/IP(Transmission Control Protocol/Internet Protocol)协议族，即传输控制协议/因特网协议，又名网络通信协议。

TCP/IP 是 Internet 的基础通信架构，是 Internet 最基本的协议，主要由网络层的 IP 协议和传输层的 TCP 协议组成。它定义了电子设备连入因特网和数据传输的标准，即 TCP/IP 提供点对点的链接机制，将数据应该如何封装、定址、传输、路由以及在目的地如何接收都加以标准化。它将软件通信过程抽象化为 4 个抽象层，从下往上分别为网络接口层、网络层、传输层和应用层，每一层都呼叫它的下一层所提供的协议来完成自己的需求。协议族下的各种协议，依功能不同被分别归属到这 4 个层次结构之中，常被视为是简化的 7 层 OSI 参考模型。TCP/IP 协议是个 4 层模型，OSI 是 7 层模型，但是很多教科书综合两个模型，提出了 5 层模型的概念，图 7-12 给出了 OSI 参考模型和 TCP/IP 5 层模型的对应关系。每一层都工作着不同的设备，比如常用的交换机就工作在数据链路层，一般的路由器工作在网络层。

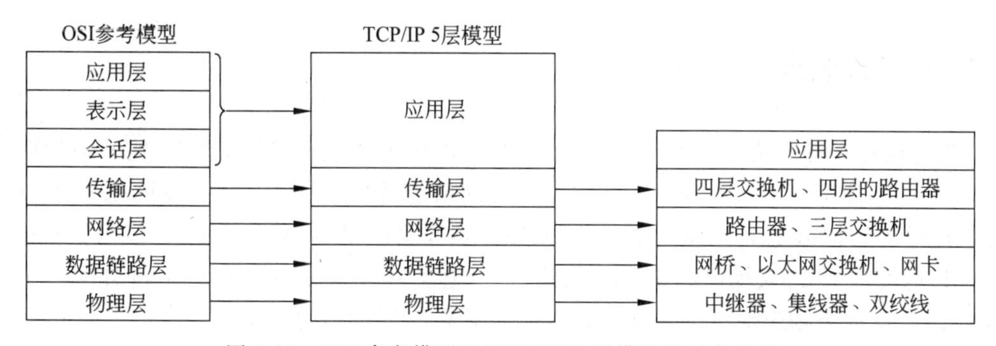

图 7-12　OSI 参考模型和 TCP/IP 5 层模型的对应关系

每一层实现的协议各不同，即每一层的服务也不同。图 7-13 列出了每层的主要协议。其中每层中具体的协议可以在计算机网络的专业书籍中学习。

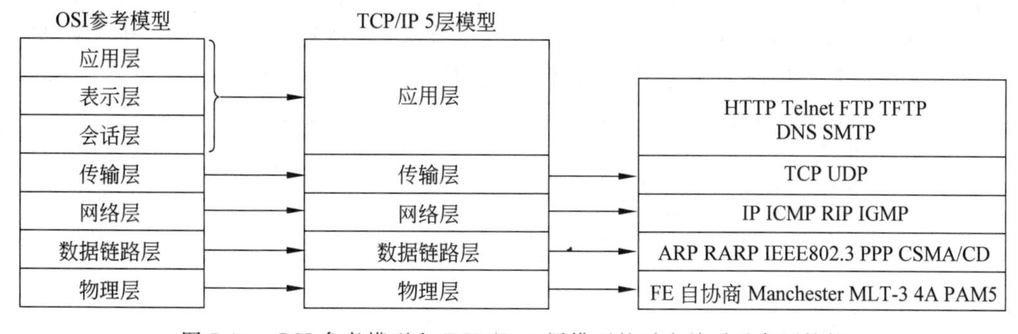

图 7-13　OSI 参考模型和 TCP/IP 5 层模型的对应关系及各层协议

网络层的 IP 协议是用于报文交换网络的一种面向数据的协议，它定义了数据包在网际传送时的格式。目前使用最多的是 IPv4 版本，这一版本用 32 位定义 IP 地址，尽管地址总数达到 43 亿个，但是仍然不能满足现今全球网络飞速发展的需求，因此 IPv6 版本应运而生。在 IPv6 版本中，IP 地址共有 128 位。IPv6 目前并没有普及，许多互联网服务提供商并不支持 IPv6 协议的连接。但是可以预见，将来在 IPv6 的帮助下，任何电子设备和家用电器都可能连入互联网。

传输层的 UDP 协议和 TCP 协议用于控制数据流的传输。UDP 是一种不可靠的数据流传输协议，仅为网络层和应用层之间提供简单的接口。而 TCP 协议则具有高度可靠性，通过为数据包加入额外信息并提供重发机制，保证数据包不丢包、没有冗余包以及保证数据包的顺序。对于一些需要高可靠性的应用，可以选择 TCP 协议；而相反，对于性能优先考虑的应用如流媒体等，则可以选择 UDP 协议。通俗而言，TCP 负责发现传输的问题，出现问题就发出信号，要求重新传输，直到所有数据包安全正确地传输到目的地。而 IP 是给因特网的每一台联网设备规定一个地址。

最顶层的是一些应用层协议，这些协议定义了一些通用的数据包结构，数据以这种内部使用的格式进行传送，然后被编码成标准协议的格式。其中包括域名服务协议 DNS、文件传输协议 FTP、所有的 Web 页面服务使用的超文本传输协议 HTTP、邮局协议 POP3、简单邮件传输协议 SMTP、远程登录协议 Telnet 等。

7.2.3 IP 地址

最初设计互联网络时，为了便于寻址以及层次化地构造网络，每个 IP 地址包括两个标识码(ID)，即网络 ID 和主机 ID。同一物理网络上的所有主机都使用同一个网络 ID，网络上的一个主机(包括网络上的工作站、服务器和路由器等)有一个主机 ID 与其对应。

IP 地址是 IP 协议提供的统一的地址格式，它为互联网上的每一台主机分配一个逻辑地址，以此屏蔽物理地址的差异。日常所能见到的情况是每台联网的 PC 上都需要 IP 地址才能正常通信。IP 地址分为 IPv4 与 IPv6 两大类，目前常见的是 IPv4 地址。在没有特别说明的情况下，IP 地址都是指 IPv4 地址，它是一个 32 位的二进制数。

Internet 委员会定义了 5 种 IP 地址类型，以适应不同容量的网络，即 A、B、C、D、E 共 5 类，如图 7-14 所示。其中 A、B、C 是基本类，由国际互联网络信息中心(internet network information center, InterNIC)在全球范围内统一分配，分别对应大型网络、中型网络和小型网络，如表 7-2 所示，D、E 类作为多播和保留使用。

A类	0	网络地址（7位）	
B类	10	网络地址（14位）	
C类	110	网络地址（21位）	
D类	1110	多播地址（28位）	
E类	11110	保留用于将来和实验使用	

图 7-14 IP 地址分类

为便于使用，IP 地址分为 4 段，每段 8 位，用十进制数字表示，常以 XXX. XXX. XXX. XXX 形式表现，每段数字范围为 0～255。比如 IP 地址 128. 1. 1. 10 代表的是 32 位二进制地址 10000000.00000001.00000001.00001010。

表 7-2 A、B、C 类地址分配

网络类别号	最大网络数	第一个可用的网络号	最后一个可用的网络号	每个网络中的最大主机数
A	126	1	126	16777214
B	16382	128.1	191.255	65534
C	2097150	192.0.1	223.255.255	254

① A 类 IP 地址：在 IP 地址的 4 段号码中，第 1 段号码为网络 ID，剩下的 3 段号码为主机 ID。如果用二进制表示，A 类 IP 地址就由 1 字节的网络 ID 和 3 字节的主机 ID 组成，网络地址的最高位必须是“0”，并且数字 0 和 127 不作为 A 类地址网络 ID，因此 A 类网络 ID 数量较少，仅有 126 个网络，每个网络可以容纳的主机数达 1600 多万台，适用于大型网络。A 类 IP 地址的缺省子网掩码为 255.0.0.0。

② B 类 IP 地址：在 IP 地址的 4 段号码中，前 2 段号码为网络 ID。如果用二进制表示，B 类 IP 地址就由 2 字节的网络 ID 和 2 字节的主机 ID 组成，网络 ID 的最高位必须是“10”。B 类 IP 地址中网络的标识长度为 16 位，主机标识的长度为 16 位，因此共有 16382 个网络，其中 172.16.0.0 和 172.31.255.255 保留。每个网络所能容纳的计算机数为 6 万多台，适用于中型网络。B 类 IP 地址的缺省子网掩码为 255.255.0.0。

③ C 类 IP 地址：在 IP 地址的 4 段号码中，前 3 段号码为网络 ID。如果用二进制表示，C 类 IP 地址就由 3 字节的网络 ID 和 1 字节的主机 ID 组成，网络地址的最高位必须是“110”。C 类 IP 地址中网络的标识长度为 24 位，主机标识的长度为 8 位，C 类网络 ID 数量较多，共有 2097150 个网络，其中 192.168.0.0 和 192.168.255.255 保留。每个网络最多只能包含 254 台主机，适用于小规模的局域网。C 类 IP 地址的缺省子网掩码为 255.255.255.0。

由于互联网的迅猛发展，联网的主机越来越多，而 32 位的 IPv4 地址能提供约 42.9 亿个地址，无法满足需求，地址空间的不足妨碍了互联网的进一步发展。为了扩大地址空间，拟通过 IPv6 重新定义地址空间。IPv6 采用 128 位地址长度，记录为 32 位 16 进制码。在 IPv6 的设计过程中，除了一劳永逸地解决了地址短缺问题以外，在其他很多方面对 IPv4 也有所改进。

7.2.4 域名

IP 地址是长长的几组数字，记忆起来很不方便。为了使人们更好地记住位于网络上服务器的具体名称和位置，就用英文字母来代替 IP 地址，这种用来代替 IP 地址的英文符号就称为域名。域名以主机、子域和域的形式表示，与数字的 IP 地址相对应。由于真正区分主机的还是 IP 地址，所以当输入域名后，浏览器必须先去一台有域名和 IP 地址对应表的主机中去查询这个域名的 IP 地址，这台被查询的主机叫域名服务器(domain name server，DNS)。

一台主机的域名由它所属各级域和分配给主机的名字共同构成，如计算机名、组织机构名、网络类型名、最高层域名。因此，域名结构由若干分量组成，一般不能超过 5 级，从左到右域的级别变高，各级之间用“.”隔开，如：分配给主机的名字.三级域名.二级域名.顶级域名。域名在整个 Internet 中是唯一的，当高级子域名相同时，低级子域名不允许重复。每一级域名长度的限制是 63 个字符，域名总长度不能超过 253 个字符。域名同时也仅限于 ASCII 字符的一个子集，这使得很多其他语言无法正确表示它们的名字和单词。另外，域名中的大小写是没有区分的。一台服务器只能有一个 IP 地址，但是却可以有多个域名。

常见的部分组织通用顶级域名如表 7-3 所示。

表 7-3　组织的顶级域名

域名代码	适用机构	域名代码	适用机构
com	公司、商业机构	org	协会等非盈利机构
edu	学术与教育机构	mil	美国军事部门
gov	政府部门机构	pro	专业人员（医生、律师等）
net	网络服务机构	info	信息服务机构

常见的国家/地区代码顶级域名如表 7-4 所示。

表 7-4　部分国家/地区的顶级域名

域名代码	国家/地区	域名代码	国家/地区
cn	中国	au	澳大利亚
hk	中国香港	jp	日本
de	德国	us	美国
eu	欧盟	uk	英国
ca	加拿大	ru	俄罗斯

域名服务器是进行域名和 IP 地址转换的服务器。域名服务器中保存了一张包含域名和与之相对应的 IP 地址信息的表，以解析所提供的域名。当在浏览器中输入 www.gpnu.edu.cn 后，首先会到域名服务器查询得到它所对应的 IP 地址 222.16.31.101，然后往该 IP 地址发送请求，才能正确地打开广东技术师范学院的主页。

7.3　Internet 的应用

人类社会已全面进入信息时代，Internet 得到了飞速的发展。Internet 提供了丰富的信息资源和应用服务，不仅可以传送文字、声音和图像等多媒体信息，还可以和世界上任何地方的人进行即时交流和视频通话，人们的学习、工作、生活和社交都已离不开

Internet 了。Internet 的服务主要由两种企业提供，一种是因特网服务提供商 ISP，它提供互联网存取服务，是网络最终用户进入 Internet 的入口和桥梁，能提供拨号上网、网上浏览、下载文件、收发电子邮件等服务，比如中国科技网(CSTNET)、中国教育和科研计算机网(CERNET)等。另一种是因特网内容提供商 ICP，向用户提供互联网信息服务和增值业务，负责其网站的内容和与之相关的服务，主要提供有知识产权的数字内容产品与娱乐，包括杂志、新闻、音乐、在线游戏等。Internet 应用常用的有万维网、电子邮件、文件传输和远程登录等。

7.3.1 万维网

万维网 WWW，英文全称为 World Wide Web，是 Internet 提供的目前最流行、最方便的信息服务工具，是一个由许多互相链接的超文本组成的系统，通过 Internet 访问。万维网分为 Web 客户端和 Web 服务器程序，用户通过 Web 客户端(一般为浏览器)访问浏览 Web 服务器上的页面。在这个系统中，每个有用的事物都称为一样"资源"，并且由一个全局统一资源标识符标识。这些资源通过超文本传输协议传送给用户，而用户通过单击链接来获得资源。其核心部分是由 3 个标准构成的。

1. 统一资源标识符

统一资源标识符(uniform resource identification，URI)是用于标识某一互联网资源名称的字符串。该标识允许用户通过特定的协议对网络中的资源进行交互操作。URI 可被视为统一资源定位符(uniform resource locator，URL)、统一资源名(uniform resource name，URN)或两者兼备。URN 如同一个人的名称，而 URL 代表一个人的住址。换言之，URN 定义某事物的身份，而 URL 提供查找该事物的方法。

2. 超文本传送协议

超文本传送协议(hytertext transfer protocol，HTTP)是一种用于分布式、协作式和超媒体信息系统的应用层协议。作为 WWW 数据通信的基础，它负责规定客户端和服务器怎样互相交流。用于从 WWW 服务器传输超文本到本地浏览器，可以使浏览器更加高效，使网络传输减少。设计 HTTP 最初的目的是为了提供一种发布和接收 HTML 页面的方法。通过 HTTP 或者 HTTPS 协议请求的资源由 URI 来标识。在浏览器的地址框中输入一个 URL 或是单击一个超级链接时，URL 就确定了要浏览的地址。浏览器通过 HTTP，将 Web 服务器上站点的网页代码提取出来，并翻译成漂亮的网页。

3. 超文本标记语言

超文本标记语言(hypertext markup language，HTML)是一种用于创建网页的标准标记语言，作用是定义超文本文档的结构和格式。"超文本"就是指页面内可以包含图片、链接，甚至音乐、程序等非文字元素。HTML 通过标记符号来标记要显示的网页中的各个部分。网页文件本身是一种文本文件，通过在文本文件中添加标记符，可以告诉浏览器如何显示其中的诸如文字如何处理、图片如何显示以及画面如何安排等内容。浏览器按顺序阅读网页文件，然后根据标记符解释和显示其标记的内容。但需要注意的是，对于不同的浏览器，同一标记符可能会有不完全相同的解释，因而可能显示出不同的效果。

7.3.2 电子邮件

电子邮件，简称电邮(E-mail)，是一种由一寄件人将数字信息发送给一个人或多个人的信息交换方式，一般会通过互联网或其他电脑网络进行书写、发送和接收信件，目的是达成发信人和收信人之间的信息交互。现在的电子邮件系统以是存储与转发的模型为基础，邮件服务器接受、转发、提交及存储邮件。寄信人、收信人及他们的个人电脑或移动终端都不用同时在线，寄信人和收信人只需在寄信或收信时短暂地连接到邮件服务器即可。电子邮件是互联网中应用最广的服务，通过电子邮件系统，用户可以以非常低廉的价格和非常快速的方式与世界上任何一个角落的网络用户联系。电子邮件可以是文字、图像、声音等多种形式，同时也可以得到大量的新闻和专题邮件，并实现轻松的信息搜索。

电子邮件地址的格式是：用户名@主机名(域名)，@是"at"的意思，所以电子邮件地址是表示在某部主机上的一个用户账号，例如 yzxx@gpnu. edu. cn。

电子邮件通常分为两个部分，即报头(head)及主体(body)。主体部分填写邮件的内容。报头部分包括以下内容。

① TO：一个或多个收信人的邮箱地址，多个邮箱地址通常用";"隔开。

② FROM：发信人的邮箱地址。

③ Reply to：回复消息时收件人的信箱地址，一般由系统自动从来信报头的 FROM 部分提取填入。

常见的电子邮件协议有简单邮件传输协议 SMTP、邮局协议 POP 和 Internet 邮件访问协议 IMAP。

④ SMTP：在 Internet 上传输 E-mail 的标准，是一组用于由源地址到目的地址传送邮件的规则，由它来控制信件的中转方式。SMTP 帮助每台计算机在发送或中转信件时找到下一个目的地。通过 SMTP 协议所指定的服务器，就可以把 E-mail 寄到收信人的服务器上了，整个过程只要几分钟。

⑤ POP：适用于 C/S 结构的脱机模型，用于支持使用邮件客户端远程管理在服务器上的电子邮件，最新版本为 POP3。提供了 SSL 加密的 POP3 协议被称为 POP3S。POP 协议支持"离线"邮件处理，其具体过程是将邮件发送到服务器上，客户端调用邮件客户端程序，以连接服务器，并下载所有未阅读的电子邮件。这种离线访问模式是一种存储转发服务，将邮件从邮件服务器端传输到个人终端上。

⑥ IMAP：用来从本地邮件客户端访问远程服务器上的邮件，最新版本为 IMAP4，是 POP3 的一种替代协议。实际上，所有现代的邮件客户端和服务器都对两者给予支持。它提供了邮件检索和邮件处理的新功能，这样用户完全不必下载邮件正文就可以看到邮件的标题摘要，从邮件客户端就可以对服务器上的邮件和文件夹目录等进行操作。IMAP 协议增强了电子邮件的灵活性，减少了垃圾邮件对本地系统的直接危害，相对节省

了用户查看电子邮件的时间。除此之外，IMAP 协议可以记忆用户在脱机状态下对邮件的操作，在下一次打开网络连接的时候会自动执行。

常用的电子邮件客户端软件有微软公司的 Microsoft Outlook 和腾讯公司的 Foxmail。Microsoft Outlook 是 Microsoft Office 内的个人信息管理软件，也是与 Microsoft Exchange Server 互相搭配的群组软件。虽然 Outlook 主要是用来传送电子邮件，但是它还包含了事历、进程管理员、联络管理员、记事等功能。Foxmail 是张小龙开发的一款电子邮件客户端，后被腾讯收购，具有电子邮件管理功能，最大的特点是支持多账号。除了使用电子邮件客户端，网页版电子邮件和电子邮件移动端也是收发邮件经常使用的方式，特别是在没有个人计算机的情况下。

7.3.3 文件传输

文件传输协议 FTP 是用于在网络上进行文件传输的一套标准协议，通过 FTP 用户能在两个联网的主机之间传输文件，是 Internet 上传递文件最主要的方法。

FTP 用于在 Internet 上的控制文件的双向传输。与大多数 Internet 服务一样，FTP 也是一个客户机/服务器系统。同时它也是一个应用程序，基于不同的操作系统有不同的 FTP 应用程序，而所有这些应用程序都遵守同一种协议，以传输文件。用户通过一个支持 FTP 协议的客户机程序连接到在远程主机上的 FTP 服务器程序。通过客户机程序向服务器程序发出命令，服务器程序执行用户所发出的命令，并将执行的结果返回到客户机。大多数网页浏览器和文件管理器都能和 FTP 服务器创建连接，这使得在 FTP 上通过一个接口就可以操控远程文件，如同操控本地文件一样。在 FTP 的使用当中，用户经常遇到两个概念：下载(download)和上传(upload)。下载文件就是从远程主机复制文件到自己的计算机上，上传文件就是将文件从自己的计算机中复制到远程主机上。

使用 FTP 时必须首先登录，在远程主机上获得相应的权限以后方可下载或上传文件。也就是说，要想同哪一台计算机传送文件，就必须具有哪一台计算机的适当授权。换言之，除非有用户 ID 和密码，否则无法传送文件。这种情况违背了 Internet 的开放性原则，Internet 上的 FTP 主机数以万计，不可能要求每个用户在每一台主机上都拥有账号。匿名 FTP 就是为解决这个问题而产生的。通过匿名 FTP 机制，用户可通过它连接到远程主机上，并从其上下载文件，而无须成为其注册用户。系统管理员建立了一个特殊的用户 ID，名为 anonymous，Internet 上的任何人在任何地方都可使用该用户 ID。使用匿名 FTP 可以免费获取 Internet 丰富的资源。除此之外，FTP 还提供登录、目录查询、文件操作及其他会话控制功能。

7.3.4 远程登录

远程登录 Telnet 协议使用虚拟终端机的形式提供双向、以文字字符串为主的交互功能，是 Internet 远程登录服务的标准协议和主要方式，常用于网页服务器的远程控制，可供用户在本地主机运行远程主机上的工作。用户首先在计算机上运行 Telnet 程序，连接至目的地服务器，然后输入账号和密码，以验证身份。用户可以在本地主机输入命令，然后让已连接的远程主机运行，就像直接在对方的控制台上输入一样。传统 Telnet 会话所传输的数据并未加密，账号和密码等敏感数据容易被窃听，因此很多服务器都会封锁 Telnet 服务，改用更安全的安全外壳协议 SSH。从 Vista 开始，Microsoft Windows 不再预先安装 Telnet 客户端，用户需要手动从程序组中引导才可使用。目前多数的纯文字式 BBS 仍使用 Telnet，部分甚至提供 SSH 服务，以提升安全性。

本章小结

本章介绍了有关计算机网络的基础知识，包括计算机网络的功能、分类及拓扑结构，Internet 的概念及特点、IP 地址分类和域名等。通过本章的学习，应掌握计算机网络的常见分类及拓扑结构，IP 地址的分类及常用的顶级域名，理解 OSI 模型和 TCP/IP 协议，了解常用计算机网络的软件、硬件，电子邮件、文件传输和远程登录的含义，为后续课程的学习打好基础。

第 8 章　多媒体技术

学习目标：了解并掌握多媒体技术的发展历史，多媒体的基本概念、特征及分类，多媒体技术在社会领域中的应用；理解媒体的压缩原理；了解常用多媒体处理软件的使用方法，能够使用常见的多媒体软件。

8.1　多媒体技术概述

多媒体技术是在数字技术的基础上，通过计算机对文本、图像、音频、动画和视频等多媒体信息进行存储、传送和处理，使公众可以多感官地与计算机进行实时信息交互。多媒体技术能够在单个硬件平台上集成和操作来自不同来源的数据，已成为当今信息产业的最新文化现象。多媒体技术的飞速崛起，给计算机、娱乐和教育等领域带来了根本性变化，改变了公众获取信息的传统方法。多媒体技术和应用的指数性增长给计算机化社会带来了机遇和挑战。随着多媒体技术在人类工作、学习和生活等方面的应用推广，多媒体技术变得越来越受欢迎。本章主要从媒体、多媒体以及多媒体技术的概念、原理和应用讲解。

8.1.1　媒体、多媒体、多媒体技术

1. 媒体

所谓媒体(medium)，是信息表示和传播的载体。在计算机领域中，能够表示信息的文字、图形、声音、图像、动画等都可以被称为媒体。媒体可从多元化的视角进行探究。从信息互动的视角看，我们所处世界的任何事物或系统之间都是信息互动的，图 8-1 所示的模型直观地描述信息互动系统的要素。人、计算机等之间的信息是通过媒体进行互动的，即媒体是信息互动的载体。例如，要将“人工智能”这一信息传播给其他人，可选择文本，如中文文字“人工智能”，英文文字“AI”；或者音频，如中文声音、英文声音，等等。同样传播的是“人工智能”这一信息，却可选择不同的媒体方式。而如何选择合适的媒体，如何处理媒体，以便人们最好地接受、理解信息，也就成为媒体技术的主要任务。

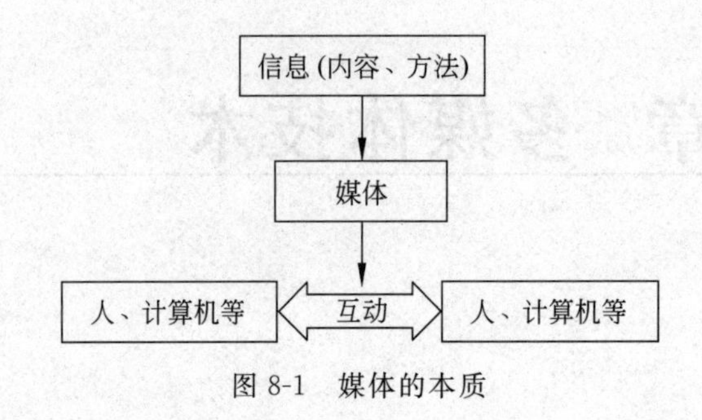

图 8-1　媒体的本质

(1) 国际电报电话咨询委员会将媒体定义为 5 种类型

① 感觉媒体。

感觉媒体(perception medium)是能直接作用于人的感官,使人产生感觉的媒体,即能使人类听觉、视觉、嗅觉、味觉和触觉器官直接产生感觉的一类媒体。感觉媒体包括人类的语言、音乐和自然界的各种声音、图像、图形、动画、数据、文本等。

② 表示媒体。

表示媒体(representation medium)是为了加工、处理和传输感觉媒体而人为地研究、构造出来的一种媒体。其基本目的是能更有效地将感觉媒体从一方向另外一方传送,便于加工和处理。表示媒体有各种编码方式,例如声音编码、文本编码、图像编码等,即媒体的二进制表示。

③ 显示媒体。

显示媒体(presentation medium)是指把感觉媒体转换成表示媒体,把表示媒体转换为感觉媒体的物理设备。显示媒体分为两种:

输入显示媒体。包括鼠标器、键盘、扫描仪、摄像机、光笔、话筒等。

输出显示媒体。包括显示器、音箱和打印机等。

④ 存储媒体。

存储媒体(storage medium)是用于存放表示媒体,即把感觉媒体数字化以后的代码进行存储,以便计算机随时处理加工和调用信息编码的物理实体。存放代码的这类存储媒体有半导体存储器、磁盘、U 盘和 CD-ROM 等。

⑤ 传输媒体。

传输媒体(transmission medium)是用来将媒体从一台计算机传送到另一台计算机的通信载体,如电话线、电波、电缆、光纤等。此外,还可将用于信息存储和信息传输的媒体称为信息交换媒体。

计算机与 5 种媒体之间的关系如图 8-2 所示。

(2) 从媒体被人的感觉器官所感觉的视角划分媒体

① 视觉媒体:通过视觉传递信息的媒体,如文本、图像、视频、动画。

② 听觉媒体:接受者通过听觉刺激而感知的媒体,如语言、音乐等。

③ 感觉媒体:能直接作用于人们的感觉器官,使人能直接产生感觉的一类媒体,如温度等。

④ 嗅觉媒体:作用于嗅觉器官(鼻子)的,如气味等。

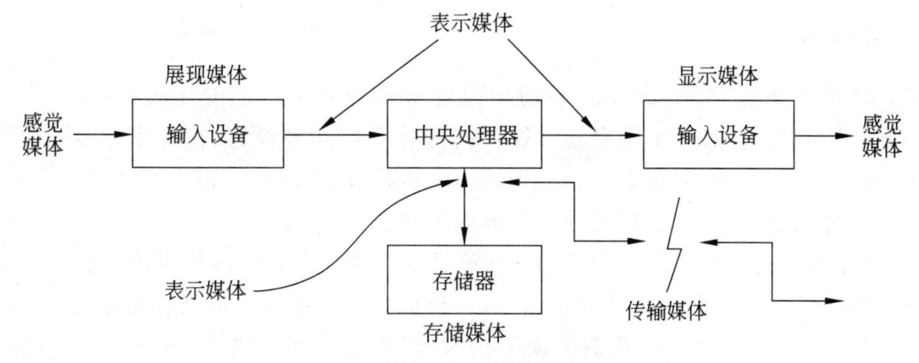

图 8-2 计算机与 5 种媒体的关系

⑤ 味觉媒体：作用于味觉器官(舌头)的，如味道等。

各种媒体对人的生理影响能力是不同的，正确使用多种媒体可使人通过多种感官感受信息，激发人的兴趣，促进信息互动效果。

(3) 从媒体在计算机内部处理的视角划分媒体

一类为视觉媒体，计算机又将视觉媒体细分为文本(Text，包括文字、数字、符号等)，图像(bitmap)、视频(video)、二维图形动画(2D graphics and animation)、三维图形动画(3D graphics and animation)等。

一类为听觉媒体，可分为波形音频(wave form audio)、MIDI(musical instrument digital interface)器乐。

此分类主要适用于研究媒体的计算机编辑处理特点。

(4) 从媒体所遵循的技术规范的视角划分媒体

有基于 XML 这一 Web 标准的、基于一些媒体组织标准的、基于各公司私有规范等的媒体。由于媒体是用来实现信息互动的，而信息意味着追求最广泛的、Web 标准化的交流沟通，所以 Web 标准化发展是多媒体技术的必然趋势。

(5) 从媒体在各种学科专业领域应用的视角划分媒体

可分为数学公式、物理图形、化学方程式、地理图形、统计报表、音乐曲谱等。文本、图像、视频、二维图形动画、三维图形动画可作为解决任何视觉媒体的通用方式，但专业领域的媒体技术可更快捷地处理专业媒体。这些媒体技术应该互补使用。

(6) 根据媒体的表示原理划分媒体

媒体可分为数字媒体和模拟媒体两大类。模拟媒体以连续变化的信号来表示；而数字媒体以离散的二进制 0、1 串来表示。模拟媒体和数字媒体之间可以相互转化。模拟媒体数字化时，把连续变化的数据根据一定的规则转化为 0、1 串表示，该过程称为 A/D 转换(analog-to-digital conversion)，只要转换时的相关参数足够高，就能够将连续的模拟信号精确地转换为离散的 0、1 串表示，将转换的结果根据一定的规则保存，就获得了相应格式的媒体文件；反之，则是数字媒体的模拟化过程，称为 D/A 转换(digital-to-analog conversion)。

计算机内部只能处理数字媒体，如没有特别声明，本章中提到的媒体都是指数字媒体。

2. 多媒体

多媒体的英文是 Multimedia。目前国内对 Multimedia 一词的译法不一，译为“多媒体”“多媒介”等。人类社会的信息是以媒体的形式存在和表现的，它有几种不同的类型，如文本、图像、音频、动画和视频等。各类媒体有机地互相集成，形成多媒体。为了更准确地了解多媒体的概念，以下引用国内外不同的定义。

① 定义 1(Lippincatt et al, 1990)：计算机交互式综合处理多种媒体信息——文本、图形、图像和声音，使多种信息建立逻辑连接，集成为一个系统并且具有交互性。

② 定义 2(汪 等,1994)：所谓多媒体技术，就是能对多种载体(媒介)上的信息和多种存储体(媒质)上的信息进行处理的技术。

③ 定义 3(Steinmetz et al,2000)：多媒体就是计算机信息用文本、图像、图形、动画、音频、视频等各种方法表示。

综上所述，多媒体是在单个媒介的同一信息单元中集成多种类型的媒体，是数字化的文本、图像、音频、动画和视频等元素交织而成的组合。例如，视频中可以含有音频，图形中可以含有图像，等等。

多媒体有 5 个基本元素：文本、图像、音频、动画和视频，具体描述如下。

① 文字或书面语言是交流信息最常用的方式，是现实生活中使用得最多的一种信息存储和传递方式，也是多媒体的基本组成部分之一。它最初是由印刷媒体所定义的，使用各种字符来显示字母、文字、数字和特殊符号。文本可能是多媒体应用中最常见的数据类型，提供了将传统的文本与其他媒体联系起来的机会，从而使其成为一种交互式媒介。

② 图像是多媒体中最重要的信息表现形式之一，是决定一个多媒体软件视觉效果的关键因素。图像是由计算机以两种方式生成的，位图图像和矢量图像。

位图图像，又称点阵图像或光栅图像，是由称作像素的单个小点组成的，每个像素由两种或更多的颜色组成，颜色深度是由多少数据决定的，用比特来确定颜色的数量。例如 1 位是 2 种颜色，4 位代表 16 色，8 位表示 256 色，16 位则产生 65536 种颜色等，根据硬件功能，每个点都可以显示从两个到上百万种不等的颜色。

矢量图像，又称为绘图图像，是根据几何特性来绘制图形。矢量可以是一个点或一条线，矢量文件中的图形元素称为对象，每个对象都是一个自成一体的实体，具有颜色、形状、轮廓、大小和屏幕位置等属性，它们可以自由无限制地重新组合。矢量图像只能靠软件生成，如 AutoCAD、CorelDraw、Illustrator、Freehand 等，文件占用空间较小，放大后图像不会失真，和分辨率无关，适用于图形设计、文字设计和一些标志设计、版式设计等。图 8-3 显示了原始矢量图与位图分别放大后的差别。矢量图形与位图图像可以转换，要将矢量图形转换成位图图像，只要在保存图形时将其保存格式设置为位图图像格式就可；但反之则较困难，要借助其他软件来实现。

③ 声音是人们用来传递信息、交流感情最方便、最熟悉的方式之一，也是多媒体最感性的元素。在多媒体中，按其表达形式，可将声音分为讲解、音乐、效果三类。

④ 动画是利用人的视觉暂留特性快速播放一组连续变化的静止图像，给人以持续运动的印象。动画中处理的对象是屏幕中的矢量图像，其沿路径的移动是使用坐标数值变

(a) 矢量图　　　　　　　　　　(b) 位图

图 8-3　矢量图与位图的差别

化计算得到的。为了得到平滑的效果，帧速率必须至少为每秒 16 帧，若要运动看起来比较自然，则每秒至少应该有 24 帧。

⑤ 视频是在电视类屏幕上显示的真实事件的记录，具有时序性与丰富的信息内涵，常用于交代事物的发展过程。将其嵌入到多媒体中是传递信息的有力途径，可以包含其他媒体所缺乏的个人元素，如演示者的个性可以显示在视频中。

3. 多媒体技术

所谓多媒体技术，就是采用计算机技术把文字、声音、图形、图像和动画等多媒体综合一体化，使之建立起逻辑连接，并能对它们获取、压缩编码、编辑、处理、存储和展示。

简单地说，多媒体技术就是利用计算机，对文本、图形、图像、声音、动画、视频等多种信息进行综合处理，建立逻辑关系和人机交互作用的技术。真正的多媒体技术涉及的对象是计算机技术的产物，而其他的单纯事物，如电影、电视、音响等，均不属于多媒体技术的范畴。因此，根据前面提到的媒体的分类，多媒体技术就是指综合处理视觉媒体、听觉媒体、触觉媒体、嗅觉媒体、味觉媒体的技术。对于当前计算机领域的多媒体技术，是指综合处理视觉媒体（文本、图像、视频、二维图形动画、三维图形动画）和听觉媒体（波形音频、MIDI 器乐）的技术。计算机当前主要擅长处理视觉、听觉两类媒体，同时说明计算机多媒体技术在触觉、嗅觉、味觉等领域还具有非常广阔的发展前景。

8.1.2　多媒体技术的基本特性

从本质上来看，多媒体技术的基本特性有信息载体的多样性、集成性和交互性，这些也是多媒体技术研究的主要问题。

（1）多样性

多媒体信息是多样化的，多样性是多媒体的主要特征，因此多样性也是多媒体技术需要解决的关键问题。人类对于信息的接受和产生主要依靠视觉、听觉和触觉，相对于信息媒体的多样化，计算机以及与之相应的其他设备的处理能力却远远没有达到人类的水平。多媒体技术目前提供了多维信息空间下的视频和音频信息的获取和表现方法，使计算机中的信息表达方式不再局限于文字和数字，而广泛采用图形、图像、音频和视频等信息形式，使得人们的思维表达有了更充分、更自由的扩展空间，使得计算机变得更加人性化，人们能够从计算机世界里真切地感受到信息的美妙。

(2) 集成性

集成性是指以计算机为中心综合处理多种信息媒体的特性。它包括信息媒体的集成以及处理这些媒体的设备和软件的集成。信息媒体的集成包括信息的多通道统一获取、存储、组织和合成等各个方面。设备集成是指显示和表现媒体设备的集成,计算机能和各种外设,如打印机、扫描仪、数码相机和音箱等设备联合工作。软件集成是指有集成一体的多媒体操作系统、适合多媒体信息管理的软件系统、创作工具及各类应用软件等。

(3) 交互性

交互性是多媒体应用有别于传统信息交流媒体的主要特点之一,是指向用户提供更加有效地控制和使用信息的手段,它可以增加对信息的注意和理解,延长信息的保留时间,使公众获取信息和使用信息的方式由被动变为主动。传统信息交流媒体只能单向地、被动地传播信息,而多媒体技术则可以实现人对信息的主动选择和控制。传统的电视之所以不能称为多媒体系统,就在于它不能和用户交流,用户只能被动地收看电视节目。当引入多媒体的交互性之后,交互活动本身作为一种媒体介入了信息转变为知识的过程,用户借助交互活动可以获得更多信息,可以改变信息的组织过程,获得许多奇特的效果。

此外,多媒体技术带来了信息使用的方便性,用户可以按照需要、兴趣、任务要求、偏爱和认知特点来使用信息,任取图、文、声等信息表现形式。也带来了信息结构的动态性,用户可以按照目的和认知特征重新组织信息,增加、删除或修改节点,重新建立链接。

8.1.3 多媒体关键技术

多媒体信息的处理和应用需要一系列相关技术的支持,下面从 3 个方面阐述多媒体关键技术。

(1) 多媒体数据压缩技术

信息时代的重要特征是信息的数字化,而将多媒体信息中的视频、音频信号数字化后的数据量非常大,给多媒体信息的存储、传输、处理带来了极大的不便。解决这一难题的有效方法就是数据压缩编码。多媒体数据之所以能够压缩,是因为视频、图像、声音这些媒体具有很大的压缩力。以目前常用的位图格式的图像存储方式为例,在这种形式的图像数据中,像素与像素之间无论在行方向还是列方向都具有很大的相关性,因而整体数据的冗余度很大;在允许一定限度失真的前提下,能对图像数据进行很大程度的压缩。采用先进的压缩编码算法对数字化的视频和音频信息进行压缩,既节省了存储空间,又提高了通信介质的传输效率,同时也使计算机实时处理和播放视频、音频信息成为可能。

(2) 多媒体通信技术

多媒体通信技术是多媒体技术与通信技术的有机结合,突破了计算机、通信和电视等传统产业间相对独立发展的界限,是计算机、通信和电视领域的一次革命。在计算机的控制下,多媒体通信技术对多媒体信息进行采集、处理、存储和传输,将计算机的交互性、通信的分布性和电视的真实性完美地结合在一起,向人们提供全新的信息服务。多媒体通信要求能够综合地传输、交换各种信息类型,因而信息种类繁多,不同信息类型又呈现出不同的形式和格式,所以有不同的传输要求。如语音和视频信息有较强的实时性要求,可以出现某些字节的错误，但不能容忍任何延迟；而对数据信息来说，可以容忍时延，但不能有任何错误，即使一个字节的错误都会改变数据的意义。多媒体通信技术就是解决多媒体内容以哪种格式发送后存储空间小、传输容错能力强、传输速度快、耗费资源少的问题。

(3) 多媒体数据库技术

多媒体数据与传统数据库数据有显著的不同，多媒体数据库数据量巨大且媒体之间量的差异十分明显，要存储大量的图像、音频、视频等非结构化数据，使得数据在库中的组织方法和存储方法更加复杂。多媒体不仅改变了数据库的接口，使其声、图、文并茂，而且也改变了数据库的操纵形式，其中最重要的是查询机制和查询方法。媒体的复合、分散、时序性质及其形象化的特点，使得查询不再只是通过字符查询，查询的结果也不仅是一张表，而是多媒体的一组“表现”。接口的多媒体化将对查询提出更复杂、更友好的设计要求。随着多媒体技术的发展，以及面向对象技术的成熟及人工智能技术的发展，多媒体数据库、面向对象的数据库以及智能化多媒体数据库的发展越来越迅速，它们将进一步发展或取代传统的关系数据库，形成对多媒体数据进行有效管理的新技术。

8.2 媒体的数字化

媒体的数字化，是指各种媒体的信息都是以“数字”形式(即“0”和“1”二进制数字串)进行存储和处理，而不是以传统的模拟信号方式。数字化给多媒体带来的好处是数字不仅易于进行加密、压缩等数值运算，还可提高信息的安全与处理速度，因为它只有 0 和 1 两种状态，抗干扰能力强。

8.2.1 音频的数字化

自然界的音频信号是一种连续变化的模拟信号，而计算机只能处理和记录二进制的数字信号，因此由自然音源而得的音频信号必须经过一定的变化和处理，如通过一定的设备(如数码录音设备、麦克风+声卡等)将自然音频信号以一定的规则转化为二进制数字序列，并保存为文件，这是音频的表示过程；音频的再现是指通过一定的设备(如声卡+音箱、MP3 播放器等)将已保存为文件的二进制数字序列按一定的规则播放(通过扬声器的振动)的过程。音频的“表示”和“再现”就是音频信号的数字化处理。

在计算机领域，音频从表示的机制可归结为波形音频和 MIDI 器乐两大类，考虑空间因素又衍生出单通道、多通道音频等。在计算机领域，不论任何类别的音频都是通过扬声器的振动波刺激耳膜来再现的。下面以波形音频和 MIDI 器乐为例讲解音频的表示和再现过程。

1. 基本概念

(1) 采样频率

波形音频的频率决定音高，单位是 Hz。人耳所能辨别的音频的频率为 20～22050Hz，频率小于 20Hz 的称为亚音频，频率大于 20000Hz 的称为超音频。语音（说话的声音）的频率为 30～3000Hz，音乐（乐器声音、Music Audio、CD 等）的频率为 10～22050Hz。

采样频率（sampling rate）是指音频数字化时相隔多长时间采样一次。采样频率越高，越逼近于源波形，所以采样频率又称为频率分辨率。实验证明，当采样频率是源音频波频率的两倍以上时，就能将源音频逼真地数字化。所以对于 CD 音乐，一般选择 44100Hz 的采样频率；对于语音，一般选择 11025Hz 的采样频率。

(2) 振幅位深

振幅决定音频的强度。振幅的单位有多种，分贝（dB）是最常使用的单位。

每次音频采样时，必须用一定位数的二进制数据来表示振幅，称为该振幅的位深（bit depth）。位数越多，可分辨率越高，所以振幅位深又可称为振幅分辨率。对于 CD 音乐，一般选择 16 位，意味着可有 $2^{16}=65536$ 种变化，对于普通语音，一般选择 8 位，意味着可有 $2^{8}=256$ 种变化。

(3) 音频通道

音频通道又称为声道（sound channel），是指声音录制或播放时在不同空间位置采集或回放的相互独立的音频信号，所以声道数也就是声音录制时的音源数量或回放时相应的扬声器数量。声卡所支持的声道数是衡量声卡档次的重要指标之一。

音响市场上各种声道数的 AV 功放机有 5.1、6.1、7.1、8.2 等。具体代表意义如下。

① 5.1 声道。

5.1 声道即 Dolby Digital 5.1 和 DTS 5.1 两种数字多声道环绕声音频格式。它具有左右两路主声道、中置声道、左右两路环绕声道和一个重低音声道。前面 5 个声道都是全频域声道，重低音声道是一个不完全声道，只发 120Hz 以下的低音，称之为 0.1 声道，这样便构成了 5.1 声道格式。

② 6.1 声道。

6.1 声道指 Dolby DigitalEX 和 DTS ES 两种数字多声道环绕声音频格式。它们都是一种扩展型环绕声音频格式，即分别在 Dolby Digital 5.1 和 DTS 5.1 的基础上，为了让左右环绕声衔接得更好而增加一路后中间环绕声道，这便形成了 6.1 声道格式。

③ 7.1 声道。

7.1 声道指 THX Surround EX 系统。THX 是 Lucas 公司对电影院的一种认证标准，不是音频格式。它严格地制定了电影院相关影音器材与环境的标准，只要符合 THX 标准且经过认证，就能有相当的水准。这样只要消费者选择具有 THX 认证的影院，就会有绝佳的影音享受。后来 THX 被移植到家庭影院，用于认证高品质的视听器材，并针对家庭环境的不同有着独特的要求。

④ 8.2 声道。

8.2 声道首次出现在 YAMAHA 的 DSP-AX1 AV 扩大机中，称之为 10 声道扩大机。它是为了加强环绕声场的效果，在 Dolby Digital EX 和 DTS ES 6.1 声道的基础上增加了 YAMAHA 独家的前置环绕声道（喇叭箱放置在主声道的后上方），再增加一只重低音输出，后中间环绕声也由单路扩展成两路（与 7.1 声道的相似），这就构成了 YAMAHA 独家的 8.2 环绕声。

(4) 关于音频质量

声音的质量与声音的频率范围有关。一般说来，频率范围越宽，声音的质量就越高。音频质量公认分为 CD 数字音频(CD-DA)；调频(frequency modulation，FM)；调幅(amplitude modulation，AM)；电话(telephone)从高到低的四个级别。CD 数字音频(compact disc digital audio)质量应符合 44100Hz 的采样频率、16 位深、2 通道的最低标准。

有些情况下，系统所提供的声音媒体并不能满足所需的频率宽度，这会对声音质量有影响。因此，要确定一个声音质量衡量的标准。对语音而言，常用可懂度、清晰度、自然度来衡量；而对音乐来说，保真度、空间感、音响效果都是重要的指标。对声音主观质量进行衡量，现在比较通用的标准是 5 分制，各档次的评分标准如表 8-1 所示。

表 8-1 声音质量的评分标准

质量等级	评　价	失真程度
5	优(excellent)	感觉不到声音失真
4	良(good)	刚察觉但不讨厌
3	中(fair)	声音有些失真，有点讨厌
2	差(poor)	声音失真，不令人反感
1	劣(bad)	严重失真，令人反感

2. 波形音频的表示和再现

波形音频本质上是一种物理现象，机械波是形成音频的基础。在自然界中，声音是靠空气传播的，声音在空气中能引起非常小的压力变化。而声源所引起的空气压力变化能被耳朵的耳膜所检测，然后产生电信号刺激大脑的听觉神经，从而使人们能感觉到声音的存在。自然界的各种声音大都具有周期性强弱变化的特性，因而也使得输出的压力信号周期性地变化，人们通常用正弦波来表示将这种变化。图 8-4 所示为一个简单的音频波，实际上，任何音频都是许多简单波合成的非常复杂的波，机械波的频率、周期、波长、振幅、相位、波形合成等内容，请参考相关资料。

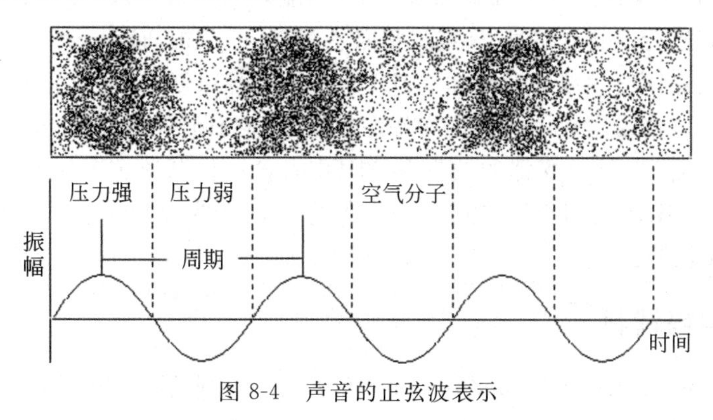

图 8-4　声音的正弦波表示

波形音频机制的表示，是将波形沿时间方向（横轴）分解为一个个采样时间点，每一个采样时间点的振幅（纵轴）值用若干个二进制位来描述大小（如第1毫秒是－5分贝，第2毫秒是－10分贝……），并保存为文件。理论上只要将波形分解为采样时间点时的频率足够高，而且每个采样时间点可赋的振幅值范围足够大，就可以逼真再现该波形。虽然波形音频都是分解为采样时间点和振幅值来描述，但可以用不同的方法，所以波形音频有很多种格式。具体格式在8.3.3节讲解。

波形音频再现也是遵循振动波机制的。计算机通过声卡还原波形音频文件数据，控制音箱振动产生声音。

3. MIDI器乐的表示和再现

乐器数字化接口（musical instrument digital interface，MIDI）是数字电声乐器和计算机之间的接口的国际标准。它定义了电子音乐设备与计算机的通信接口，规定了使用数字编码来描述音乐乐谱的规范。

MIDI器乐的再现和波形音频一样，也是遵循振动波机制的。计算机根据MIDI文件中存放的对MIDI设备的命令，即每个音符的频率、音量、通道号等指示信息通过声卡进行音乐合成，控制音箱振动产生音乐效果。

MIDI器乐的表示是以音乐指令的方式（如按下琴键D等）来描述的，并保存为文件。MIDI是一个工业标准，所以MIDI器乐的文件格式比较统一。

4. 波形音频与MIDI器乐的比较

波形音频多是通过“录音”等声学设备对真实声音进行“复制”而获得的，也常使用波形音频编辑软件（如Audition等）创作获得。波形音频的波形表示机制决定了波形音频适合于描述实际声音和包含复杂细节的音乐等，也可以说波形音频机制在描述听觉媒体方面是全能的。当一个听觉媒体无法用MIDI机制来表示时，就可以使用波形音频机制。但当描述一个波形音频的数据确定后，该波形音频的实际时长也就确定了。若对波形音频进行延时或缩时，描述波形音频的数据必须根据一定的插值算法增加或减少，必然会引起失真。

MIDI器乐多以MIDI编辑软件（如Cakewalk等）创作获得。MIDI的音乐指令表示机制决定了MIDI适合于描述非复杂细节的音乐等（不能表示语言声）。当一个MIDI的描述确定后，若对MIDI进行延时或缩时，只需改变描述MIDI的节拍，而不会引起失真。

当一个听觉媒体使用波形音频和MIDI两种机制都可以表示时，MIDI机制往往占用更小的存储空间。普通用户一般根据文件的扩展名来判断MIDI文件及其类型。

从比较可以看出，听觉媒体的波形和MIDI的表示机制决定了波形音频和MIDI器乐的应用特点。MIDI机制很容易通过一定的算法转变为波形机制，但波形机制一般很难转变为MIDI机制。

5. 脉冲编码调制

脉冲编码调制（pulse code modulation，PCM）是一种最基本的编码方法，它能把一个时间连续、取值连续的模拟信号变换成时间离散、取值离散的数字信号，主要过程是对连续变化的模拟信号进行采样、量化和编码三步处理。

(1) 采样

采样就是对模拟信号进行周期性扫描，把时间上连续的信号变成时间上离散的信号。该模拟信号经过采样后，还应当包含原始信号中的所有信息，也就是说能够无失真地恢复为原始信号。采样的主要指标是采样频率，即每秒钟的采样次数，采样频率越高，数字化音频的质量越好，但数据量也越大。它的采样频率的下限是由奈奎斯特采样定理确定的，采样频率高于原始声音信号最高频率的两倍就可从采样中恢复原始波形，这也是在实际采样中采取 44.1kHz 作为高质量声音采样标准的原因。图 8-5 给出了 PCM 方法的工作原理。

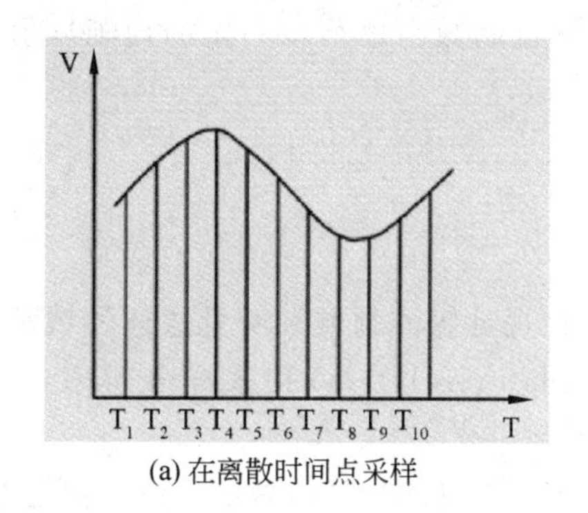

(a) 在离散时间点采样

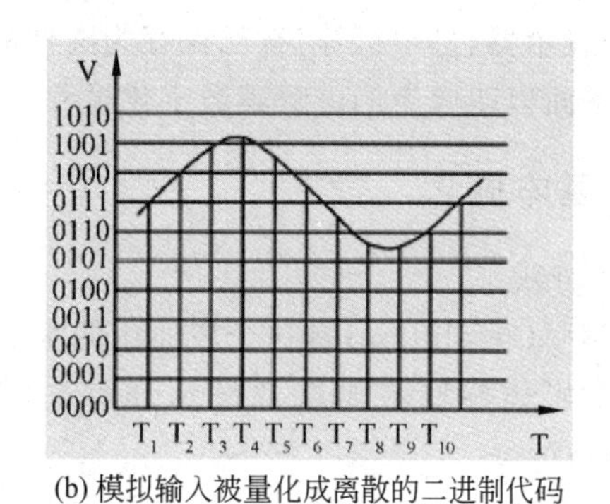

(b) 模拟输入被量化成离散的二进制代码

图 8-5 PCM 方法的工作原理

在图 8-5 中，曲线代表声波曲线，是连续变化的模拟量(如电压)，时间轴以一种离散分段的方式表示，并且波形以固定的时间间隔来测量其值，这种处理称为采样。每一个采样的电压用一个整数进行数字化，计算机存储或传输这些数据，而不是波形自身。采用的采样频率(每秒采样的次数)称为采样率。一般在采样中的采样率是固定的。采样率的倒数称为采样时间。例如，某个系统的采样率为 40000 次/秒，则它的采样时间为 1/40000 秒。对于一个数字音频系统而言，选择合适的采样频率，保证数字化音频不失真，是最重要的设计工作之一。

(2) 量化

量化就是把经过采样得到的瞬时值的幅度进行离散，即用一组规定的电平，把瞬时采样值用最接近的电平值来表示，通常是用二进制表示。一个模拟信号经过采样量化后，得到已量化的脉冲幅度调制信号，它仅为有限个数值。量化位数表示存放采样点振幅值的二进制位数，它决定了模拟信号数字化以后的动态范围。通常量化位数有 8 位、16 位，分别表示有 256 个和 65536 个高低音级别。在相同的采样频率下，量化位数越大，采样精度越高，声音的质量也越好，当然信息的存储量也相应越大。

(3) 编码

编码就是用一组二进制码组来表示每一个有固定电平的量化值。然而，实际上量化是在编码过程中同时完成的，故编码过程也称为模/数变换，可记作 A/D。

数字化音频的质量除了采样频率和量化位数两个参数之外，还有一个是声道数。声音是有方向的，而且通过反射产生特殊的效果，当声音到达左、右两耳时，由于时差和方向的不同，就能产生立体声效果。声道数指声音通道的个数。单声道只记录和产生一个声道，双声道产生两个声道，也即立体声，存储空间是单声道的两倍。

记录每秒钟存储声音容量的公式如下：

每秒数据量(B)＝采样频率×量化位数(b)×声道数 / 8

8.2.2 图像的数字化

视觉媒体的表示是指通过一定的设备(数码相机、扫描仪、软件创作等)将视觉媒体以一定的规则转化为二进制数字序列，并保存为文件的过程；视觉媒体的再现是指通过一定的设备(显示器、打印机等)将已保存为文件的二进制数字序列按一定的规则显示出来的过程。下面以图像为例讲解其数字化过程。

1. 基本概念

(1) 分辨率

分辨率(resolution)是一个较通用的术语，在视觉媒体领域和听觉媒体领域都经常使用。视觉媒体领域主要涉及显示分辨率(display resolution)和采样分辨率(sampling resolution)。

显示分辨率是指每英寸显示媒体(如显示器屏幕、打印纸等)被细分成的像素数，单位是 ppi (pixels per inch)。大多数显示器的显示分辨率一般设计为 72ppi 左右(显示器的显示分辨率经常使用显示器的宽度像素数×高度像素数来表示，72ppi 相当于 15 英寸的显示器用 800×600 分辨率设置)，打印机的显示分辨率一般设计为 300ppi 左右。

采样分辨率指每英寸被采样的媒体(如扫描仪中的被扫描物体等)被细分成的像素数，单位是 ppi。扫描仪的采样分辨率一般设计为 100ppi 以上。

(2) 像素长宽比和帧长宽比

像素长宽比(pixel aspect ratio)是指图像像素的长和宽的比值。最常见的是 1∶1(常见显示器的像素长宽比是 1∶1)，即每个像素是正方形的，但也有 1∶0.9 等长宽比的像素。

帧长宽比(frame aspect ratio)是指图像的长和宽的比值。对于图像帧，长宽比是灵活的，但对于视频，就形成了标准，例如 DV NTSC 的帧长宽比是 4∶3，而宽屏的 DV NTSC 的帧长宽比是 16∶9。如果不成比例地改变媒体的像素长宽比或帧长宽比，将引起变形，如图 8-6 所示。

(3) 颜色模式和位深

颜色在本质上是一种物理现象。自发光的物体，如太阳、显示器等发出的光称为光源色，光源色的三原色是红(red，R)；绿(green，G)；蓝(blue，B)。根据生理学的研究，当人眼视觉细胞受到等量或不等量的原色刺激时，大脑就会产生一种综合的颜色感觉，这种现象称为颜色的加色混合。只要改变三原色的混合比例，就可以得到自然界的绝大多数颜色。例如，显示器屏幕就是含有能发出 R、G、B 三原色的微粒物质，通过三原色以一定比

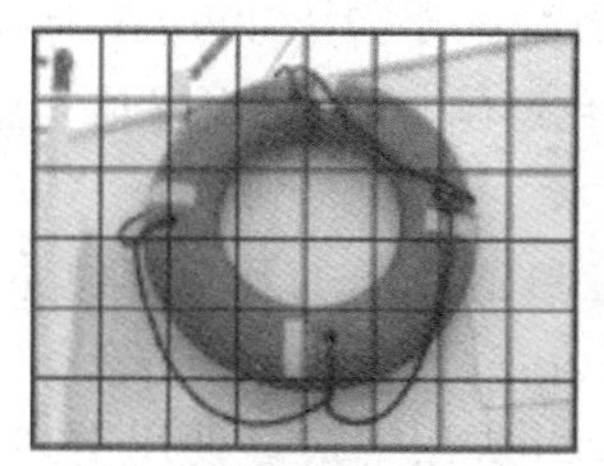
(a) 方形像素与4:3帧长宽比

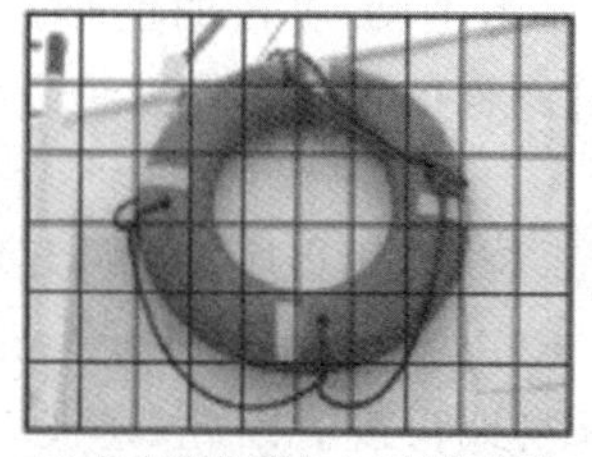
(b) 非方形像素与4:3帧长宽比

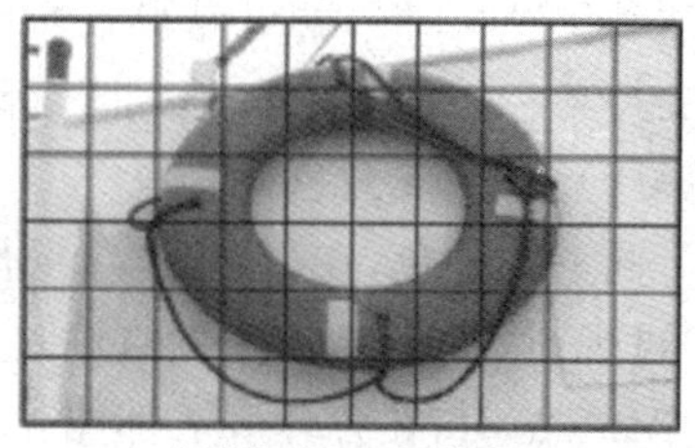
(c) 方形像素与16:9帧长宽比

图 8-6　像素长宽比与帧长宽比

例的强度相叠加来获得各种颜色效果，称为 RGB 颜色模式。

自发光的物体发出的光照射到不能自发光的物体时，有一部分的颜色被吸收，而余下的被反射，被反射的就是所看到的颜色，称为物体色。物体色是减色混合的结果。研究表明，物体色的三原色是洋红（magenta，M）；黄色（yellow，Y）；青色（cyan，C）。例如，彩色印刷就是将 M、Y、C 三种颜色的油墨按一定比例相混合来获得各种印刷色彩的，但是当前彩色印刷行业还不能生产出理想的物体色三原色的油墨。为了解决这一问题，彩色印刷工艺普遍采用了增加第 4 种颜色黑色（BlacK，K）来获得理想的印刷色彩，称为 CMYK 颜色模式。

各种颜色模式的每一种原色都需要以一定位数的二进制数据来表示，称为该原色的位深。位数越多，分辨率越高，所以颜色位深又可称为颜色分辨率。例如，对于 RGB 颜色模式，当前一般 R、G、B 三原色都用 8 位二进制来表示，称为 3×8＝24 位色，支持 $2^8 \times 2^8 \times 2^8 = 256 \times 256 \times 256 = 1600$ 多万种变化的颜色。当 R、G、B 三原色的值都为 255 时，就为白色；当 R、G、B 三原色的值都为 0 时，就为黑色；当 R、G、B 三原色的值都相等时，就为灰度色，可有 256 种灰度色；当 R、G、B 三原色的值不都相等时，就为彩色。

RGB 颜色模式和 CMYK 颜色模式是两种最基本的颜色模式。在实际应用中，还定义了一些其他的颜色模式，如 HSB（hue、saturation、brightness）颜色模式，YIQ 颜色模式，索引色（indexed color）模式，灰度色（grayscale）模式，黑白（bitmap，一位色）模式等。

从颜色的表示机制可以看出，各种颜色模式之间可以互相转换，但是每次转换都可能有颜色值的近似处理，所以颜色可能失真。如果最终的设计结果准备印刷出来，则编辑时最好使用 CMYK 颜色模式定义颜色；如果最终的设计结果准备在屏幕显示，则编辑时最好使用 RGB 颜色模式定义颜色。

（4）透明度

透明度（transparency）又称为 Alpha 通道。编辑图像时，常将色彩模式的各原色分解为相应的一个基色通道处理，例如 RGB 色的图像将分解为 R、G、B 三个基色通道。许多图像格式还支持三个基色通道之外的 Alpha 通道，用来定义图像中每一个像素的透明度。透明度的区间值是[0,1.0]。在计算机领域，透明度还经常以不透明度（opacity）表示，与透明度相比较，不透明度就是[1.0,0]区间内的值。

（5）对比度

对比度（contrast）是最大亮度和最小亮度的对比值。最大亮度即白色画面下的亮度，而最小亮度则是黑色画面下的亮度。因此，白色越亮，黑色越暗，对比度就越高。当对比度达到 120∶1 时,就可以很容易地显示生动、丰富的色彩。而对比度高达 300∶1 时,则可支持各色阶的颜色。对比度越高,图像的锐利程度就越高,色彩越鲜明,层次感越丰富。

(6) Web 安全色

同一种颜色,在不同环境(操作系统、应用程序等软件环境和显示器、打印机等硬件环境)再现时,可能会有轻微的偏差。RGB 各原色分别为 0、51、102、153、204、255(6×6×6=216 种)时,在各环境下都能较真实地再现。因此,建议 Web 应用中最好使用上述颜色,以保证各环境显示时尽量不失真,所以这 216 种颜色又称为 Web 安全色(Web Safe Color)。

(7) 色域

色域(gamut)是指一种颜色模式可以表示的颜色范围。例如,根据位深的理论可知,RGB 颜色模式可表示出 1600 多万种变化的颜色。但根据生理学的研究,这么多种颜色还不能完全满足人眼的视觉要求。当人眼感知的颜色要用一种颜色模式表示但又超出了该颜色模式的表示范围时,只好推算和使用邻近的颜色来替换,不可避免地将引起失真。

(8) 亮度

亮度(grightness)是用从 0%(黑色) 到 100% (白色)来表示颜色的相对值,反映了光吸收的程度。

(9) 色调

色调(tone)是指通常所用的以形容词的方式对颜色进行描述,如色彩、饱和度、亮度等说法。

2. 图像的表示和再现

图像(image)又称为点阵图(rasterizing)、位图(bitmap)、照片(photo)、油画(paint)等。

图像的再现和其他视觉媒体一样,是采用点阵机制的,如图 8-7 所示。图可以分解为一个个像素,每一个像素用若干个二进制位来描述该像素的颜色和透明度(如第 1 个像素白色,第 2 个像素黑色……),并保存为文件。只要将图分解为像素时的分辨率足够高,而且每个像素可赋的颜色值、透明度值范围足够大,就可以逼真地再现该图。但以图像机制表示时,并没有真正用到描述形状的数据。虽然图像都是分解为像素来描述,但可以有不同的方法,所以图像有多种格式,具体格式在 8.3.3 节讲解。

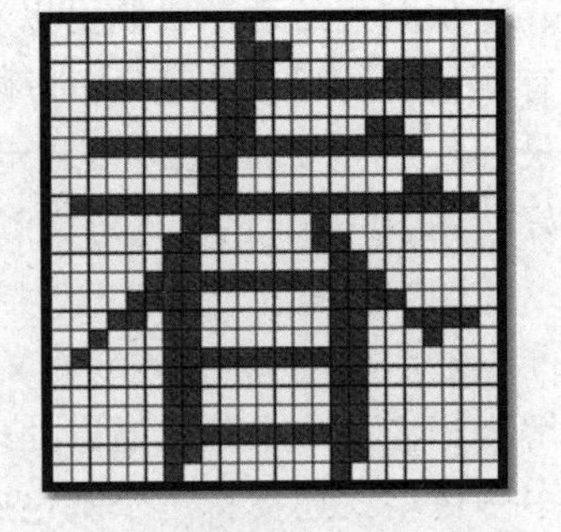

图 8-7 视觉媒体的点阵再现

再现视觉媒体时,显示器屏幕、打印纸等被细分为一个个细微的像素,为每一个点阵赋予颜色,就可再现想要的视觉效果。当把点阵分割得足够小而超过人眼辨别出点阵的能力时,就可以表现为一个平滑的圆。

图像数字化是将连续色调的模拟图像经采样量化后转换成数字影像的过程,主要步骤包括采样、量化与编码。

(1) 采样

采样是将二维空间上连续的图像转换成离散点的过程，其实质就是要用多少点来描述一幅图像，采样结果质量的高低用图像的分辨率来衡量。通过将二维空间上连续的图像在水平和垂直方向上等间距地分割成矩形网状结构，所形成的微小方格称为像素点，一幅图像就被采样成有限个像素点构成的集合。

(2) 量化

量化是使用多大范围的数值来表示图像采样之后的每一个点。量化的结果是图像能够容纳的颜色总数，它反映了采样的质量。如果用 2 位存储一个点，就表示图像只能有 2^2 种颜色；若采用 8 位存储一个点，则有 2^8 种颜色。所以，量化位数越来越大，表示图像可以拥有更多的颜色，可以产生更为细致的图像效果，同时也会占用更大的存储空间。一般采用 8 位、16 位、24 位或 32 位等来表示图像的颜色，24 位可以表示 16777216 种颜色，称为真彩色。图像的分辨率和像素位的颜色深度决定了图像文件的大小。

计算公式为：图像(B)＝列数×行数×颜色深度(b)/8

(3) 编码

数字化后得到的图像数据量非常大，必须采用编码技术来压缩其信息量。已有许多成熟的编码算法应用于图像压缩，常见的有预测编码、变换编码、分形编码、小波变换图像压缩编码等。

8.2.3 视频和动画的数字化

从视觉媒体的时间特性角度划分，视觉媒体可以分为静态视觉媒体(不随时间变化)和动态视觉媒体(随时间变化)。因为视觉媒体可分为文本、图像、图形三类，所以静态视觉媒体就可分为静态文本、静态图像和静态图形；动态视觉媒体可分为视频和动画。图 8-8 所示为一个动态视觉媒体的简单示例，当然也可以看作由六帧静态视觉媒体组成的，所以静态视觉媒体可理解为动态视觉媒体的一个子集。

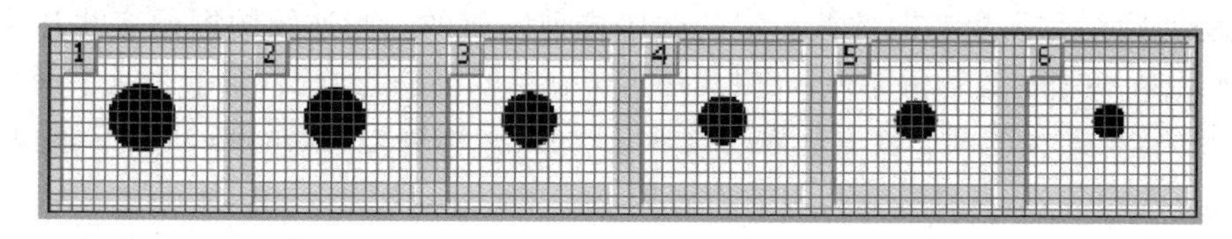

图 8-8　动态视觉媒体

1. 基本概念

(1) SMPTE 时间码

移动图片和电视工程师协会(society of motion picture and television engineers, SMPTE)时间码是用来定义媒体时间特性的编码标准。SMPTE 时间码划分为小时(hours)、分(minutes)、秒(seconds)和帧(frames)。

(2) 帧、关键帧、内插帧、持续帧、逐关键帧

当处理随时间变化的媒体时，如果只将时间划分到秒处理，时间的分辨率不够，所以SMPTE 在媒体处理领域提出了比秒更小的时间单位——帧，理解帧的概念时必须注意以下两点。

首先，帧并不像小时、分、秒那样是绝对时间长度，而是相对时间长度，例如美国等国家的 NTSC(national television standards committee)视频标准是将每秒划分为 30 帧，所以每帧的长度就是 1/30 秒；中国等国家的 PAL(phase alteration line)电视视频标准是将每秒划分为 25 帧，所以每帧的长度就是 1/25 秒。

其次，帧既可以指一个时间点，还可以指该时间点的媒体内容，因此具体应用时要注意辨别。

帧是关键帧(keyframe)和内插帧(interpolated frame)的统称。关键帧是指定了对象的属性值或一个行为的帧。这样动态视觉媒体编辑软件在编辑时，或动态视觉媒体软件在播放时，就可在两个关键帧之间通过插值算法自动生成介于两个关键帧之间的内插帧(又称为插变帧、插值帧等)。显然，当两个关键帧之间容易寻找变化规律时，就有可能只保存关键帧的信息，然后根据变化规律插值计算出内插帧，这样可节省存储空间，提高编辑媒体的效率。长时间范围内看似无规律的动态视觉媒体，总是可能分解为更短时间内有规律的动态视觉媒体，此时就需要不断添加关键帧。逐关键帧是指当必须分解到每一帧都是关键帧时，该动态视觉媒体就是逐关键帧动态视觉媒体。逐关键帧动态视觉媒体是动态视觉媒体帧复杂度的底线，可以表现任何想要表现的内容，当然文件容量和制作负担将随之加大。

持续帧的帧变化规律就是让一个帧持续一定的帧数，然后再变化到不同的一帧内容。在帧持续期间，眼睛感觉到的是未变化的内容，是静态的，就如呈现静态视觉媒体，当变化到不同的一帧内容时，会感觉到内容的突然变化，所以也称为跳变帧。当跳变帧中帧持续的帧数都只是一帧时，跳变帧也就成为逐关键帧。

2. 视频的表示和再现

视频是由一系列静态图像按一定的顺序排列组成的。当连续的图像变化达到每秒24 帧画面时，根据视觉暂留原理，人眼无法再辨别单幅的静态画面，看上去是平滑连续的视觉效果，这样连续的画面就是视频。视频(video)又称为电影(movie)、数字摄像/模拟摄像(DV/AV)等，视频往往还可以含有音频。

标准的电影胶片，通常是每秒 24 帧的 16 毫米胶片和 35 毫米胶片，美国使用的NTSC 制式视频摄像机的帧率是每秒 30 帧，欧洲使用的 PAL 制式视频摄像机的帧率是每秒 25 帧。数字视频是指以数字信息记录的视频资料，一般是由高速的视频采集卡对模拟视频信号进行采集、量化和编码来完成。

如果以视频的机制来表示，图 8-8 就是将该视频分解为一个个关键帧，每一个帧以图像的机制表示，相当于一幅图像。所有帧具有相同的尺寸等属性，但每一帧的内容是不同的，图 8-8 所示的视频将分解为 6 幅图像，并按一定的规则保存。虽然视频都是分解为关键帧来描述的，但可以用不同的方法，所以视频有多种格式，具体格式在 8.3.3 节讲解。

视觉媒体的再现(往往称为播放、回放等)都是逐关键帧的,所以视频的再现也是逐关键帧的。即任何视觉媒体在屏幕再现时,都是以固定的帧速率一帧一帧间断地显示出来的,帧随时间先后显示、消失。如果帧的内容不同,就会产生动态视觉效果(如果帧的内容相同,就表现为持续,但时间在流逝,帧在先后显示、消失)。例如,图 8-8 中所示的视频,按一定的帧速率在屏幕播放时就可获得圆逐渐缩小的动态感觉。由于人眼的"视觉暂留"有 0.1 秒的功能,当视觉媒体帧速率大于 10fps(帧/秒)时,人眼感觉该视觉媒体就是连续的而非间断的了。可以推断,帧速率越大,连续性越好,当然对计算机的处理性能要求就越高,10 帧/秒的帧速率是"动"得连续、平滑的底线。当前视频存在多个标准,例如 NTSC 制式,PAL 制式, Web 视频。

3. 动画的表示和再现

动画(animation)又称为动漫/卡通(cartoon)等。动画的再现和视频的再现一样,是逐帧再现的。

动画的表示是以数学指令集来描述的。如图 8-8 所示,该图若以动画的机制来表示,可以从帧和每一帧的内容两方面来理解。在帧方面,该图可按规律只分解为第 1 帧和第 6 帧两个帧,中间帧按规律用插值命令表示(如 2、3、4、5 帧中心位置不变,按一定的数值逐渐缩小,填充色不变等),并保存为文件,可见动画往往含有内插帧、持续帧;在每一帧的内容方面,该图的每一帧都可以图形的机制表示(如圆心、半径、填充色等)或文本的机制表示(如英文句号、中心定位、填充颜色等)。虽然动画都是分解为指令来描述,但可以用不同的方法,所以动画格式有多种,具体格式在 8.3.3 节讲解。

4. 视频与动画的比较

下面主要从媒体获取、媒体编辑、媒体文件格式等方面比较视频和动画。

视频多通过"摄像"等光学设备对真实世界进行"复制"获得,也常使用视频编辑软件(如 Premiere、After Effect 等)创作获得。视频的逐关键帧、像素表示机制决定了图像适合于描述实景(如人物、风景等片段)和包含复杂细节的片段等,也可以说视频机制在描述动态视觉媒体方面是全能的。当一个动态视觉媒体无法用动画机制来表示时,就可以使用视频机制。但当描述一个视频的帧数、每帧的像素总数确定后,该视频的实际尺寸和时长也就确定了。若对视频进行放缩、延时等,描述图像的像素总数和帧数必须根据一定的插值算法增加或减少,必然会引起失真。当一个视觉媒体使用视频和动画的机制都可以表示时,则视频格式占用更大的存储空间。普通用户一般根据文件的扩展名来判断图像文件及其类型。

动画多以动画编辑软件(如 Flash、3ds Max、Maya 等)创作获得。动画的内插帧、矢量表示机制,决定了动画适合于描述非复杂细节的片段等。当确定一个动画的描述后,若对动画进行放缩,只要改变描述图形的坐标单位即可;若对动画进行延时,只要改变插值帧等,而不会引起失真。当一个动态视觉媒体使用动画、视频机制都可以表示时,动画格式往往占用比视频格式更小的存储空间。普通用户一般根据文件的扩展名来判断图形文件及其类型。

由此可见，视频和动画各自的表示机制决定了视频和动画的应用特点，尤其是编辑机制，动画机制很容易通过一定的算法转变为视频机制，但视频机制一般很难转变为动画机制。

视频文件可以分成两大类：影像文件和流媒体文件。

常见的影像文件格式有 DVD 使用的 MPEG 格式、微软公司的 AVI 格式以及苹果公司的 MOV 格式等。

流媒体文件是随着 Internet 的发展而诞生的视频文件，如在线直播就是构架在流媒体技术之上的。流媒体(streaming media)是指回放时不需要下载整部或整段媒体就可以对媒体的任意指定片段部分进行回放的媒体格式，流媒体文件是支持采用流式传输及播放的媒体格式。流式传输方式是将视频和音频等多媒体文件经过特殊的压缩方式分成一个个压缩包，由服务器向用户计算机连续、实时传送。在采用流式传输方式的系统中，用户不必像传统影音文件播放那样等到整个文件全部下载完毕后才能看到当中的内容，而是只需要经过几秒钟或几十秒的启动延时即可在用户计算机上利用相应的播放器播放压缩的视频或音频等流式媒体文件，剩余的部分将继续下载，直至播放完毕。

目前主流的流媒体技术有三种，分别是 RealNetworks 公司的 RealMedia、微软公司的 WindowsMedia 和苹果公司的 QuickTime。

8.2.4 多媒体数据存储技术

数字化的多媒体信息通常都经过压缩处理，但仍需要相当大的存储空间，解决这一问题的关键是数据存储技术。

数据存储的介质主要有硬盘、光盘和 U 盘/闪存卡等。目前，计算机上使用的单个硬盘最大容量已超过 10TB，可以满足多媒体数据的存储要求。在一些大型服务器和视频点播系统中，可以使用多台磁盘机或光盘机组成的快速、超大容量的存储器系统来存储大量的多媒体数据。

光盘的发展有力地促进了多媒体技术的发展和应用。光盘的优势是成本低廉，而且可快速大量制作。目前常用的 CD-ROM 光盘容量为 650MB 左右，存储容量更大的是 DVD 光盘和蓝光光盘，DVD 光盘单面单层容量为 4.7GB，双面双层容量可达 17GB。蓝光光盘单面单层容量可达 25GB，并且支持多层技术。

U 盘/闪存卡(flash card)都是使用闪存芯片作为储存介质，能提供可重复读写，无须外部电源的存储形式。闪存作为一种可长期存储数据的半导体存储芯片，具有体积小、功耗低、容量大、响应速度快、便于携带且不易受物理破坏等优点。U 盘通过 USB 接口与计算机相连，而闪存卡主要用于数码相机、移动终端、笔记本电脑、音乐播放器和游戏机等电子设备。根据不同的生产厂商和不同的应用，常见的闪存卡有 SM 卡、CF 卡、MMC 卡、SD 卡、记忆棒和 XD 卡。当前的市场上销售的 U 盘容量最高已达 1TB，闪存卡也达到了 512GB，随着技术的不断发展，容量亦将有继续增大的趋势。

8.3 多媒体数据压缩技术和文件格式

在多媒体应用中，数字化信息的数据量相当庞大，对存储器的存储容量、网络带宽以及计算机的处理速度都有较高的要求。一张 DVD 只能存储几秒钟的未压缩数字视频，而 1M 的带宽传输 1 秒的数字电视视频需要几分钟。通过不断地升级硬件来满足需求是不可能的，如何高效存储和传递多媒体文件就成为计算机研究的一个重要课题。

而解决这一问题的途径就是数据压缩技术。如果一个文件中的数据存在冗余或相关性，就有可能进行压缩(compress)，压缩的数据经过解压缩(decompress)，可还原为源数据。因此，与压缩相关的两个步骤就是压缩和解压缩。计算机中所有信息都是以二进制码形式存在的，压缩就是遵循一定的算法，把多媒体文件二进制码中冗长的、重复的数码用简短的二进制码来代替，这个过程称为压缩。解压缩的过程正好和压缩的过程相反，即通过算法将缩短的二进制码还原为文件原始的二进制码。

多媒体数据之所以能够进行压缩，是因为图像、声音的压缩潜力很大，多媒体文件的原始数据存在以下多种形式的冗余。

① 空间冗余：在同一帧之中，相邻的像素之间通常有很强的关联性。

② 时间冗余：在视频数据中，相邻的帧与帧之间通常有很强的关联性。

③ 编码冗余：出现概率不同的像素用相同长度的代码进行编码。

④ 视觉感知冗余：即人的视觉对图像边缘急剧变化不敏感，对色彩的分辨能力弱，只对图像的亮度敏感，对经压缩和解压缩后的图像失真难以察觉或影响甚微。

这些数据本身的冗余和人的感官特性构成了多媒体数据压缩的基础，同时也确定了数据压缩的研究方向。

衡量数据压缩技术主要有以下 4 个指标。

① 压缩比，即压缩前后的数据量之比。一般来说压缩比要在一定的质量满意度的基础上尽可能大。

② 算法的复杂性和运算速度。实现压缩的算法要简单，以便在有限的硬件资源上加快压缩解压缩的速度，尽量实时压缩和解压缩。

③ 失真度，即解压后数据的恢复质量要好，尽量完全再现原始数据。

④ 实现压缩的软、硬件开销要小。

8.3.1 多媒体数据压缩技术

根据压缩后的数据是否能准确地恢复原始数据，可将压缩技术分成无损压缩和有损压缩两种。

1. 无损压缩

数据经过压缩后，信息不受损失，还能完全恢复到压缩前的原样，这样的压缩方式就称为无损压缩。它用于严格要求“经过压缩、解压缩的数据必须与原始数据一致”的场合。多数的无损压缩程序会依序进行两个步骤，首先产生输入数据的统计模型，然后利用这个统计模型，将较常出现的数据用较短的比特序列表示，较不常出现的数据用较长的比特序列表示。生成比特序列的编码算法主要有霍夫曼编码、算术编码和行程编码等。

① 霍夫曼编码：使用变长编码表对源符号进行编码，其中变长编码表是通过一种评估来源符号出现概率的方法得到的，出现概率高的字母使用较短的编码，出现概率低的则使用较长的编码，这便使编码之后的字符串的平均长度、期望值降低，从而达到无损压缩数据的目的。

② 算术编码：在图像数据压缩标准 JPEG 中扮演了重要的角色。在算术编码中，消息用 0 到 1 之间的实数进行编码。算术编码用到两个基本的参数：符号的概率和它的编码间隔。信源符号的概率决定压缩编码的效率，也决定编码过程中信源符号的间隔，而这些间隔包含在 0 到 1 之间。编码过程中的间隔决定了符号压缩后的输出。

③ 行程编码：现实中有许多这样的图像，一幅图像中具有许多颜色相同的图块。在这些图块中，许多行上都具有相同的颜色，或者一行上许多连续的像素都具有相同的颜色值。在这种情况下，就不需要存储每一个像素的颜色值，而仅仅存储一个像素的颜色值，以及具有相同颜色的像素数目就可以，或者存储一个像素的颜色值，以及具有相同颜色值的行数。这种压缩编码称为行程编码，具有相同颜色并且是连续的像素数目称为行程长度。

在图像格式中，BMP、GIF、PNG 和 TIFF 均采用无损压缩，在音频格式中，ALAC 和 FLAC 采用无损压缩。

2. 有损压缩

有损压缩借由舍弃次要的信息数据，牺牲一些质量来减少数据量、提高压缩比，具有不可恢复性，经过有损压缩方法处理的数据会与原始数据不同，但是非常接近。这种方法经常用于压缩音频、视频和图片等多媒体数据，尤其常用于流媒体领域。有损视频编解码几乎总能达到比音频或者静态图像好得多的压缩比，音频能够在没有察觉质量下降的情况下实现 10∶1 的压缩比，视频能够在稍微察觉质量下降的情况下实现 300∶1 这样大的压缩比。根据各种格式设计的不同，有损压缩都会有代间损失，即每次压缩与解压文件都会带来渐进的质量下降。

基本的有损压缩机制有两种：一种是有损变换编解码，首先对图像或者声音进行采样，切成小块，变换到一个新的空间，量化，然后对量化值进行熵编码；另外一种是预测编解码，先前的数据以及随后的解码数据用来预测当前的声音采样或者图像帧，对预测数据与实际数据之间的误差以及其他一些重现预测的信息进行量化与编码。

有损压缩主要有图像采用的 JPEG 格式，视频音频采用的 MPEG 格式以及 MPEG 的音频协议 MP3 格式。

JPEG 是联合图像专家组(joint photographic experts group)为静态图像所创建的第一个国际数字图像压缩标准，也是至今一直在使用的、应用最广的图像压缩标准。由于可以提供有损压缩，因此压缩比可以达到其他传统压缩算法无法比拟的程度。JPEG

压缩技术十分先进，它用有损压缩方式去除冗余的图像数据，在获得极高的压缩率的同时能展现十分丰富生动的图像。而且JPEG是一种很灵活的格式，具有调节图像质量的功能，允许用不同的压缩比例对文件进行压缩，支持多种压缩级别，压缩比率通常在10∶1到40∶1之间。JPEG格式压缩的主要是高频信息，对色彩的信息保留较好，适合应用于互联网，可减少图像的传输时间，可以支持24位真彩色，也普遍应用于需要连续色调的图像。

MPEG是动态视频专家组(moving picture experts group)制定的专门针对运动图像和语音压缩的格式。MPEG-1标准于1992年正式出版，主要解决多媒体的存储问题，使得以VCD和MP3为代表的MPEG-1产品迅速在世界范围内普及。其中音频的第三层协议被称为MPEG-1 Layer 3，简称MP3，已经成为广泛使用的音频压缩技术。MPEG-2标准于1994年公布，囊括数字电视、图像通信各领域的编码标准。MPEG-4标准于1998年开始正式推出，包含了MPEG-1及MPEG-2的绝大部分功能及其他格式的长处，并加入及扩充对虚拟现实模型语言的支持、面向对象的合成文件以及数字版权管理(DRM)及其他交互功能。它不仅针对一定比特率下的视频、音频编码，而且更加注重多媒体系统的交互性和灵活性。这个标准主要应用于视像电话、视像电子邮件等，对传输速率要求较低。MPEG-4利用很窄的带宽，采用帧重建技术、数据压缩方式，以求用最少的数据获得最佳的图像质量。利用MPEG-4的高压缩率和高的图像还原质量可以把DVD里面的MPEG-2视频文件转换为体积更小的视频文件。而MPEG-4比MPEG-2更先进的一个特点，就是不再使用宏区块做视频分析，而是以视频上的个体为变化记录，因此尽管视频变化速度很快，码率不足时也不会出现方块画面。经过这样的处理，图像的视频质量下降不大，但体积却可以缩小几倍，可以很方便地用CD-ROM来保存DVD上面的节目。另外，MPEG-4在家庭摄影录像、网络实时影像播放时也大有用武之地。由于MPEG-4是一个公开的平台，各公司、机构均可以根据MPEG-4标准开发不同的制式，因此市场上出现了很多基于MPEG-4技术的视频格式，例如WMV 9、Quick Time、DivX、Xvid等。

MP3是一种音频压缩格式，为MPEG下的一个音频格式，它被设计用来大幅度地降低音频数据量。其原理是利用人耳对高频声音信号不敏感的特性，将时域波形信号转换成频域信号，并划分成多个频段，对不同的频段使用不同的压缩率，对高频加大压缩比甚至忽略信号，而对低频信号使用小压缩比，保证信号不失真。利用MP3可将音乐以1∶10甚至1∶12的压缩比压缩成容量较小的文件，而对于大多数用户来说，重放的音质与最初的不压缩音频相比没有明显的下降。MPEG-4中的AAC将是MP3格式的下一代标准。

8.3.2 媒体数据压缩/解压缩总结

媒体数据压缩/解压缩的原理和方法多种多样，并与媒体文件的编码和文件格式密切相关，媒体数据压缩/解压缩的特性归纳如下。

① 选用合适的数据压缩技术，有可能将波形音频数据压缩到原来的1/10～1/5左

右;将视频数据压缩到原来的1/60～1/10,将文本数据压缩到原来的1/5～1/2左右。

② 对于静态媒体,可理解为只有1帧,即只要考虑帧内数据的压缩;对于动态媒体,还要考虑帧间数据的压缩。被选定作为压缩参考的帧称为压缩关键帧,压缩关键帧的信息被完全存储,两个压缩关键帧之间的压缩中间帧的信息则与两个关键帧信息相比较,只保存有变化的信息,从而更好地达到压缩效果。

③ 绝大多数格式的媒体都是经过压缩的。如果不经过数据压缩,实时处理波形音频、视频所需要的存储容量、数据传输率、计算速度都是目前普通计算机难以达到的。例如,对于44100Hz的采样率、16位深、双通道的波形音频(即CD质量的波形音频),如果不压缩,每分钟的数据量将超过10MB,选用MP3压缩,可将其压缩到原来的1/10～1/5,并且保证回放时人耳感觉不到明显的失真;对于640×480分辨率、24位深、24fps的视频,每秒钟数据量将超过20MB,选用MPEG1压缩可将其压缩到原来的1/60左右,并且保证回放时人眼感觉不到明显的失真。

④ 对于一些压缩媒体格式,特别是Web媒体,还可以指定数据速率(data rate),以适合不同的数据传输带宽环境。

⑤ 没有任何一种压缩/解压缩技术适合所有媒体的压缩要求。例如,对动画来说是最好的压缩技术,可能不适合视频的压缩。另外,压缩时还要考虑媒体的使用环境(如是否Web在线回放)、用户所使用的播放器等众多因素。

8.3.3 媒体文件格式

1. 媒体文件格式

媒体文件格式通常根据文件的扩展名来识别。媒体文件格式复杂,通常与以下因素有关。

① 媒体文件格式以媒体类型为基础,即文本、图像等不同媒体文件的格式肯定显著不同,例如纯文本格式为txt,图像格式为jpg等。

② 相同媒体类型的媒体文件格式又常常与压缩和编码相关,例如视频格式有mpg、wmv、rm、mov等不同压缩编码的格式。

③ 标准格式、私有格式、媒体编辑软件源文件格式。媒体格式标准化对软件可持续发展无疑是有利的,但标准化都需要一定的过程,所以各公司会根据当前具体应用需求开发自己的私有格式。另外,几乎任何媒体编辑软件都拥有源文件格式。例如,对于静态图像格式,jpg是标准格式,bmp是微软的Windows平台格式,psd是Adobe公司的Photoshop图像编辑软件的源文件格式。

④ 媒体及其播放器版本。例如,Word 2003不一定能打开Word 2010的docx格式文档,Silverlight 2.0播放器不一定能播放XAML 3.0的xaml格式的动画,不过一般高版本可以兼容低版本。按原理来说,各种媒体都有各自的播放器(如xaml文件一般使用Silverlight播放器来播放,Real格式一般使用Real Player来播放),但随着播放器功能的发展,播放器能播放的媒体格式将越来越多(例如,Silverlight播放器可以播放xaml文

件，也能播放一些格式的视频等）。

⑤ 同一系列的压缩和编码的媒体又常与质量、网络环境等应用要求相关。例如 rm 和 rmvb 都是 Real 公司的媒体格式，rm 更强调在线播放，而 rmvb 则更强调质量。

⑥ 媒体的集成性。例如，视频可以集成音频，动画可以集成图像、图形、文本、音频，XHTML 文档可以扩展成集成任何媒体等。

可见媒体文件格式繁多，下面根据媒体类型讲解常见的媒体文件格式。

2. 常见文本文件的格式

① TXT(text)：文件扩展名为 txt，它是记事本的默认格式，是纯文本文件格式。有一些文件，如 XML(xml)，XHTML(html、htm)，SVG(svg、svgz)，XAML(xaml)，X3D(x3d、x3dz)等，本质上也是纯文本文件，但它们的目的并不是用来存储文本信息本身，所以再现时不一定显示文本。

② DOC(document)：文件扩展名为 doc、docx，Word 文档的默认格式也以存储文本信息为主，但还存储了文本格式等信息。

③ PDF(portable document file)：文件扩展名为 pdf，是 Adobe 公司的文档格式，具有可移动使用和跨平台特性。

④ HTM/HTML(hypertext markup language)：文件扩展名为 htm 或 html，是 XHTML 文档（又称为网页）的格式。HTM/HTML 文件本质上也是纯文本文件，而且存储的是文本信息，但其可解析为其他信息，还可集成各种媒体和功能，所以再现时不一定只表现为文本。

3. 常见图像文件的格式

视频的每一帧可理解为一幅图像，因此图像与视频、数据压缩、编码和格式紧密相连。

① JPEG/JPG(joint picture expert group)：文件扩展名为 jpg 或 jpeg，JPEG 文件格式是静态图像压缩算法的国际标准。它是具有破坏性的压缩方式，该格式的图像格式适合在网页中使用，能够在 IE 中不安装插件而直接浏览。JPEG 格式图像适合表示复杂颜色和层次变化的图像，所以照片类一般使用 JPEG 格式，而图标类一般使用上述的 GIF 格式，JPEG 格式不支持透明格式。

② GIF(graphics interchange format)：文件扩展名为 gif，是 Web 上广泛使用的图像格式。Animated GIF 也使用 gif 的扩展名，最多能存储 256 色，支持动画，支持透明背景，文件格式较小，被广泛用于网页图像。不过 Animated GIF 不可以含有音频，因此一般归为图像而不归为视频。GIF 格式图像不适合于表示复杂颜色和层次变化的图像，所以图标类一般使用 GIF 格式，而照片类一般使用 JPEG 格式。

③ BMP(bitmap)：文件扩展名为 bmp，是 Windows 操作系统使用的一种图像格式，是 Windows 剪贴板交换与图像相关数据的标准格式。它的图像信息比较丰富，几乎不进行压缩，占用磁盘空间大。

④ PSD(photoshop document)：文件扩展名为 psd 等，是 Adobe 公司著名的图像编辑软件 Photoshop 的源文件格式。可保存图层、通道等图像处理信息，便于修改和制作各

种特殊效果。

⑤ TIFF(tagged image file format)：文件扩展名为 tif 或 tiff 等，用于扫描仪和桌面出版系统的文件格式，是出版、印刷行业使用最多的图像格式。支持透明格式。

⑥ PNG(portable network graphics)：文件扩展名为 png，是为适应彩色图像的网络传输开发的新型图像标准格式，压缩比高于 GIF 文件，支持图像透明格式，将逐步成为 GIF 格式和 JPEG 格式的替代格式。PNG 适用于很多图像应用需求，从小的图像到复杂的图像。能够在 IE 中不安装插件而直接浏览，渐进式显示。

4. 常见视频文件的格式

视频与图像是紧密相关的，还有视频可以集成波形音频。

① MPEG(moving picture expert group)：MPEG 文件格式是运动图像专家组格式，是运动图像压缩算法的国际标准，文件扩展名为 mpg/mpeg，它采用了有损压缩方法减少运动图像中的冗余信息，家里常看的 VCD、SVCD、DVD 就是这种格式。

② AVI(audio video interleaved)：文件扩展名为 avi，于 1992 年被微软公司推出。这种视频格式的优点是图像质量好，可以跨多个平台使用，缺点是体积过于庞大，压缩标准不统一。最普遍的现象就是高版本 Windows 媒体播放器播放不了采用早期编码编辑的 AVI 格式视频，而低版本 Windows 媒体播放器又播放不了采用最新编码编辑的 AVI 格式视频。

③ DV-AVI(digital video audio video interleaved)：文件扩展名一般也为 avi，所以叫 DV-AVI 格式，是由索尼、松下、JVC 等多家厂商联合提出的一种家用数字视频格式。目前流行的数码摄像机就是使用这种格式记录视频数据的，相当于以 MPEG-2 的质量记录了音视频信号。

④ DivX：文件扩展名一般也为 avi，是由 MPEG-4 衍生出的另一种视频编码标准。它采用了 MPEG-4 的压缩算法，同时又综合了 MPEG-4 与 MP3 各方面的技术，其画质直逼 DVD，并且体积只有 DVD 的几分之一，所以 DivX 视频编码技术可以说是一种对 DVD 造成威胁最大的新生视频压缩格式。

⑤ MOV(movie)：文件扩展名为一般为 mov，是苹果公司开发的 Web 流式视频格式，默认的播放器是苹果公司的 Quick Time Player，具有较高的压缩比率和较完美的视频清晰度，支持跨平台。

⑥ RM(real media)/RMVB 即 RMVBR(real media variable bit rate)：文件扩展名为 rm 或 rmvb，Real Networks 公司开发的 Web 流式视频格式，默认播放器是 Real Networks 公司的 Real Player 或 Real One Player。

⑦ WMV(windows media video)/ASF(advanced stream format)：文件扩展名一般为 wmv/asf，是微软公司开发的 Web 流式视频格式，默认播放器是微软公司的 Windows Media Player。

⑧ PPJ/Preppj(premiere project)：文件扩展名为 ppj 或 preppj，是 Adobe 公司著名的视频编辑软件 Premiere 的源文件格式，该格式以引用的方式保存视频及其编辑信息。

⑨ MP4：文件扩展名为 MP4，是一套用于音频、视频信息的压缩编码标准，由 MPEG

制，MPEG-4 格式的主要用途在于网上流、光盘、语音发送（视频电话）以及电视广播。MPEG-4 包含了 MPEG-1 及 MPEG-2 的绝大部分功能，并加入及扩充对虚拟现实模型语言（VRML，Virtual Reality Modeling Language）的支持，面向对象的合成档案（包括音效，视讯及 VRML 对象）以及数字版权管理（DRM）及其他互动功能。

5. 常见图形文件的格式

图形与动画是紧密相关的。

① WMF（windows metafile）/EMF（enhanced metafile）/VML（vector markup language）：文件扩展名一般为 wmf/emf/vml，是 Windows 环境、Office 应用的主要图形格式，也是 Windows 剪贴板交换与图形相关数据的标准格式，WMF、EMF 主要在 Office 中应用，VML 主要在 Web 上应用，WMF、EMF 与 VML 可以在 Office 程序中互相转化。VML 不支持动画，但支持 Office 自选图形的强大功能，如标注、连接符等，在 IE 中不需要插件就可以直接浏览，所以在网页领域还是具有很大的实际用途。

② PICT（picture）：文件扩展名一般为 pic 或 pict，是苹果公司 Macintosh 操作系统的主要图形格式。

③ EPS（encapsulated postscript）：文件扩展名一般为 eps，是出版印刷工业事实上的标准。与 EPS 相关的有 Postscript1、Postscript2、Postscript3 等。

④ AI（adobe illustrator）：扩展名一般为 ai，Adobe 公司著名的图形编辑软件 Illustrator 的源文件格式。

6. 常见动画文件的格式

动画可以集成文本、图像、图形、波形音频、MIDI 器乐等其他媒体。

① MA（maya ASCII）/MB（maya binary）：文件扩展名为 ma/mb，是 Alias 公司著名的三维图形动画编辑软件 Maya 的源文件格式，ma 是以文本形式数据保存信息，mb 是以二进制形式数据保存信息。

② XAML（eXtensible application markup language）：文件扩展名一般为 xaml，压缩文件扩展名为 xap，本质上都是文本文件，是微软公司开发的基于 XML 的二维图形动画格式，类似于 SVG。XAML 的默认播放器是微软公司的 SilverLight Player。XAML 拥有强大的编辑软件 Microsoft Expression Blend。

③ SWF（shackwave flash）/FLA（flash）：SWF 文件扩展名一般为 swf，是 Macromedia 公司开发的 Web 动画格式，具有交互性等强大功能。它的默认播放器是 Macromedia 公司的 Flash Player。FLA 文件扩展名是 fla，是 swf 文件的源文件。SWF 动画是当前最流行的 Web 二维图形动画之一。

④ X3D（extensible 3 dimension）：X3D 文件扩展名一般为 x3d，压缩文件扩展名为 x3dz，是当前 Web 三维图形动画格式标准。

⑤ SVG（scalable vector graphics）：文件扩展名一般为 svg，压缩文件扩展名为 svgz，本质上都是文本文件，是 Web 二维图形动画格式标准。

7. 常见波形音频文件的格式

几乎任何视频格式都可集成为波形音频数据，几乎任何动画格式都可集成为波形音频和MIDI器乐数据。

① WAV(waveform)：文件扩展名为wav，是Windows环境音频相关数据交换的标准格式。它是“录音机”保存的文件格式，基本无数据压缩，音质好，文件容量比较大。

② SES(session)：文件扩展名为ses，是Adobe公司著名的波形音频编辑软件Audition的源文件格式，该格式以引用的方式保存波形音频及其编辑信息。

③ MP3(MPEG audio layer-3)：文件扩展名为mp3，MP3是有损压缩，是MPEG-1第三层压缩标准的格式，不是真正意义的MPEG-3。由于其具有压缩程度高、音质好的特点，所以是目前最流行的一种波形音频压缩格式。

8. 常见MIDI器乐文件格式

几乎任何动画格式都可集成为MIDI器乐数据。

① WRK(work)：文件扩展名为wrk，是Cakewalk公司著名的MIDI器乐编辑软件Cakewalk的源文件格式。

② MID/RMI：文件扩展名为mid或midi，MIDI格式较标准而比较通用，格式变化较少。

表8-2列举了部分常见的媒体类型及扩展名。

表8-2 常见的媒体类型及扩展名

媒体类型	扩展名
文本文件	txt、doc、docx、wps、rtf、wri、pdf、html
图像文件	jpg、jpeg、gif、bmp、psd、tiff、png
视频文件	mpg、mpeg、avi、mov、rm、rmvb、wmv、asf、ppj、preppj、mp4
图形文件	wmf、emf、vml pic pict eps ai
动画文件	ma、mb、xaml、xap、swf、fla、x3d、x3dz、svg、svgz
波形音频文件	wav、ses、mp3
MIDI器乐文件	wrk、mid、midi

9. 关于媒体格式的选择

由于媒体文件格式繁多，因此在具体的应用时，可根据以下表述选择最适合的格式。

① 根据功能选择，功能是第一位的。比如，gif文件可以满足简单动画的需求，但不能包含声音，因此既有动画效果又有音频时，就不能选择GIF格式。

② 考虑本机使用还是Web使用。Web在线播放必须使用流式媒体，例如，视频应该选用WMV、MOV、RM等格式。

③ 文件是用作发布目的还是编辑目的。作为以后编辑的源文件，最好不压缩或无损

压缩，这样可保证再次编辑时没有质量损失，而作为最后发布的文件，一般选用有损压缩，以提高压缩率。

④ 可以使用原生格式的尽量使用原生格式，以便于维护。如能使用XAML格式的就不要使用SWF格式。

⑤ 可以使用软件内置格式的尽量使用软件内置格式，例如在进行docx文档排版时，如果用到图形，能通过Word内置的自选图形实现的，就不要使用pptx文件中的自选图形或swf图形等。

⑥ 当多种格式能实现类似功能时，尽量选用当前流行的标准格式。例如，SWF是当前流行的Web动画格式，如果SVG格式可以实现与SWF、XAML格式相同的功能时，就应该尽量使用SVG格式。

⑦ 当多种格式能实现类似功能时，尽量使用源文件格式和与发布格式相同的格式来减小维护开销。例如，XAML格式能够实现与SWF格式相同的功能时，应选用XAML而不选用SWF，因为XAML的源文件和发布格式完全一样，而SWF需要编译后发布。

⑧ 当多种格式能实现类似功能时，如果是Web使用，尽量选用不需要安装浏览器插件而能直接播放的格式，例如选用HTM格式、WMF格式(IE直接支持)，而不选用SWF格式。

⑨ 当多种格式能实现类似功能时，尽量选用数据速率灵活可控的格式，例如MP3格式的音频支持灵活的数据速率。

表8-3列举了一些媒体格式的选用参考。

表8-3 媒体格式的选用

媒体类型	文本	图像	视频	二维图形	二维动画	三维图形动画	波形音频	MIDI器乐
编辑目的	htm (htm也是Expression Web源文件格式的扩展名)	bmp psd (Photoshop源文件格式的扩展名)	avi (不压缩) ppj/preppj (Premiere源文件格式的扩展名)	wmf ai (Illustrator源文件格式的扩展名)	xaml (xaml也是Expression Blend源文件格式的扩展名)	x3d ma/mb (Maya源文件格式的扩展名)	wav (不压缩) ses (Audition源文件格式的扩展名)	mid wrk (Cakewalk源文件格式的扩展名)
发布目的	htm	png(任意图像) jpg(照片) gif(图标)	wmv、rm、mov	wmf (IE直接支持)	xaml、xap	x3d、x3dz	mp3	mid、midi

8.4 多媒体技术的主要研究内容和应用领域

8.4.1 多媒体技术的主要研究内容

从目前国际国内的多媒体开发应用来看，多媒体的研究范围十分广泛，多媒体的研究领域几乎包括了计算机和通信的所有领域，并使两者的结合与渗透进入一个新的层次。

多媒体技术使计算机具有综合、生成、表示、处理、存储、检索和分布语音、数据、文本、图表、图像、音响和活动图像等多种媒体的能力,从而使计算机能以人类习惯的方式提供信息服务,大大提高了信息的利用率,也极大地改善了人机接口。由于利用了计算机中的数字化技术和交互式的处理能力,才使多媒体的应用成为可能,才能对多种信息媒体进行统一处理。

多媒体技术的目标是在多媒体环境中尽可能地在带宽、保证保真度和有效性方面模拟人与人面对面时所使用的各种感官和能力。多媒体的目的是改善计算机与用户、用户与用户之间的交互,即改善人与计算机之间的交互界面。这就要求计算机能够对各种电子媒体传送的信息进行处理和存储,且能经过高速宽带网络进行分布或集中,这对计算机及网络的性能提出了更高的要求。由于这些媒体的传输特性非常不同,因而它们对于网络的要求也就不一样。况且由于多媒体数据库的应用,这些信息往往需要通过网络进行分布,这就有了一个多媒体信息之间协调的问题。这也对现有的通信技术提出了挑战,要求在带宽方面、信息交换方式、连接方式、连接时间、光纤和超大规模集成电路(very large scale integration,VLSI)技术方面都有重大突破。

随着 VLSI 密度和速度的提高,低成本大容量的 CD-ROM 只读存储器和双通道 VRAM 的引进,虚拟现实的产生以及对巨量图像和音响信息的实时压缩,数字图像压缩和图像处理器结构得以改进,发展成为今天色彩丰富、高清晰度显示子系统。多媒体可以显示全屏幕、全运动的视频图像,高清晰度的静态图像,图像特技,三维实时真实感的全活动图像信息,高保真彩色图形以及高保真的音响信号。

由于多媒体技术具有良好的发展前景,世界上各大公司都竞相开发多媒体技术。这种竞争不仅促进了多媒体技术的空前发展,也推出了众多的产品。为了使各厂家和公司的产品具有兼容性,推行多媒体技术的标准化是非常必要的。

到目前为止,国际上还没有一家权威组织机构对多媒体的研究范围做出十分明确的阐述。根据有关专家及刊物的报道,可以认为多媒体技术研究的主要内容包括 5 个方面:多媒体数据压缩、多媒体数据的组织与管理、多媒体信息的展现与交互、多媒体通信与分布处理和虚拟现实技术。

1. 多媒体数据压缩

在多媒体系统中,涉及的各种媒体信息主要是非常规数据类型,如图形、图像、视频和音频等,这些数据需要的存储空间是十分巨大且惊人的。例如,一幅中等分辨率(640×480)的真彩色图像,每个像素用 24 位表示,数据量为 640×480×24=7.03Mb/帧=0.88MB/帧。光盘一般为 600MB,而硬盘一般在 200GB 左右;在通信网络上,以太网设计速率为 10Mbps,实际仅能达到其一半以下的水平,而电话线数据传输速率只有 33.6~56kbps。因此,为了使多媒体技术达到实用水平,除了采用新技术手段增加存储空间和通信带宽外,对数据进行有效压缩是多媒体发展中必须要解决的最关键技术之一。

经过 40 多年的发展和研究,压缩技术从 PCM 编码理论开始,到现今称为多媒体数据压缩标准的 JPEG 和 MPEG,已经产生了各种各样针对不同用途的压缩算法、压缩手段和实现这些算法的大规模集成电路或计算机软件。

2. 多媒体数据的组织与管理

数据的组织和管理是任何信息系统要解决的核心问题。多媒体数据具有数据量大、种类繁多、关系复杂的基本特征。以什么样的数据模型表达和模拟这些多媒体信息空间?如何组织和存储这些数据?如何管理这些数据?如何操纵和查询这些数据?以上这些问题都不是靠传统数据库系统可以解决的。目前,人们利用面向对象方法和机制开发了新一代面向对象的数据库,结合超媒体技术的应用,为多媒体信息的建模、组织和管理提供了有效的方法。但是面向对象数据库和多媒体数据库的研究还很不成熟。

3. 多媒体信息的展现与交互

传统的计算机应用多数都采用文本媒体,所以对信息的表达仅限于"显示"。在未来的多媒体环境下,各种媒体并存,视觉、听觉、触觉、味觉和嗅觉媒体信息进行综合与合成,就不能仅仅用"显示"完成媒体的表现了。

各种媒体的时空安排和效应,相互之间的同步和合成效果,相互作用的解释和描述等都是表达信息时必须考虑的问题。有关信息的这种表达问题统称为"展现"。尽管影视声响技术已广泛应用,但多媒体的时空合成、同步效果,可视化、可听化以及灵活的交互方法等仍是多媒体领域需要研究和解决的棘手问题。

4. 多媒体通信与分布处理

多媒体通信对多媒体产业的发展、普及和应用有着举足轻重的作用,构成了整个产业发展的关键和瓶颈。在通信网络中,如电话网、广播电视网和计算机网络,其传输性能都不能很好地满足多媒体数据数字化通信的需求。

要想广泛地实现信息共享,计算机网及其在网络上的分布式与协作操作就不可避免。多媒体空间的合理分布和有效的协作操作将缩小个体与群体、局部与全球的工作差距。超越时空限制,充分利用信息,协同合作,相互交流,节约时间和经费等是多媒体信息分布的基本目标。

5. 虚拟现实技术

虚拟现实(virtual reality,VR)是利用计算机模拟产生一个三维的虚拟世界,提供关于视觉、听觉和触觉等感官的模拟。它利用虚拟现实眼镜观看,能够让用户如同身临其境一般,可以及时、没有限制地观察三维空间内的事物,并能够通过语言、手势等自然的方式与之进行实时交互,创建了一种多维信息空间。

这个概念包含三层含义:首先,虚拟现实是用计算机生成的一个逼真的实体,所谓"逼真",就是要达到三维视觉、听觉和触觉等效果;其次,用户可以通过人的感官与这个环境进行交互;最后,虚拟现实往往要借助一些三维传感技术提供一个逼真的操作环境。虚拟现实是一种多技术、多学科相互渗透和集成的技术,研究难度非常大。但由于它是多媒体应用的高级境界,且应用前景十分看好,而且某些方面的应用甚至远远地超过了这种技术本身的研究价值，就促使虚拟现实的研究逐年热了起来。

6. 增强现实技术

增强现实(augmented reality，AR)是利用计算机生成一种逼真的视、听、力、触和动等感觉的虚拟环境，能够把虚拟信息，如物体、图片、视频和声音等融合在现实环境中，将现实世界丰富起来，构建一个更加全面、更加美好的世界，并通过多种传感设备使用户"沉浸"到该环境中，实现用户和环境直接进行自然交互。利用增强现实技术，可以模拟真实的现场景观，它是以交互性和构想为基本特征的计算机高级人机界面。增强现实技术不仅展现了真实世界的信息，而且将虚拟的信息同时显示出来，两种信息相互补充、叠加。在视觉化的增强现实中，用户利用头盔显示器，把真实世界与电脑图形重新合成在一起，便可以看到真实的世界围绕着它。

虚拟现实技术和增强现实技术最大的区别是在虚拟现实环境下无法看到周围的真实环境。该技术集成了计算机图形、计算机仿真、人工智能、传感、显示及网络并行处理等技术的最新发展成果，是一种由计算机技术辅助生成的高技术模拟系统。

国际电信联盟(international telecommunication union，ITU)提出的未来通信的目标是：在世界的任何地方、任何时候，通过任何媒体，用可以接受的成本，使人与人、人与机器、机器与机器均可以方便和安全地互相通信。这个目标在技术方面已经达成了许多，但仍然有一些关键性问题还有待解决。

8.4.2 多媒体技术的应用领域

多媒体技术是信息技术领域中最引人入胜、发展最快的领域之一。多媒体技术的发展扩大了计算机的使用领域，使计算机由办公室、实验室中的专用工具变成了信息社会的普通用品，广泛应用于广告、艺术、教育、工程、医药、商业、科学研究甚至家庭生活与个人娱乐等领域。

1. 教育与培训

多媒体技术影响着教育环境中的沟通方法，影响着教师教学和学生学习的方式。在交互式学习中，使用多种数字媒体元素正在成为教育信息传播的新趋势。多媒体技术允许学生以不同的进度探索和学习，每个学生都有机会充分发挥自己的潜能，为传统教学方式提供了一个优秀的替代手段。许多教育家现在把多媒体教学看成一个热门话题，因为它通过使用投影仪、电子白板、音响设备、计算机等数字教学设备，配合使用教学软件，利用多媒体具有图像、文字、声音甚至活动影像这样的优点来展示主题，在课堂上引入了新的思维方式，学生也更倾向使用多媒体材料学习。研究表明，以多媒体为基础的教学方式比传统的或其他形式的方式提高了至少30%的效率。

2. 娱乐

多媒体技术促进了娱乐业的迅猛发展。多媒体技术已经应用在每一种娱乐方式当中，包括广播、电视、在线报纸、在线游戏、视频点播等。比如数字音频广播 DAB 展示了广播节目如何结合静止或移动的图像而出现类似电视的表达形式。另一个例子是从网络和电视之间的各种互动中衍生出的新形式，称为交互式电视。多媒体技术在电视行业的一个应用是将个人电脑和电视机集成到一个多功能屏幕上，以接收数字电视节目。

视频点播或电影点播是一个在家庭电视上观看电影的服务。电影存储在中心服务器中，通过网络传输连接到通信网络的机顶盒上，机顶盒再将数据进行转换，并输出到电视中。观众使用遥控器选择影片，并通过启动、停止、快进和后退控制播放，该服务还可以提供电影的标题、流派、年代、演员和导演的索引。同时还可以提供其他类似的交互式的家庭服务，以帮助用户计划假期、下载歌曲、电影或购买商品和服务等，甚至可以用来下载视频游戏。多媒体技术制作的互动游戏大大提高了玩家的游戏体验，逼真的影音效果使得游戏成为另一种老少皆宜的娱乐方式，与多名玩家同时在线参与的网络实时游戏也变得流行起来。

互联网直播是将摄像机拍摄的实时视频信息传输到专门的视频直播服务器，视频直播服务器对活动现场的实时过程进行视频信息的采集和压缩，同时通过网络传输到用户的各种终端设备上，实现现场实况的同步收看，就像电视台的现场直播一样。互联网直播流媒体技术在互联网直播中充当着重要角色，流媒体技术可以在低带宽的环境下提供高质量的影音。

3. 商业应用

多媒体技术在商业上的应用包括演讲、培训、市场营销、广告、产品展示、模拟、数据库、目录、即时消息、语音邮件和视频会议等等。在产品销售会议中使用多媒体演示，通过在文本和图形加入音频和视频剪辑可以提供产品的生动描述，演示也会变得更加有趣。多媒体技术在培训项目中也有广泛的应用，比如飞行员通过多媒体设备学习飞行，而机械师则可以学习修理机器和引擎。营销和广告机构正在使用动画技术改善产品宣传，或者通过添加视频剪辑来展示产品，这样的多媒体内容在电视上非常有吸引力。多媒体技术也出现在日常办公环境下。图像捕获技术用于取得员工身份，构建数据库，进行视频注释和实时电话会议。高分辨率投影机更是办公必不可少的基本工具。移动终端和个人数字助理利用蓝牙和 WiFi 等无线通信技术进行多媒体通信，有利于业务的开展。

4. 公共场所

多媒体技术可在图书馆、博物馆、商场、机场、火车站、银行、酒店和展览馆等公共场所以信息亭的形式提供信息和帮助。多媒体信息亭是一种创新的信息展示手段，根据不同的个人需求提供一个融趣味性和友好性于一体的信息展示手段。多媒体信息亭中提供的信息集成了动画、视频、图像、图表、地图、音频和文字。

5. 图书档案馆

图书馆的主要功能是收集、组织、保存和传播信息给公众。多媒体技术的出现使得公众可以更迅速和有效地处理信息，因此被图书馆和档案馆广泛采用，提供用户定位、多媒体文献收集、传统馆藏的多媒体展示等，存储在图书馆的信息已经从容量有限的印刷品转到容量无限的多媒体数字资料。许多图书馆都有一个独单独的多媒体中心，制作视听和多媒体材料，其制作和收藏的多媒体电子出版物不仅能够存储图像、文字、声音和活动画面，还提供与读者交流互动的功能，使得用户学习时有了一定程度的主动性，从而提高了学习兴趣和效率，并且公众可以通过 Internet 随时随地访问这些内容。

6. 多媒体会议

多媒体会议系统或视频会议系统是一个为彼此相距甚远的用户模拟面对面互动的会议系统，就好像他们坐在同一个房间里讨论一样。在这个系统中，每个参与用户都有一台带有摄像机和麦克风的个人电脑或电子设备，并且通过网络互联，它能够传输包含音频和视频的会议数据，支撑软件协调会议的进程，并解决多个用户希望同时进行通信的冲突。多媒体会议系统不仅可以借助多媒体的形式充分交流信息、意见、思想和感情，还可以使用计算机提供的信息加工、存储、检索等功能。

7. 医疗服务

多媒体技术的发展极大地影响了医疗服务。医科学生使用人体模型、各种仿真手术及其他病理和放射学调查进行培训，医生在手术前通过模拟来练习手术方法。利用插入体内的微型数码相机显示身体组织，医生就能在不用手术的情况下看到身体内部的实际情况。

8.5 多媒体技术的发展趋势

多媒体技术将计算机与电视技术相结合，一方面实现“双向电视”；另一方面使计算机具有向人类提供综合声、文、图、活动图像等各种信息服务的能力，从而使计算机进入人类生活的各个领域。分布式多媒体技术又进一步把电视的真实性、通信的分布性和计算机的交互性相结合，逐渐向人类提供全新的信息服务，使计算机、通信、新闻和娱乐等行业之间的差别正在缩小或消失。

总而言之，多媒体技术正使信息的存储、管理和传输的方式产生根本性的变化。它影响到相关的每一个行业，同时也产生了一些新的信息行业。因此，多媒体技术的发展很可能是不拘一格、多种多样的，综合起来可以分为以下 4 个方面。

1. 多媒体终端的部件化、智能化和嵌入化发展趋势

目前，多媒体计算机硬件体系结构，多媒体计算机的视频、音频接口软件不断改进，尤其是采用了硬件体系结构设计与软件、算法相结合的方案，使多媒体计算机的性能指标进一步提高。但要满足多媒体网络化环境的要求，还需要对软件做进一步的开发和研究，使多媒体终端设备具有更高的部件化和智能化特征，在多媒体终端增加文字的识别和输入、汉语语音的识别和输入、自然语言理解和机器翻译、图形的识别和理解、机器人视觉和计

算机视觉等智能。

过去CPU芯片设计较多地考虑计算功能，主要用于数学运算及数值处理，随着多媒体技术和网络通信技术的发展，需要CPU芯片本身具有更高的综合处理声、文、图等信息及通信的功能，因此可以将媒体信息实时处理和压缩编码算法做到CPU芯片中。

从目前的发展趋势看，这种芯片可以分成两类：一类是以多媒体和通信功能为主，融合CPU芯片原有的计算功能，它的设计目标是用在多媒体专用设备、家电及宽带通信设备上，可以取代这些设备中的CPU及大量ASIC和其他芯片。另一类是以通用CPU计算功能为主，融合多媒体和通信功能，它们的设计目标是与现有的计算机系列兼容，同时具有多媒体和通信功能，主要用在多媒体计算机中。

近年来，随着多媒体技术的发展，电视与计算机技术的竞争与融合越来越引人注目，传统的电视主要用于娱乐，而计算机重在获取信息。随着电视技术的发展，电视浏览收看功能、交互式节目指南、电视上网等功能应运而生。而计算机技术在媒体节目处理方面也有了很大的突破，视音频流功能的加强，搜索引擎、网上看电视等技术相应出现，比较来看，收发E-mail、聊天和视频会议终端功能更是计算机与电视技术的融合点，而数字机顶盒技术适应了电视与计算机融合的发展趋势，延伸出“信息家电平台”的概念，使多媒体终端集家庭购物、家庭办公、家庭医疗、交互教学、交互游戏、视频邮件和视频点播等全方位应用于一身，代表了当今嵌入化多媒体终端的发展方向。

嵌入式多媒体系统可应用在人们生活与工作的各个方面，在工业控制和商业管理领域有智能工控设备、POS/ATM机、IC卡等；在家庭领域有数字机顶盒、数字式电视、WebTV、网络冰箱、网络空调等消费类电子产品；此外，嵌入式多媒体系统还在医疗类电子设备、多媒体手机、掌上电脑、车载导航器、娱乐、军事等领域有着巨大的应用前景。

2. 多媒体技术的网络化发展趋势

多媒体技术与宽带网络通信等技术相互结合，进入科研设计、企业管理、办公自动化、远程教育、远程医疗、检索咨询、文化娱乐、自动测控等领域；多媒体终端的部件化、智能化和嵌入化，提高了计算机系统本身的多媒体性能，有利于开发智能化家电。

多媒体技术的发展使多媒体计算机形成更完善的支撑和协同工作环境，消除了空间距离的障碍，也消除了时间距离的障碍，为人类提供更完善的信息服务。交互的、动态的多媒体技术能够在网络环境创建出更加生动逼真的二维与三维场景，人们还可以借助摄像等设备把办公室和娱乐工具集合在终端多媒体计算机上，在世界任一角落与千里之外的同行在实时视频会议上进行市场讨论、产品设计，或欣赏高质量的图像画面。新一代用户界面(user interface，UI)与智能代理(intelligent agent)等网络化、人性化、个性化的多媒体软件应用还可使不同国籍、不同文化背景和文化程度的人们通过“人机对话”消除相互之间的隔阂，自由地沟通与了解。

世界正迈向数字化、网络化、全球一体化的信息时代。信息技术将渗透到人类社会的方方面面，其中网络技术和多媒体技术是促进信息社会全面实现的关键技术。

多媒体交互技术的发展使多媒体技术在模式识别、全息图像、自然语言理解(语音识别与合成)和新的传感技术(手写输入、数据手套)的基础上，利用人的多种感觉通道和动作通道(如语音、书写、表情、动作和嗅觉等),通过数据手套和跟踪手语信息提取特定人的面部特征,合成面部动作和表情,以并行和非精确方式与计算机系统进行交互,以提高人机交互的自然性和高效性,实现以三维逼真输出为标志的虚拟现实。

3. 多媒体分布式、协同工作的发展趋势

在当前形势下,各种多媒体系统,尤其是基于网络的多媒体系统,如可视电话系统、点播系统、电子商务、远程教学和医疗等会得到迅速发展。一个多点分布、协调工作的信息资源环境正在日益完善和成熟。

随着科学技术的迅速发展,当前世界经济正在由物质型经济转向知识型和信息型经济,通信的重要性更为突出。加之社会分工越来越细,人与人之间、单位与单位之间、企业与企业之间的依赖关系越来越多。很多问题,例如行政管理、工程设计、生产调度、报表编制、书刊编写等往往需要由若干位于不同区域、属于不同行业的个人或单位共同讨论和决策。在这种情况下,传统的体制也就需要相互协作,共同发展。因此,综合业务数字网就越来越受到人们的重视。把多媒体技术与广播电视及通信,特别是与综合业务数字网结合起来,使传统的无线通信和数据通信之间的界限逐渐消失,最终计算机、通信、大众传媒势必走向趋同,走向融合。

4. 三电(电信、电脑、电器)通过多媒体数字技术相互渗透融合

多媒体技术的进一步发展将会充分体现出多领域应用的特点,各种多媒体技术手段不仅仅是科研工作的工具,还可以是生产管理的工具、生活娱乐的方式。如欣赏声像图书馆的各种资料、阅读电子杂志、向综合信息中心咨询、电子购物等。

另外,还可以采用多媒体信息形式的远程通信方式交流。虽然相距遥远,但其交谈和合作的感受却如同相聚一堂。

可以预见,多媒体技术在以上各方面将会迅速发展。在不久的将来,多媒体将普及到人们工作和生活的方方面面,人们可以使用多媒体计算机系统作为终端设备,通过网络举行可视电话会议,视频会议,洽谈生意,进行娱乐和接受教育等。在不久的将来,多媒体技术将在中国医疗、水利、交通、海洋、远程监控等领域中得到应用,人机交互大学课程将会进入实用阶段。到那时,人们的工作方式、生活方式、学习方式将会产生深刻的变革。

本章小结

本章介绍了有关多媒体技术的基础知识,包括媒体、多媒体、多媒体技术的概念、特点,媒体的数字化原理,多媒体数据的压缩方法及数据格式等内容。通过本章的学习,应掌握媒体的本质、分类、格式,多媒体的基本概念、特征,理解各类媒体的表示和再现机制,理解媒体的压缩原理,了解多媒体数据压缩的主要方法,多媒体技术研究的主要内容、应用领域以及未来的发展趋势,为以后的课程学习打好基础。

参考文献

[1] 吴淑雷,陈焕东,宋春晖.计算机应用基础[M].北京：高等教育出版社,2009.

[2] 童应学,吴燕.计算机应用基础教程[M].武汉：华中师范大学出版社,2010.

[3] 赖晓铮,谭键诚,杨春武.计算机组成原理[M].北京：科学出版社,2013.

[4] 陈国良,王志强,毛睿,等.大学计算机计算思维视角[M].北京：高等教育出版社,2014.

[5] 陈国良,董荣胜.计算思维与大学计算机基础教育[J].中国大学教学,2011(1)：7-11.

[6] 陈国良,董荣胜.计算思维的表述体系[J].中国大学教学,2013(12)：22-26.

[7] 陈国良,张龙,董荣胜,等.大学计算机素质教育：计算文化、计算科学和计算思维[J].中国大学教学,2015(6)：9-12.

[8] 唐培和,徐奕奕.计算思维：计算学科导论[M].北京：电子工业出版社,2015.

[9] 杨京山.计算机应用基础教程[M].西安：西安交通大学出版社,2015.

[10] 陈志华,邱俊斌,杨忠泽,等.大学计算机应用基础[M].北京：中国铁道出版社,2015.

[11] 贾俊平,何晓群,金勇进.统计学[M].北京：中国人民大学出版社,2016.

[12] 刘志成,刘涛,徐明伟,等.大学计算机基础[M].北京：人民邮电出版社,2016.

[13] 刘玉升,王全新.大学计算机基础[M].北京：北京交通大学出版社,2014.

[14] Microsoft[EB/OL].[2017-10-10].https：//support.office.com/zh-cn/excel.

[15] 王建国,付禾芳,王欣.计算机科学与技术导论[M].北京：中国铁道出版社,2017.

[16] 梅毅,熊婷.大学计算机应用基础实验上机指导[M].北京：北京邮电大学出版社,2015.

[17] 宋翔,黄朝阳.PowerPoint 2010 应用大全[M].北京：电子工业出版社,2015.

[18] 刘永华,陈茜,张淑玉,等.计算机网络信息安全[M].北京：清华大学出版社,2018.

[19] 孔德瑾,乔冰琴.计算机公共基础[M].北京：电子工业出版社,2017.

[20] 高睿.计算机应用基础[M].北京：北京大学出版社,2013.

[21] 贺思德.计算机网络信息安全与应用[M].北京：清华大学出版社,2017.

[22] 曾凡平.网络信息安全[M].北京：机械工业出版社,2015.

[23] 徐劲松.计算机网络应用技术[M].北京：北京邮电大学出版社,2015.

[24] 骆焦煌,许宁.计算机网络技术与应用实践[M].北京：清华大学出版社,2017.

[25] 黄林国,林仙土,陈波,等.网络信息安全基础[M].北京：清华大学出版社,2018.

[26] 谢希仁.计算机网络[M].7 版.北京：电子工业出版社,2017.

[27] 吴辰文,王庆荣,王婷.计算机网络基础教程[M].2 版.北京：清华大学出版社,2017.

[28] 胡志刚.计算机应用基础[M].北京：北京理工大学出版社,2017.

[29] 黄景碧,黄纯国,罗凌.多媒体技术与应用[M].北京：清华大学出版社,2013.

[30] 徐东平,何业兰.多媒体技术基础及应用[M].杭州：浙江大学出版社,2011.

[31] 孟克难,王靖云,吕莎莎.多媒体技术与应用[M].北京：清华大学出版社,2013.